はじめに

　我が国においては、科学技術創造立国の理念の下、産業競争力の強化を図るべく「知的創造サイクル」の活性化を基本としたプロパテント政策が推進されております。

　「知的創造サイクル」を活性化させるためには、技術開発や技術移転において特許情報を有効に活用することが必要であることから、平成９年度より特許庁の特許流通促進事業において「技術分野別特許マップ」が作成されてまいりました。

　平成１３年度からは、独立行政法人工業所有権総合情報館が特許流通促進事業を実施することとなり、特許情報をより一層戦略的かつ効果的にご活用いただくという観点から、「企業が新規事業創出時の技術導入・技術移転を図る上で指標となりえる国内特許の動向を分析」した「特許流通支援チャート」を作成することとなりました。

　具体的には、技術テーマ毎に、特許公報やインターネット等による公開情報をもとに以下のような分析を加えたものとなっております。
　・体系化された技術説明
　・主要出願人の出願動向
　・出願人数と出願件数の関係からみた出願活動状況
　・関連製品情報
　・課題と解決手段の対応関係
　・発明者情報に基づく研究開発拠点や研究者数情報　　など

　この「特許流通支援チャート」は、特に、異業種分野へ進出・事業展開を考えておられる中小・ベンチャー企業の皆様にとって、当該分野の技術シーズやその保有企業を探す際の有効な指標となるだけでなく、その後の研究開発の方向性を決めたり特許化を図る上でも参考となるものと考えております。

　最後に、「特許流通支援チャート」の作成にあたり、たくさんの企業をはじめ大学や公的研究機関の方々にご協力をいただき大変有り難うございました。

　今後とも、内容のより一層の充実に努めてまいりたいと考えておりますので、何とぞご指導、ご鞭撻のほど、宜しくお願いいたします。

独立行政法人工業所有権総合情報館

理事長　藤原　讓

個人照合　　　　　　　　　　エグゼクティブサマリー

発展するバイオメトリクス個人照合技術

■ 重要性を増す個人照合技術

　行政、金融、決済サービスなど社会生活上のいろいろなサービスを受けるときには、通常サービス提供者とそれを享受する人との間で本人の所有物あるいは固有情報を用いて本人であることを確認、同定するプロセスが必要となる。この本人であることの確認、同定プロセスを本人認証または個人照合という。

　ネットワーク社会の進展に伴う電子商取引、各種情報授受の機会増大は、機密性、プライバシー保護などシステムセキュリティの重要性を増し、個人照合の精度向上が期待されている。

■ 開発が進むバイオメトリックス照合技術

　従来、印鑑、IDカードなどの所有物や、暗証番号、パスワードなどの固有情報による個人認証が一般化されているが、盗難などによるなりすましの問題がある。

　この問題を解決するために、身体的特徴・行動特性による認証技術である「バイオメトリクス照合技術（生体情報を用いた個人照合技術）」が、1990年代初めから開発が進み、バイオメトリクス技術、パターン認識技術などの進展とあいまって、より高い認証精度を得つつ、入退場管理や情報アクセス管理などで実用化の段階に至っている。

■ 実用化の進む指紋照合技術

　生体情報を用いる個人照合技術関連の1991年1月～2001年9月公開の出願は1,800件強である。指紋関連出願が全体の47％と圧倒的に多く、その中でシステム・応用技術に関するものが約1／3を占め、指紋照合技術の実用化が進んでいる様子がみられる。

i

個人照合　　　　　　　　エグゼクティブサマリー

発展するバイオメトリクス個人照合技術

■開発の進展著しい虹彩と顔貌照合技術

　虹彩と顔貌は非接触での認識が可能など、指紋とは違った特長をもつことから個人照合への利用研究開発が盛んになってきた生体情報である。1991年1月～2001年9月公開の出願の特許出願人は、虹彩関連が95年までの1社から99年には8社へ、顔貌関連が91年の8社から99年には23社へと急増している。

■ バイオメトリクス個人照合の技術課題はセキュリティ向上

　出願特許にみられる技術課題には、不正防止、照合精度などに関連した「セキュリティ向上」、迅速性や携帯性などに関連した「操作性・利便性の向上」、小形化、低コスト化,運営効率などに関連した「経済性向上」がある。生体情報の特徴を活かした「セキュリティ向上」を課題とする出願が55％と最も多い。

■ 解決手段の中心は入力技術と識別照合技術

　出願特許にみられる解決手段には、生体情報の「入力技術」、入力情報からの特徴抽出、登録、辞書作成、分析処理、識別処理、照合判定手段を含む「識別照合技術」、表示、暗号化、信号伝送手段などの「周辺技術」及び、「システム化・応用技術」がある。指紋、虹彩関連では、入力技術を解決手段とするものが多く、顔貌、署名、声紋、複合照合関連では、識別照合技術を解決手段とするものが多い。

■ 電気・情報・通信企業がリードするバイオメトリクス個人照合技術

　1991年1月～2001年9月公開の出願で出願人の総数は404、そのうち企業は313件であった。その顔ぶれは、電機、情報、通信、電子部品、ベンチャー企業などと多彩である。上位10社で全体出願件数の約半分を占め、電機、情報、通信企業がバイオメトリクス個人照合技術をリードする。

個人照合　　　　　　　　　　技術開発の状況

指紋が大半を占める個人照合関連特許

生体情報を用いた個人照合技術は指紋、虹彩、顔貌、その他生体（掌紋、耳介、網膜、DNAなど）の身体的特徴を用いるもの、声紋、署名の知的・行動的固有情報を用いるもの、複数の固有情報を複合して用いるもの、および生体一般情報を用いて個人照合を行う8つの技術要素に分解できる。これらの技術要素に関連して1991年から2001年9月までに公開された出願は、指紋に関するものが1,087件と全体の半分を占め、次いで生体一般に関するものが283件、顔貌172件、複合144件と続く。さらに指紋に関する出願は、システム・応用技術、入力技術、照合技術に関連するものにおおむね3等分される。

技術要素別出願件数分布

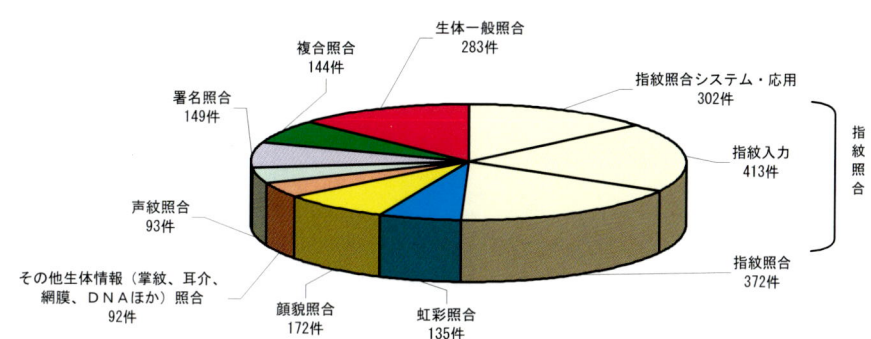

1991年1月～2001年9月に公開の出願

特許ポートフォリオ分析によれば、「指紋」は開発の成長期、「生体一般」、「虹彩」、「複合」、「顔貌」は著しい発展期にある。

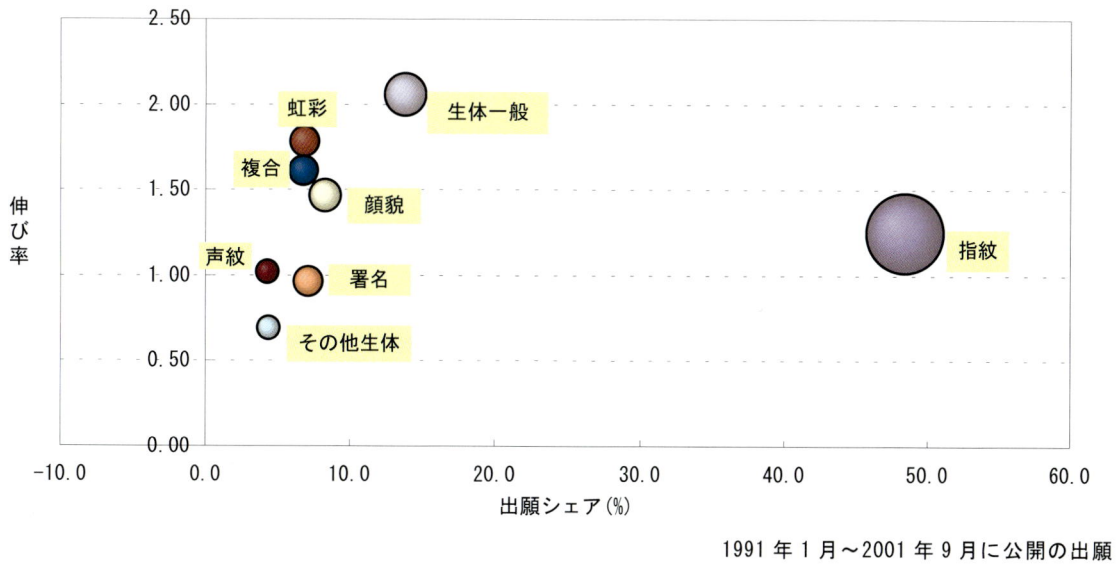

1991年1月～2001年9月に公開の出願

| 個人照合 | 技術開発の推移 |

急増する参入企業と特許出願

　生体情報を用いる個人照合技術に関連する特許は出願件数、出願人数とも 1995 年からの増加が著しい。99 年には出願件数 419 件、出願人 118 人の規模となった。指紋照合技術は 90 年以前から開発が進められ、その他の生体情報については 90 年以降に本格的な開発がスタートした。虹彩照合技術は 95 年以降に出願が始まり、その後急増している新しい開発技術である。

生体情報を用いた個人照合関連出願件数と出願人数

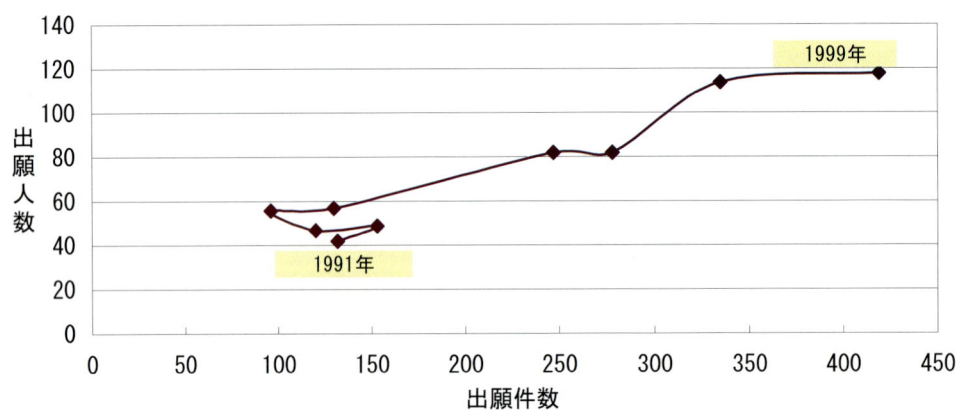

1991 年 1 月～2001 年 9 月に公開の出願

出願件数推移

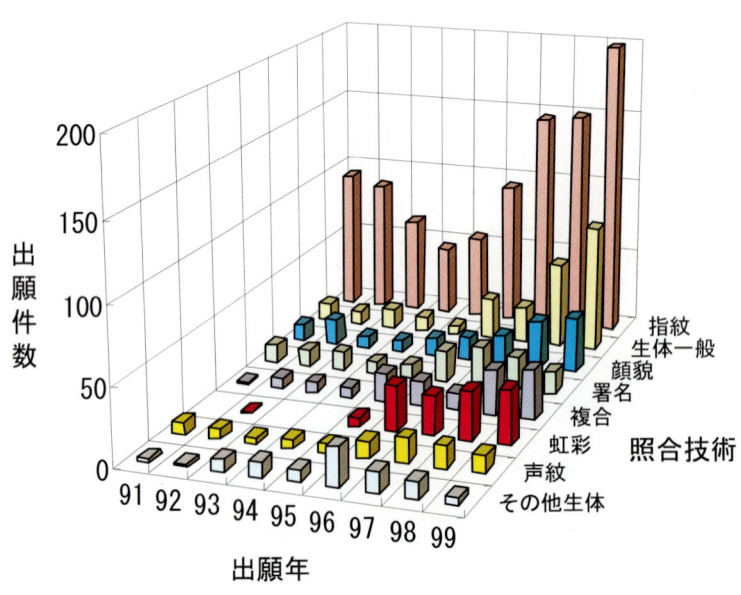

| 個人照合 | 課題と解決手段 |

セキュリティ、操作性、利便性向上が課題

生体情報を用いた個人照合特許では、セキュリティ向上とするものが最も多く、次いで操作性・利便性の向上を課題とするものが多い。「声紋」、「虹彩」、「指紋」は経済性を課題としたものも10％程度有り、実用化の進んでいることを裏付けている。

生体情報を用いた個人照合技術課題

セキュリティ	不正防止 確実性向上 照合精度向上 信頼性向上など
操作・利便性	操作性 利便性 迅速性（処理速度） 携帯性 自動化 受容性など
経済性	低コスト化 運営効率向上 小形化 省電力など

生体情報を用いた個人照合関連特許の技術課題分布

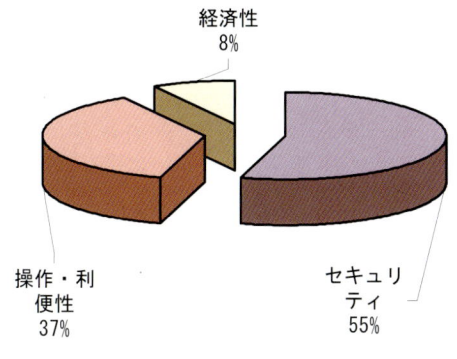

1991年1月～2001年9月に公開の出願

出願件数の技術要素ごと課題比率

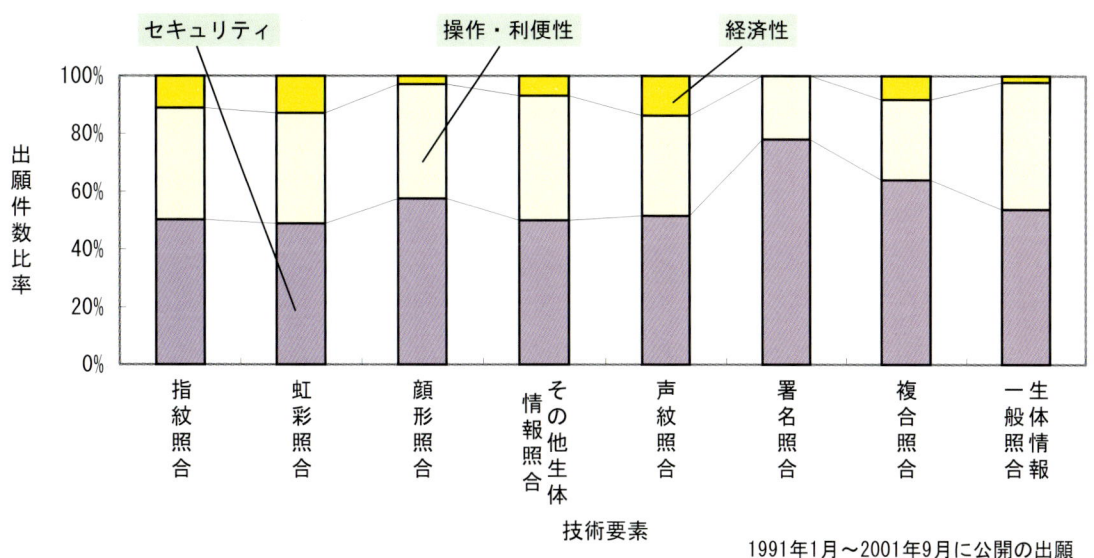

1991年1月～2001年9月に公開の出願

個人照合 / 技術開発の拠点の分布

技術開発の拠点は関東、関西、中部に集中

出願上位20社の開発拠点を発明者の住所・居所でみると、東京都、神奈川県などの関東地方に28拠点、大阪府などの関西地方に7拠点、愛知県などの中部地方に5拠点、それ以外に4拠点、米国に1拠点がある。

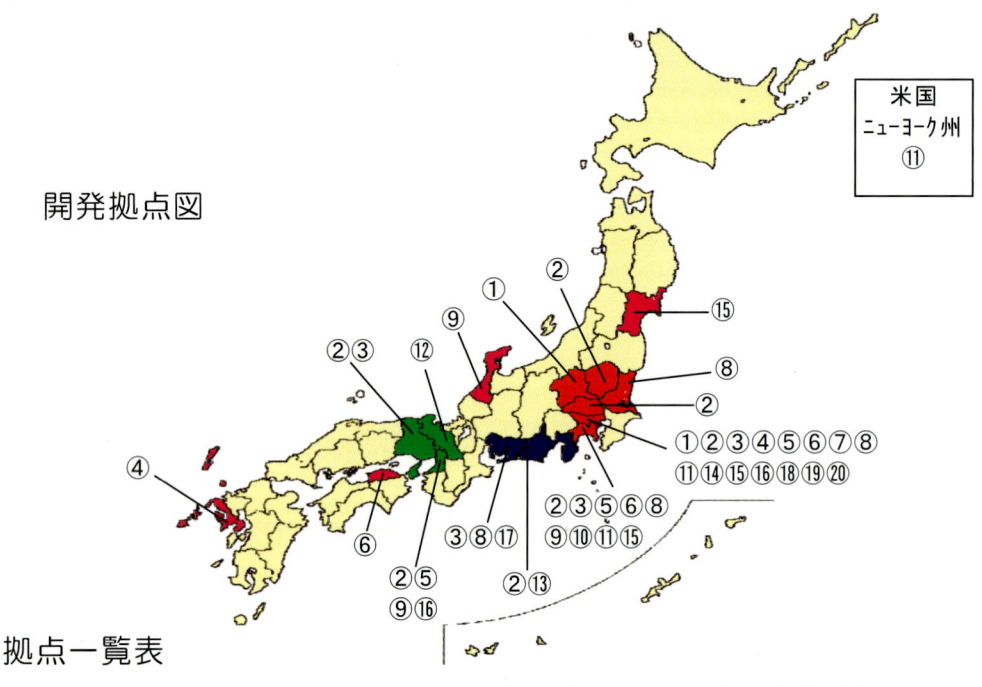

開発拠点図

開発拠点一覧表

企業名	事業所名	住所
①沖電気工業	本社	東京都
	沖エンジニアリング, 沖ソフトウエア	東京都
	沖情報システムズ	群馬県
②東芝	本社, 青梅工場, 日野工場, 府中工場	東京都
	マルチメディア技術研究所, 横浜事業所, 研究開発センター, 小向工場, 柳町工場	神奈川県
	関西研究所	兵庫県
	関西支社	大阪府
	深谷映像工場	埼玉県
	那須工場	栃木県
	東芝エーブイイー, 東芝コピュータエンジニアリング	東京都
	東芝ソシオエンジニアリング, 東芝ソシオシステム, 東芝マイクロエレクトロニクス	神奈川県
	東芝テック	静岡県
③三菱電機	本社	東京都
	パーソナル情報機器開発研究所	神奈川県
	稲沢製作所	愛知県
	産業システム研究所	兵庫県
	三菱電機エンジニアリング	東京都
④ソニー	本社	東京都
	アトミック, マスターエンジニアリング	東京都
	ソニー長崎	長崎県
⑤日本電気	本社	東京都
	NECソフト, NEC三栄	東京都
	NEC情報システムズ	神奈川県
	関西日本電気ソフトウエア	大阪府
⑥富士通	本店	神奈川県
	富士通ソーシアルシステムエンジニアリング	東京都
	富士通香川システムエンジニアリング	香川県
⑦NTT	本社	東京都

企業名	事業所名	住所
⑧日立製作所	公共情報事業部, 中央研究所, 半導体事業部	東京都
	エンタープライズサーバ事業部, オフィスシステム事業部, システム開発研究所, システム開発本部, ソフトウエア開発本部, ソフトウエア事業部, デジタルメディア開発本部, マルチメディアシステム開発本部, 映像メディア研究所, 画像情報システム, 開発研究所, 開発本部, 情報システム事業部, 情報通信事業部, 汎用コンピュータ事業部	神奈川県
	AV機器事業部, 機械研究所, 電化機器事業部多賀本部	茨城県
	旭工場, 情報機器事業部	愛知県
	日立情報ネットワーク, 日立超LSIエンジニアリング	東京都
	那珂インスツルメンツ, 日立ニュークリアエンジニアリング, 日立水戸エンジニアリング	茨城県
	日立中部ソフトウエア	愛知県
⑨松下電器産業	本社	大阪府
	松下電子工業	大阪府
	松下技研, 松下通信工業	神奈川県
	松下通信金沢研究所	石川県
⑩富士通電装		神奈川県
⑪キヤノン	本社	東京都
	小杉事業所	神奈川県
	CANON U.S.A	ニューヨーク州
⑫オムロン	本社	京都府
⑬浜松ホトニクス	本社	静岡県
⑭カシオ計算機	東京事業所, 羽村技術センター, 八王子研究所	東京都
⑮山武	本社	東京都
	伊勢原工場	神奈川県
	東北大学	宮城県
⑯シャープ	本社	大阪府
	鷹山	東京都
⑰デンソー	本社	愛知県
⑱NTTデータ	本社, フォーカシステムズ	東京都
⑲日本サイバーサイン	本社	東京都
⑳大日本印刷	本社	東京都

| 個人照合 | 主要企業の状況 |

主要企業20社で6割強の出願件数

生体情報を用いた個人照合関連全体で出願件数の多い企業は沖電気工業、東芝、三菱電機、ソニー、日本電気、富士通である。

指紋照合関連出願の多い企業は三菱電機、ソニー、富士通、日本電気、虹彩照合関連出願の多い企業は沖電気工業、顔貌照合関連出願の多い企業は東芝である。

上位20社で全体件数の63%を占める。

主要企業の出願件数マップ

[黄色ハッチはその技術要素で出願件数トップスリー]

No.	出願人名	指紋・システム	指紋・入力技術	指紋・照合技術	虹彩	顔貌	その他生体	声紋	署名	複合	バイオ全般	総件数
1	沖電気工業		1	2	101	5		2	2	6	32	151
2	東芝	16	22	12		18	6	4	6	4	20	108
3	三菱電機	18	26	31		2		3	6	7	8	101
4	日本電気	11	24	24		4	4	5	1	5	10	88
5	ソニー	14	32	24	2	1	1	1		8	5	88
6	富士通	2	18	40		3	1	5	2	2	8	81
7	日本電信電話	5	17	4		8	1	5	4	2	8	54
8	日立製作所	8	1	4		4	4	4	2	10	15	52
9	松下電器産業	2	3	1	12	10	5	2	1	6	6	48
10	富士通電装	4	6	21		1	5			3	2	42
11	キヤノン	5	1	2	1	3	2		10	3	5	32
12	オムロン	3	5	5		9	1	1			2	31
13	浜松ホトニクス	1	13	7		1					5	27
14	カシオ計算機	7	9	3				2	3	1	1	26
15	山武	2	5	11		1				1	4	24
16	シャープ	2	12	2		1	2		1		2	22
17	デンソー	2	4	5				1	6	1		19
18	NTTデータ	5				2		4		5	3	19
19	日本サイバーサイン								13		3	16
20	大日本印刷	3	1	3		1			4		2	14

出願件数の割合

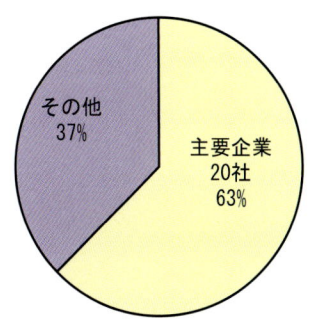

1991年1月〜2001年9月までに公開の出願
（取下げ、放棄、拒絶を除く）

個人照合	主要企業

沖電気工業 株式会社

出願状況	技術要素・課題対応出願特許の分布
沖電気工業の出願件数は151件である。そのうち登録になった特許が4件、係属中の特許が147件および海外出願特許が9件ある。	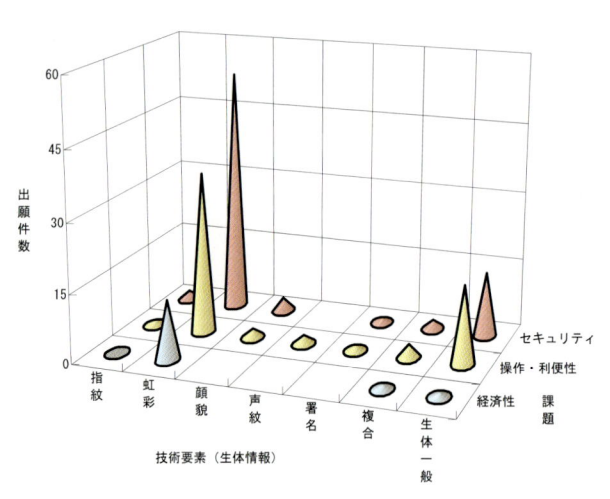 1991年1月～2001年9月までに公開の出願 （取下げ、放棄、拒絶を除く）

保有特許リスト例

技術要素	課題	特許番号（出願日）	特許分類（解決手段要旨）	発明の名称（参考図）
虹彩照合	セキュリティ	特開平9-212644（96.2.7）	G06T7/00 類似度が所定値より低い場合は、再度虹彩画像データを取得し、取得した画像データと登録データの一致部分を抽出してマッチングデータに追加する。	虹彩認識装置および虹彩認識方法
		特開平10-275234（97.3.28）	G06T7/00 眼の撮像画像をブロックに分割し、ブロックの濃度値をあらわすモザイク画像に変換し、各モザイク画像の中心点からの距離が小さく、かつ暗い濃度値のブロックを瞳孔中心位置と判定し、このブロック位置から入力画像の中心位置を算出する。	画像認識方法

| 個人照合 | 主要企業 |

株式会社　東芝

出願状況	技術要素・課題対応出願特許の分布
東芝の出願件数は108件である。 　そのうち登録になった特許が3件、係属中の特許が105件および海外出願特許が10件ある。	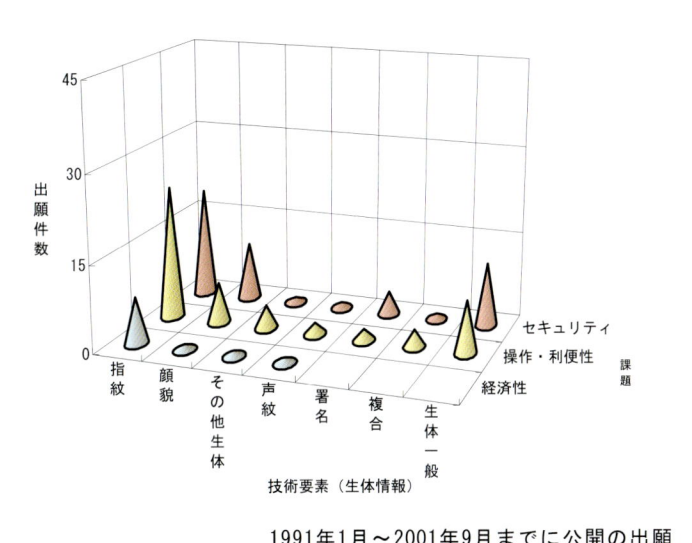 1991年1月～2001年9月までに公開の出願 （取下げ、放棄、拒絶を除く）

保有特許リスト例

技術要素	課題	特許番号 （出願日）	特許分類 （解決手段要旨）	発明の名称 （参考図）
指紋	セキュリティ	特許 2971296 (93.6.30)	G06T7/00 線状接触子電極に指を接触したときの圧力を感圧シートの抵抗値変化として検出し、圧力が一定になったら、接触する皮膚の表面の凹凸パターンに対応した、一次元の抵抗分布を読み取って、精度の高い個人認証を行なう。	個人認証装置
声紋	利便性	特許 2916327 (92.8.14)	G07D9/00,421 入力された音声から取引金額の単位を示す言葉「円」を検出し、この単位検出結果に応じて、「円」を示す言葉の前に発声される取引金額を認識するとともに、「円」に続く音声の特徴を抽出する。この特徴を識別し、本人の音声であると認識された場合、取引金額に応じて所定の取引を実行するようにした。	自動取引装置

個人照合　　　　　　　　　主要企業

三菱電機 株式会社

出願状況

　三菱電機の出願件数は101件である。
　そのうち登録になったものが3件、係属中の特許が98件および海外出願特許が13件ある。

技術要素・課題対応出願特許の分布

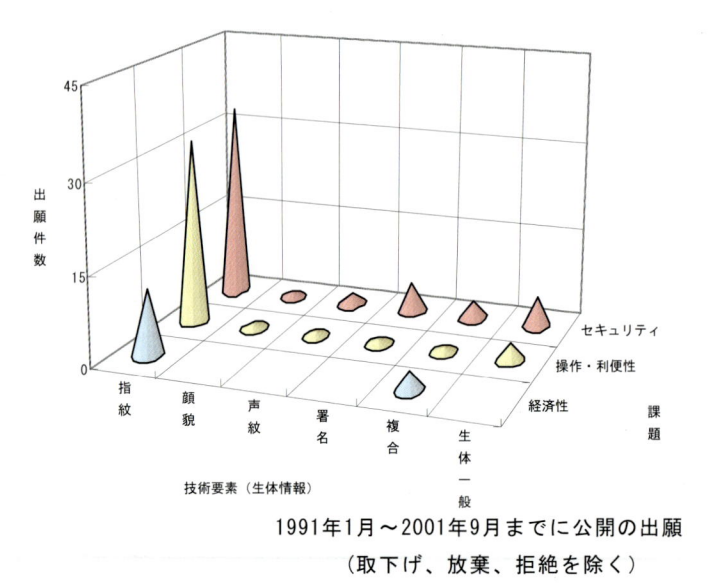

1991年1月～2001年9月までに公開の出願
（取下げ、放棄、拒絶を除く）

保有特許リスト例

技術要素	課題	特許番号（出願日）	特許分類（解決手段要旨）	発明の名称（参考図）
指紋	セキュリティ	特許 2903047 (93.3.19)	E05B49/00 読み取られた指紋と予め登録された指紋データとを比較する指紋判別手段と、所定のモードをモード設定スイッチを設け、該スイッチが操作されていると、指紋の不一致が判別されても、特定個人判別信号を出力する。	個人判別装置
指紋	経済性	特許 2842754 (93.4.16)	G08B15/00 複数の部屋を警備するシステムにおいて、ID番号を正常と判別した所定時間内は、各部屋の前の端末装置の監視および解除スイッチの操作を有効とする単一のID判別装置を備えた安価システム。	防犯装置

| 個人照合 | 主要企業 |

ソニー　株式会社

出願状況

ソニーの出願件数は88件である。
そのうち6件以上の海外出願特許がある。

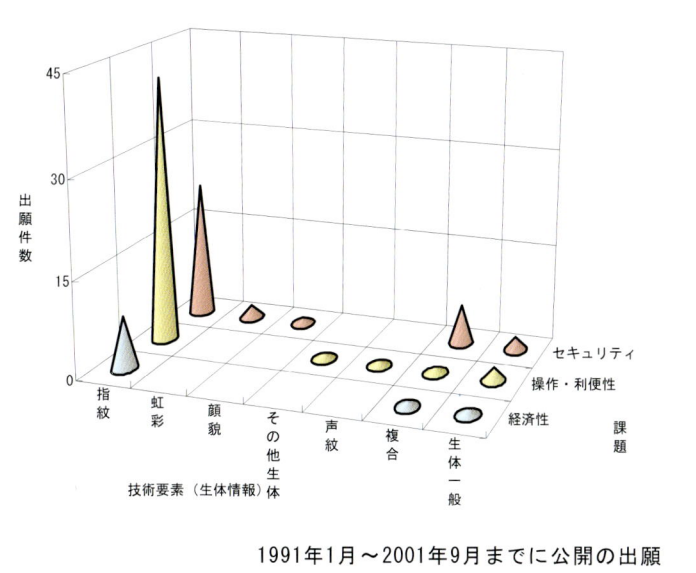

技術要素・課題対応出願特許の分布

1991年1月～2001年9月までに公開の出願
（取下げ、放棄、拒絶を除く）

保有特許リスト例

技術要素	課題	特許番号（出願日）	特許分類（解決手段要旨）	発明の名称（参考図）
指紋照合	操作・利便性	特開平10-105704（96.9.25）	G06T7/00 線状の画像を複数本切り出し、この切り出した線状の画像を他の画像上で走査させて順次類似の程度の高い位置を検出し、この検出した位置の座標値の関係より、画像を照合する際に、これら検出した座標値を部分的に組み合わせて、線状の画像に対応する相対位置関係を満足しない組み合わせを処理対象より除外する。	画像照合装置
指紋照合	操作・利便性	特開平10-214343（97.1.30）	G06T7/00 対象画像より切り出した複数の領域を、他の画像上で走査させて一致度の分布を検出し、この一致度の分布を各領域の相対位置関係により補正して足し合わせ、その結果得られる一致度の分布集計に基づいて、画像の一致、不一致を判定する。	画像照合装置

| 個人照合 | 主要企業 |

日本電気 株式会社

出願状況	技術要素・課題対応出願特許の分布
日本電気の出願件数は88件である。 そのうち登録になったものが49件、係属中のものが39件、海外出願されたものが61件ある。	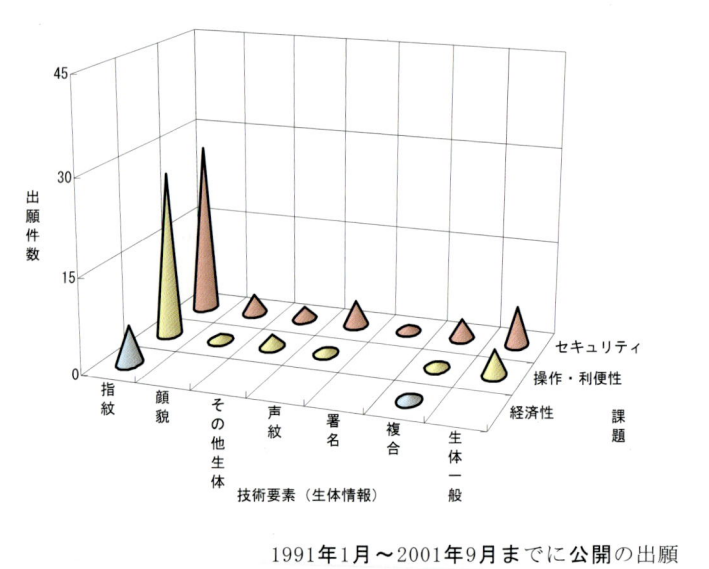 1991年1月〜2001年9月までに公開の出願 （取下げ、放棄、拒絶を除く）

保有特許リスト例

技術要素	課題	特許番号 （出願日）	特許分類 （解決手段要旨）	発明の名称 （参考図）
指紋入力	セキュリティ	特許 2943749 (97.1.9)	G06T1/00 基台面に設けられた指紋読取窓との間に指1本分以上の間隔を隔てて当該指紋読取窓の上方に掛け渡され、少なくとも一端部が基台面に設けられた貫通穴を通って当該基台面の面下で移動子に固定されると共に他端部が基台面又は当該基台面の面下にて所定位置に固定された絞め手段と、少なくとも一部が絞め手段と指紋読取窓との間に配置されかつ絞め手段に装備された軟性の当たり手段と、基台面上にある絞め手段が指紋読取窓と近づく方向に移動子を移動させる駆動機構とを備える。	指固定装置
指紋照合	操作・簡便性	特許 2827994 (95.12.22)	G06T7/00 指紋画像から関節線の位置を検出する節線抽出手段と、指紋画像から指紋の複数の特異点の位置を検出する特異点検出手段と、関節線の位置と複数の特異点の位置とから求められる特徴量を計算する節線特徴計算手段とを有することを特徴とする指紋特徴抽出装置。	指紋特徴抽出装置

目次

個人照合

1. 技術の概要

1.1 個人照合技術 3
- 1.1.1 個人照合技術の具体的方法 3
- 1.1.2 個人照合技術の評価基準 5
- 1.1.3 バイオメトリクス技術の種類 6
- 1.1.4 バイオメトリクス技術の特徴 8
- 1.1.5 バイオメトリクス技術における新しい技術動向 10
- 1.1.6 バイオメトリクス認証技術の応用事例と市場規模 ... 11
- 1.1.7 バイオメトリクス技術に関する特許出願動向 14
- 1.1.8 個人照合技術の課題・対応技術および用途 16

1.2 生体情報を用いた個人照合技術の特許情報へのアクセス .. 17
- 1.2.1 生体情報を用いた個人照合のアクセスツール 19
- 1.2.2 生体情報を用いた個人照合関連分野のアクセスツール 21

1.3 技術開発活動の状況 22
- 1.3.1 生体情報を用いた個人照合 24
- 1.3.2 指紋照合システムと応用技術 25
- 1.3.3 指紋入力技術 26
- 1.3.4 指紋照合技術 27
- 1.3.5 虹彩照合技術 28
- 1.3.6 顔貌照合技術 29
- 1.3.7 その他生体照合技術 30
- 1.3.8 声紋照合技術 31
- 1.3.9 署名照合技術 32
- 1.3.10 複合照合技術 33
- 1.3.11 生体一般照合技術 34

1.4 技術開発の課題と解決手段 35
- 1.4.1 指紋照合システムと応用技術 38
- 1.4.2 指紋入力技術 42
- 1.4.3 指紋照合技術 46
- 1.4.4 虹彩照合技術 48
- 1.4.5 顔貌照合技術 50

目次

```
1.4.6 その他生体照合技術 ............................ 52
1.4.7 声紋照合技術 ................................ 54
1.4.8 署名照合技術 ................................ 56
1.4.9 複合照合技術 ................................ 57
1.4.10 生体一般照合技術 ............................ 60
```

2. 主要企業等の特許活動

```
2.1 沖電気工業 ..................................... 67
  2.1.1 企業の概要 ................................ 67
  2.1.2 生体情報を用いた個人照合技術に関連する
        製品・技術 ................................ 68
  2.1.3 技術開発課題対応保有特許の概要 ............... 70
  2.1.4 技術開発拠点 ............................... 80
  2.1.5 研究開発者 ................................. 80
2.2 東芝 .......................................... 81
  2.2.1 企業の概要 ................................ 81
  2.2.2 生体情報を用いた個人照合技術に関連する
        製品・技術 ................................ 82
  2.2.3 技術開発課題対応保有特許の概要 ............... 85
  2.2.4 技術開発拠点 ............................... 94
  2.2.5 研究開発者 ................................. 94
2.3 三菱電機 ...................................... 95
  2.3.1 企業の概要 ................................ 95
  2.3.2 生体情報を用いた個人照合技術に関連する
        製品・技術 ................................ 96
  2.3.3 技術開発課題対応保有特許の概要 ............... 99
  2.3.4 技術開発拠点 ............................... 105
  2.3.5 研究開発者 ................................. 106
2.4 ソニー ........................................ 108
  2.4.1 企業の概要 ................................ 108
  2.4.2 生体情報を用いた個人照合技術に関連する
        製品・技術 ................................ 109
  2.4.3 技術開発課題対応保有特許の概要 ............... 111
  2.4.4 技術開発拠点 ............................... 117
  2.4.5 研究開発者 ................................. 117
```

Contents

- 2.5 日本電気 118
  - 2.5.1 企業の概要 118
  - 2.5.2 生体情報を用いた個人照合技術に関連する
    製品・技術 119
  - 2.5.3 技術開発課題対応保有特許の概要 122
  - 2.5.4 技術開発拠点 132
  - 2.5.5 研究開発者 132
- 2.6 富士通 133
  - 2.6.1 企業の概要 133
  - 2.6.2 生体情報を用いた個人照合技術に関連する
    製品・技術 134
  - 2.6.3 技術開発課題対応保有特許の概要 135
  - 2.6.4 技術開発拠点 142
  - 2.6.5 研究開発者 143
- 2.7 日本電信電話 144
  - 2.7.1 企業の概要 144
  - 2.7.2 生体情報を用いた個人照合技術に関連する
    製品・技術 145
  - 2.7.3 技術開発課題対応保有特許の概要 148
  - 2.7.4 技術開発拠点 154
  - 2.7.5 研究開発者 155
- 2.8 日立製作所 156
  - 2.8.1 企業の概要 156
  - 2.8.2 生体情報を用いた個人照合技術に関連する
    製品・技術 157
  - 2.8.3 技術開発課題対応保有特許の概要 158
  - 2.8.4 技術開発拠点 165
  - 2.8.5 研究開発者 165
- 2.9 松下電器産業 166
  - 2.9.1 企業の概要 166
  - 2.9.2 生体情報を用いた個人照合技術に関連する
    製品・技術 167
  - 2.9.3 技術開発課題対応保有特許の概要 169
  - 2.9.4 技術開発拠点 174
  - 2.9.5 研究開発者 174

目次

2.10 富士通電装 175
- 2.10.1 企業の概要 175
- 2.10.2 生体情報を用いた個人照合技術に関連する
  製品・技術 176
- 2.10.3 技術開発課題対応保有特許の概要 176
- 2.10.4 技術開発拠点 181
- 2.10.5 研究開発者 181

2.11 キヤノン 183
- 2.11.1 企業の概要 183
- 2.11.2 生体情報を用いた個人照合技術に関連する
  製品・技術 184
- 2.11.3 技術開発課題対応保有特許の概要 184
- 2.11.4 技術開発拠点 189
- 2.11.5 研究開発者 189

2.12 オムロン 190
- 2.12.1 企業の概要 190
- 2.12.2 生体情報を用いた個人照合技術に関連する
  製品・技術 190
- 2.12.3 技術開発課題対応保有特許の概要 195
- 2.12.4 技術開発拠点 199
- 2.12.5 研究開発者 199

2.13 浜松ホトニクス 200
- 2.13.1 企業の概要 200
- 2.13.2 生体情報を用いた個人照合技術に関連する
  製品・技術 200
- 2.13.3 技術開発課題対応保有特許の概要 201
- 2.13.4 技術開発拠点 205
- 2.13.5 研究開発者 205

2.14 カシオ計算機 206
- 2.14.1 企業の概要 206
- 2.14.2 生体情報を用いた個人照合技術に関連する
  製品・技術 207
- 2.14.3 技術開発課題対応保有特許の概要 209
- 2.14.4 技術開発拠点 213
- 2.14.5 研究開発者 213

Contents

- 2.15 山武 214
  - 2.15.1 企業の概要 214
  - 2.15.2 生体情報を用いた個人照合技術に関連する
    製品・技術 214
  - 2.15.3 技術開発課題対応保有特許の概要 217
  - 2.15.4 技術開発拠点 222
  - 2.15.5 研究開発者 222
- 2.16 シャープ 223
  - 2.16.1 企業の概要 223
  - 2.16.2 生体情報を用いた個人照合技術に関連する
    製品・技術 223
  - 2.16.3 技術開発課題対応保有特許の概要 227
  - 2.16.4 技術開発拠点 232
  - 2.16.5 研究開発者 232
- 2.17 デンソー 233
  - 2.17.1 企業の概要 233
  - 2.17.2 生体情報を用いた個人照合技術に関連する
    製品・技術 233
  - 2.17.3 技術開発課題対応保有特許の概要 234
  - 2.17.4 技術開発拠点 238
  - 2.17.5 研究開発者 238
- 2.18 NTTデータ 239
  - 2.18.1 企業の概要 239
  - 2.18.2 生体情報を用いた個人照合技術に関連する
    製品・技術 240
  - 2.18.3 技術開発課題対応保有特許の概要 242
  - 2.18.4 技術開発拠点 245
  - 2.18.5 研究開発者 245
- 2.19 日本サイバーサイン 246
  - 2.19.1 企業の概要 246
  - 2.19.2 生体情報を用いた個人照合技術に関連する
    製品・技術 246
  - 2.19.3 技術開発課題対応保有特許の概要 250
  - 2.19.4 技術開発拠点 255
  - 2.19.5 研究開発者 255

目次

 2.20 大日本印刷 256
  2.20.1 企業の概要 256
  2.20.2 生体情報を用いた個人照合技術に関連する
     製品・技術 256
  2.20.3 技術開発課題対応保有特許の概要 257
  2.20.4 技術開発拠点 260
  2.20.5 研究開発者 260

3. 主要企業の技術開発拠点
 3.1 指紋照合システムと応用技術 263
 3.2 指紋入力技術 264
 3.3 指紋照合技術 265
 3.4 虹彩照合技術 266
 3.5 顔貌照合技術 267
 3.6 その他生体照合技術 268
 3.7 声紋照合技術 269
 3.8 署名照合技術 270
 3.9 複合照合技術 271
 3.10 生体一般照合技術 272

資 料
 1. 工業所有権総合情報館と特許流通促進事業 275
 2. 特許流通アドバイザー一覧 278
 3. 特許電子図書館情報検索指導アドバイザー一覧 281
 4. 知的所有権センター一覧 283
 5. 平成13年度25技術テーマの特許流通の概要 285
 6. 特許番号一覧 301

1. 技術の概要

1.1 個人照合技術
1.2 生体情報を用いた個人照合の特許情報へのアクセス
1.3 技術開発活動の状況
1.4 技術開発の課題と解決手段

> 特許流通
> 支援チャート
>
> # 1．技術の概要
>
> ネットワーク社会の進展など近年の社会環境変化は、各種情報を授受する機会の増大をもたらすとともに高いシステムセキュリティを要求する。情報の送受信者間での真偽確認のための個人照合技術の重要性が増している。

1.1 個人照合技術

　ネットワーク社会の進展に基づく電子商取引、各種情報授受の機会増大は、機密性、プライバシー保護などシステムセキュリティの重要性を増している。行政、金融、決済サービスなど社会生活上の諸々のサービスを受けるときなどには、サービス提供者とそれを享受する人との間で本人だけが持ち得るものあるいは情報でもって確かに本人であることを確認、同定するプロセスが必要となる。この本人であることの確認、同定プロセスを本人認証とか個人照合という。したがって、個人照合とは、事前に本人が登録、届出した情報と本人認証時に提示した情報とを比較することにより本人かどうかを確認する行為といえる。近年の社会環境変化により、情報の送受信者間で本人であることを確認する個人認証の必要性が高まっている。

1.1.1 個人照合技術の具体的方法
　個人照合の具体的方法としては、大きく下記3つの方法に分類できる。
　　　（1）本人の所有物によるもの：パスポート、運転免許証、IDカードなど
　　　（2）本人がもつ知識、情報によるもの：暗証番号、パスワードなど
　　　（3）本人固有の身体的特徴、行動特性によるもの：指紋、網膜、署名など
（1）の方法は、鍵、IDカードなど正当な本人しかもち得ない所有物でもって本人を認証するものである。携帯性などの長所の反面、偽造、盗難により他人による本人「なりすまし」や紛失の危険性がある。（2）の方法は、暗証番号、パスワードなど正当な本人しか知り得ない情報を提示することにより照合する方法である。簡便ではある反面、パスワードなどが盗まれることによる「なりすまし」や本人がパスワードを忘失するケースがある。
（3）の方法は、「バイオメトリクス認証」と呼ばれるもので、指紋や署名など本人固有の身体的特徴、行動特性を予めシステムに登録しておき、認証時に測定する本人の身体的特徴、行動特性と比較することにより本人を確認する。

図 1.1.1-1 個人照合の方法

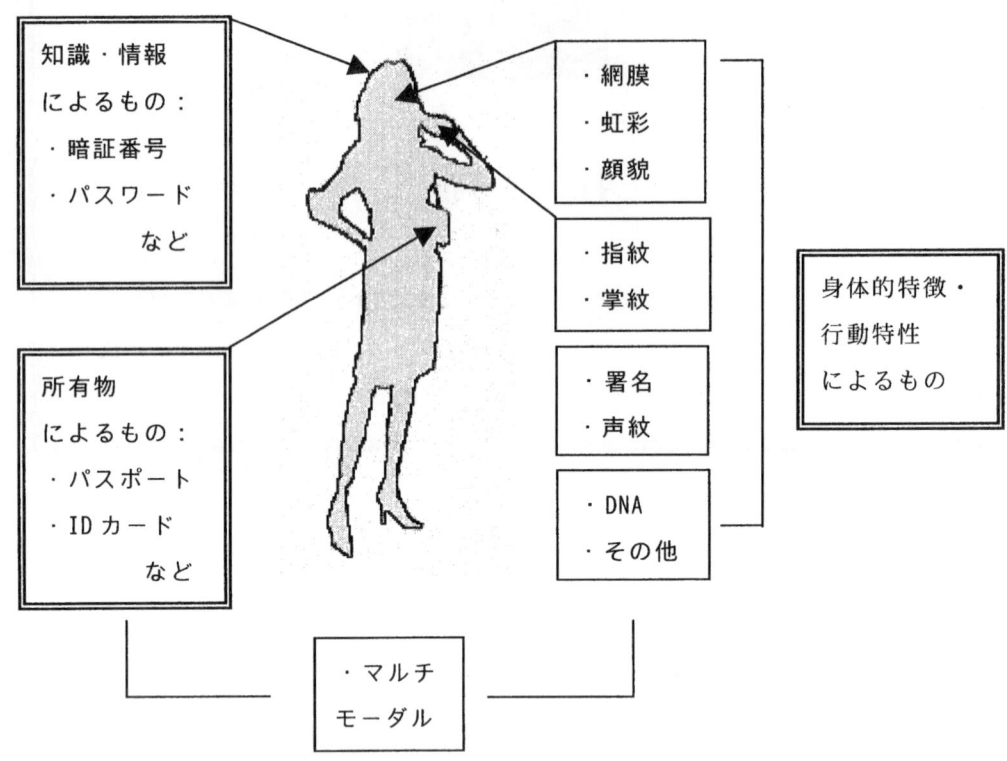

 ほかに、必要な認証レベルを確保するあるいは他の認証法を補完する目的で、上記各認証法を組み合せて認証するマルチモーダル認証技術がある。例えば、出入国管理におけるパスポートの確認とパスポートに貼り付けられている写真と本人の顔との一致をチェックするプロセスは、本人の所有物（１）と身体的特徴である顔貌（３）との組み合せによる本人認証にあたる。
 バイオメトリクス認証は、一般的に「なりすまし」抑止効果が大きい、利便性が大きいなどの特徴がある。反面、照合誤りが０％でない、照合システムと本人の身体的特徴の対応率が100％でない、本人固有の身体的特徴・行動特性が時間経過により変化する可能性があるなどの問題を持っている。

表 1.1.1-1 個人照合の方法と特徴

| 認証方法 | 本人の知識・情報 | 本人の所有物 | 本人固有の特徴（バイオメトリクス） || 組み合せ認証（マルチモーダル） |
			身体的特徴	行動的特性	
認証要素	暗証番号、パスワードなど	身分証明書、IDカードなど	指紋、虹彩、網膜、顔貌、掌紋（形）、DNA、血管パターンなど	署名、声紋など	左記項目の組み合せ
特徴	1. 携帯の要なし 2. 忘失、管理が悪いと盗難の恐れあり	1. 携帯性あり 2. 盗難、紛失の危険性あり	1. 随意性なし 2. 利便性が大	1. 随意性あり 2. 利便性が大	1. 個別認証法の補完 2. 高い認証精度の期待

1.1.2 個人照合技術の評価基準

電子商取引実証推進協議会（現電子商取引推進協議会：ECOM）は、「本人認証の評価基準（第1版）」（平成 10 年 3 月）として下記 6 点の要件を挙げている。

（1）社会的認知性（社会的なインフラストラクチャとしての観点からの評価：バリアフリー、プライバシー保護、標準化など）
（2）利用者受容性（エンドユーザが感じる心理的および生理的な抵抗感などを考慮して受入れられるかの観点からの評価）
（3）脅威対抗性（盗難、偽造、改竄などに対抗する能力を備えているかの観点からの評価）
（4）認証精度（本人を誤って拒絶するエラー率を表す本人拒否率、他人を誤って受理するエラー率を表す他人受入率、認証システムと本人の身体的特徴などとの相性を表す対応率に関する評価項目）
（5）利便性（操作性、認証時間、事前準備など利用者が使いやすいかの観点での評価）
（6）保守・更新性（保守頻度、保守時間、保守コストなどの情報の保守・更新の容易性の観点からの評価）

図 1.1.2-1 本人認証の評価基準と課題

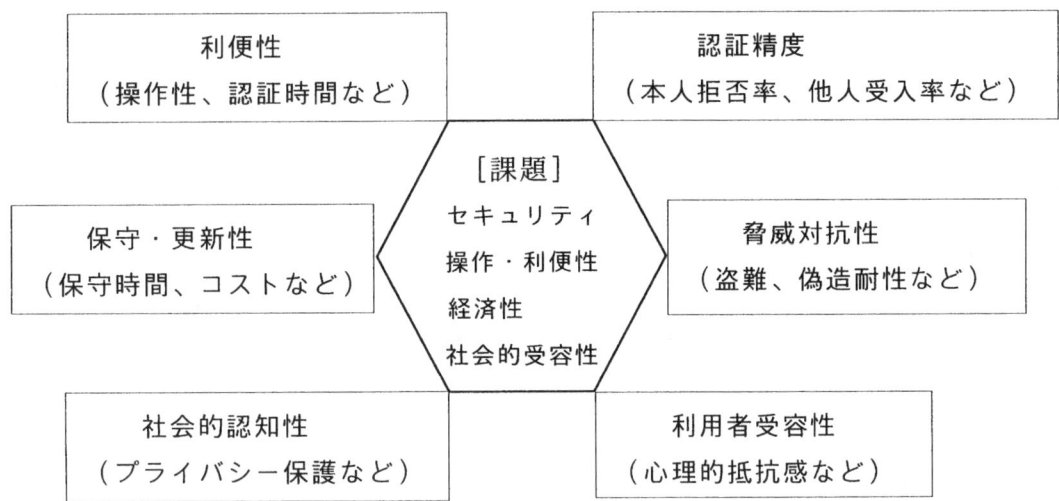

本人認証技術における技術・製品・システムの使用目的に対する適合性を検証する上記評価基準は本人認証における対応課題ともいえる。これを基に、本人認証技術に対する要求条件および本人認証技術の比較を表 1.1.2-1 に示す（出典：瀬戸、バイオメトリクスを用いた本人認証技術、計測と制御、VOL.37,No.6,PP.395-401 (1998)）。

近年におけるオープンネットワークを介した非対面の電子商取引、種々のデータへのアクセスニーズの高まりなど社会的要請から、電子情報の盗聴、改ざんや「なりすまし」に対して個人（本人）を確実に認証することの重要性が増えている。

現時点では、携帯性、コストなどに若干の問題を内包するが、本人であることを証明するために何かを携帯したり、暗証番号を記憶したりする必要性がない、高い認証精度を得ることが期待されるなどの諸点からバイオメトリクス認証が個人照合の中でも究極の本人確認技術として注目されている。特に近年の技術の進展はめざましく、従来問題とされていた経済性などの問題も徐々に克服されつつある。ちなみに2001年9月30日に米国国防総省が議会に提出した国防白書（QUADRENNIAL DEFENSE REVIEW REPORT）に挙げられている4つのキー・テクノロジーの1つにネットワーク侵入を防ぐ認証技術としてバイオメトリクスが挙げられている。

表 1.1.2-1 本人認証技術と要求条件

要求条件 \ 本人認証技術	本人の所有物 磁気カード、 ICカード、 証明書など	本人の知識 パスワードなど	バイオメトリクス 身体的（指紋,虹彩）、 行動的（署名、声紋） 特徴
安全性 ・照合精度が高く、認証が確実 ・偽造、盗難などによる悪用が困難 ・無害 ・経年変化しない	・紛失、盗難、偽造の恐れあり （×）	・忘失の恐れあり ・パスワードの管理方法によっては、第3者に盗難 （×）	・精度の比較的高いものがある ・偽造は困難 （◎）
経済性 ・費用が保護すべき利益に見合う	・ICカードは将来低価格化 （△→○）	・記憶によるので無償 （◎）	・現時点では他の方法に比べ高価 ・適用対象に合わせ選択 （×→○）
簡便性 ・操作が簡単 ・認証時間が早い ・携帯性がある	・ICカードなどを読取装置へ挿入 （○）	・キーボードなどにより文字、数字を入力 （○）	・登録に時間を要する ・現時点では携帯性に問題あり （△→○）
社会的受容性 ・違和感、抵抗感を感じさせない	・通常の社会生活で行われている行為 （○）	・通常の社会生活で行われている行為 （○）	・指紋は抵抗感があるなどの問題あり （△）

◎：適性優　○：適性良　△：適性可　×：問題あり

1.1.3 バイオメトリクス技術の種類

　本人認証技術として従来使われてきたIDカードやパスワードなど本人の所有物や秘密情報（知識）で本人を照合する認証方式は、忘れやすい、盗難などにより不正使用される可能性がある、運用管理が煩雑などの難点がある。一方、バイオメトリクス認証は特殊入力装置が必要、性能が環境条件に依存するなどの克服すべき問題があるものの、偽造耐性・盗難耐性が高い、高い認証精度が期待できるなど利便性、安全性などの面で魅力ある強みを持っている。

バイオメトリクス技術は大別すると表1.1.3-1のように2種類に分けられる（電子商取引実証推進協議会 ECOM 本人認証 WG の分類による）。その区分は、本人が随意的に変えられないもの（バイオメトリクスⅠ）と随意的に変えられるもの（バイオメトリクスⅡ）である。

表1.1.3-1 バイオメトリクス技術区分と種類

バイオメトリクス技術の区分	バイオメトリクス技術の種類
バイオメトリクスⅠ	a.指紋、b.網膜、c.顔貌、d.虹彩、e.掌紋（形）、f.耳、g.手の甲の血管模様など
バイオメトリクスⅡ	a.署名、b.声紋など

これら2種類のバイオメトリクス技術区分に含まれる主な個別技術を以下に挙げる。

(1) バイオメトリクスⅠ

a. 指紋

法科学の分野では古くから個人識別の技術として使用されてきた。万人不同、終生不変という指紋の2大特徴を活かし、個人認証においても確実性が高い技術として社会的に広く認められている。指紋の照合技術は、指紋の端点や分岐点などの特徴点（マニューシャ）を抽出して比較するマニューシャマッチング方式と指紋画像自体の画像相関による画像マッチング方式に大別でき、実用化はマニューシャマッチング方式によるものが多い。

b. 網膜

網膜上の血管パターンは3歳程度で完成して、その後は終生不変であると考えられている。万人不同であり眼底撮影と同じく専用器具に被験者の眼を近づけ赤外線を円形にスキャンして血管パターンを取り出し個人認証に適用する。専用器具を必要とするところから、実用化は入退室管理が主である。

c. 顔貌

日常生活において個人を確認するうえで自然に利用されている認証法である。しかしながら、コンピュータによる画像処理に基づく顔の照合ということになると、登録情報の顔画像と認証時のそれとは撮影条件が異なるため単純な画像マッチングでは難しい面がある。通常、顔の輪郭、目、鼻、口の形などの二次元情報、顔の起伏などの三次元情報を用いて顔の特徴を抽出して照合が行われる。非接触で心理的抵抗感の少ない認証法である。

d. 虹彩

虹彩は瞳孔の開閉を調節する筋肉から構成され、虹彩の模様（シワ）は生後数年で完成し、終生不変で個人ごとに異なる。この模様を特徴量として抽出して個人認証に使用する。網膜と同様に眼の一部であるが、虹彩は外部の離れた位置から見ることができる。

e. 掌紋（形）・指形

掌紋は手のひらのしわの形状を特徴として捉える方式、俗にいう手相の特徴を使うものであるが、指紋ほど特徴がないため個人識別精度も指紋には及ばない。掌（指）形は、手のひらの幅と厚さ、指の長さ、形などの特徴を計測して個人を確認する。方式が簡単で指紋に比較して使用者の抵抗感が少ない。

f．耳
　耳の形の個人差を利用して個人認証を行うものであるが、可能性を含めて研究段階にある。

g．手の甲の血管模様
　手の甲に浮き出た血管パターンに着目した方式である。線の長さ、分岐角など静脈パターンの特徴を抽出して本人かどうかを認証する。

（2）バイオメトリクスⅡ
a．署名
　署名による認証は、筆跡の個人差を利用して事前登録した署名と認証時の署名とを照合し、筆者を認証する。筆跡の形を問題にする静的署名認証方式と筆順、筆圧、運筆速度などを利用する動的署名認証方式がある。動的署名の方が利用できる情報量も多く、不正行為に対して高いセキュリティを実現でき実用化に適している。

b．声紋
　音声を周波数成分に分解したサウンドスペクトグラムの特徴を利用して音声認証をする。サウンドスペクトグラムの時系列データを登録しておき、提示された音声のそれとを比較する。発声自体に随意的な要素があり、登録時と認証時に差があるなどの問題がある。

1.1.4 バイオメトリクス技術の特徴
　個々のバイオメトリクス技術の主な特徴を表1.1.4-1に示す。

表1.1.4-1 バイオメトリクス技術の特徴（1/2）

バイオメトリクス	照合アルゴリズム・パラメータ	特徴	コスト	適用分野例	課題（セキュリティ、利便性、経済性、社会的受容性）
指紋	1．特徴点（指紋の端点、分岐点）の位置（マニューシャ・マッチング方式） 2．特徴点の位置、方向、特徴点間の隆線数（マニューシャ・リレーション方式） 3．指紋エリア画像の重ね合わせ照合（パターン・マッチング方式）	1．万人不同、終生不変 2．法科学分野で識別技術として確立 3．高認証精度	低	1．入退室管理 2．セキュリティ管理など全般	1．指紋画像品質 2．社会的受容（プライバシー）
網膜	1．網膜血管パターンのマッチング	1．万人不同、終生不変 2．耐盗難・耐偽造 3．高認証精度 4．非接触での認識	高	1．入退室管理 2．高セキュリティ管理	1．システム規模、価格

表1.1.4-1 バイオメトリクス技術の特徴 (2/2)

バイオメトリクス	照合アルゴリズム・パラメータ	特徴	コスト	適用分野例	課題（セキュリティ、利便性、経済性、社会的受容性）
顔貌	1．顔器官上の特徴点（目、口など）周りの特徴量抽出、類似度算出など	1．非接触での認証 2．心理的抵抗が少ない	中	1．入退室管理 2．低セキュリティ管理	1．耐照明環境、撮像角度性 2．眼鏡、ひげ、化粧などへの対応 3．耐時間的変化 4．なりすまし対応
虹彩	1．アイリスを分割した分析帯の濃淡データのマッチング	1．万人不同、終生不変 2．耐盗難・偽造 3．高認証精度 4．非接触での認識	高	1．入退室管理 2．高セキュリティ管理	1．システム規模、価格
掌紋・掌形、指形	1．掌の幾何学的な特徴（大きさ、形など）の画像マッチング	1．操作性良 2．高速認証	中	1．一定時間内の多人数入退室管理	1．機器サイズ 2．信頼性確保
手の甲の静脈パターン	1．静脈パターンの特徴を分析・抽出（線の長さ、分岐画像）し、認証時のそれとの比較・照合	1．非接触読取り 2．高認証精度	高	1．入退室管理 2．高セキュリティ管理	1．価格
その他（耳介、DNA、キーストロークなど）	一部実用化されているが多くは研究段階					
署名	1．静的形状（形態情報）の比較 2．筆順、筆圧、運筆速度など動的特徴情報の比較	1．操作性良 2．心理的抵抗が少ない	低	1．セキュリティ管理	1．怪我などで物理的に署名不可ケースへの対応 2．偽筆対応 3．経時変化への対応
声紋（音声）	1．入力音声の分析結果（サウンドスペクトグラム、ピッチ、発音レベルなど）と話者モデルの尤度計算	1．非接触認証可 2．心理的抵抗が少ない	中	1．電話応答サービス	1．雑音対応 2．経時変化への対応 3．体調対応 4．詐称対策（テキスト提示型実用化）

1.1.5 バイオメトリクス技術における新しい技術動向

　バイオメトリクス認証技術は、所有物や知識・情報を基に本人認証を行うほかの技術と比較して、本人の身体的特徴や行動的特性という生体情報を用いる方法であるため、何かを携行するとか何かを覚えておく必要性が少なく、本人情報の偽造が難しいという一般的特徴を有している。しかしながら、精度が確率的であり、照合誤りが０％でないことや個人のバイオメトリクス手段との適応性などの課題がある。これら課題を補完、緩和するために、下記の技術が用いられる。

(1) マルチモーダル（複合化）技術
a．生体情報の組み合せ

　指紋、網膜、署名などの身体的特徴、行動特性による単独のバイオメトリクス技術では
　　（１）多様化する使用目的、環境などに対応することが難しい
　　（２）アプリケーションによっては単独のバイオメトリクス技術では、精度、受容性、
　　　　利便性などに限界がある
ということから２つ以上の複数のバイオメトリクス技術の組み合せにより、単体バイオメトリクス認証の補完や認証精度などの改善を図る方法がある。

　マルチモーダル技術による生体認証の機能構成図を図1.1.5-1に示す。認証時の生体情報の特徴量と登録生体情報の比較照合を行うサブシステムが複数あり、これら複数のサブシステムの照合結果の融合判定により総合的な個人認証を行う技術である。指紋、声紋と顔貌など種々の生体情報の組み合せによる認証が考えられている。単体バイオメトリクス認証に比較して、本人拒否率、他人受入率などの認証精度の改善、利用者受容性、利便性および生体情報の偽造耐性向上に効果が期待され、今後の生体認証技術として注目される。

図1.1.5-1 マルチモーダル技術による生体認証（1/2）

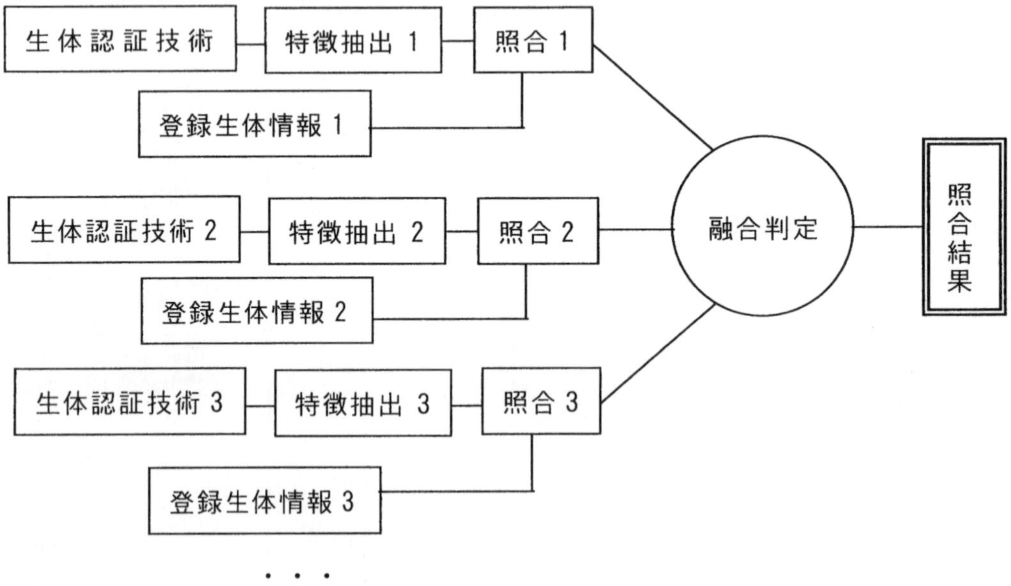

b．生体情報と所有物、知識・情報との組み合せ

　従来システムの本人所有物、知識・情報を基に行う認証技術とバイオメトリクス認証技術の融合により、単体バイオメトリクス認証技術の補完をする。利便性、受容性などの認証要件の改善を図る方法である。出入国管理でのパスポートと本人の顔、セキュア PC などに見られるパスワードと指紋など種々の組み合せがある。

図 1.1.5-2　マルチモーダル技術による生体認証（2/2）

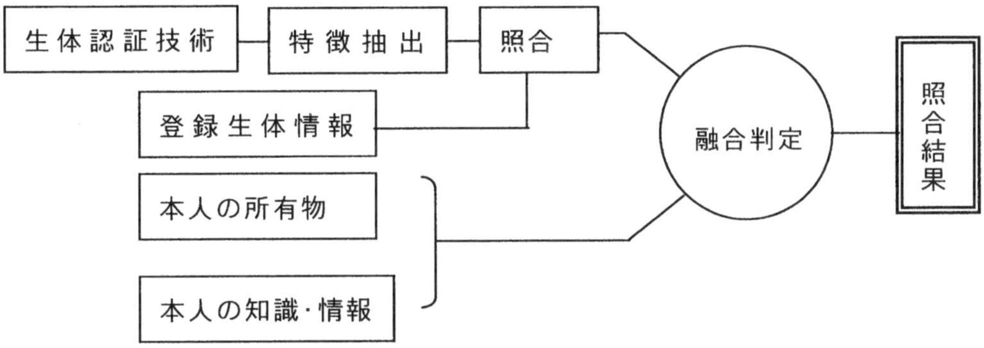

(2) プロファイリング技術

　個人の動作特徴（癖）を用いて個人を認証する技術はプロファイリング（Profiling）技術と称されている。この事例の1つに「じゃんけん認証」がある（出典：長田他、エレクトロニクス、オーム社、2000 年 3 月号、PP36-37）。これはじゃんけん時の個人の手指動作（手形状、順序および手形状の移り変わる間の時間間隔）が個人固有の動作特徴をもつことを活用した個人認証法である。一連の動作、掌形状がバイオメトリクスに相当し、手形状を真似できても、一連の動作を自然な動きで行うことは困難である。このシステムでは基本的にカメラのみを必要とする。パソコン、携帯電話にカメラが装備される時代の到来で今後期待される方式の1つである。

1.1.6 バイオメトリクス認証技術の応用事例と市場規模

　従来の ID カードやパスワードなど本人の所有物や知識情報による認証以外にハイセキュリティ指向のアプリケーションに対して個人の身体的特徴や行動特性を利用するバイオメトリクス認証技術が実用化されつつある。主なバイオメトリクス認証技術の応用分野としては、金融、企業・官公庁、民需などその他市場に分類できる。これら市場におけるアプリケーションとして入退出（物理空間管理）、情報アクセス（情報空間管理）、電子商取引、有資格者などを認証するその他機能に大別できる。表 1.1.6-1 にバイオメトリクス認証システムの応用市場とアプリケーション例を示す（出典：塚田、情報処理 Vol.40 No.11 Nov.1999 PP1084-1087 を参考にした）。アプリケーションとしては公共サービス、施設の入退室管理、情報システムのアクセス制御など多岐にわたる。

表1.1.6-1 バイオメトリクス認証システムの応用市場

アプリケーション 市場分野	入退出 （物理空間管理）	情報アクセス （情報空間管理）	電子商取引 （取引管理）	その他
金融	貸し金庫、営業店鍵管理 他	―	電子商取引、ホームバンキング、ATM 他	―
企業 官公庁	施設（研究、電力、原子力など）入退室管理、防犯管理 他	PCアクセス管理 自動契約機 他	クレジットカード決済 他	医師／弁護士登録、外国人登録、福祉、運転免許証 他
その他	自動車キーレスシステム、レジャー施設入場管理 他	電子承認、放送視聴管理 他	―	身分証明 他

　バイオメトリクスを用いた認証市場規模について概観する（出典：瀬戸、製品の市場動向をさぐる、エレクトロニクス、2000年3月号 PP7-8）。図1.1.6-1にバイオメトリクスを用いた本人認証装置の世界市場規模を示す（システム市場はここに示す装置市場の約10～100倍程度と考えられる）。認証装置の1996年の世界市場規模は約1億USドルで、本人認証市場のトータル規模は毎年10％程度の伸びを示しており、2003年には約1.7億USドルの市場規模になると予想されている。市場地域別では、北米70％、欧州25％、アジア5％という構成比である。

図1.1.6-1 バイオメトリクスを用いた本人認証装置の世界市場

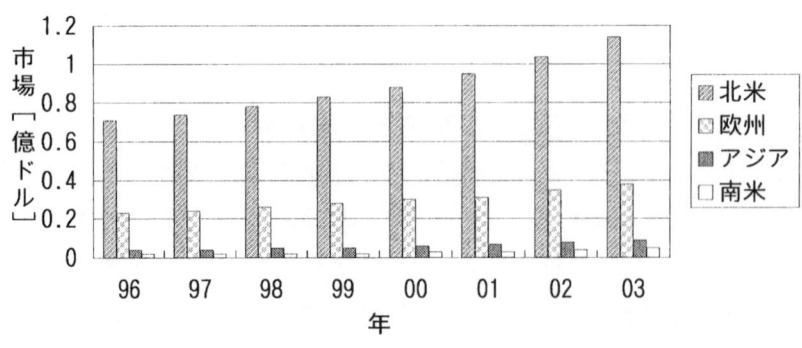

バイオメトリクス認証装置の世界市場での応用分野および認証技術別の構成比を図1.1.6-2および1.1.6-3に示す。入退室管理など物理的なアクセスコントロールが63％を占め、これに法秩序（犯罪者識別管理など）、医療、金融関係へのアプリケーションが続く。利用される技術としては、現状では施設管理関係の市場が大きいことから掌形が約35％、指紋が約30％を占める。

図1.1.6-2 バイオメトリクス製品の世界市場での構成比［応用分野］

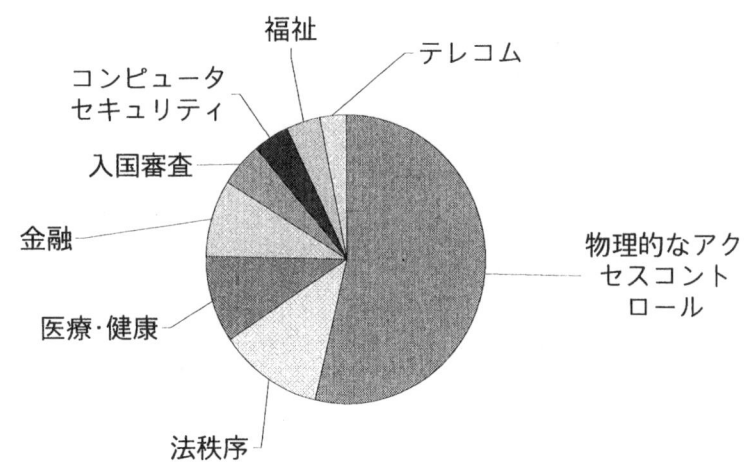

図1.1.6-3 バイオメトリクス製品の世界市場での構成比［技術］

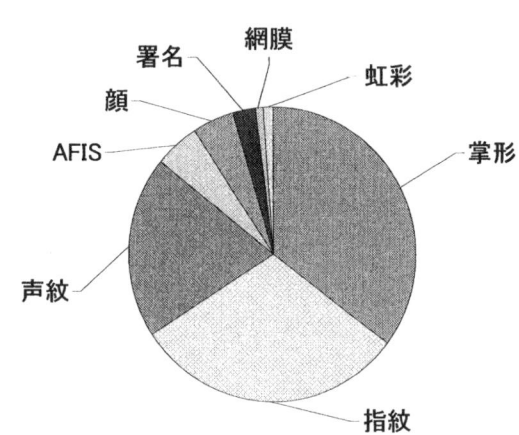

AFIS：Automatic Fingerprint Identification System

日本における本人認証装置市場を図1.1.6-4に示す。指紋関連の製品が85％を占め、掌形9％、網膜6％と続く。1996年の装置市場規模は約8.5億円である。80年代初頭の犯罪捜査情報管理のAFIS (Automatic Fingerprint Identification System)への本格導入に続き、電力関係の施設管理、アミューズメント施設の顧客管理などへの適用例がある。

日本には指紋認証装置など有力メーカがあること、システムに対する安全性、利便性に対するニーズが高いことなどから、日本でも本人認証装置、システム市場が今後欧州レベルまで立ち上がることが期待されている。

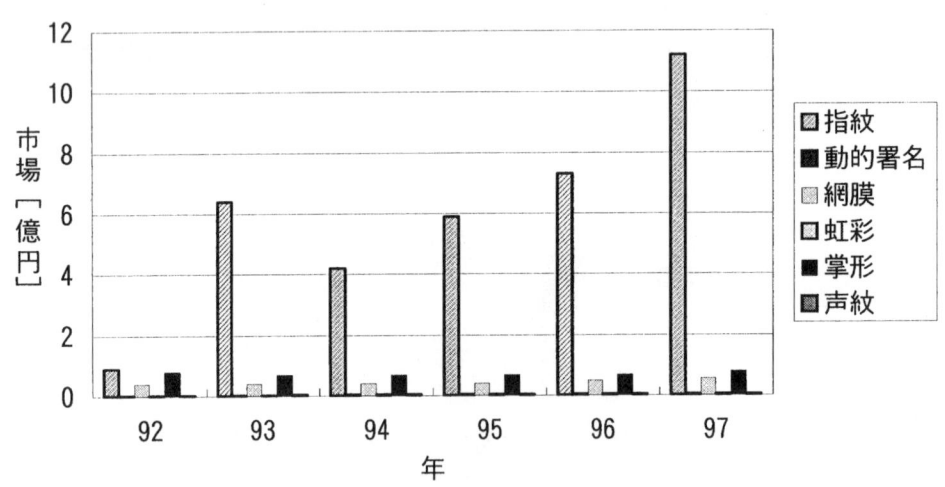

図 1.1.6-4 バイオメトリクスを用いた本人認証装置の日本市場

1.1.7 バイオメトリクス技術に関する特許出願動向

　生体照合技術関連の 1991 年 1 月～2001 年 9 月に公開された特許出願のうち 91～99 年出願（約 1,900 件）対応の出願件数推移を図 1.1.7-1 に示す。

図 1.1.7-1 生体照合関連出願件数推移

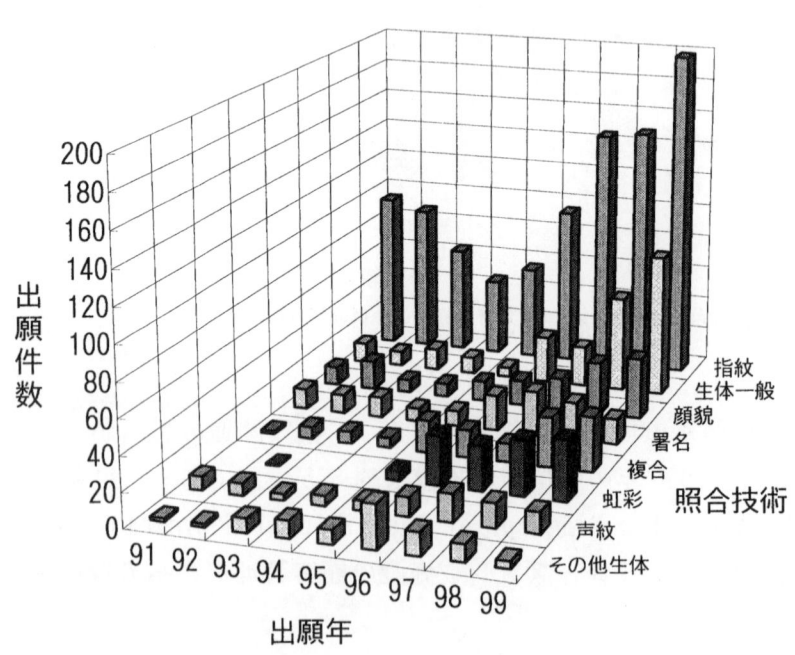

全般的な傾向として入退室管理や情報へのアクセス管理を始めとする物理空間、情報空間制御およびこれらのセキュリティ面での対応などへのニーズの高まりを反映して、1990年代半ばから生体照合技術関連出願の増加が顕著である。

　図1.1.7-2は、この生体照合技術関連の出願増加傾向が顕著になった1994年以降2年間ごとの照合技術別の出願件数比率を示す。圧倒的に多い指紋関連の出願件数が全体の47%前後で推移している。身体的特徴あるいは行動特性のいずれか1つを用いる生体情報一般関連出願が、94年以降の2年間ごとの出願件数比で見ると、全生体照合関連出願の7、10、19%と徐々に占有率が増えており、生体照合技術全般への関心が強くなっていることがうかがわれる。

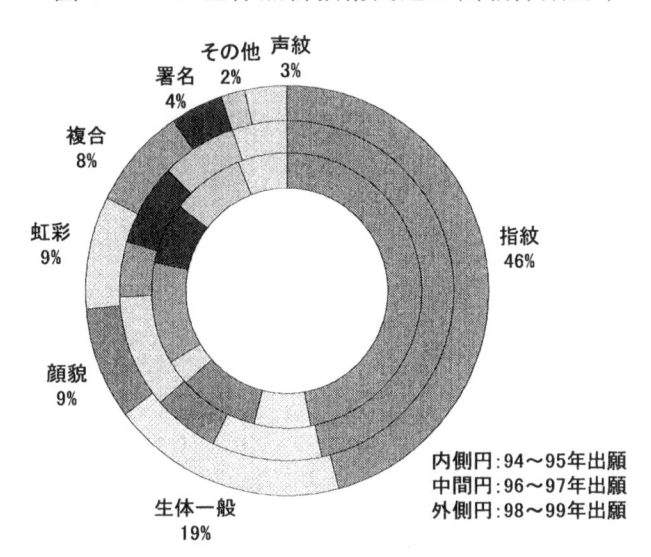

図1.1.7-2 生体照合技術関連の出願件数比率

声紋 3%
その他 2%
署名 4%
複合 8%
虹彩 9%
顔貌 9%
生体一般 19%
指紋 46%

内側円：94～95年出願
中間円：96～97年出願
外側円：98～99年出願

1.1.8 個人照合技術の課題・対応技術および用途

個人照合技術の課題と課題対応技術および用途をまとめて表1.1.8-1に示す。

表1.1.8-1 個人照合技術の課題・対応技術および用途

課題			課題対応技術	用途
大区分	中区分	小区分	―	―
個人照合（認証）	1．セキュリティ	1．偽造耐性、盗難耐性、不正使用防止 2．照合精度 3．信頼性　　　など	1．バイオメトリクス認証技術 （1）バイオメトリクスⅠ ［身体的特徴（随意性なし）］ ①指紋 ②虹彩 ③顔貌 ④網膜 ⑤掌紋（形） ⑥静脈パター 　　　　　　など （2）バイオメトリクスⅡ ［行動的特性（随意性あり）］ ①声紋（音声） ②署名 　　　　　　など （3）マルチモーダル（複合化）技術 2．所有物（所持品） ①ICカード ②身分証明書 ③運転免許証 　　　　　　など 3．本人固有の知識・情報 ［秘密情報Ⅰ］ ①パスワード ②暗証番号 　　　　　　など ［秘密情報Ⅱ］ ①デジタル（電子）署名　　　　など	1．物理空間制御（鍵／錠） 2．情報空間制御（情報システムアクセス制御） 3．身分証明 4．資格／ライセンス（有資格者）
	2．操作・利便性	1．操作性 2．利便性 3．処理速度（照合時間） 4．携帯性 5．環境耐性 6．変化耐性 7．データ量削減 8．自動化　　　など		
	3．経済性	1．コスト 2．小型化 3．保守性 4．省部品 5．省電力 6．省力化　　　など		
	4．社会的受容性	1．抵抗感、違和感 　　　　　　　　など		
	5．その他	―		

個人照合技術につき技術、課題、用途などを概観するとともに、その中での生体（バイオメトリクス）認証技術の特徴、位置づけを見た。

本書では、個人照合技術の中で「生体（バイオメトリクス）認証」に着目して、それに関連する国内特許出願をベースに技術課題、解決策、主要出願人の保有特許出願動向、関連製品などを分析する。

1.2 生体情報を用いた個人照合技術の特許情報へのアクセス

　生体情報を用いた個人照合技術について特許調査を行う場合のアクセスツールとして、技術要素(表1.2.1-1参照、IPC分類、FI(File Index)、Fターム、FK(フリーキーワード)、XK(固定キーワード)を紹介する

○ **国際特許分類(IPC:International Patent Classification)**
　IPCは発明の技術内容を示す国際的に統一された特許分類である。

○ **FI(File Index)**
　FIは、特許庁内の審査官がサーチファイルの編成に用いている分類で、IPCをさらに細かく展開したものである。FIはIPCの記号と1桁のアルファベット、または IPC の記号と3桁の数字および1桁のアルファベットで表されている。

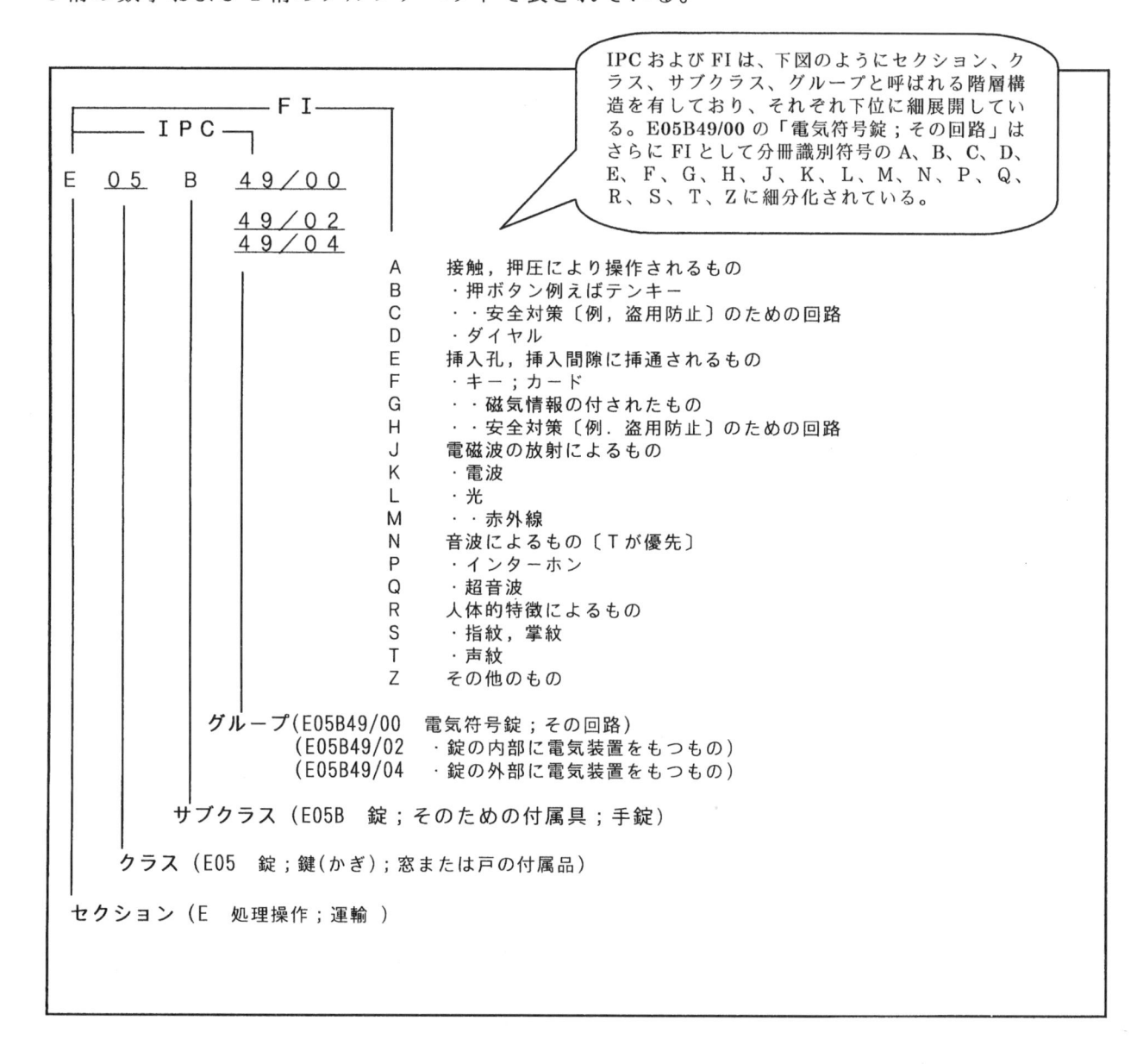

```
          ┌─── FI ───┐
     ┌─ IPC ─┐
     E  05  B  49/00
               49/02
               49/04
                        A    接触,押圧により操作されるもの
                        B    ・押ボタン例えばテンキー
                        C    ・・安全対策〔例,盗用防止〕のための回路
                        D    ・ダイヤル
                        E    挿入孔,挿入間隙に挿通されるもの
                        F    ・キー；カード
                        G    ・・磁気情報の付されたもの
                        H    ・・安全対策〔例.盗用防止〕のための回路
                        J    電磁波の放射によるもの
                        K    ・電波
                        L    ・光
                        M    ・・赤外線
                        N    音波によるもの〔Tが優先〕
                        P    ・インターホン
                        Q    ・超音波
                        R    人体的特徴によるもの
                        S    ・指紋,掌紋
                        T    ・声紋
                        Z    その他のもの
                   グループ(E05B49/00　電気符号錠；その回路)
                        (E05B49/02　・錠の内部に電気装置をもつもの)
                        (E05B49/04　・錠の外部に電気装置をもつもの)
              サブクラス（E05B　錠；そのための付属具；手錠）
       クラス（E05　錠；鍵(かぎ)；窓または戸の付属品）
   セクション（E　処理操作；運輸 ）
```

> IPCおよびFIは、下図のようにセクション、クラス、サブクラス、グループと呼ばれる階層構造を有しており、それぞれ下位に細展開している。E05B49/00の「電気符号錠；その回路」はさらにFIとして分冊識別符号のA、B、C、D、E、F、G、H、J、K、L、M、N、P、Q、R、S、T、Zに細分化されている。

○ Fターム

Fタームは、特許庁審査官の審査資料検索のために開発されたもので、約2,200の技術分野について、Fターム記号を付与したものである。

```
テーマコード    5B055    金融・保険関連業務，支払い・決済
FIカバー範囲   G06F    17/60,200～17/60,250
               G06F    17/60,400～17/60,432Z

    5B055HB00       暗証番号以外の照合データとその照合
    5B055HB01       ・照合データ
    5B055HB02       ・・指紋　掌紋
    5B055HB03       ・・声紋
    5B055HB04       ・・顔・体形
    5B055HB05       ・・印鑑
    5B055HB06       ・・署名
    5B055HB07       ・・質問・応答
    5B055HB09       ・目視照合
    5B055HB10       ・照合率　演算
```

○ FK(フリーキーワード)

技術の鍵となる言語で、特許電子図書館(IPDL:Industrial Property Digital Library)では、発明の名称、要約、請求の範囲、要約+請求の範囲、と各項目のなかに含まれる技術用語である。

また、株式会社パトリスの特許データベースでは、特許公報の発明の名称(考案の名称)とその特許について、株式会社パトリスが作成した抄録文(要約文)を作成源にして、キーワードとなる技術用語を抽出したものである。

○ XK(固定-キーワード)

株式会社パトリスの特許データベースにおいて、特定技術テーマについて付与したもので現在約120テーマが選定されている。

XK=	テーマ名	分類の内容
R325	生体認証システム(バイオメトリックス)	その人だけが持つ生体としての特徴を用いて、本人であることを認証する技術。指紋、顔つき、耳の形、網膜の血管分布などを、画像処理技術やパターン認識の技術を用いて判定する。現金自動預払機(ATM)を利用する際の暗証番号の代わりや、インターネット上での本人確認、特に、電子商取引の普及にともない不可欠の技術となっている。
R660	電子認証	電子商取引における暗号、認証に関する技術を対象とする。例えば、デジタル認証、デジタル署名、電子透かし技術、SSL(SecureSocketLayer)等の通信プロトコル技術などがある。

(PATOLIS-Webサーチガイド)

1.2.1 生体情報を用いた個人照合のアクセスツール

生体情報を用いた個人照合技術についてのアクセスツールを、表1.2.1-1に示す。

ただし、先行技術調査を完全に漏れなく行うためには、調査目的に応じて下表の分類以外の分類も調査しなければならないことも有り得るので、注意を要する。

表1.2.1-1 生体情報による個人照合技術のアクセスツール

技術要素		集合名	検索式	概要
指紋照合		指紋集合	(集合 S1+FI=G06F15/62,460) *FK=(指紋+指) +FT=5B049EE10+FT=5B055HB02 +FT=5C084CC29	指紋を用いた個人照合の要素技術、用途技術
虹彩照合		虹彩集合	集合 S1*FK=(虹彩+アイリス+瞳孔+瞳)	虹彩を用いた個人照合の要素技術、用途技術
顔貌照合		顔貌集合	集合 S1*FK=(顔貌+顔形+顔) +FT=5B055HB04	顔形を用いた個人照合の要素技術、用途技術
その他生体照合	耳介	耳介集合	集合 S1*FK=(耳+耳介)	その他生体（耳介、掌紋、網膜、細胞など）を用いた個人照合の要素技術、用途技術
	掌紋	掌紋集合	集合 S1*FK=(掌紋+掌+手形+掌形)	
	網膜	網膜集合	集合 S1*FK=(網膜+眼底+目)	
	細胞	細胞集合	集合 S1*FK=(ＤＮＡ+細胞)	
	その他生体	その他集合	集合 S1*FK=(手＋皮膚＋身体＋体重＋血管)	
声紋照合		声紋集合	集合 S1*FK=(声紋+声) +FT=5B049EE10+FT=5B055HB03 +FT=5C084CC30	声紋を用いた個人照合の要素技術、用途技術
署名照合		署名集合	(集合 S1+FI=G06K9/00) *FK=(署名+サイン+筆跡)	署名を用いts個人照合の要素技術、用途技術
複合照合		複合集合	集合 S1+FK=(指紋集合+虹彩集合+顔貌集合+耳介集合+掌紋集合+網膜集合+細胞集合+声紋集合+署名集合+生体全般集合)	生体情報を含む複数の個人情報を用いた個人照合の要素技術、用途技術
生体情報一般照合		生体一般集合	(IC=A61B5/117+FI=A61B5/10,320 +XK=R325)*FK=(本人+個人) *FK=(生体*情報+バイオ*メトリクス)	種類を限定しない生体情報による個人照合の要素技術、用途技術

・パトリスの特許データベースにおける検索記号を下記に示す。

　IC=国際特許分類、FI=File Index、FT=Fターム、FK=フリーキーワード

　*=AND、+=OR、XK=固定キーワード

・**集合 S1 は次頁**

パトリスのデータベースによる**集合 S1** の検索式を下記に示す。

集合 S1=
    (IC=G07G1/12+IC=G07D9/00,461+IC=G09C1/00,640
    +IC=G09C1/00,660
    +IC=G06F15/00,330+IC=E05B49/00+IC=H04L9/32+IC=G06K9/00
    +IC=G10L?+IC=G06F17/60
    +FI=G06F15/21,340B+FI=G07D9/00,461+FI=E05B49/00
    +FI=G09C1/00,640+FI=G09C1/00,660+FI=H04L9/00,671
    +FI=G10L?+FI=G06F15/00,330+FI=G06F15/62,450
    +FI=G06F15/62,455+FI=G06F15/62,465?+FI=G06F15/64H
    +FI=G06F15/70,330?
    +FI=G06F15/70,450?+FI=G07G1/12)
    *(FK=(照合+識別+認証+判別+特定+ＩＤ+アイデンテイテイ))
    *(FK=(生体*情報+バイオ*メトリクス+指紋+指+掌紋+掌+手形
    +掌形+顔貌+顔形+顔+耳+耳介+虹彩+アイリス+瞳孔+瞳+網膜
    +眼底+目+声紋+声+署名+サイン+筆跡+ＤＮＡ+細胞))
    +FT=5B085AE25+FT=5J104KA14
    +(FT=2C005MB01+FT=2C005HA03+FT=2E203DD08
    +FT=2E250DD08
    +FT=3E001DA09+FT= 3E040DA02+FT=3E044DA05
    +FT=5B035BC01
    +FT=5B043AA09+FT= 5B047AA23+FT=5B058KA37
    +FT=5J104KA01
    +XK=R660)
    *(FK=(生体*情報+バイオ*メトリクス+指紋+指+掌紋+掌+手形
    +掌形+顔貌+顔形+顔+耳+耳介+虹彩+アイリス+瞳孔+瞳+網膜
    +眼底+目+声紋+声+署名+サイン+筆跡+ＤＮＡ+細胞))

・検索式内の各記号は下記に示す。
 IC=国際特許分類、FI=File Index、FT=Fターム、FK=フリーキーワード
 XK=固定キーワード、*=AND、+=OR、?=前方一致

1.2.2 生体情報を用いた個人照合関連分野のアクセスツール

生体情報による個人照合技術について、関連分野のアクセスツールを、表1.2.2-1に示す。

表1.2.2-1 生体情報による個人照合関連分野のアクセスツール

関連分野		関連FI, IPC
個人照合の用途	電子商取引	G07D9/00,461
		G07G1/12
	入退場管理	E05B49/00
	情報アクセス管理	G06F15/00,330
		H04L9/00,671
	その他用途	G09C1/00,640
		G09C1/00,660
個人照合の要素技術	特徴パターン入力	G06F15/64H
		G06K9/00
		G06T1/00,340
		G06T1/00,400
	特徴分析	G06F15/70,330?
		G06F15/70,450?
		G10L?
		G06T7/00,200
		G06T7/00,250
		G06T7/00,300
		G06T7/00,350
	識別・照合	G06F15/21,340B
		G06F15/62,450
		G06F15/62,460
		G06F15/62,465?
		G10L?
		G06T7/00,500
		G06T7/00,510
		G06T7/00,530
		G06T7/00,570

1.3 技術開発活動の状況

　1.2節のアクセスツールで検索抽出された個人照合関係特許は、1991年以降2001年9月頃までに3,380件が公開された。これらの中で「生体情報を用いた個人照合」に関するものは2,155件であった。
　ここでは、「生体情報を用いた個人照合」特許を下記表1.3-1に示す技術要素に分類し、技術開発活動の状況を眺めていく。

表1.3-1 生体情報を用いた個人照合の技術分類体系と出願件数

技術テーマ	分類	技術要素		内容	出願特許件数
生体情報を用いた個人照合	バイオメトリクスⅠ（身体的固有情報）	指紋照合	指紋照合システム・応用	指紋を用いた個人照合の応用技術	302
			指紋入力	指紋入力技術	413
			指紋照合	指紋識別・照合技術	372
		虹彩照合		虹彩を用いた個人照合技術	135
		顔形照合		顔形や顔貌を用いた個人照合技術	172
		その他生体情報（掌紋、耳介、網膜、DNAほか）照合		上記以外の生体情報による個人照合技術	92
	バイオメトリクスⅡ（知的固有情報）	声紋照合		声紋識別による個人照合技術	93
		署名照合		署名の筆跡識別による個人照合技術	149
	複合	複合照合		生体情報を含む複数の識別技術を組み合わせた個人照合技術	144
	バイオメトリクス一般	生体一般照合		生体情報を特定はしないが、生体情報を用いて個人照合を行うシステム技術	283

（1991年1月～2001年9月に公開の出願）

　表1.3-1によれば、分類別で、身体的固有情報であるバイオメトリクスⅠに属する出願件数が1,486件、知的固有情報であるバイオメトリクスⅡに属するものが242件、複合144件、生体一般のものが283件であった。技術要素別では、指紋を用いた個人照合特許が最も多く、全体の半分を占めることが分かる。指紋以外の生体情報を利用するものは、100件前後で年当たりにすると数件～10数件の出願規模である。なお表に件数は示していないが、その他生体の内掌形は40件弱、網膜は20件程度、耳介、DNAは2件の出願であった。
　指紋照合は、「指紋照合システム・応用」、「指紋入力」及び「指紋照合」に大きく分けることができ、出願件数が概略3等分される。

図 1.3-1 に生体情報を用いた個人照合全体及び指紋照合特許出願件数の年次推移を示す。1991 年頃にピークが現れ、90 年代半ばに若干落ち込むが、その後かなりの勢いで増加しており、この技術領域の開発力は増強されてきている。特に指紋以外の生体情報を用いる開発が盛んになってきている。

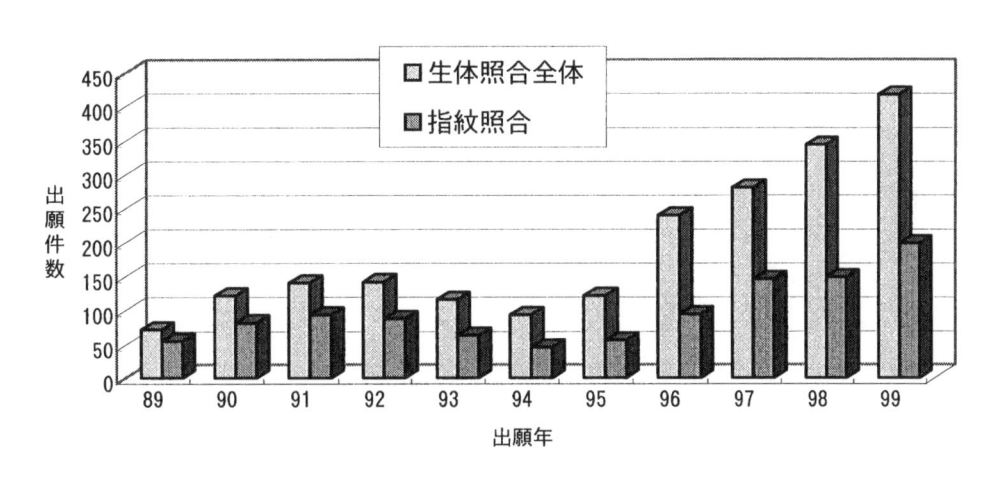

図1.3-1 生体情報を用いた個人照合特許出願年次推移

次に図 1.3-2 に生体情報を用いた個人照合特許のポートフォリオを示す。この図は各技術要素の特許出願件数シェアを横軸に、それぞれの調査全期間件数に対する 1998 年以降件数の比を「10 年／3 年」倍した値を伸び率として縦軸に、さらにそれぞれの件数規模をバブルの面積に対応させて描いたものである。

この図によれば、「指紋」は開発の安定期、「生体一般」、「虹彩」、「複合」、「顔貌」が成長期にあり、「声紋」「署名」や掌形、網膜などの「その他生体」は開発逡巡期にあるといえる。

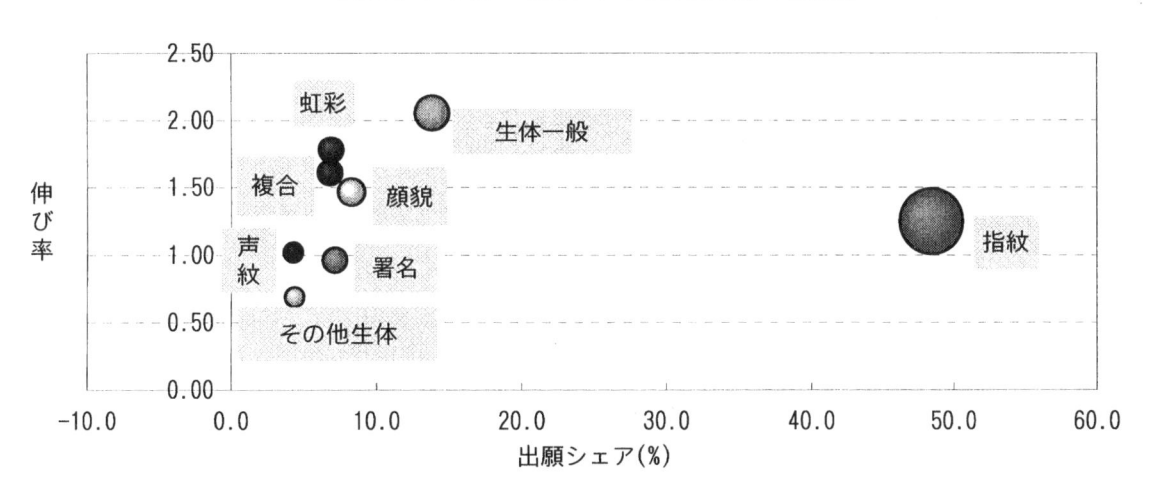

図1.3-2 生体情報を用いた個人照合特許ポートフォリオ
（1991 年 1 月～2001 年 9 月に公開の出願）

次頁以降、技術要素ごとに出願人すなわち企業の情報を加えて、技術開発活動の状況を見ていく。

1.3.1 生体情報を用いた個人照合

表1.3.1-1と図1.3.1-1は、生体情報を用いた個人照合の出願件数と出願人数との関連をみたものである。これらの図に示されるように、技術開発は1995年以降急速に進展していることが分かる。また、表1.3.1-2は、主要出願人上位20位以上の出願件数推移を示したもので、東芝、沖電気工業、三菱電機などの電気通信企業の出願が多い。

表1.3.1-1 生体情報を用いた個人照合の出願件数と出願人数

出願年	91	92	93	94	95	96	97	98	99	計
出願件数	132	153	120	96	130	247	278	335	419	1,910
出願人数	42	49	47	56	57	82	82	114	118	647

図1.3.1-1 生体情報を用いた個人照合の出願件数と出願人数

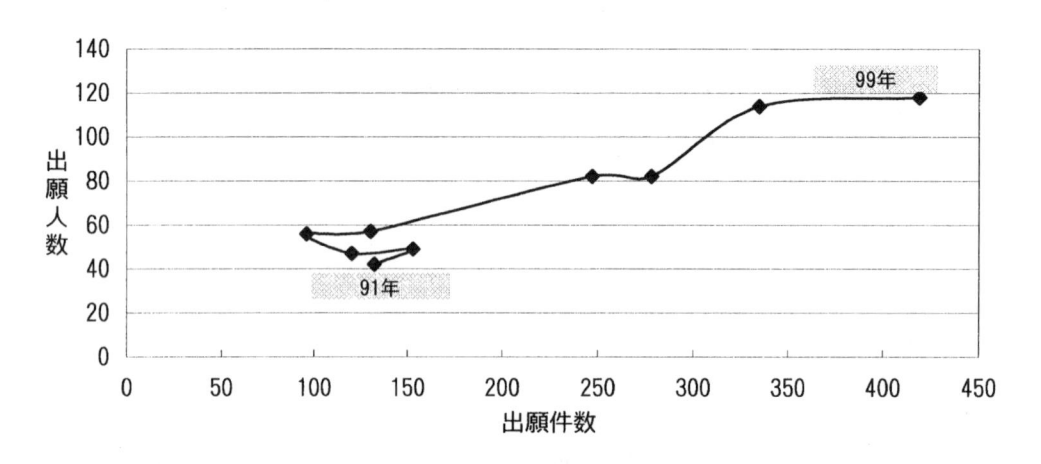

表1.3.1-2 生体情報を用いた個人照合の主要出願人出願件数推移

NO	出願人/出願年	90以前	91	92	93	94	95	96	97	98	99	00	総計
1	東芝	32	14	9	15	6	8	14	30	22	23		173
2	沖電気工業	3	2	2	1	1	10	35	30	34	35	7	160
3	富士通	35	31	34	8	2		5	4	5	11	1	136
4	三菱電機	14	9	7	4	10	12	8	11	28	30	1	134
5	日本電気	10	10	4	7	6	8	16	28	15	27	1	132
6	ソニー			1			3	22	18	19	25	2	90
7	日立製作所	4	3	4	5	1	6	7	5	13	17	2	67
8	日本電信電話	4	2	2	1	8	10	5	5	11	14	2	64
9	松下電器産業	4	4	3	7		2	7	3	13	16	3	62
10	オムロン	13	4	3	3				8	8	14		53
11	富士通電装	1		7		7	9	8	8	4	3		49
12	シャープ	10	12	4	10	2		1	2	1	5	1	48
13	キヤノン	1		4			4	5	4	7	10		35
14	松村エレクトロニクス			21	9	2							32
15	山武				5	1	1	9	9	2	1	1	29
16	浜松ホトニクス		2	3	4	1	3	5	4	3	3		28
17	デンソー	6	5	3	1	3	1	3	2	1	2		27
18	カシオ計算機				1		1	1	11	4	8		26
19	日本電気セキュリティシステム	22	4										26
20	NTTデータ	2	1	1		2		4		8	4		22

1.3.2 指紋照合システムと応用技術

　表 1.3.2-1 と図 1.3.2-1 は、指紋照合システムと応用技術の出願件数と出願人数との関連をみたものである。これらの図から、技術開発は 1994 年から最近まで活発に行われている状況がうかがえる。特に 97～98 年に出願人が急激に増えているのが特徴的である。また、表 1.3.2-2 は、主要出願人上位 20 位以上の出願件数推移を示したもので、上位3社に加えてソニーの最近の出願が多い。

表 1.3.2-1 指紋照合システムと応用技術の出願件数と出願人数

出願年	91	92	93	94	95	96	97	98	99	計
出願件数	18	21	8	8	15	27	46	47	86	276
出願人数	8	13	7	8	11	18	27	38	45	175

図 1.3.2-1 指紋照合システムと応用技術の出願件数と出願人数

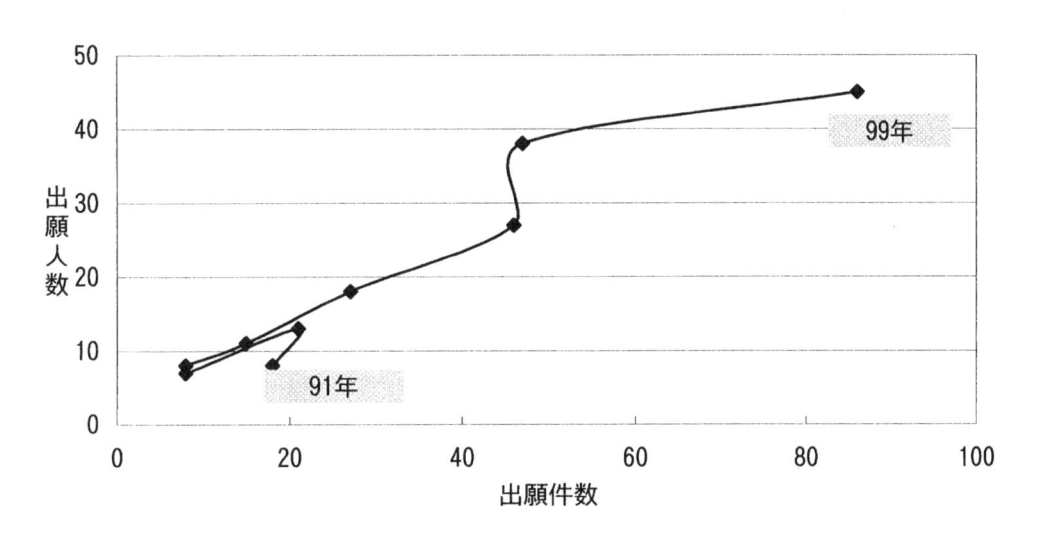

表 1.3.2-2 指紋システムと応用技術の主要出願人出願件数推移

NO	出願人/出願年	90以前	91	92	93	94	95	96	97	98	99	00	総計
1	東芝	4	5	1	3		2	1	9	1	2		28
2	日本電気	2	4	1		1		4	1	3	5		21
3	三菱電機			1	1	1	1	1	2	2	10		19
4	ソニー							1	3	3	7		14
5	日立製作所		2				2			3	2	1	10
6	松村エレクトロニクス			8									8
7	カシオ計算機								4	1	2		7
8	キヤノン			1						1	4		6
9	ミノルタカメラ				1					1	4		6
10	日本電信電話	1					2		2		1		6
11	サンデン							3	2				5
12	松下電工	1								1	3		5
13	日本電気エンジニアリング	2	2	1									5
14	オムロン			1	1				1		2		5
15	NTTデータ	1						3			1		5
16	シャープ			2						1	1		4
17	トーキン								1	1	2		4
18	三菱電機ビルテクノサービス									2	2		4
19	富士通	1	2		1								4
20	富士通電装							1	1	1	1		4

1.3.3 指紋入力技術

表 1.3.3-1 と図 1.3.3-1 は、指紋入力技術の出願件数と出願人数との関連をみたものである。これらの図から、技術開発は 1994 年から最近まで活発に行われ、特に 97〜98 年に出願人が急激に増えているのが、前述のシステムと応用技術の状況と同じである。また、表 1.3.3-2 は、主要出願人上位 22 位以上の出願件数推移を示したもので、95 年以降ソニー、三菱電機の出願が多い。

表1.3.3-1 指紋入力技術の出願件数と出願人数

出願年	91	92	93	94	95	96	97	98	99	計
出願件数	28	32	26	21	26	33	60	57	70	353
出願人数	13	12	13	15	14	19	19	26	28	159

図 1.3.3-1 指紋入力技術の出願件数と出願人数

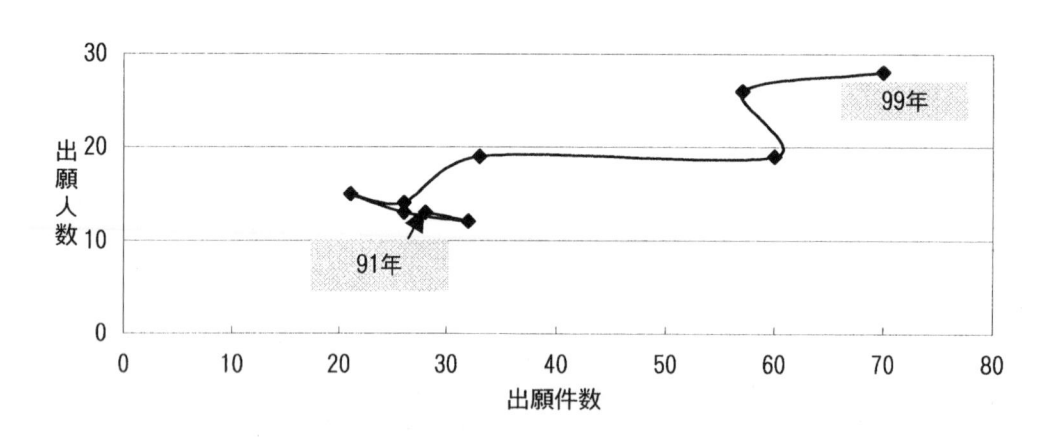

表1.3.3-2 指紋入力技術の主要出願人出願件数推移

NO	出願人/出願年	90以前	91	92	93	94	95	96	97	98	99	00	総計
1	東芝	17	6	1	7	1	2	2	9	3	3		51
2	富士通	16	4	12	2	1				1	2		38
3	ソニー						3	2	7	10	10		32
4	三菱電機	4		1		1	4	1	3	6	11		31
5	日本電気		2	1	1	2	2	2	15	3	3		31
6	シャープ	7	5		5				1		4		22
7	日本電信電話					3	5			5	4		17
8	浜松ホトニクス			2	3			4	2	1	1		13
9	松村ｴﾚｸﾄﾛﾆｸｽ			8	1	2							11
10	カシオ計算機								4	3	2		9
11	山武				1			1	4		1	1	8
12	デンソー	1	2	2	1	2							8
13	ｴｽ ﾃｨ ﾏｲｸﾛｴﾚｸﾄﾛﾆｸｽ(米国)								2	5			7
14	鷹山	1	1		5								7
15	中央発条		1		1		3		2				7
16	東芝ｲﾝﾃﾘｼﾞｪﾝﾄﾃｸﾉﾛｼﾞ	7											7
17	富士通電装	1			1	1		3	1				7
18	オムロン	2								1	4		7
19	日立ｴﾝｼﾞﾆｱﾘﾝｸﾞ						1	2		2	1		6
20	スガツネ工業						2		3				5
21	東京電気										5		5
22	日本電気ｾｷｭﾘﾃｨｼｽﾃﾑ	5											5

1.3.4 指紋照合技術

表 1.3.4-1 と図 1.3.4-1 は、指紋照合技術の出願件数と出願人数との関連をみたものである。これらの図から、技術開発は 1996 年以降出願人が増加しているのが特徴である。また、表 1.3.4-2 は、主要出願人上位 25 位以上の出願件数推移を示したものである。

表 1.3.4-1 指紋照合技術の出願件数と出願人数

出願年	91	92	93	94	95	96	97	98	99	計
出願件数	41	39	30	20	18	41	39	41	38	307
出願人数	11	12	12	10	13	16	20	23	24	141

図 1.3.4-1 指紋照合技術の出願件数と出願人数

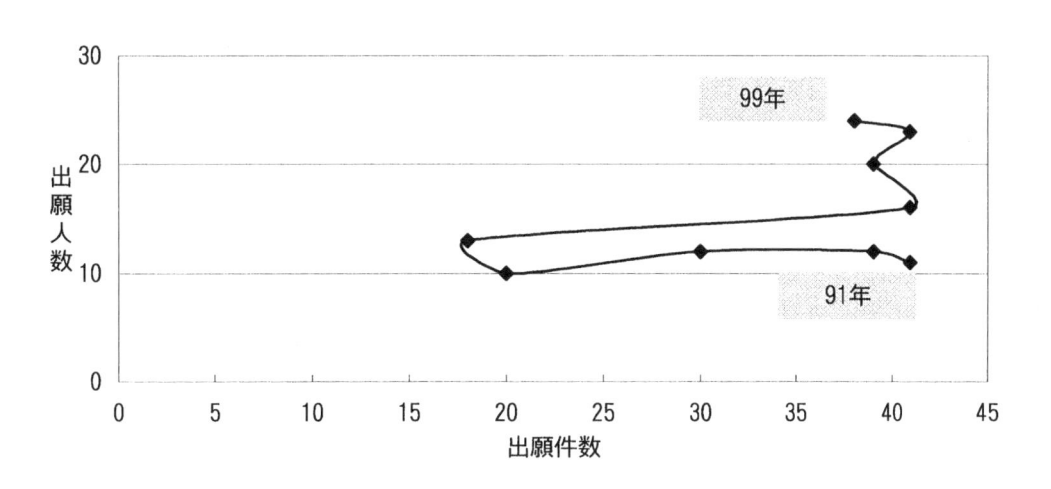

表 1.3.4-2 指紋照合技術の主要出願人出願件数推移

NO	出願人/出願年	90以前	91	92	93	94	95	96	97	98	99	00	総計
1	富士通	18	25	19	5			1	2		2		72
2	三菱電機	1		1	1	6	3	3	3	11	4	1	34
3	日本電気	1	2		3	2	2	6	6	3	5		30
4	ソニー							16	5	2	1		24
5	富士通電装			6	1	5	3	3	4	1	1		24
6	東芝	7	1	1	3		1	2	3	4	1		23
7	日本電気セキュリティシステム	13	4										17
8	山武					4	1	1	3	3	1		13
9	シャープ	3	4	1	3	1							12
10	オムロン	7								1	3		11
11	松村エレクトロニクス			5	4								9
12	鷹山	1	4		3								8
13	日本電気ソフトウエア			1	3		1		1	1			7
14	浜松ホトニクス			1	1		1	1		1	2		7
15	デンソー	4	2										6
16	日本電信電話	1				1	1			1	1		5
17	東芝インテリジェントテクノロジ	4											4
18	日立製作所								2		1	1	4
19	カシオ計算機				1					2			3
20	グローリー工業								1	1	1		3
21	トーキン								1	1	1		3
22	沖電気工業	1	1					1					3
23	三菱電機ビルテクノサービス							1	1	1			3
24	松下電器産業	2									1		3
25	大日本印刷									3			3

1.3.5 虹彩照合技術

表 1.3.5-1 と図 1.3.5-1 は、虹彩照合技術の出願件数と出願人数との関連をみたものである。これらの図から、技術開発は 1991 年から最近まで活発な状況がうかがえる。また、表 1.3.5-2 は、主要出願人上位 22 位以上の出願件数推移を示したもので、沖電気工業の出願が多い。

表 1.3.5-1 虹彩照合技術の出願件数と出願人数

出願年	91	92	93	94	95	96	97	98	99	計
出願件数	0	1	0	1	7	30	24	34	36	133
出願人数	0	1	0	1	1	4	3	9	8	27

図 1.3.5-1 虹彩照合技術の出願件数と出願人数

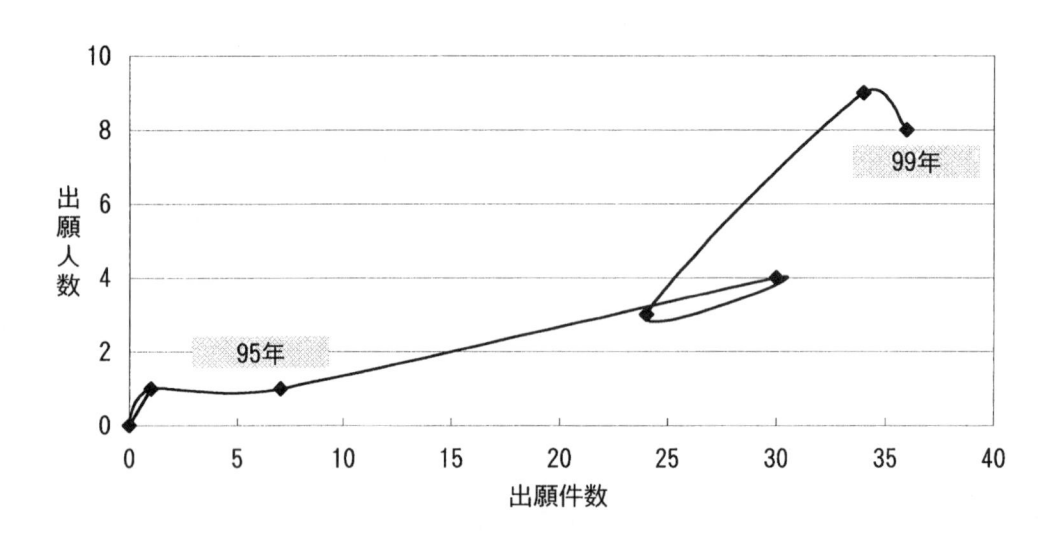

表 1.3.5-2 虹彩照合技術の主要出願人出願件数推移

NO	出願人/出願年	90以前	91	92	93	94	95	96	97	98	99	00	総計
1	沖電気工業						7	25	22	22	24	2	102
2	松下電器産業									5	7		12
3	エヌ シー アール(米国)								1	2			3
4	ブリティッシュ テレコミュニケーションズ(イギリス)							3					3
5	ソニー									1	1		2
6	アイリスキャン(米国)			1									1
7	アイリテック										1		1
8	アルゼ								1				1
9	エルジー電子(韓国)										1		1
10	キヤノン							1					1
11	コニカ										1		1
12	サーノフ(米国)					1							1
13	スカイコム											1	1
14	セコム							1					1
15	ディズニー エンタープライゼス(米国)									1			1
16	メディア テクノロジー									1			1
17	沖情報システムズ									1			1
18	財務省印刷局長									1			1
19	三菱電機ビルテクノサービス									1			1
20	大蔵省印刷局長									1			1
21	保安電子通信技術協会									1			1
22	本田技研工業									1			1

1.3.6 顔貌照合技術

　表 1.3.6-1 と図 1.3.6-1 は、顔貌照合技術の出願件数と出願人数との関連をみたものである。これらの図から、技術開発は 1995 年以降活発であり、まだ成長期の状態にあることが分かる。また、表 1.3.6-2 は、主要出願人上位 26 位以上の出願件数推移を示したもので、いずれも最近出願を伸ばしているのが特徴である。

表 1.3.6-1 顔貌照合技術の出願件数と出願人数

出願年	91	92	93	94	95	96	97	98	99	計
出願件数	11	18	7	7	14	15	18	31	39	160
出願人数	8	13	6	6	11	13	11	16	23	107

図 1.3.6-1 顔貌照合技術の出願件数と出願人数

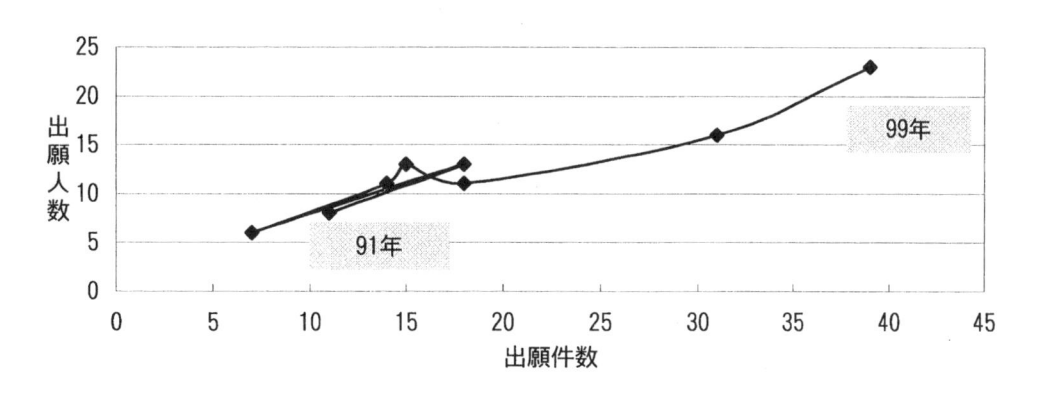

表 1.3.6-2 顔貌照合技術の主要出願人出願件数推移

NO	出願人/出願年	90以前	91	92	93	94	95	96	97	98	99	00	総計
1	東芝			1	1	1	1	2	2	5	5		18
2	松下電器産業		1	3	2			2		4	3		15
3	日本電信電話		2	2		2	2	1	2		1		12
4	オムロン	1							6	1	2		10
5	日本ビクター								1	6	1	1	9
6	日本電気	1		1			2	1			3		8
7	沖電気工業	2						1		1	2		6
8	日立製作所			2		1				2			5
9	コニカ			2						1	1		4
10	NTTデータ	1							2				3
11	キヤノン									3			3
12	ワイズコーポレーション										3		3
13	三菱電機		1						1	1			3
14	東京電気						2		1				3
15	富士通								1		2		3
16	エクシング							1	1				2
17	シャープ		2										2
18	ソニー			1					1				2
19	ブラザー工業							1	1				2
20	メガチップス										2		2
21	ルーセント テクノロジーズ(米国)						1	1					2
22	ワイムアップ										2		2
23	三洋電機										2		2
24	凸版印刷						1			1			2
25	浜松ホトニクス			2									2
26	富士通ゼネラル	1		1									2

1.3.7 その他生体照合技術

表 1.3.7-1 と図 1.3.7-1 は、その他生体照合技術の出願件数と出願人数との関連をみたものである。これらの図から、技術開発は、一時期活発化したものの、最近は停滞傾向にある。また、表 1.3.7-2 は、主要出願人上位 11 位以上の出願件数推移を示したもので、個人の出願がトップを占めている。

表 1.3.7-1 その他生体照合技術の出願件数と出願人数

出願年	91	92	93	94	95	96	97	98	99	計
出願件数	2	2	11	10	7	23	14	9	5	83
出願人数	2	2	9	10	4	10	10	8	4	59

図 1.3.7-1 その他生体照合技術の出願件数と出願人数

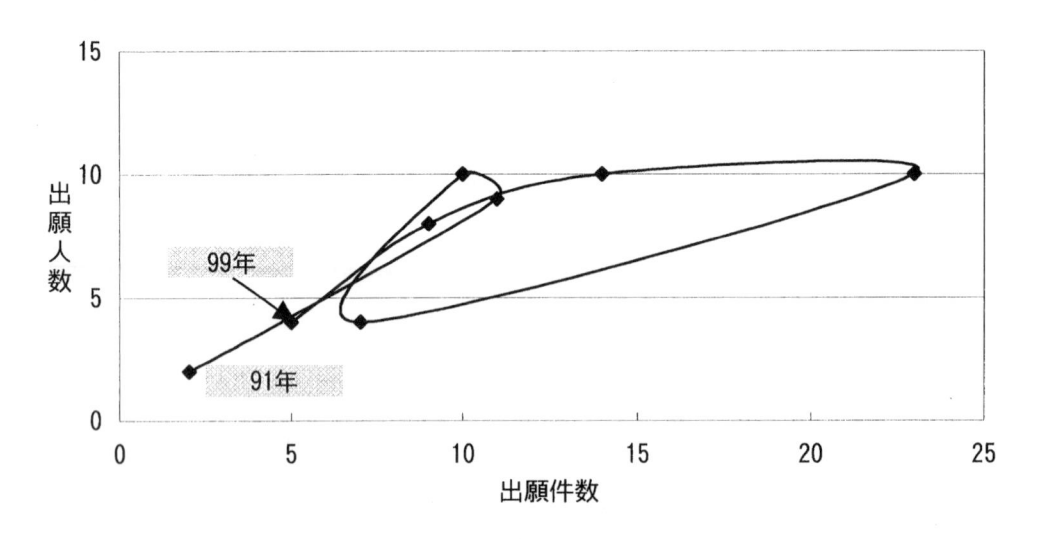

表 1.3.7-2 その他生体照合技術の主要出願人出願件数推移

NO	出願人/出願年	90以前	91	92	93	94	95	96	97	98	99	00	総計
1	岩本秀治、岡田勝彦							10	1				11
2	東芝	2	1		1			3	3				10
3	富士通電装					1	4	1	1	1			8
4	松下電器産業				1			4	1				6
5	日本電気				2	1	1		1	1			6
6	日立製作所						1			1	2		4
7	キヤノン			1				1	1				3
8	日立エンジニアリング								3				3
9	富士ゼロックス									2	1		3
10	シャープ				1							1	2
11	旭光学工業				2								2

1.3.8 声紋照合技術

表 1.3.8-1 と図 1.3.8-1 は、声紋照合技術の出願件数と出願人数との関連をみたものである。これらの図から、技術開発は 1993～97 年まで活発に進められ、最近はやや停滞気味である。また、表 1.3.8-2 は、主要出願人上位 20 位以上の出願件数推移を示したものである。

表 1.3.8-1 声紋照合技術の出願件数と出願人数

出願年	91	92	93	94	95	96	97	98	99	計
出願件数	8	9	3	6	5	14	15	11	12	83
出願人数	7	8	3	5	5	8	14	9	10	69

図 1.3.8-1 声紋照合技術の出願件数と出願人数

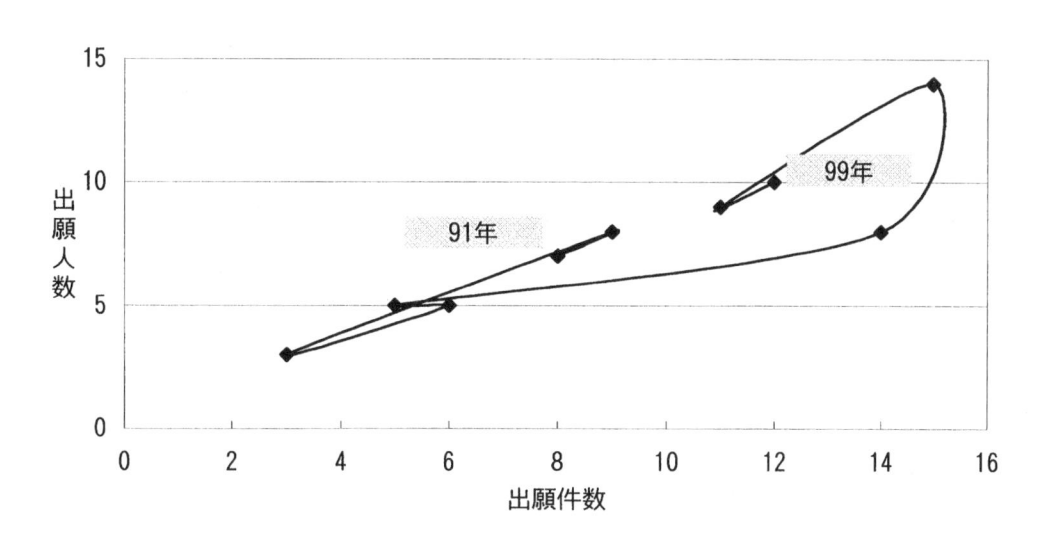

表 1.3.8-2 声紋照合技術の主要出願人出願件数推移

NO	出願人/出願年	90以前	91	92	93	94	95	96	97	98	99	00	総計
1	日本電気	3		1				2	2	1	2		11
2	日本電信電話				1			1	1	2	1		6
3	日立製作所		1		1			3		1			6
4	富士通			1				4	1				6
5	NTTデータ					2				2			4
6	沖電気工業		1	1			1	1					4
7	三菱電機		1						1		2		4
8	東芝			2				1	1				4
9	アニモ							3					3
10	エイティアンドティ(米国)			1	1	1							3
11	積水化学工業	2	1										3
12	日本電気エンジニアリング	1	2										3
13	日本電気データ機器	3											3
14	オムロン	1		1							1		3
15	エイティアール 音声翻訳通信研究所					1			1				2
16	カシオ計算機								1		1		2
17	ディーディーアイ								1	1			2
18	リコー		1				1						2
19	松下電器産業								1	1			2
20	日立画像情報システム							1		1			2

1.3.9 署名照合技術

表 1.3.9-1 と図 1.3.9-1 は、署名照合技術の出願件数と出願人数との関連をみたものである。これらの図から、技術開発は 1995 年以降 98 年まで活発であったが、最近かげりが見える状況にある。また、表 1.3.9-2 は、主要出願人上位 23 位以上の出願件数推移を示したもので、出願件数で目立つ企業がないのが特徴である。

表 1.3.9-1 署名照合技術の出願件数と出願人数

出願年	91	92	93	94	95	96	97	98	99	計
出願件数	11	9	13	8	11	23	22	22	15	134
出願人数	7	8	10	7	9	15	15	20	11	102

図 1.3.9-1 署名照合技術の出願件数と出願人数

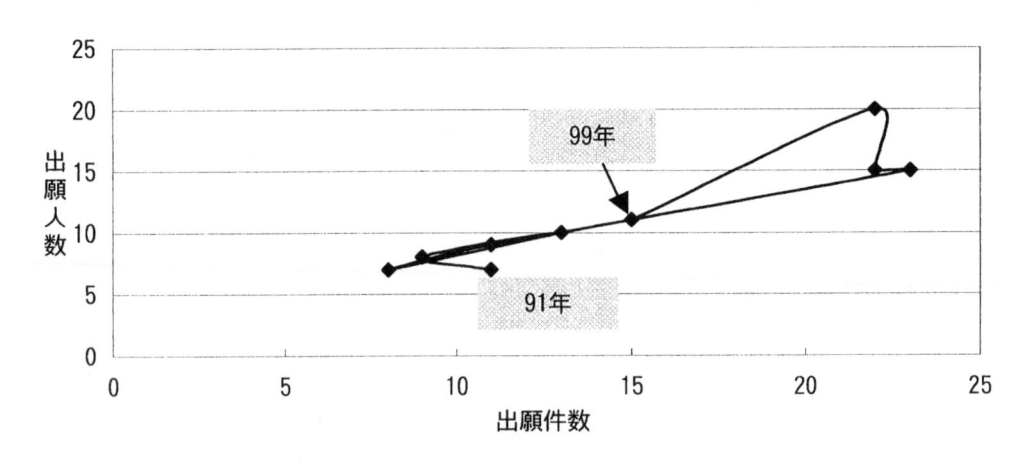

表 1.3.9-2 署名照合技術の主要出願人出願件数推移

NO	出願人/出願年	90以前	91	92	93	94	95	96	97	98	99	00	総計
1	日本サイバーサイン							4	6	1	1	1	13
2	キヤノン		1	2				1	3	1	3		11
3	東芝					2		3		2	2		9
4	オムロン		1	4	1	2							8
5	日本電信電話	1				1		3		1	1		7
6	沖電気工業			1	1	1			1	1	1		6
7	三菱電機						3	1	1	1			6
8	日本電気	1	2		1				1	1			6
9	デンソー					1		3	2				6
10	日立製作所	1		1	2						2		6
11	リコー					1			1	1		1	4
12	松下電器産業		1		2					1			4
13	エヌ シー アール(米国)		1			1	1						3
14	カシオ計算機						1	1	1				3
15	三井ハイテック								1	1	1		3
16	大日本印刷							1	2				3
17	IBM(米国)	1						1					2
18	パイロット万年筆							1		1			2
19	東邦ビジネス管理センター						1						1
20	日立マクセル									2			2
21	富士ゼロックス							2					2
22	富士通				1					1			2

32

1.3.10 複合照合技術

表 1.3.10-1 と図 1.3.10-1 は、複合照合技術の出願件数と出願人数との関連をみたものである。これらの図から、1991 年以降最近まで、技術開発が順調に進められていることが分かる。また、表 1.3.10-2 は、主要出願人上位 18 位以上の出願件数推移を示したもので、最近日立製作所、三菱電機に加え、ソニー、松下電器産業の出願が多い。

表 1.3.10-1 複合照合技術の出願件数と出願人数

出願年	91	92	93	94	95	96	97	98	99	計
出願件数	2	9	8	7	17	16	11	28	32	130
出願人数	2	7	7	7	16	12	11	19	24	105

図 1.3.10-1 複合照合技術の出願件数と出願人数

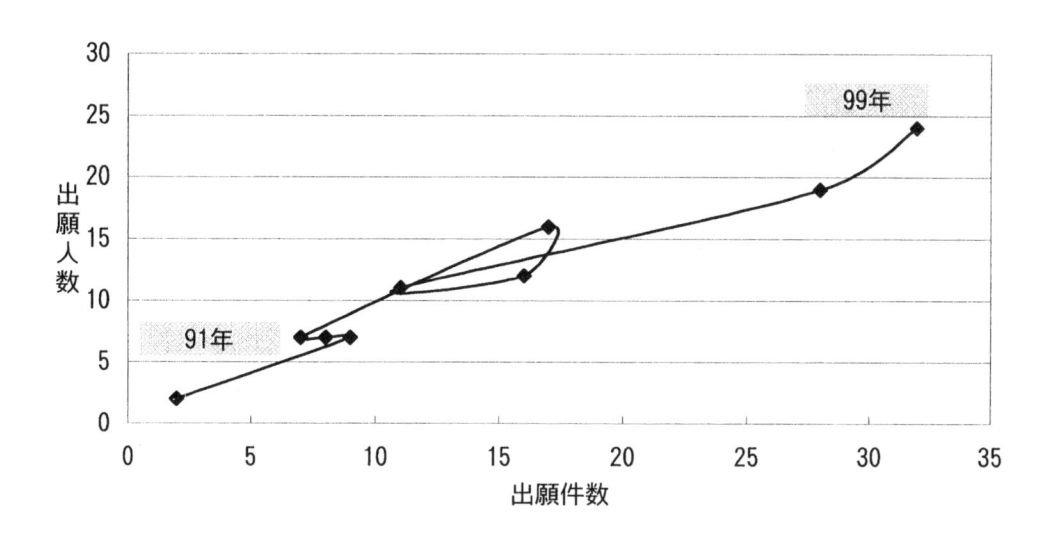

表 1.3.10-2 複合照合技術の主要出願人出願件数推移

NO	出願人/出願年	90以前	91	92	93	94	95	96	97	98	99	00	総計
1	日立製作所	3		1	2		1	3	1	2	3		16
2	三菱電機	3	1	2			1	1		3	1		12
3	ソニー							2		3	2	1	8
4	松下電器産業	1					1		1	1	3		7
5	日本電気	2					1		1		3		7
6	沖電気工業							2	1	2	1		6
7	東芝			2			1		1	1	1		6
8	NTTデータ							1		3	1		5
9	キヤノン						1	1		1			3
10	富士通電装					2	1						3
11	イース									2			2
12	エイティアンドティ(米国)			1		1							2
13	ソリトンシステムズ									2			2
14	ヘルスフアーム								1	1			2
15	日本電信電話					1					1		2
16	日立エンジニアリング			1				1					2
17	富士通									1	1		2
18	オムロン									1	1		2

1.3.11 生体一般照合技術

表 1.3.11-1 と図 1.3.11-1 は、生体一般照合技術の出願件数と出願人数との関連をみたものである。これらの図から、技術開発は 1994 年以降活発に開発が進められ、成長期にあることが分かる。また、表 1.3.11-2 は、主要出願人上位 22 位以上の出願件数推移を示したもので、96 年以降沖電気工業の出願が多い。

表 1.3.11-1 生体一般照合技術の出願件数と出願人数

出願年	91	92	93	94	95	96	97	98	99	計
出願件数	11	13	14	8	10	25	29	55	86	251
出願人数	6	9	11	6	9	19	19	24	45	148

図 1.3.11-1 生体一般照合技術の出願件数と出願人数

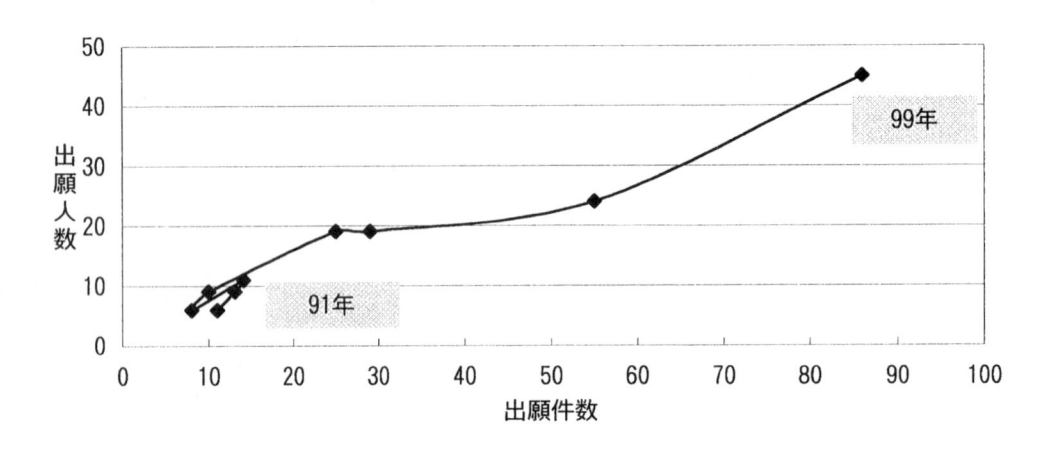

表 1.3.11-2 生体一般照合技術の主要出願人出願件数推移

NO	出願人/出願年	90以前	91	92	93	94	95	96	97	98	99	00	総計
1	沖電気工業							5	6	8	7	5	31
2	三菱電機	5	6	2	2	2		1	1	4	1		24
3	東芝	2	1	1		2	1		2	6	9		24
4	日立製作所					1	1	1	2	6	5		15
5	日本電気							1	1	3	6	1	12
6	松下電器産業	1			1		1	1		2	2		8
7	日本電信電話									2	4	2	8
8	富士通			1						2	4	1	8
9	イース										6		6
10	東陶機器			4						2			6
11	オムロン	1								4	1		6
12	ＩＢＭ(米国)				1				1	2	1		5
13	キヤノン						1	1		1	2		5
14	ソニー							1			3	1	5
15	浜松ホトニクス					1	2		2				5
16	シャープ			1	1				1	1			4
17	山武								3	1			4
18	NTTデータ									1	2		3
19	コニカ										2	1	3
20	セコム						1			1	1		3
21	松村エレクトロニクス				3								3
22	翼システム								1	2			3

1.4 技術開発の課題と解決手段

　ここでは、技術要素ごとに技術開発の課題と解決手段を体系化し、各企業が課題に対する解決手段に何件の特許出願を行ったかを分析した。また、実用化の進んでいる指紋照合などの技術要素については、用途との関係も分析した。

　課題については、表1.4-1に示す内容に体系化し、一方解決手段は、技術要素ごとにかなり特徴が異なるので、技術要素ごとに分類体系化を行った。

　生体情報を用いた個人照合特許について、技術課題から見た出願件数分布を図1.4-1に示す。セキュリティ向上を課題とするものが最も多く、操作・利便性、経済性と続く。

　なお、本節の分析調査においては、登録案件を含む係属中の特許のみを対象としている。また共同出願特許については、出願人ごとに1件としてカウントしている。したがって、表中の総合件数は出願件数と若干異なる。

表1.4-1 生体情報による個人照合技術課題

セキュリティ向上	不正防止
	確実性向上
	照合精度向上
	信頼性向上など
操作・利便性	操作性
	利便性
	迅速性（処理速度）
	携帯性
	自動化
	受容性など
経済性	低コスト化
	運営効率向上
	小形化
	省電力など

図1.4-1 生体情報を用いた個人照合特許の技術課題分布

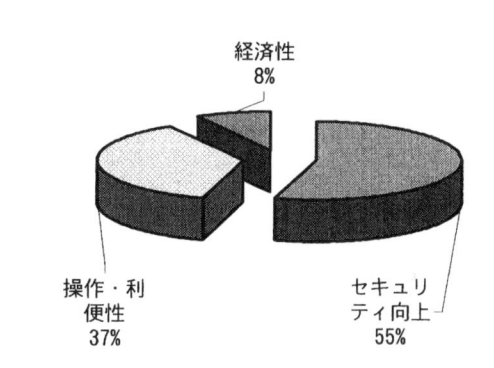

- 経済性 8%
- 操作・利便性 37%
- セキュリティ向上 55%

（1991年1月～2001年9月に公開の出願）

　特許全体の半数を占める指紋照合に関係する特許については、「指紋照合システム・応用」、「指紋入力」及び「指紋照合」の3つの技術要素に大別し、それぞれについて分析した。

指紋照合の3つの技術要素の特許出願件数比率を図1.4-2に示す。「指紋入力」に属するものが最も多いが、ほかの2つの技術要素との顕著な差は無く、それぞれの技術がバランス良く開発されているものと考えられる。

図1.4-2 指紋照合技術要素の出願件数比率

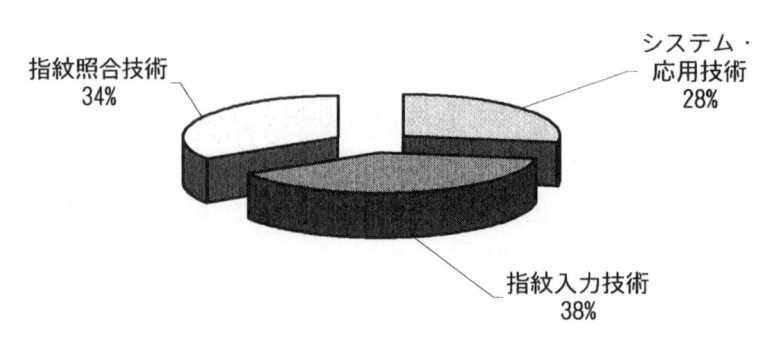

指紋照合技術 34%
システム・応用技術 28%
指紋入力技術 38%

（1991年1月～2001年9月に公開の出願）

　図1.4-3は指紋照合関連の3つの技術要素についての特許出願件数推移を示している。照合技術については多少の波はあるが過去10年間開発が継続していることがうかがわれる。一方、入力技術とシステム・応用技術は、1996年頃から出願が急増している。特にシステム・応用技術に関する出願は、99年には前年の倍になっている。

図1.4-3 指紋照合技術要素の出願件数推移

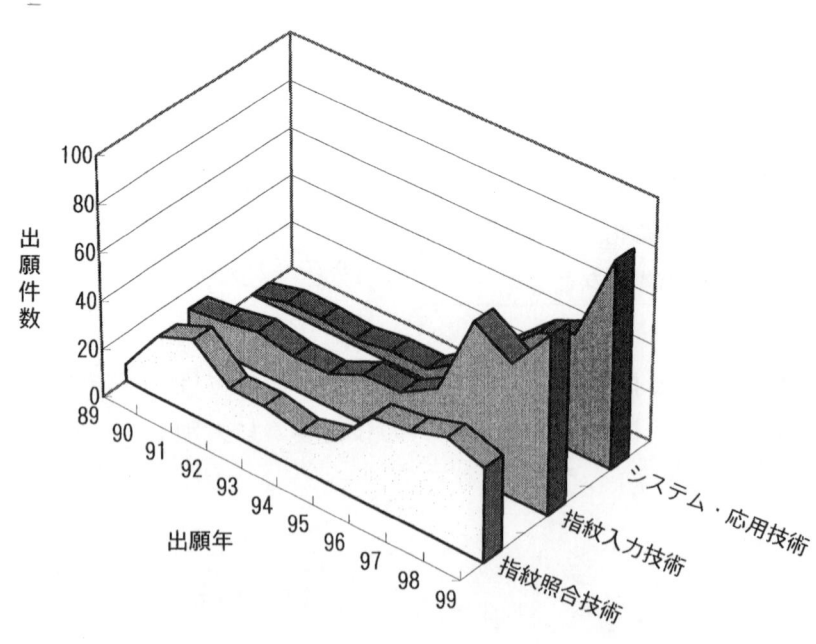

生体情報による個人照合特許における解決手段は、生体情報の「入力技術」、入力された情報から特徴を抽出し、登録、辞書作成、分析処理、識別処理、照合判定を行う「照合技術」、さらに表示、暗号化、信号伝送などの「周辺技術」と「システム化・応用技術」の４つに大きく分けることができる。図1.4-4に技術要素ごとの解決手段の出願件数比率を示した。ここでは周辺技術とシステム化・応用技術をその他手段にひとまとめにして示している。指紋と虹彩において入力技術の比重が大きく、その他の技術要素では入力技術の割合が少ないのが特徴である。

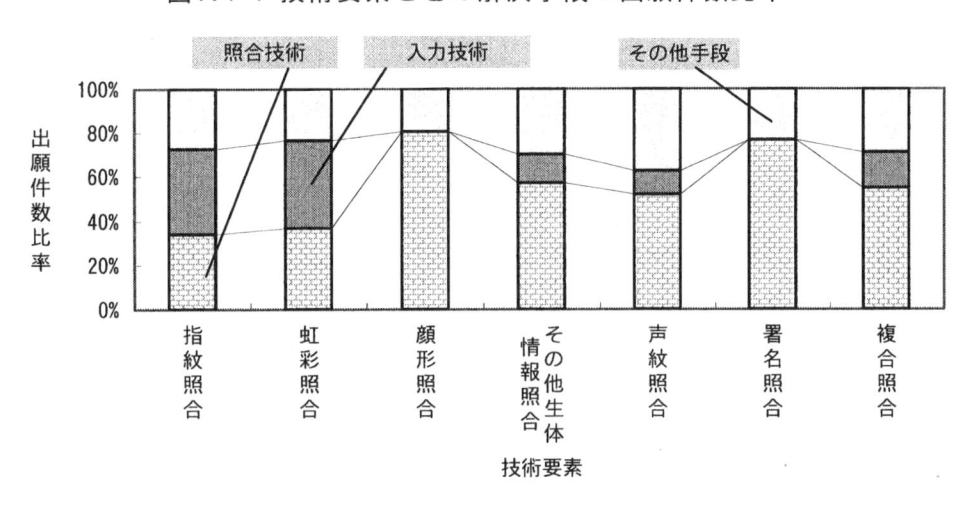

図1.4-4 技術要素ごとの解決手段の出願件数比率

（1991年1月～2001年9月に公開の出願）

　図1.4-5に技術要素ごとの課題の出願件数比率を示す。すべての技術要素でセキュリティ向上を課題とするものが大半を占めている。「声紋」「虹彩」「指紋」では経済性を課題としたものが10％程度あり、実用化が進んでいることを裏付けている。

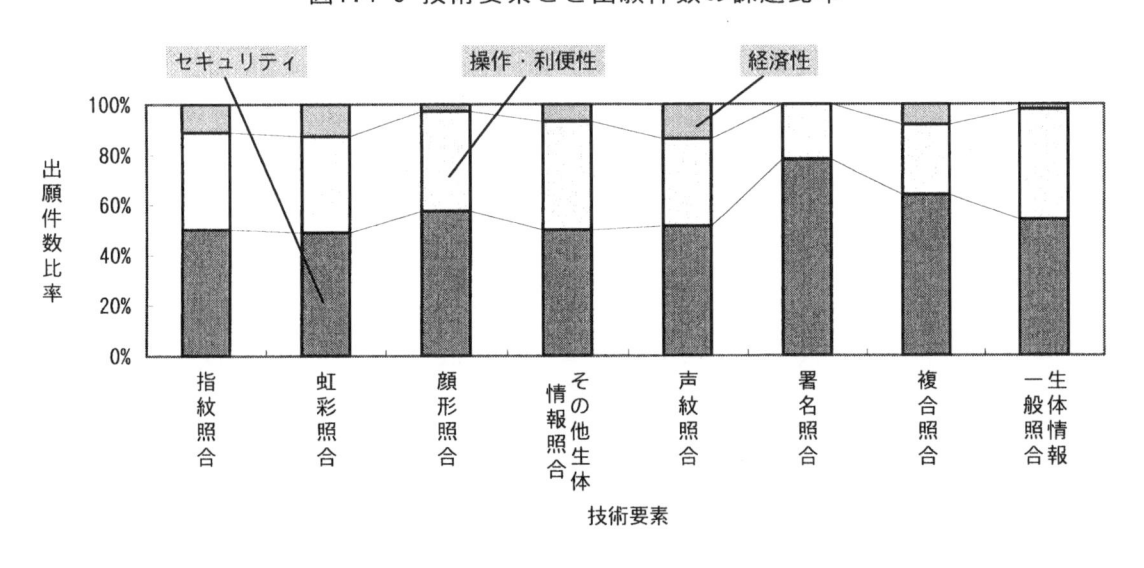

図1.4-5 技術要素ごと出願件数の課題比率

（1991年1月～2001年9月に公開の出願）

1.4.1 指紋照合システムと応用技術

指紋は他の生体情報に先んじて実用化されたきた照合技術であるだけに、いろいろな用途向けにシステム化あるいは応用する技術開発が活発に行われてきた。ここでは指紋照合システム・応用の特許出願状況について、主として用途と解決手段の対応について分析し、その結果を表1.4.1-1に示す。

表1.4.1-1 指紋照合システムと応用技術の用途と解決手段対応表（1/2）

用途 \ 解決手段	指紋照合システム技術 構成技術（総件数）	指紋照合システム技術 照合方法（総件数）	指紋照合システム技術 暗号化（総件数）	指紋照合応用技術 機器制御（総件数）	指紋照合応用技術 情報制御（総件数）
情報アクセス管理	東芝 4件 日本電気 3件 ソニー 2件 三菱電機 2件 カシオ計算機 2件 立石電機 1件 NECソフト 1件 静岡日本電気 1件 日本電気移動通信 1件 山武 1件 スガツネ工業 1件 日本電信電話 1件 翼システム 1件 沖電気工業 1件 IBM(米国) 1件 松下通信工業 1件 東京電気 1件 コンパックコンピュータ(米国) 1件 太極 1件 富士通 1件 郵政大臣 1件 トータルテクノロジ 1件 松下電工 1件 シロキ工業 1件 (31件)	日立製作所 1件 東芝 1件 三菱電機 1件 日本電気 1件 公共情報システム 1件 (5件)	日本電気 1件 三菱商事 1件 川崎製鉄 1件 ブラザー工業エンジニアリング 1件 (4件)	日立製作所 1件 日立旭エレクトロニクス 1件 東芝 1件 大日本印刷 1件 戸田泉 1件 (4件)	キヤノン 2件 ソニー 1件 シャープ 1件 日本電気 1件 デナロ 1件 カシオ計算機 1件 NCR(米国) 1件 松下電器産業 1件 セイコー電子工業 1件 オリンパス光学工業 1件 東京電気 1件 翼システム 1件 甲府日本電気 1件 中央発条 1件 美和ロック 1件 (15件)
入退場管理	郵政大臣 2件 松下通信工業 2件 東芝 2件 立石電機 1件 日本電気 1件 三洋電機 1件 東芝デジタルメディアエンジニアリング 1件 トーキン 1件 日立製作所 1件 昭和ロック 1件 中風馨 1件 今井実郎 1件 大城勇 1件 (12件)	三菱電機 3件 三菱電機ビルテクノサービス 2件 松下電工 1件 三菱電機 1件 ソニー 1件 富士通電装 1件 浜松ホトニクス 1件 (9件)	ソニー 2件 (2件)	三菱電機 3件 アイホン 2件 金剛 1件 東芝 1件 日立製作所 1件 富士通電装 1件 松下電工 1件 栖崎産業 1件 大日本印刷 1件 セコム 1件 トーキン 1件 デナロ 1件 ダイフク 1件 日本ドライケミカル 1件 那珂インスツルメント 1件 (18件)	テクノバンク 1件 富田悟 1件 (1件)
電子商取引	富士通 1件 NTTデータ 1件 エニックス 1件 ソフィヤ 1件 日本LSIカード 1件 太極 1件 ネルドン ビー ジョンソン 1件 小林高 1件 (8件)	日立製作所 1件 NTTデータ 1件 サンワ 1件 大日本印刷 1件 沖縄日本電気ソフトウェア 1件 セントラルリサーチLAB(米国) 1件 (5件)	日本電信電話 1件 九州日本電気ソフトウェア 1件 (2件)	サンデン 4件 (4件)	セイコー電子工業 2件 日本電気 1件 シャープ 1件 NTTデータ 1件 サンデン 1件 イシダ 1件 スガツネ工業 1件 (8件)

表1.4.1-1 指紋照合システムと応用技術の用途と解決手段対応表 (2/2)

用途\解決手段	指紋照合システム技術			指紋照合応用技術	
	構成技術	照合方法	暗号化	機器制御	情報制御
認証システム	日立製作所 2件 ソニー 2件 神鋼電機 2件 日立エンジニアリング 2件 中部科学技術センター 2件 中部電力 2件 日本電装 2件 東海理化電機製作所 2件 トヨタ自動車 2件 日本空圧システム 1件 誉商事 1件 谷電機工業 1件 日本信号 1件 富士通高見沢コンポーネント 1件 富士通電装 1件 テクノプラン 1件 NTTデータ 1件 三菱電機 1件 米沢日本電気 1件 沈 明祥 1件 萩原省三 1件 真島良文 1件 ワシントンUNIV(米国)1件 (21件)	三菱電機 2件 カシオ計算機 2件 日立製作所 1件 日本電信電話 1件 富士通電装 1件 立石電機 1件 ミノルタカメラ 1件 NTTデータ通信 1件 静岡日本電気 1件 中央発条 1件 ユウシステム 1件 トーキン 1件 マイテックテクノロジーズ(カナダ) 1件 (15件)	ソニー 2件 日本電気 1件 米沢日本電気 1件 トーキン 1件 (5件)	筒井威雄 1件 (1件)	三菱電機 1件 日本電気 1件 ソニー 1件 カシオ計算機 1件 日本安全保障警備 1件 IBM(米国) 1件 (6件)
制御システム	東芝 3件 三菱電機 1件 日本電気 1件 (5件)	富士通 1件 山武 1件 (2件)		東芝 1件 三菱電機 1件 日本電気 1件 (3件)	東芝 1件 日本電気 1件 (2件)
自動車用途	矢崎総業 2件 (2件)	－ (0件)	－ (0件)	松下電器産業 1件 アルパイン 1件 日産自動車 1件 本田技研工業 1件 マツダ 1件 矢崎総業 1件 タカタ 1件 日本輸送機 1件 アルカテルシト(フランス) 1件 TRW(米国) 1件 テミックテレフンケンマイクロエレクトロニク(ドイツ) 1件 小野洋二 1件 (12件)	－ (0件)
その他用途	日本電信電話 1件 キヤノン 1件 ミノルタカメラ 1件 (3件)	政治広報センター 1件 東芝 1件 (1件)	カシオ計算機 1件 ニコン 1件 (2件)	三菱電機ビルテクノサービス 2件 エース電研 2件 三菱電機 2件 松下電工 2件 東芝 1件 オムロン 1件 三洋電機 1件 松下電工キヤノン 1件 オリンパス光学工業 1件 東芝キャリア 1件 山岸潤一 1件 (14件)	ミノルタカメラ 3件 日本電気 2件 ソニー 2件 東芝 1件 キヤノン 1件 セイコーエプソン 1件 日立ビルシステム 1件 リコー 1件 ブラザー工業 1件 IBM(米国) 1件 ファム 1件 三井物産プラント 1件 テクノメディア 1件 森田光洋 1件 友行安夫 1件 (19件)

(1991年1月～2001年9月に公開の出願)

用途には「情報アクセス管理」、「入退場管理」、「電子商取引」、「認証システム」、「制御システム」、「自動車用途」が主だったものとして挙げられる（表1.4.1-2、図1.4.1-1参照）。「その他用途」には印刷機、カメラ、遊戯機、エレベータ、医療システム、投票受付システムなどが含まれている。一方解決手段は「指紋照合システム技術」と「指紋照合応用技術」の2つの範ちゅうに分けられ、さらに前者は「構成技術」、「照合方法」、「暗号化」に特徴のあるもの、後者は「機器制御」、「情報制御」に特徴のあるものに分けることができる。表1.4.1-1によれば、指紋照合システム・応用の用途で最も件数が多いのは「情報アクセス管理」で「認証システム」「入退場管理」がそれに続く。解決手段で最も多いのはシステムの「構成技術」に特徴を有するものである。マトリクスのコラムでは、「情報アクセス管理」用途で「構成技術」を解決手段とするものが31件有り、参入企業も24社と最も多い。

　大手電気メーカからの出願がいろいろな領域に見られるが、特定の企業と技術開発の特定領域を結びつける構図ではなく、前節の表1.3.2-2と合わせて考察すると、多くの企業がいろいろな領域に参入を続けている構図である。

表1.4.1-2 指紋照合システムと応用技術の用途分類表

用途分類	内容	用途分類	内容
電子商取引	自動取引（ATM） 自動販売機 自動発券機 電子マネーほか	制御システム	施設（ネットワーク）運営管理 機器制御 リモコンほか
入退場管理	施設入退出管理 出退勤管理 電子錠（金庫、保管庫）ほか	自動車	キーレスエントリ 車載機器盗難防止ほか
情報アクセス管理	コンピュータネットワーク 携帯端末 情報サービスシステムほか	その他用途	印刷機 カメラ 遊戯機 エレベータ 医療システム 投票受付システムほか
認証システム	指紋照合装置（システム） 指紋認証装置（システム） ＩＣ、ＰＣカードほか		

図1.4.1-1 指紋照合システムと応用技術出願の用途別比較

自動車 6%
制御システム 5%
情報アクセス 24%
電子商取引 11%
その他用途 16%
入退場管理 18%
認証システム 20%

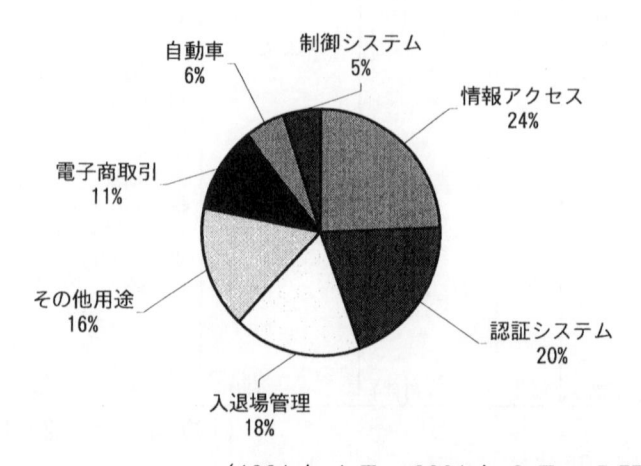

（1991年1月〜2001年9月に公開の出願）

次に解決手段の中で群を抜いて多い指紋照合システム技術の中の「構成技術」について、さらに解決手段を4つに分解し、技術課題との対応を調べたのが表1.4.1-3である。

この表から、信頼性向上と操作性簡便性のために指紋入力に工夫を試みた特許が多いことが分かる。また不正防止のためのカードを利用する技術についても関心が高いと見られる。

表1.4.1-3 指紋照合システム技術「構成技術」における課題と解決手段対応表

課題	解決手段	指紋入力に特徴あるもの	信号伝送・表示に特徴あるもの	カードを利用するもの	構造に特徴あるもの
セキュリティ向上	不正防止	キヤノン 1件 日本電気移動通信 1件 大城勇 1件 (3件)	矢崎総業 2件 東芝 1件 神鋼電機 1件 ワシントンUNIV(米国) 1件 (5件)	東芝 1件 三菱電機 1件 日本電気 1件 日本信号 1件 谷電機工業 1件 日本LSIカード 1件 誉商事 1件 トータルテクノロジ 1件 小林高 1件 (9件)	― (0件)
	確実性向上	ソニー 1件 (1件)	ソニー 1件 (1件)		太極 1件 (1件)
	信頼性向上	富士通 2件 東芝 1件 日本電気 1件 沖電気工業 1件 静岡日本電気 1件 郵政大臣 1件 松下通信工業 1件 トーキン 1件 太極 1件 シロキ工業 1件 IBM(米国) 1件 中風馨 1件 (12件)	東芝 1件 ミノルタカメラ 1件 (2件)	東京電気 1件 (1件)	中部科学技術センター 2件 中部電力 2件 ソニー 1件 NTTデータ 1件 翼システム 1件 (5件)
操作性・簡便性		東芝 2件 オムロン 2件 カシオ計算機 1件 三洋電機 1件 富士通高見沢コンポーネント 1件 ネルドンビージョンソン(米国) 1件 (8件)	日立製作所 1件 東芝 1件 日本電気 1件 ソニー 1件 カシオ計算機 1件 郵政大臣 1件 松下通信工業 1件 米沢日本電気 1件 萩原省三 1件 (8件)	日本電信電話 1件 NTTデータ 1件 ソフィヤ 1件 沈明祥 1件 (4件)	三菱電機 1件 日本電気 1件 郵政大臣 1件 松下通信工業 1件 テクノブラン 1件 昭和ロック 1件 エニックス 1件 日本空圧システム 1件 (7件)
経済性		三菱電機 2件 東芝 1件 山武 1件 松下電工 1件 神鋼電機 1件 NECソフト 1件 (7件)	スガツネ工業 1件 (1件)	日立製作所 1件 日本電気 1件 富士通電装 1件 (3件)	日立製作所 1件 東芝 1件 日本電信電話 1件 コンパックコンピュータ(米国) 1件 (4件)

(1991年1月～2001年9月に公開の出願)

ATT：エイ ティ アンド ティ
IBM：インターナショナル ビジネス マシーンズ
NCR：エヌ シー アール
TRW：ティー アール ダブリュー

1.4.2 指紋入力技術

表1.4.2-1に指紋入力技術の課題と解決手段の対応表を示す。この表から、セキュリティ向上、操作・利便性を課題とする出願が多いことが分かる。主だった課題解決手段としては、光学系、センサ素子および入力信号処理によるものが挙げられる。

表1.4.2-1 指紋入力特許の課題と解決手段対応表(1/2)

解決手段 課題	センサ素子	光学系	入力信号処理	制御系	機械的構成
経済性	ソニー 2件 東芝 2件 日本電気 2件 カシオ計算機 2件 富士電機 2件 戸田 耕司 1件 ＴＲＷ(米国) 1件 ハリス(米国) 1件 (13件)	ソニー 1件 三菱電機 1件 カシオ計算機 1件 スガツネ工業 1件 富士通 1件 シャープ 1件 (6件)	ソニー 1件 東芝 1件 日本電気 1件 富士通電装 1件 エス ティー マイクロエレクトロニクス(米国) 1件 (5件)	日本電気 1件 ソニー 1件 エス ティー マイクロエレクトロニクス(米国) 1件 (3件)	日本電信電話 1件 日立エンジニアリング 1件 (2件)
操作・利便性	スカラ 9件 東芝 7件 カシオ計算機 5件 三菱電機 4件 エス ティー マイクロエレクトロニクス(米国) 4件 日本電信電話 3件 セイコー電子工業 2件 日本電気 2件 ジーメンス(ドイツ) 2件 日立エンジニアリング 1件 アルプス電気 1件 マイクロネット 1件 富士電機 1件 グンゼ 1件 松本 誠 1件 フランス テレコム(フランス) 1件 コニン フィリップス エレクトロニクス(オランダ) 1件 ハリス(米国) 1件 (47件)	日本電信電話 3件 日本電気 3件 ソニー 3件 浜松ホトニクス 3件 富士通 2件 三菱電機 2件 日立エンジニアリング 1件 奥野 昌彦 1件 イーストマン コダック(米国) 1件 松村エレクトロニクス 1件 セイコー電子工業 1件 セイコーエプソン 1件 東芝 1件 山武 1件 セコム 1件 ソニーケミカル 1件 デジタルストリーム 1件 名古屋エアゾール工業 1件 日本電装 1件 住友電気工業 1件 シャープ 1件 松下電器産業 1件 武藤 俊一 1件 イメージ テクノロジー(米国) 1件 (34件)	ソニー 1件 東芝 2件 三菱電機 2件 富士通 1件 富士通電装 1件 日本電装 1件 (8件)	シャープ 3件 落合 庸良 1件 トッパン フォームズ 1件 東芝 1件 三菱電機 1件 富士通 1件 中央発条 1件 グローリー工業 1件 セナナヤケ ダヤ ランジット 1件 (11件)	ソニー 6件 三菱電機 4件 日本電気 3件 静岡日本電気 3件 富士通 2件 オリンパス光学工業 1件 東芝 1件 日本電信電話 1件 山武 1件 アンリツ 1件 カシオ計算機 1件 ホーチキ 1件 日本ビクター 1件 富士通電装 1件 オムロン 1件 シャープ 1件 アイ ティー ティー MFG エンタープライジス(米国) 1件 エス ティー マイクロエレクトロニクス(米国) 1件 (31件)

42

表1.4.2-1 指紋入力特許の課題と解決手段対応表(2/2)

課題		センサ素子	光学系	入力信号処理	制御系	機械的構成
セキュリティ向上	画質	三菱電機 1件 中央発条 1件 加 ペテル 1件 シャープ 1件	浜松ホトニクス 5件 山武 3件 日本電気 1件 オリンパス光学工業 1件 コニカ 1件 日本電信電話 1件 日本電気 1件 日立製作所 1件 三菱電機 1件 旭光学工業 1件 スガツネ工業 1件 川鉄テクノリサーチ 1件 富士写真フィルム 1件 富士通 1件 富士電機 1件 富士通電装 1件 日本電装 1件 金星社 1件 アレイト アソシエイツ(米国) 1件 富士通 1件 シャープ 1件	日立エンジニアリング 2件 日本電信電話 2件 三菱電機 1件 東京電気 1件	シロキ工業 1件	トムソン(フランス) 1件 浜松ホトニクス 1件 シャープ 1件
		(4件)	(27件)	(6件)	(1件)	(3件)
	速度	大日本印刷 1件 ルーセント テクノロジーズ (米国) 1件	富士通 1件	日立エンジニアリング 1件 キヤノン 1件 東芝 1件 日本電気 1件 翼システム 1件 ミノルタカメラ 1件	—	—
		(2件)	(1件)	(6件)	(0件)	(0件)
	信頼度	東芝 2件 東京電気 2件 NECネクサソリューションズ 1件 ソニー 1件 日本電気 1件 三菱電機 1件 富士通電装 1件 トムソン(フランス) 1件	ソニー 3件 三菱電機ビルテクノサービス 2件 浜松ホトニクス 2件 モーラー アイデンティフィカティオンシディステム(ドイツ) 1件 富士写真光機 1件 スガツネ工業 1件 回線媒体研究所 1件 静岡日本電気 1件	日本電気 3件 オムロン 3件 シャープ 2件 ソニー 2件 日本電信電話 2件 中央発条 1件 エニックス 1件 エヌイーシーソフト 1件 東芝 1件 三菱電機 1件 富士通電装 1件 中央発条 1件 IBM(米国) 1件 TRW(米国) 1件	三菱電機 3件 スガツネ工業 1件	日本電気セキュリティシステム 2件 東京電気 2件 富士通 2件 日本電気 1件 浜松ホトニクス 1件 沖電気工業 1件 東芝 1件 三菱電機 1件 スガツネ工業 1件
		(10件)	(12件)	(21件)	(4件)	(12件)
	精度	松下電器産業 2件 富士通 1件 東芝 1件 日本電信電話 1件 エッセ ジ エッセ トムソン ミクロエレットロニカ(イタリア) 1件	ソニー 2件 日本電信電話 1件	日本電信電話 1件 日本電気 1件 三菱電機 1件 富士通 1件 浜松ホトニクス 1件 中央発条 1件 グローリー工業 1件	—	—
		(6件)	(3件)	(7件)	(0件)	(0件)
	不正防止	富士通 2件 日本電気 2件 松村エレクトロニクス 1件 三菱電機 1件 オムロン 1件 ハリス(米国) 1件	セイコーエプソン 1件 日本電信電話 1件 富士通 1件 シャープ 1件 イオネットワーク 1件	—	日本電気 1件 富士通 1件 伊藤 益美 1件 奥田 光則 1件	—
		(8件)	(5件)	(0件)	(4件)	(0件)

(1991年1月～2001年9月に公開の出願)

表1.4.2-2に指紋入力技術の用途と解決手段の対応表を示す。この表から、識別一般用途において光学系とセンサ素子を課題解決手段とする出願が多数あり、光学系とセンサ素子が指紋照合入力技術の解決手段の中心になっていることが分かる。

表1.4.2-2 指紋入力技術の用途と解決手段対応表（1/2）

用途＼解決手段	センサ素子	光学系	入力信号処理	制御系	機械的構成
識別一般	カシオ計算機 7件 日本電気 6件 三菱電機 6件 ソニー 5件 エスティーマイクロエレクトロニクス(米国) 3件 ハリス(米国) 3件 東芝 2件 東京電気 2件 日本電信電話 2件 シャープ 2件 日立エンジニアリング 1件 松村エレクトロニクス 1件 セイコー電子工業 1件 大日本印刷 1件 戸田耕司 1件 マイクロネット 1件 富士通電装 1件 中央発条 1件 オムロン 1件 ジーメンス(ドイツ) 1件 フランステレコム(フランス) 1件 トムソン(フランス) 1件 カロペテル 1件 エッセジエッセトムソンミクロエレットロニカ(イタリア) 1件 コニンフイリップスエレクトロニクス(オランダ) 1件 ルーセントテクノロジーズ(米国) 1件 (54件)	浜松ホトニクス 9件 山武 6件 日本電気 6件 ソニー 4件 三菱電機 4件 富士通 4件 シャープ 3件 日本電装 3件 川鉄テクノリサーチ 2件 日本電信電話 2件 イオネットワーク 1件 オリンパス光学工業 1件 カシオ計算機 1件 コニカ 1件 スガツネ工業 1件 セイコーエプソン 1件 セイコー電子工業 1件 ソニーケミカル 1件 チノン 1件 モーラーアイデンティフィカティオンスジィステム(ドイツ) 1件 奥野昌彦 1件 回線媒体研究所 1件 玉置良吉 1件 金星社 1件 住友電気工業 1件 松下電器産業 1件 松村エレクトロニクス 1件 静岡日本電気 1件 日立エンジニアリング 1件 日立製作所 1件 富士写真フィルム 1件 名古屋エアゾール工業 1件 (65件)	シャープ 6件 日本電気 6件 日本電信電話 5件 中央発条 3件 日立エンジニアリング 3件 富士通電装 3件 ソニー 2件 三菱電機 2件 富士通 2件 IBM(米国) 1件 エヌイーシーソフト 1件 キヤノン 1件 ミノルタカメラ 1件 松村エレクトロニクス 1件 東京電気 1件 日本電装 1件 浜松ホトニクス 1件 オムロン 1件 (41件)	三菱電機 2件 グローリー工業 1件 シャープ 1件 シロキ工業 1件 ソニー 1件 トッパンフォームズ 1件 松村エレクトロニクス 1件 日本電気 1件 (9件)	日本電気 4件 シャープ 3件 日本電気セキュリティシステム 3件 三菱電機 2件 東京電気 2件 浜松ホトニクス 2件 アルファ 1件 アンリツ 1件 エスティーマイクロエレクトロニクス(米国) 1件 カシオ計算機 1件 ソニー 1件 トムソン(フランス) 1件 山武 1件 静岡日本電気 1件 日本電信電話 1件 日立エンジニアリング 1件 富士通 1件 富士通電装 1件 (28件)
情報アクセス管理	松下電器産業 2件 富士通 1件 NECネクサソリューションズ 1件 ソニー 1件 セイコー電子工業 1件 東芝 1件 日本電信電話 1件 三菱電機 1件 アルプス電気 1件 富士通 1件 松本誠 1件 (12件)	富士通 4件 日本電信電話 4件 ソニー 2件 シャープ 1件 浜松ホトニクス 1件 富士通電装 1件 日本電気 1件 (14件)	日本電気 1件 富士通 1件 三菱電機 1件 グローリー工業 1件 ソニー 1件 (5件)	富士通 3件 シャープ 2件 エスティーマイクロエレクトロニクス(米国) 1件 ジーメンス(ドイツ) 1件 ワシントンUNIV(米国) 1件 伊藤益美 1件 中央発条 1件 日本電気 1件 (11件)	富士通 7件 ソニー 4件 三菱電機 3件 東芝 2件 静岡日本電気 2件 沖電気工業 1件 日本電信電話 1件 アイティーティーMFGエンタープライジズ(米国) 1件 (21件)

44

表1.4.2-2 指紋入力技術の用途と解決手段対応表 (2/2)

解決手段 用途	センサ素子	光学系	入力信号処理	制御系	機械的構成
入退場管理	東芝　　　　9件 ソニー　　　6件 富士通　　　3件 富士電機　　3件 グンゼ　　　1件 三菱電機　　1件 (23件)	ソニー　　　3件 三菱電機ビルテクノサービス　2件 セイコーエプソン　1件 セコム　　　1件 東芝　　　　1件 日本電気　　1件 富士通　　　1件 (10件)	東芝　　　　5件 三菱電機　　2件 立石電機　　2件 エスティーマイクロエレクトロニクス(米国)　1件 エニックス　1件 TRW(米国)　1件 翼システム　1件 (13件)	三菱電機　　2件 東芝　　　　1件 セナナヤケ ダヤ ランジットゥ　1件 (4件)	アート　　　1件 オリンパス光学工業1件 ホーチキ　　1件 立石電機　　1件 富士通電装　1件 (5件)
電子商取引	TRW(米国)　1件 日本電信電話　1件 エスティーマイクロエレクトロニクス(米国)　1件 日本電気　　1件 (4件)	スガツネ工業　2件 富士電機　　1件 富士写真光機　1件 松村エレクトロニクス　1件 旭光学工業　1件 デジタルストリーム　1件 イーストマンコダック(米国)　1件 (8件)	ソニー　　　1件 (1件)	奥田光則　　1件 落合庸良　　1件 (2件)	ソニー　　　1件 日本電気　　2件 日本ビクター　1件 三菱電機　　1件 スガツネ工業　1件 (6件)
防犯	スカラ　　　1件 ジーメンス(ドイツ)　1件 (2件)	アレイト アソシウイツ(米国)　1件 武藤俊一　　1件 イメージ テクノロジー(米国)　1件 (3件)	日本電気　　1件 (1件)	ディジタル バイオメトリクス(米国)　1件 スガツネ工業　1件 (2件)	— (0件)

(1991年1月～2001年9月に公開の出願)

1.4.3 指紋照合技術

　表 1.4.3-1 に指紋照合技術の課題と解決手段の対応表を示す。この表から、不正防止の登録・辞書、照合精度の識別処理、処理速度の識別処理と照合方法に注力がそそがれていることが分かる。

表 1.4.3-1 指紋照合技術の課題と解決手段対応表（1/2）

課題＼解決手段	登録・辞書	識別処理	照合方法	装置・構成	判定
セキュリティ・不正防止	日本電気　4件 トーキン　2件 富士通　2件 アイホン　1件 エニックス　1件 オムロン　1件 キヤノン　1件 メイセイ　1件 三共　1件 三菱化成　1件 三菱電機　1件 大日本印刷　1件 長谷川洋一　1件 沈　明祥　1件 東芝　1件 日立製作所　1件 富士通ゼネラル　1件 富士通電装　1件 六然堂　1件 （24件）	浜松ホトニクス　2件 グローリー工業　1件 ソニー　1件 三菱電機　1件 山武　1件 村西　誠治　1件 日本電気　1件 日立製作所　1件 富士通電装　1件 平和　1件 （11件）	富士通電装　3件 トーキン　1件 奥野　昌彦　1件 三菱電機　1件 日本電気　1件 （7件）	─ （0件）	三菱電機　2件 ソニー　1件 沖　博子　1件 大日本印刷　1件 東京電気　1件 東芝マイクロエレクトロニクス　1件 富士通電装　1件 富士電機　1件 （9件）
照合精度	富士通　10件 富士通電装　7件 三菱電機　2件 東芝　2件 アルファ　1件 グローリー工業　1件 ソニー　1件 三菱電機ビルテクノサービス　1件 大日本印刷　1件 （26件）	富士通　11件 山武　5件 富士通電装　5件 シャープ　4件 三菱電機　3件 鷹山　3件 日本電気　3件 日本電気ソフトウエア　3件 オムロン　2件 カバーシュリースジステーメ（スイス）　2件 東芝　2件 日本電気セキュリティシステム　2件 NECソフト　1件 NEC情報システムズ　1件 ソニー　1件 ＴＲＷ（米国）　1件 リーブソン　1件 高取育英会　1件 全勝リユウ　1件 孫　光燮　1件 デンソー　1件 李　相沢　1件 趙　エイ東　1件 （56件）	三菱電機　6件 富士通　3件 オムロン　1件 カシオ計算機　1件 ソニー　1件 ロックヒードマーティン　1件 三菱電機ビルテクノサービス　1件 日本電気　1件 日本電信電話　1件 デンソー　1件 浜松ホトニクス　1件 （18件）	日本電気　1件 松下電器産業　1件 東京電気　1件 （3件）	シャープ　2件 鷹山　2件 日本電気　2件 富士通電装　2件 NEC情報システムズ　1件 ソニー　1件 富士通　1件 （11件）
信頼性	富士通　4件 ＮＴＴデータ通信　1件 オムロン　1件 シャープ　1件 沖電気工業　1件 鷹山　1件 日本デルモ　1件 日本電気セキュリティシステム　1件 （11件）	オムロン　1件 （1件）	ジョージジョントムコ　1件 富士通　1件 ロッキードマーチン（米国）　1件 日本電気　1件 （4件）	富士通　1件 （1件）	三菱電機　1件 （1件）

46

表1.4.3-1 指紋照合技術の課題と解決手段対応表 (2/2)

課題		解決手段 登録・辞書	識別処理	照合方法	装置・構成	判定
操作・利便性	操作性	東芝 1件 (1件)	東芝 1件 東芝エー ブイ イー 1件 (2件)	富士通 1件 日本電気 1件 (2件)	— (0件)	— (0件)
	利便性	沖電気工業 1件 カシオ計算機 1件 スガツネ工業 1件 三菱電機 1件 日本電気 1件 アイホン 1件 オムロン 1件 日立製作所 1件 (8件)	日本電気セキュリティシステム 3件 富士通 1件 松下電器産業 1件 イーストマン コダック (米国) 1件 ソニー 1件 東芝 1件 キヤノン 1件 (9件)	三菱電機 1件 東芝 1件 日本電気 1件 (3件)	日本電気 1件 日本写真印刷 1件 ソニー 1件 日本ビクター 1件 (4件)	三菱電機 1件 (1件)
	処理速度	オムロン 3件 ソニー 2件 富士通 2件 富士通電装 2件 (9件)	ソニー 8件 日本電気 6件 山武 4件 三菱電機 2件 松村エレクトロニクス 2件 日本電信電話 2件 デンソー 2件 富士通 2件 中央発条 1件 中部日本電気ソフトウエア 1件 日本電気ソフトウエア 1件 浜松ホトニクス 1件 (32件)	日本電気 5件 富士通 3件 日本電気ソフトウェア 2件 カシオ計算機 1件 シャープ 1件 セコム 1件 ソニー 1件 沖電気工業 1件 韓国科学技術研究所(韓国) 1件 三菱電機 1件 山武 1件 松村エレクトロニクス 1件 鷹山 1件 中部日本電気ソフトウエア 1件 長塩吉之助 1件 (22件)	TRW(米国) 1件 豊田中央研究所 1件 (2件)	ソニー 5件 浜松ホトニクス 1件 三菱電機 1件 (7件)
	携帯性	— (0件)	— (0件)	富士通 1件 (1件)	三菱電機 1件 デジタルストリーム 1件 (2件)	— (0件)
	環境耐性	三菱電機ビルテクノサービス 1件 (1件)	— (0件)	— (0件)	— (0件)	— (0件)
	データ量	三菱電機 1件 山武 1件 富士通サポートアンドサービス 1件 日本電子開発 1件 (4件)	デンソー 1件 富士通 1件 (2件)	三菱電機 1件 ハリス(米国) 1件 甲府日本電気 1件 (3件)	(0件)	(0件)
	自動化	— (0件)	日本電気ソフトウェア 1件 エッセ ジ エッセ トムソン ミクロエレットロニカ(イタリア) 1件 (2件)	— (0件)	— (0件)	— (0件)
経済性	コスト	— (0件)	中央発条 1件 富士通電装 1件 (2件)	富士通電装 1件 (1件)	山武 1件 東芝 1件 アルファ 1件 浜松ホトニクス 1件 グローリー工業 1件 (5件)	— (0件)
	小型化	— (0件)	三菱電機 3件 富士通 1件 郵政大臣 1件 日本エルエスアイカード 1件 小松 尚久 1件 松下通信工業 1件 (8件)	— (0件)	浜松ホトニクス 1件 日立製作所 1件 三菱電機 1件 三菱樹脂 1件 日本電信電話 1件 (5件)	セイコー電子工業 1件 (1件)

(1991年1月～2001年9月に公開の出願)

1.4.4 虹彩照合技術

　表1.4.4-1に虹彩照合技術の用途と解決手段の対応表を示す。また表1.4.4-2に虹彩照合技術の課題と解決手段の対応表を示す。主要な用途分野は「電子商取引」、「識別装置」および「入力装置」である。対応解決手段としては要素技術と周辺技術および応用技術に大くくりでき、要素技術に含まれる「入力技術」と「照合技術」が主要解決手段となっている。

表1.4.4-1 虹彩照合技術の用途と解決手段対応表

用途・課題	解決手段	要素技術 入力技術	要素技術 照合技術	周辺技術 ガイダンス(誘導)技術	周辺技術 暗号化	応用技術
用途	電子商取引	沖電気工業　11件 ブリティッシュ テレコム (イギリス)　1件 (12件)	沖電気工業　12件 ＮＣＲ(米国)　1件 アイリテック　1件 (14件)	沖電気工業　2件 (2件)	－ (0件)	沖電気工業　7件 沖情報システム　1件 沖電気工業　1件 ＮＣＲ(米国)1件 (9件)
用途	識別装置	沖電気工業　4件 ソニー　1件 ブリティッシュテレコム　1件 ＬＧ電子(韓国)1件 (7件)	沖電気工業　17件 アイリスキャン(米国)1件 サーノフ(米国) 　1件 メディアテクノロジー　1件 (20件)	沖電気工業　2件 (2件)	－ (0件)	沖電気工業　3件 (3件)
用途	入力装置	沖電気工業　15件 松下電器　6件 キヤノン　1件 ブリティッシュテレコム (イギリス)　1件 スカイコム　1件 沖電気工業　1件 (24件)	－ (0件)	－ (0件)	－ (0件)	ＮＣＲ(米国)1件 (1件)
用途	入退場管理	沖電気工業　3件 セコム　1件 三菱ビルテクノサービス 　1件 (3件)	沖電気工業　6件 松下電器　1件 保安電子通信技術協会　1件 沖電気工業　1件 (8件)	沖電気工業　2件 (2件)	－ (0件)	沖電気工業　4件 松下電器　1件 ディズニーエンタープライシーズ(米国)　1件 (6件)
用途	情報アクセス	－ (0件)	沖電気工業　2件 (2件)	(0件)	沖電気工業　1件 (1件)	沖電気工業　1件 松下電器　1件 (2件)
用途	その他用途	沖電気工業　2件 ソニー　1件 ホンダ工業　1件 コニカ　1件 (5件)	沖電気工業　4件 財務省印刷局長 　1件 (5件)	－ (0件)	－ (0件)	松下電器　3件 沖電気工業　1件 アルゼ　1件 (5件)

（1991年1月～2001年9月に公開の出願）

表1.4.4-2 虹彩照合技術の課題と解決手段対応表

課題 \ 解決手段	要素技術 — 入力技術	要素技術 — 照合技術	周辺技術 — ガイダンス(誘導)技術	周辺技術 — 暗号化	応用技術
セキュリティ	沖電気工業 17件 松下電器 3件 ソニー 2件 キヤノン 1件 セコム 1件 ブリティッシュテレコム(イギリス) 1件 (25件)	沖電気工業 29件 松下電器 1件 大蔵省 1件 保安電子通信技術協会 1件 沖電気工業 1件 (32件)	沖電気工業 1件 (1件)	― (0件)	沖電気工業 5件 松下電器 2件 沖情報システム 1件 沖電気工業 1件 (8件)
操作・利便性	沖電気工業 12件 松下電器 2件 ホンダ工業 1件 スカイコム 1件 沖電気工業 1件 LG電子(韓国) 1件 ブリティッシュテレコム(イギリス) 1件 (18件)	沖電気工業 10件 アイリスキャン(米国) 1件 サーノフ(米国) 1件 NCR(米国) 1件 メディアテクノロジー 1件 アイリテック 1件 (15件)	沖電気工業 4件 (4件)	― (0件)	沖電気工業 7件 NCR(米国) 2件 松下電器 1件 アルゼ 1件 ディズニーエンタープライシーズ(米国) 1件 (12件)
経済性	沖電気工業 6件 松下電器 1件 コニカ 1件 (8件)	沖電気工業 1件 (1件)	沖電気工業 1件 (1件)	沖電気工業 1件 (1件)	沖電気工業 4件 松下電器 2件 (6件)

(1991年1月～2001年9月に公開の出願)

　これらの対応表で最も顕著な状況は、ほとんどの桝目に沖電気工業がみられることである。件数規模も沖電気工業が圧倒的に大きい。2番手は松下電器産業で、その他の企業は散発的な出願である（図1.4.4-1参照）。件数マップから、注力されている領域は、入力装置向けの「虹彩入力技術」と識別装置向けの「虹彩照合技術」であり、要素技術の開発に力点が置かれている。また要素技術の開発課題は「セキュリティ」向上と「簡便・利便性」であるが、応用技術の課題として「操作・利便性」も10件を越える出願があるのが注目される。

図1.4.4-1 虹彩照合技術出願件数の出願企業比較

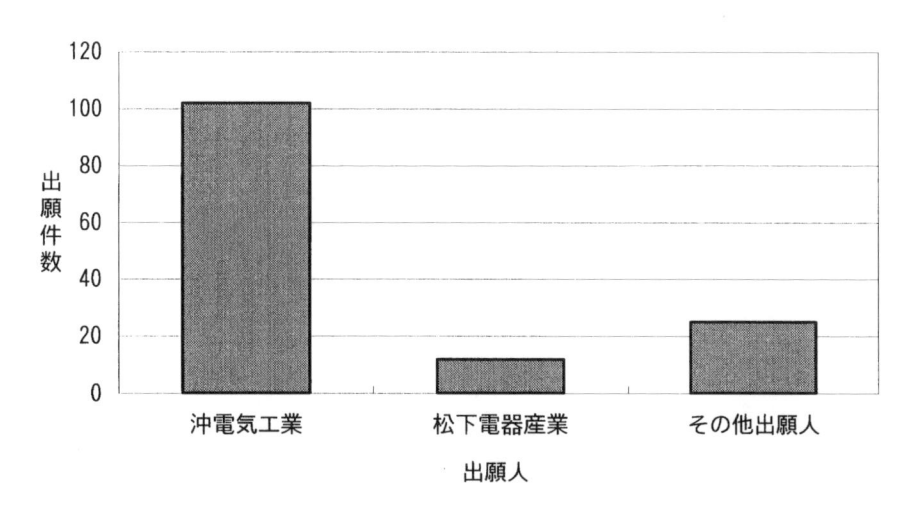

(1991年1月～2001年9月に公開の出願)

1.4.5 顔貌照合技術

表1.4.5-1に顔貌照合技術の課題と解決手段の対応表を示す。課題の中心は、セキュリティ面の不正防止および照合精度の改善、操作・利便性における操作性向上である。その解決手段としては、顔画像認識の研究が始まった当初は、顔画像、顔写真などとの視覚的なパターンの類似度による認識が主流であったが、徐々に幾何学的あるいは顔パターンの特徴量に着目した認識が主流になってきている。図1.4.5-1は、表1.4.5-1に示す課題と解決手段対応表における出願件数の多い2つの桝目、不正防止－パターンマッチングおよび照合精度－特徴量比較、の係属案件の出願件数推移を見たものである。1990年代半ば頃からの研究活動を反映して照合精度－特徴量比較の桝目に対応する出願件数の伸びが顕著である。特徴量比較は目、口、鼻など顔の造作の形状、配置などの個人差に着目した幾何学的情報を用いるものと顔パターン全体を一般的な濃淡二次元配列画像として捉える顔パターンによる方法に大きく分類できる。前者はオムロン、後者は東芝の課題解決のためのアプローチである。

表1.4.5-1 顔貌照合技術の課題と解決手段対応表（1/2）

課題	解決手段	顔画像認識 パターンマッチング		顔画像認識 特徴量比較		ハードウェア構成など ユーザインターフェース他	
セキュリティ	不正防止	東芝	4件	NTTデータ	1件	イーストマン コダック(米国)	1件
		沖電気工業	2件	オムロン	1件	リコー	1件
		オムロン	2件	コニカ	1件	ロバート エル ネイサンス(米国)	1件
		日本電気	2件	コーポレーションミユキ	1件	ワイズ コーポレーション	1件
		日本電信電話	2件	シャープ	1件	沖電気工業	1件
		ブラザー工業	2件	チオンホ コンピュータ(韓国)	1件	東京電気	1件
		エクシング	2件	ビゼッジ DEV(イギリス)	1件	凸版印刷	1件
		アート	1件	技攷舎	1件	浜松ホトニクス	1件
		アマノ	1件	大崎 茂芳	1件	ワイムアップ	1件
		NTTデータ通信	1件	大日本印刷	1件		
		キヤノン	1件	東京電気	1件		
		コニカ	1件	東芝	1件		
		デンセイ ラムダ	1件	日本ビクター	1件		
		メガチップス	1件	日本電気	1件		
		ワイズ コーポレーション	1件	日本電信電話	1件		
		共同印刷	1件	日立製作所	1件		
		甲府日本電気	1件	矢崎総業	1件		
		凸版印刷	1件				
		日本信号	1件				
		ワイムアップ	1件				
		(29件)		(17件)		(9件)	
	照合精度	松下電器産業	3件	東芝	4件	日本ビクター	3件
		三菱電機	1件	日本ビクター	3件	富士通	1件
		三菱電機ビルテクノサービス	1件	日本電気	2件		
		東芝	1件	松下電器産業	2件		
		日本ビクター	1件	富士通	2件		
				オムロン	1件		
				NTTデータ	1件		
				エフ エフ シー	1件		
				キヤノン	1件		
				ソニー	1件		
				ニールセン メディア リサーチ(米国)	1件		
				リコーシステム開発	1件		
				ルーセント テクノロジーズ(米国)	1件		
				沖電気工業	1件		
				日産自動車	1件		
				富士写真フィルム	1件		
				富士電機	1件		
		(7件)		(25件)		(4件)	
	信頼性	メディックエンジニアリング	1件	オムロン	2件	―	
				フィリップス フルーイランペンファブリケン(オランダ)	1件		
		(1件)		(3件)		(0件)	

表 1.4.5-1 顔貌照合技術の課題と解決手段対応表 (2/2)

課題		顔画像認識		ハードウェア構成など
	解決手段	パターンマッチング	特徴量比較	ユーザインターフェース他
操作・利便性	操作性	日本電信電話　2件 ルーセント テクノロジーズ(米国)　1件 沖電気工業　1件 山武　1件 松下電器産業　1件 石川島システムテクノロジー　1件 日本ビクター　1件 日立製作所　1件 浜松ホトニクス　1件 富士通電装　1件 (11件)	東芝　3件 日本電信電話　2件 オムロン　1件 シャープ　1件 タイトー　1件 三洋電機　1件 大宇電子(韓国)　1件 東京電気　1件 日本電気　1件 日立中部ソフトウェア　1件 豊田中央研究所　1件 (14件)	松下電器産業　3件 ＩＢＭ(米国)　1件 NCR INTERN(米国)　1件 コニン フィリップス エレクトロニクス(オランダ)　1件 ハラックスコーポレーション　1件 ワイズコーポレーション　1件 三菱電機　1件 三洋電機　1件 資生堂　1件 (11件)
	利便性	アイビックス　1件 キヤノン　1件 沖ソフトウェア　1件 沖電気工業　1件 戸田　忠雄　1件 三双電機　1件 上杉　敏雄　1件 東芝　1件 日立超LSIエンジニアリング　1件 オムロン　1件 (10件)	－ (0件)	ホーチキ　1件 メガチップス　1件 古川　正重　1件 古野　陽一　1件 山崎　日出地　1件 (5件)
	自動化	グローリー工業　1件 日立製作所　1件 (2件)	オムロン　2件 日本電信電話　1件 (3件)	－ (0件)
経済性	省電力	－ (0件)	－ (0件)	東芝　1件 東芝コンピュータエンジニアリング　1件 (2件)
	省力化	コニカ　1件 (1件)	－ (0件)	－ (0件)
	小型化	－ (0件)	－ (0件)	松下電器産業　1件 (1件)
	コスト	－ (0件)	－ (0件)	富士ゼロックス　1件 (1件)

(1991年1月～2001年9月に公開の出願)

図 1.4.5-1 主要課題－解決手段対応の出願件数推移

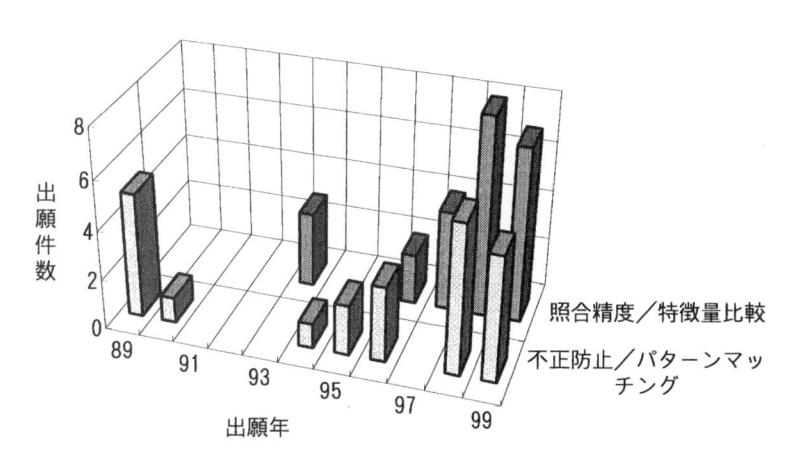

用途関連で見ると、電子商取引 19％、情報アクセス 16％、入退出 15％、その他 50％の出願件数比率である。

1.4.6 その他生体照合技術

　表1.4.6-1にその他生体照合技術の課題と解決手段の対応表を示す。ここで用いられる生体情報には、網膜、掌紋（形）、耳介、DNA、血管パターン、体重、歩行時特性など種々の人間の静的、動的身体的特徴が含まれる。これら身体的特徴を用いる照合技術の主対象課題は、不正防止と装置・システムの操作性向上に向けられている。網膜パターン、掌（指）形状、DNAにおける塩基配列データ、歩行時加速度、指の押圧など個人の身体的特徴量を識別情報とする解決手段が最も多い。網膜パターンの不正防止への応用、掌（指）情報を用いた認証装置の操作性改善に集中出願が見られる。

　特異な個人認証技術として手の甲の静脈パターンにより本人認証を行う方法がある。これは、韓国の明知大学崔　煥洙教授が指揮するチームにより研究、開発されたものであり、BK（ビーケー）システム社より出願されている。この手法によれば他人を本人として受入れてしまう他人受入率が0.0001％と虹彩によるものと同程度の高レベルであり、装置コストは、虹彩システムに比較して低価格である。

　用途関連別の出願件数を見ると、入退室18％、情報アクセス14％、電子商取引8％、その他60％の比率である。

表1.4.6-1　その他生体（網膜、血管パターンなど）照合技術の課題と解決手段対応表（1/2）

課題	解決手段	識別情報 特徴量比較		ハードウェア構成など			
				装置構成		画像処理・入力方法他	
セキュリティ	不正防止	岡田　勝彦 岩本　秀治 日立製作所 松下電器産業 NTTデータ テクノロジ NECソフト ステイヴァー ジョン エイ セコム ピーターソン ドウワイト シー コニカ ルーセント テクノロジーズ（米国） ワイ デー ケー 松下通信工業 辻井　重男 日本電気 日本電気データ機器 日立水戸エンジニアリング 富士通 郵政大臣 廖　明振	7件 7件 2件 2件 1件 1件 1件 1件 1件 1件 1件 1件 1件 1件 1件 1件 1件 1件 1件 1件	NTTドコモ 凸版印刷	1件 1件	オムロン キヤノン デンセイ ラムダ 総観 鈴木　旭	1件 1件 1件 1件 1件
			（34件）		（2件）		（5件）
	照合精度	岡田　勝彦 岩本　秀治 アックス キヤノン コーポレーションミユキ ビー ケー システム（韓国） 山口　佳宏 松下電器産業 東芝 日本電気 日立製作所 崔　煥洙	2件 2件 1件 1件 1件 1件 1件 1件 1件 1件 1件 1件	東京電気 日立製作所 富士ゼロックス	1件 1件 1件	日本電気	1件
			（14件）		（3件）		（1件）
	信頼性	シャープ	1件	—		—	
			（1件）		（0件）		（0件）

表 1.4.6-1 その他生体（網膜、血管パターンなど）照合技術の課題と解決手段対応表（2/2）

課題		解決手段 識別情報 特徴量比較	ハードウェア構成など 装置構成	画像処理・入力方法他
操作・利便性	操作性	東芝　4件 エバンズ レイトン デービット （イギリス）　1件 シャープ　1件 トプコン　1件 ベネット マーガレット ヒーザー（イギリス） 　1件 旭光学工業　1件 警察庁長官　1件 三城　1件 鷹山　1件 日本電気　1件 日本電信電話　1件 （14件）	富士通電装　6件 日立エンジニアリング　2件 アイデンティックス(米国)　1件 ソニー　1件 ホーユーテック　1件 岡田　勝彦　1件 岩本　秀治　1件 若松　秀俊　1件 松野　清　1件 日本パルス技術研究所　1件 美和ロック　1件 （18件）	アサヒ電子研究所　1件 ワイエムシステムズ　1件 旭光学工業　1件 日本電気　1件 富士通電装　1件 柳本　1件 柳本製作所　1件 （7件）
	自動化	ユニレック　1件 山岸　潤一　1件 （2件）	－ （0件）	－ （0件）
	利便性	河西　洋一郎　1件 （1件）	－ （0件）	－ （0件）
社会的受容性	抵抗感	富士ゼロックス　2件 岡田　勝彦　1件 岩本　秀治　1件 （4件）	松下電器産業　1件 （1件）	－ （0件）
経済性	小型化	東芝　1件 （1件）	松下電器産業　1件 日立エンジニアリング　1件 富士通電装　1件 （3件）	－ （0件）
	省部品	－ （0件）	イー ディー アイ オブ ルイジアナ （米国）　1件 （1件）	－ （0件）

（1991年1月～2001年9月に公開の出願）

図 1.4.6-1 その他生体照合技術の用途別出願件数比率

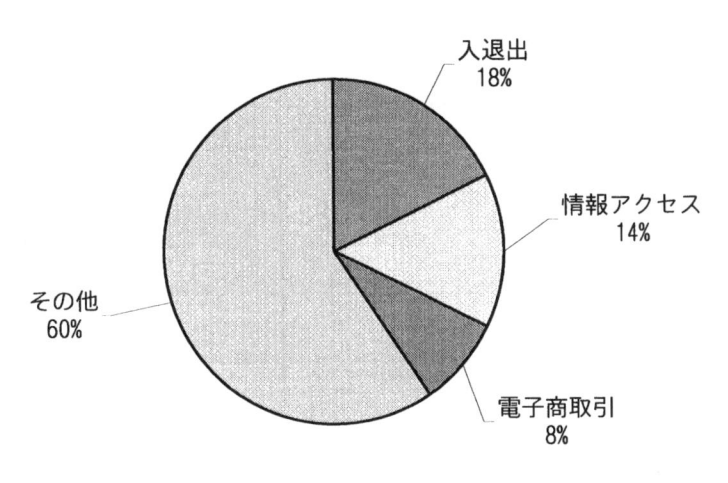

入退出 18%
情報アクセス 14%
電子商取引 8%
その他 60%

（1991年1月～2001年9月に公開の出願）

1.4.7 声紋照合技術

表1.4.7-1に声紋照合技術の用途・課題と解決手段の対応表を示す。声紋認証システム向けに照合技術の中でも識別・照合方法の開発に注力されている様子が見られる。また「その他用途」を含めいろいろな用途向けの声紋照合の応用技術開発に多数の企業が参入している様子がうかがえる。企業では、日本電信電話、富士通が主として照合技術に、日本電気、日立製作所などが応用技術も含めて広範囲に出願している。

表1.4.7-1 声紋照合技術の用途・課題と解決手段対応表 (1/2)

<table>
<tr><th colspan="2" rowspan="2">解決手段
用途・課題</th><th rowspan="2">音声入力技術</th><th colspan="3">照合技術</th></tr>
<tr><th>音声分析</th><th>辞書・登録</th><th>識別照合方法</th></tr>
<tr><td rowspan="5">用途</td><td>認証システム</td>
<td>積水化学工業 2件
村田機械 1件

(3件)</td>
<td>日本電信電話 1件
日本電気 1件
松下電器産業 1件
DDI 1件
IBM(米国) 1件
馬場芳美 1件

(6件)</td>
<td>NTTデータ 3件
ATR音声翻訳通信研究所 2件
富士通 1件
リコー 1件

(7件)</td>
<td>日本電信電話 2件
日本電気 1件
沖電気工業 1件
国際電信電話 1件
カシオ計算機 1件
DDI 1件
ルーセント テクノロジーズ(米国) 1件
ATT(米国) 1件
テキサス インスツルメンツ(米国) 1件
(9件)</td></tr>
<tr><td>電子商取引</td>
<td>東芝 2件
日本電信電話 1件
ATT(米国) 1件
(2件)</td>
<td>—
(0件)</td>
<td>富士通 1件
沖電気工業 1件
(2件)</td>
<td>富士通 2件
日本電信電話 1件
日本電気データ機器 1件
泉州銀行 1件
(5件)</td></tr>
<tr><td>情報アクセス管理</td>
<td>日本電気 1件
(1件)</td>
<td>日立製作所 1件
日立画像情報システム 1件
(2件)</td>
<td>富士通 1件
三菱電機 1件
(2件)</td>
<td>日立製作所 1件
日本電気 1件
ATT(米国) 1件
(3件)</td></tr>
<tr><td>入退場管理</td><td>—
(0件)</td><td>—
(0件)</td><td>—
(0件)</td><td>アルファ 1件
(1件)</td></tr>
<tr><td>その他用途</td><td>—
(0件)</td><td>—
(0件)</td><td>—
(0件)</td><td>NTTソフトウェア 1件
富士通テン 1件
(2件)</td></tr>
<tr><td rowspan="3">課題</td><td>セキュリティ向上</td>
<td>日本電信電話 1件
日本電気 1件
ATT(米国) 1件

(3件)</td>
<td>日本電信電話 1件
日本電気 1件
日立製作所 1件
日立画像情報システム 1件
松下電器産業 1件
DDI 1件
馬場芳美 1件
(6件)</td>
<td>三菱電機 1件
ATR音声翻訳通信研究所 1件

(2件)</td>
<td>日本電信電話 3件
ATT(米国) 2件
日立製作所 1件
日本電気 1件
カシオ計算機 1件
DDI 1件
アルファ 1件
泉州銀行 1件
テキサスインスツルメンツ(米国) 1件
(12件)</td></tr>
<tr><td>操作・利便性</td>
<td>積水化学工業 2件
東芝 2件
村田機械 1件

(5件)</td>
<td>IBM(米国) 1件

(1件)</td>
<td>富士通 3件
NTTデータ 2件
沖電気工業 1件
ATR音声翻訳通信研究所 1件

(7件)</td>
<td>日本電気 1件
富士通 1件
沖電気工業 1件
富士通テン 1件
日本電気データ機器 1件
ルーセント テクノロジーズ(米国) 1件
(6件)</td></tr>
<tr><td>経済性</td>
<td>—
(0件)</td>
<td>—
(0件)</td>
<td>NTTデータ 1件
リコー 1件
(2件)</td>
<td>富士通 1件
国際電信電話 1件
NTTソフトウェア 1件
(3件)</td></tr>
</table>

表 1.4.7-1 声紋照合技術の用途・課題と解決手段対応表（2/2）

用途・課題		暗号化	ガイダンス	応用技術
用途	電子商取引	ＮＴＴデータ 1件 (1件)	松下電器産業 1件 (1件)	－ (0件)
	情報アクセス管理	日本電気 1件 (1件)	－ (0件)	日立製作所 1件 東芝 1件 日本電気 1件 オムロン 1件 カシオ計算機 1件 日立ＬＳＩシステムズ 1件 ＡＴＴ(米国) 1件 (7件)
	入退場管理	－ (0件)	－ (0件)	東芝 1件 旭精密 1件 京葉システム 1件 (3件)
	その他用途	五十嵐伸吾 1件 栗田洋 1件 加藤圭一 1件 (1件)	－ (0件)	三菱電機 2件 日本電気 2件 日立製作所 1件 日立画像情報システム 1件 デンソー 1件 ソニー 1件 ヤマハ 1件 リコー 1件 富士写真フィルム 1件 原田工業 1件 エース電研 1件 ティーティーダック(米国) 1件 NECソフトウェア 1件 第一興商 1件 (14件)
課題	セキュリティ向上	日本電気 1件 五十嵐伸吾 1件 栗田洋 1件 加藤 圭一 1件 (2件)	松下電器産業 1件 (1件)	日立製作所 2件 日立画像情報システム 1件 東芝 1件 三菱電機 1件 日本電気 1件 エース電研 1件 NECソフトウェア 1件 日立LSIシステムズ 1件 旭精密 1件 ＡＴＴ(米国) 1件 (10件)
	操作・利便性	－ (0件)	－ (0件)	日本電気 2件 ソニー 1件 三菱電機 1件 デンソー 1件 カシオ計算機 1件 リコー 1件 ヤマハ 1件 第一興商 1件 富士写真フィルム 1件 京葉システム 1件 (11件)
	経済性	ＮＴＴデータ 1件 (1件)	－ (0件)	東芝 1件 オムロン 1件 原田工業 1件 ティーティーダック(米国) 1件 (3件)

(1991 年 1 月～2001 年 9 月に公開の出願)

1.4.8 署名照合技術

表1.4.8-1に署名照合技術の課題と解決手段の対応表を示す。課題の中心は、セキュリティ面の不正防止および照合精度の改善である。その解決手段としては、筆速、筆圧など動的に変化する動的特徴情報を利用して照合の確実性改善、不正防止を図る方策が圧倒的に多い。続いて静的パターン、特徴比較に基づくパターン照合、署名の偽筆耐性を高めるなどを目的とした構造・表示制御手段に力が注がれている。用途関連では、情報アクセス25％、電子商取引24％、入退出2％、その他49％の出願件数比率である。

表1.4.8-1 署名照合技術の課題と解決手段対応表

課題	解決手段	識別情報 パターンマッチング	特徴量比較	動的・変化情報比較	ハードウェア構成など 構造・表示制御他
セキュリティ	不正防止	大日本印刷 2件 カシオ計算機 1件 キヤノン 1件 ハルトムート ヘンニゲ(イギリス) 1件 ぺんてる 1件 リコー 1件 沖電気工業 1件 京セラ 1件 三洋電機 1件 東邦ビジネス管理センター 1件 凸版印刷 1件 日本電気 1件 デンソー 1件 日立マクセル 1件 (15件)	キヤノン 1件 シャープ 1件 沖縄日本電気ソフトウェア 1件 三井ハイテック 1件 日本電信電話 1件 日立製作所 1件 (6件)	日本サイバーサイン 4件 ソリマチ技研 1件 リコー 1件 松本 隆 1件 赤松 則男 1件 東芝 1件 東洋通信機 1件 日本システム開発 1件 (11件)	日本サイバーサイン 2件 大日本印刷 2件 NCR INTERN(米国)1件 キヤノン 1件 ジョン マックリーン アンド サンズ エレクトリカル ディングウォール(イギリス) 1件 フェルモ 1件 三菱電機 1件 東芝 1件 日本電気 1件 オムロン 1件 (12件)
	照合精度	日本サイバーサイン 1件 キヤノン 1件 サン マイクロシステムズ(米国) 1件 パイロット万年筆 1件 早津 輝雄 1件 NCR INTERN 1件 平野 すみえ 1件 (7件)	カシオ計算機 1件 キヤノン 1件 HP 1件 三井ハイテック 1件 三菱電機 1件 東芝 1件 デンソー 1件 日立マクセル 1件 (8件)	日本サイバーサイン 3件 IBM(米国) 1件 AT&T アイ ピーエム(米国) 1件 シュレアーマン ルース(米国)1件 ブライト研究所 1件 リヴシッツ アレクサンダー 1件 リコー 1件 三菱電機 1件 松浦 武信 1件 松下電器産業 1件 神戸日本電気ソフトウェア 1件 日本電信電話 1件 デンソー 1件 八洲電機 1件 (16件)	三菱電機 2件 カシオ計算機 1件 中央電子 1件 日本電信電話 1件 (5件)
	信頼性	沖電気工業 1件 東芝 1件 (2件)	キヤノン 1件 (1件)	キヤノン 1件 東邦ビジネス管理センター 1件 (2件)	パイロット万年筆 1件 (1件)
操作・利便性	操作性	シグマ 1件 東芝 1件 デンソー 1件 日立製作所 1件 富士通 1件 (5件)	キヤノン 1件 沖電気工業 1件 (2件)	キヤノン 1件 ロールス ロイス(イギリス) 1件 東芝 1件 (3件)	日本電気 1件 (1件)
	利便性	キャディックス 1件 沖電気工業 1件 日本電気 1件 (3件)	－ (0件)	NCR INTERN(米国) 1件 ルーセント テクノロジーズ(米国) 1件 (2件)	日本サイバーサイン 1件 キヤノン 1件 三菱電機 1件 日本電信電話 1件 デンソー 1件 (5件)
	自動化	－ (0件)	クインテット(米国) 1件 (1件)	日本サイバーサイン 1件 デンソー 1件 (2件)	－ (0件)
	処理速度	－ (0件)	三井ハイテック 1件 (1件)	日立超LSIシステムズ 1件 (1件)	－ (0件)
社会的受容性	抵抗感	－ (0件)	－ (0件)	－ (0件)	日立製作所 1件 (1件)

(1991年1月～2001年9月に公開の出願)

1.4.9 複合照合技術

　生体情報を用いる複合照合技術には、生体情報を複数用いるものと、生体情報と生体以外たとえばパスワードのようなものを合わせて用いる技術がある。今回の調査ではそれぞれ58件、53件とほぼ同数の特許が抽出された（図1.4.9-1参照）。
　表1.4.9-1、表1.4.9-2に前者に属する特許の用途・課題と解決手段の対応表を示す。表1.4.9-3に後者に属するものの対応表を示す。

図1.4.9-1 複合照合特許件数の複合形態別比較

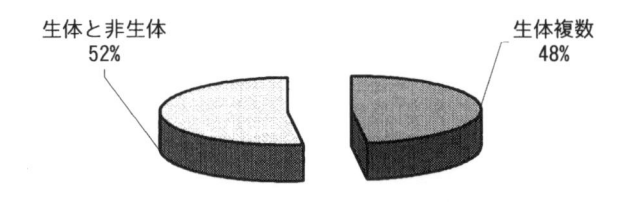

生体と非生体 52%
生体複数 48%

（1991年1月〜2001年9月に公開の出願）

表1.4.9-1 生体情報を複数用いる複合照合特許の用途と解決手段対応表

用途・課題		入力技術	照合技術 照合方法・手順	照合技術 辞書・登録・分析	暗号化	応用
用途	認証システム	日立製作所　1件 東芝　1件 日本電気　1件	日本電信電話　2件 日立製作所　1件 東芝　1件 三菱電機　1件 松下電工　1件 松下電器産業　1件 沖電気工業　1件 日本アビオニクス　1件 日本電気エンジニアリング　1件 日本電気データ機器　1件 高度移動通信セキュリティ技術研究所　1件 ミネソタ マイニング アンド MFG（米国）　1件	ATT（米国）　2件 日本電気　1件 日立製作所　1件 山武　1件 三菱電機ビルテクノサービス　1件 富士ゼロックス　1件 オリンパス光学工業　1件	ソニー　1件 NTTデータ　1件 IBM（米国）　1件	オムロン　1件
		(3件)	(13件)	(8件)	(3件)	(1件)
	電子商取引	日立製作所　1件 沖電気工業　1件	沖電気工業　2件 NTTデータ　2件 パーソナル バイオメトリック エンコーダーズ（イギリス）　1件 藤島久　1件	協和電子工業　1件	ソニー　2件	ソニー　1件 NECネクサスソリューションズ　1件 プロプライエタリ ファイナンシャル プロダクツ（米国）　1件
		(2件)	(6件)	(1件)	(2件)	(3件)
	情報アクセス管理	東芝　1件 日本電気　1件 長塩吉之助　1件	日立製作所　1件 日立情報ネットワーク　1件	グンゼ　1件 郵政大臣　1件 小松尚久　1件	－	大柱小太郎　1件
		(3件)	(3件)	(3件)	(0件)	(1件)
	入退場管理	保倉豊　1件	富士通ゼネラル　1件 オーテック電子　1件 イース　1件		－	富士通機電　1件
		(1件)	(3件)	(0件)	(0件)	(1件)
	その他用途	ミノルタカメラ　1件	インターナショナル マトリックス（米国）　1件	キヤノン　1件	－	松下電器産業　1件
		(1件)	(1件)	(1件)	(0件)	(1件)

（1991年1月〜2001年9月に公開の出願）

表 1.4.9-2 生体情報を複数用いる複合照合特許の課題と解決手段対応表

用途・課題		解決手段 入力技術	生体情報を複数用いるもの 照合技術 照合方法・手順	辞書・登録・分析	暗号化	応用
課題	セキュリティ向上	日立製作所 1件 日本電気 1件 ミノルタカメラ 1件 長塩吉之助 1件 保倉豊 1件	日立製作所 2件 NTTデータ 2件 東芝 1件 日本電信電話 1件 三菱電機 1件 沖電気工業 1件 松下電器産業 1件 イース 1件 松下電工 1件 日本アビオニクス 1件 日本電気エンジニアリング 1件 オーテック電子 1件 日本電気データ機器 1件 パーソナル バイオメトリックス エンコーダーズ（イギリス）1件 インターナショナル データマトリックス（米国）1件 ミネソタ マイニング アンド MFG（米国）1件 藤島久 1件	日本電気 1件 日立製作所 1件 キヤノン 1件 協和電子工業 1件 三菱電機ビルテクノサービス 1件 ATT(米国) 1件	ソニー 3件 NTTデータ 1件	立石電機 1件 富士通電機 1件 NECネクサソリューションズ 1件
		(5件)	(19件)	(6件)	(4件)	(3件)
	操作・利便性	東芝 2件 日立製作所 1件 日本電気 1件 沖電気工業 1件	沖電気工業 2件 日本電信電話 1件 高度移動通信セキュリティ技術研究所 1件	グンゼ 1件 オリンパス光学工業 1件 富士ゼロックス 1件 ATT(米国) 1件	IBM(米国) 1件	松下電器産業 1件 ソニー 1件 大柱小太郎 1件
		(5件)	(4件)	(4件)	(1件)	(3件)
	経済性	－ (0件)	富士通ゼネラル 1件 (1件)	山武 1件 郵政大臣 1件 小松尚久 1件 (2件)	－ (0件)	プロパライエタリ ファイナンシャル プロダクツ（米国）1件 (1件)

(1991年1月～2001年9月に公開の出願)

　用途では、個人照合装置としての汎用用途となる認証システムが最も多いが、これに次いで、「電子商取引」を対象としたものが多いのが特徴である。特に生体情報を複数用いる方式に多く見られる。

　課題では、圧倒的に「セキュリティ向上」をねらったものが多い。またこれに対応する解決手段として、「照合技術」の中でも、複合方式を基本とした「照合方法・手順」の開発に力点が置かれている。

表 1.4.9-3 生体情報と非生体情報を用いる複合照合特許の用途・課題と解決手段対応表

用途・課題		解決手段: 生体情報と生体以外の情報（パスワードなど）を用いるもの				
		入力技術	照合技術 照合方法・手順	照合技術 辞書・登録・分析	暗号化	応用
用途	認証システム	日本電気 1件 キヤノン 1件 デンソー 1件 ホーチキ 1件 国際電気 1件 (5件)	富士通 2件 NECソフト 1件 卯野小百合 1件 (4件)	三菱電機 2件 日立製作所 1件 松下電器産業 1件 沖電気工業 1件 富士通電装 1件 イーストマン コダック （米国） 1件 ディーター バートマン 1件 (8件)	日本電気 1件 翼システム 1件 凸版印刷 1件 (3件)	松下電器産業 2件 三菱電機 1件 キヤノン 1件 平和 1件 (5件)
用途	電子商取引	東芝 1件 (1件)	沖エンジニアリング 1件 成山吉明 1件 (2件)	NTTデータ 1件 ボゴシアン チャールズ エー ジュニア 1件 (2件)	— (0件)	ソリトンシステムズ 2件 ソニー 1件 ヘルスファーム 1件 (4件)
用途	情報アクセス管理	日本電気インフォメーションテクノロジー 1件 東海理化電機製作所 1件 (2件)	日立製作所 1件 松下電器産業 1件 ケンウッド 1件 カシオ計算機 1件 日立ソフトエンジニアリング 1件 伊藤茂 1件 (6件)	日立製作所 1件 ソニー 1件 (2件)	アデソン エム フィッシャー 1件 セキュア コンピューティング （米国） 1件 (2件)	ソニー 1件 東北日本電気 1件 (2件)
用途	入退場管理	三菱電機 2件 (2件)	富士通電装 1件 イース 1件 (2件)	富士通電装 1件 (1件)	— (0件)	三菱電機 1件 NTTデータ 1件 エース電研 1件 ヘルスファーム 1件 (4件)
用途	その他用途	オムロン 1件 (1件)	プリシジョン ダイナミックス （米国） 1件 (1件)	日立製作所 1件 ソニー 1件 (2件)	— (0件)	日立製作所 1件 川澄化学工業 1件 (2件)
課題	セキュリティ向上	キヤノン 1件 ホーチキ 1件 日本電気インフォメーションテクノロジー 1件 東海理化電機製作所 1件 (4件)	富士通 2件 富士通電装 1件 ケンウッド 1件 NECソフト 1件 イース 1件 プリシジョン ダイナミックス（米国） 1件 卯野小百合 1件 伊藤茂 1件 成山吉明 1件 (10件)	富士通電装 2件 三菱電機 2件 日立製作所 2件 ソニー 2件 松下電器産業 1件 NTTデータ 1件 沖電気工業 1件 イーストマン コダック（米国） 1件 ボゴシアン チャールズ エー ジュニア 1件 (13件)	日本電気 1件 アデソン エム フィッシャー 1件 セキュア コンピューティング（米国） 1件 (3件)	ソリトンシステムズ 2件 日立製作所 1件 NTTデータ 1件 エース電研 1件 川澄化学工業 1件 平和 1件 ヘルスファーム 1件 ソニー 1件 東北日本電気 1件 (10件)
課題	操作・利便性	東芝 1件 立石電機 1件 オムロン 1件 国際電気 1件 (4件)	松下電器産業 1件 カシオ計算機 1件 日立ソウトウエアエンジニアリング 1件 (3件)	日立製作所 1件 ディーター バートマン 1件 (2件)	翼システム 1件 (1件)	松下電器産業 2件 三菱電機 1件 キヤノン 1件 ヘルスファーム 1件 (5件)
課題	経済性	三菱電機 2件 日本電気 1件 (3件)	日立製作所 1件 沖エンジニアリング 1件 (2件)	— (0件)	凸版印刷 1件 (1件)	三菱電機 1件 ソニー 1件 (2件)

（1991年1月～2001年9月に公開の出願）

1.4.10 生体一般照合技術

表 1.4.10-1 に生体一般照合技術の課題と解決手段の対応表を示す。用いる生体情報を特定しない照合技術を対象とする。生体情報を用いた個人照合への関心の高まりから、1996年以降この領域に対応する出願増加が顕著である。セキュリティ面の不正防止および操作・利便性における操作性の向上が主課題である。照合処理法、装置構成など出願は多岐にわたる。用途関連面で見ると情報アクセス30%、電子商取引17%、入退室15%、その他38%の出願件数比率である。全般的に大手電機メーカが出願件数上位を占める。

表1.4.10-1 生体一般照合技術の課題と解決手段対応表（1/2）

課題		画像識別情報		ハードウェア構成
	解決手段	特徴量比較	処理判別手段	装置構成
セキュリティ	不正防止	東芝　　　　　　　　6件 日立製作所　　　　　4件 日本電気　　　　　　4件 富士通　　　　　　　3件 日本電信電話　　　　2件 ワイズコーポレーション　2件 ティー アール ダブリュー(米国)　2件 インビジテック(米国)　1件 NCR INTERN(米国)　1件 オーテック電子　　　1件 キヤノン　　　　　　1件 ジーメンス(ドイツ)　1件 ソリトンシステムズ　1件 ホクエー　　　　　　1件 ポラロイド(米国)　　1件 ミネソタ マイニング アンド MFG(米国)　1件 ワイムアップ　　　　1件 沖　博子　　　　　　1件 沖電気工業　　　　　1件 京葉システム技研　　1件 熊平製作所　　　　　1件 国際電気　　　　　　1件 三菱自動車工業　　　1件 三菱電機　　　　　　1件 三洋電機　　　　　　1件 川澄化学工業　　　　1件 東芝コンピュータエンジニアリング　1件 日本ビクター　　　　1件 保倉　豊　　　　　　1件 （45件）	イース　　　　　　　5件 日立製作所　　　　　4件 IBM(米国)　　　　　4件 沖電気工業　　　　　2件 東芝　　　　　　　　2件 AT&Tグローバル インフォメーション ソリューションズ INTERN(米国)　1件 エヌイーシーネットワーク センサ　1件 キヤディックス　　　1件 セイコーエプソン　　1件 ソニー　　　　　　　1件 リコー　　　　　　　1件 三菱電機　　　　　　1件 三洋電機　　　　　　1件 松下電器産業　　　　1件 東芝エー ブイ イー　1件 日本エルエスアイカード　1件 日本電信電話　　　　1件 日立ニュークリアエンジニアリング　1件 日立マクセル　　　　1件 富士ゼロックス　　　1件 富士通電装　　　　　1件 オムロン　　　　　　1件 （34件）	沖電気工業　　　　　7件 東芝　　　　　　　　2件 三菱電機　　　　　　2件 イース　　　　　　　1件 IBM(米国)　　　　　1件 ATT(米国)　　　　　1件 NTTデータ　　　　　1件 オーディオ デジタル イメージング (米国)　　　　　　　1件 シティバンク エヌ エイ(米国)　1件 シャープ　　　　　　1件 ソニー　　　　　　　1件 ソルテズ ジョン エー　1件 ベンテック　　　　　1件 岩本　秀治　　　　　1件 山口　佳宏　　　　　1件 松下電器産業　　　　1件 静岡日本電気　　　　1件 大日本印刷　　　　　1件 都築電気　　　　　　1件 凸版印刷　　　　　　1件 富士通　　　　　　　1件 （29件）
	照合精度	沖電気工業　　　　　3件 山武　　　　　　　　3件 日本電気　　　　　　2件 浜松ホトニクス　　　2件 セコム　　　　　　　2件 オムロン　　　　　　1件 NTTデータ　　　　　1件 日立製作所　　　　　1件 三菱電機　　　　　　1件 東芝　　　　　　　　1件 朴　宰佑　　　　　　1件 （18件）	NTTデータ　　　　　1件 キヤノン　　　　　　1件 キヤノン ユー エス エイ(米国)　1件 沖電気工業　　　　　1件 （4件）	日立製作所　　　　　1件 （1件）
	信頼性	キヤノン　　　　　　2件 ネットマークス　　　1件 関西日本電気ソフトウェア　1件 松下電器産業　　　　1件 新井　史人　　　　　1件 東芝　　　　　　　　1件 日本サイバーサイン　1件 日本電気　　　　　　1件 福田　敏男　　　　　1件 （10件）	日立製作所　　　　　1件 （1件）	モーリス エイチ シヤモス　1件 保倉　豊　　　　　　1件 （2件）

表 1.4.10-1 生体一般照合技術の課題と解決手段対応表 (2/2)

課題		解決手段 画像識別情報				ハードウェア構成	
		特徴量比較		処理判別手段		装置構成	
操作・利便性	操作性	オムロン	2件	沖電気工業	3件	沖電気工業	2件
		東芝	2件	日本電信電話	3件	日立製作所	2件
		松下電器産業	2件	東芝	2件	日本電信電話	2件
		三菱電機	2件	ソニー	1件	富士通	2件
		コニカ	1件	東京三菱銀行	1件	オムロン	1件
		シャープ	1件	日立画像情報システム	1件	NECソフト	1件
		スカイコム	1件	日立製作所	1件	キヤノン	1件
		セイコー電子工業	1件	翼システム	1件	コニカ	1件
		ヒエロニムス	1件	落合 庸良	1件	ソニー	1件
		横河電機	1件			ディジタル エクイップメント(米国)	1件
		埼玉日本電気	1件			ピージエイアイ	1件
		三星 十久	1件			山武	1件
		日本コーリン	1件			松下電器産業	1件
		日立インフォメーションテクノロジー	1件			大日本印刷	1件
		畑田 明信	1件			東芝	1件
		翼システム	1件			日本メディパック	1件
						日本電気	1件
						デンソー	1件
						浜松ホトニクス	1件
						富士通電装	1件
						富士電機	1件
						翼システム	1件
		(20件)		(14件)		(26件)	
	利便性	沖電気工業	3件	沖電気工業	4件	東陶機器	3件
		東芝	2件	日本電気	4件	東芝	2件
		日本サイバーサイン	2件	ジャックポット	1件	沖電気工業	1件
		東陶機器	2件	スマート タッチ(米国)	1件	オムロン	1件
		コニン フィリップス エレクトロニクス (オランダ)	1件	ミノルタカメラ	1件	タカタ	1件
				三菱電機	1件	デニス サンガ フエルナンデス	1件
		コンピュータソフト開発	1件	生熊 克己	1件	トーカド	1件
		テクノメディカ	1件	富士通	1件	溝部 達司	1件
		沖 博子	1件	富士通ゼネラル	1件	三菱電機ビルテクノサービス	1件
		馬場 勉	1件	豊田自動織機製作所	1件	大日本印刷	1件
		白川 司郎	1件			沢口 高司	1件
						日立情報システムズ	1件
		(15件)		(16件)		(15件)	
	処理速度	－		沖電気工業	4件	五味 和史	1件
				浜松ホトニクス	1件	浜松ホトニクス	1件
		(0件)		(5件)		(2件)	
	自動化	富士通	1件	NEC情報システムズ	1件	テクノバンク	1件
				コニカ	1件	倉林 譲	1件
		(1件)		(2件)		(2件)	
経済性	小型化	カシオ計算機	1件	ソニー	1件	－	
		(1件)		(1件)		(0件)	
	省電力	ミヨタ	1件	－		－	
		(1件)		(0件)		(0件)	
	省力化	日本信号	1件	－		－	
		(1件)		(0件)		(0件)	
	コスト	－		－		沖電気工業	1件
		(0件)		(0件)		(1件)	

(1991年1月～2001年9月に公開の出願)

2. 主要企業等の特許活動

2.1 沖電気工業
2.2 東芝
2.3 三菱電機
2.4 ソニー
2.5 日本電気
2.6 富士通
2.7 日本電信電話
2.8 日立製作所
2.9 松下電器産業
2.10 富士通電装
2.11 キヤノン
2.12 オムロン
2.13 浜松ホトニクス
2.14 カシオ計算機
2.15 山武
2.16 シャープ
2.17 デンソー
2.18 NTTデータ
2.19 日本サイバーサイン
2.20 大日本印刷

> 特許流通
> 支援チャート

2. 主要企業等の特許活動

大手電気、情報、通信メーカが上位にならぶが、印刷、
計測、制御、電装品、ベンチャーなど参入企業は多彩。

　出願件数から見て上位20位以上の主要出願人を表2.-1に示す。本章では、この主要出願人20社につき企業の概要、生体情報を用いた個人照合技術に関する製品・技術、技術課題対応の各社の保有特許およびその保有特許の主要なものの概要、技術開発拠点、技術開発者と出願件数の推移を紹介する。

　本章で調査対象とした特許は、1991年1月から2001年9月までに公開された「生体情報を用いた個人照合」に関連するものから、下記のものを除いた公開特許1,667件である。

（1）無効、取り下げ、放棄、審査未請求により取り下げられたもの

（2）2001年12月の時点で拒絶確定及び拒絶査定後1年以上経過したもの

出願人の総数は404、そのうち企業件数は313であった。なお資料5の表3「出願件数上位52社の連絡先」に示すように、出願人ランキングで21位は出願件数13件の「IBM（インターナショナルビジネスマシーンズ）」、「三菱電機ビルテクノサービス」、「NECソフト」の3社であった。

　上位20社の顔ぶれは、電機、家電、情報、通信、写真、画像表示、電装品、印刷メーカ、ベンチャーメーカなど多彩である。上位は、電機、家電、情報、通信メーカが占めている。生体情報を用いた個人照合特許の上位20社による出願総件数は1,043件であった。

表2.-1 生体情報を用いた個人照合技術の主要企業20社の出願件数
（1991年1月～2001年9月に公開の出願）

No	出願人名	出願件数	No	出願人名	出願件数
1	沖電気工業	151	11	キヤノン	32
2	東芝	108	12	オムロン	31
3	三菱電機	101	13	浜松ホトニクス	27
4	ソニー	88	14	カシオ計算機	26
5	日本電気	88	15	山武	24
6	富士通	81	16	シャープ	22
7	日本電信電話	54	17	デンソー	19
8	日立製作所	52	18	NTTデータ	19
9	松下電器産業	48	19	日本サイバーサイン	16
10	富士通電装	42	20	大日本印刷	14

主要企業20社の技術要素別出願件数マップを表2.-2に示す。表中ハッチ部分は、それぞれの技術要素で件数が上位3位までの企業を意味している。この表から、どの企業が、どの技術要素（生体情報）に注目しているかをうかがい知ることができる。

総件数でトップの「沖電気工業」は虹彩に、総件数で上位の「三菱電機」、「日本電気」、「ソニー」、「富士通」は指紋に、「東芝」、「オムロン」は顔貌に比重がかかっている。特徴的なのは、総件数では下位の「日本サイバーサイン」と「キヤノン」が署名では1、2位にランクされる。

表2.-2 主要企業20社の技術要素別出願件数マップ
（1991年1月～2001年9月に公開の出願）

ランク	出願人名	指紋・システム	指紋・入力技術	指紋・照合技術	虹彩	顔貌	その他生体	声紋	署名	複合	生体一般	総件数
1	沖電気工業		1	2	101	5		2	2	6	32	151
2	東芝	16	22	12		18	6	4	6	4	20	108
3	三菱電機	18	26	31		2		3	6	7	8	101
4	日本電気	11	24	24		4	4	5	1	5	10	88
5	ソニー	14	32	24	2	1	1	1		8	5	88
6	富士通	2	18	40		3	1	5	2	2	8	81
7	日本電信電話	5	17	4		8	1	5	4	2	8	54
8	日立製作所	8	1	4		4	4	4	2	10	15	52
9	松下電器産業	2	3	1	12	10	5	2	1	6	6	48
10	富士通電装	4	6	21		1	5			3	2	42
11	キヤノン	5	1	2	1	3	2		10	3	5	32
12	オムロン	3	5	5		9	1	1		2	5	31
13	浜松ホトニクス	1	13	7		1					5	27
14	カシオ計算機	7	9	3				2	3	1	1	26
15	山武	2	5	11		1				1	4	24
16	シャープ	2	12	2		1	2		1		2	22
17	デンソー	2	4	5				1	6	1		19
18	NTTデータ	5				2		4		5	3	19
19	日本サイバーサイン								13		3	16
20	大日本印刷	3	1	3		1			4		2	14

なお、本章では各企業の保有特許リストを掲げた。登録されているものと海外出願されていると調査確認されたものから、出願件数規模、技術要素件数分布を考慮して選出し、リスト中の出願特許について概要を掲載した。また、掲載した特許（出願）は、各々、各企業から出願されたものであり、各企業の事業戦略などによっては、ライセンスされるとは限らない。

2.1 沖電気工業

2.1.1 企業の概要

沖電気工業は1949年に設立された金融端末や通信LSIを主力とする通信系メーカである。生体情報による個人照合に関する事業では、虹彩照合技術開発で日本で先駆的なポジションにあり、虹彩（アイリス）認識装置や、その応用であるゲート管理システムなどの製品がある。今回調査した中の沖電気工業の特許は、登録が4件、公開のものが148件であった。そのうち9件を海外にも出願している。虹彩照合に関する特許が98件と群を抜いて多く、次いで生体一般照合に関する出願が32件で、複合、顔貌にそれぞれ6件、5件とまとまった出願が有る。

表2.1.1-1に沖電気工業の概要を示す。

表2.1.1-1 沖電気工業の概要

1)	商号	沖電気工業株式会社
2)	設立年月日	1949年11月
3)	資本金	678億6,200万円
4)	従業員	8,217名（単独）、25,626名（連結）
5)	事業内容	情報機器、通信機器、電子デバイスの開発・製造・販売・サービス
6)	技術・資本提携関係	（技術導入）センサ（米国）「アイリス認識」関連技術　など10社
		（クロスライセンス）ルーセントテクノロジー（米国）、IBM（米国）、HP（米国）、TI（米国）、ハリス（米国）、フィリップス（オランダ）
		（共同開発）GBT（米国）「CDMA方式」関連技術ほか数社 ソニー「0.25μシステムLSI要素技術」ほか数社
7)	事業所	本社／東京、向上／沼津、高崎、八王子、本庄、富岡
8)	関連会社	国内／沖電気工事、沖データ、沖カスタマアドホック等
9)	業績推移（百万円）	売上／669,776（1999年度）、740,250（2000年度） 利益／1,146（1999年度）、8,944（2000年度）
10)	主要製品	電子通信装置（ATM交換装置など）、情報処理装置（金融自動化機器など）、電子デバイス（集積回路、電子部品）
11)	主な取引先	NTT、日本電素工業、日本ユニシス、三菱商事

2.1.2 生体情報を用いた個人照合技術に関連する製品・技術

表 2.1.2-1 沖電気工業の生体情報を用いた個人照合関連製品・技術一覧表

技術要素	製品	製品名	発売時期	出典
虹彩照合技術	ゲート管理システム	アイリスパス－S	1998年10月	http://www.oki.com/jp/home/PROD/iris
虹彩照合技術	情報セキュリティシステム	アイリスパス－h	2001年12月	http://www.oki.com/jp/home/PROD/iris

　沖電気工業は、虹彩照合技術を用いた製品やシステムを実用化し販売している。ゲート管理や情報セキュリティシステムに利用されている。

　沖電気工業が「アイリスパス－S」の名称で事業化しているゲート管理システムの外観を図2.1.2-1に、その主な用途を表2.1.2-2に、システム接続例を図2.1.2-2に、仕様を表2.1.2-3に、それぞれ示す。

図 2.1.2-1 アイリスパス－Sの外観

表 2.1.2-2 アイリスパス－Sゲート管理システムの主な用途

```
部屋への入退室管理用として
    資料室・媒体などの保管庫
    薬品・危険物などの保管室
    研究室・コンピュータルーム
    プライベートルーム
    金庫室
    無人店舗保守室
    夜間/休日用出入口
装置の扉管理用として
    現金収納庫、保守用扉
```

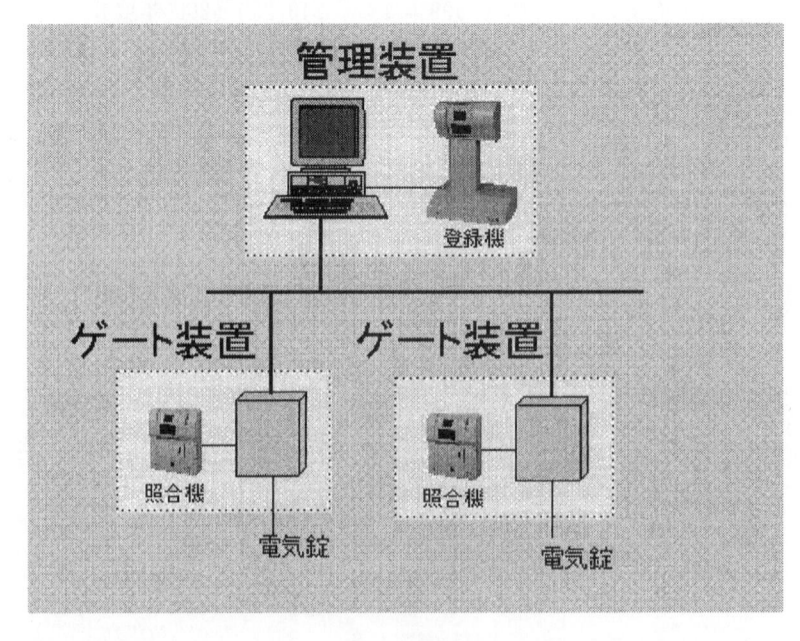

図 2.1.2-2 沖電気工業の虹彩照合を利用したゲート管理システムの接続例

表 2.1.2-3 沖電気工業の虹彩照合を利用したゲート管理システム仕様

項目	仕様
最大ゲート装置数	128台
登録人数	最大1000人／各ゲート
認識性能	認識率：99.9%以上／誤認識率：0.0001%以下（取得画像品質による）
認識時間	1秒以内（画像入力後～判定）
管理装置－ゲート装置間インタフェース	10BASE-T
電源	AC100V 50/60Hz
重量	照合機：7.5Kg／ゲート装置制御部：15Kg
環境条件	管理装置：10～35℃／ゲート装置：0～40℃
外形寸法	照合機：260(W)×320(H)×110(D)

また、「アイリスパス-h」の名称で製品化している情報システム端末向け認証ユニットの概観を図2.1.2-3に、その主な利用方法・適用を表2.1.2-4に示す。

図 2.1.2-3 アイリスパス－hの概観

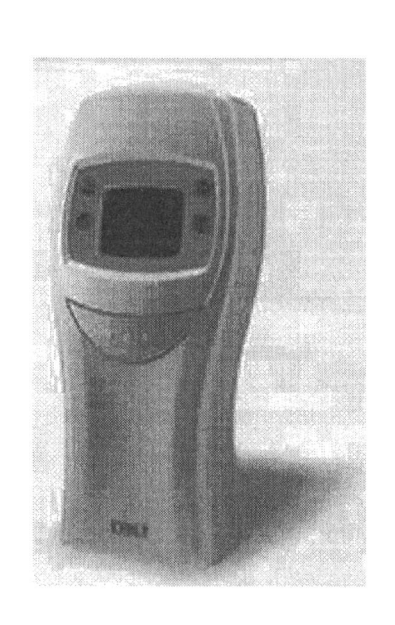

表 2.1.2-4 アイリスパス－hセキュリティシステムの主な利用方法・適用

利用方法
・端末へのログイン制御
・C/Sでのサーバログイン制御
・Webシステムへのログイン制御
・各種システムログイン制御
・データへのアクセス制御
適用
・企業内や庁舎内の情報システム
・パソコンを用いた様々なシステム

2.1.3 技術開発課題対応保有特許の概要

　沖電気工業の生体情報を用いた個人照合に関連する特許における技術要素と技術課題の対応を図2.1.3-1に、また解決手段との対応を図2.1.3-2に示す。これらの図によれば、虹彩照合関連で、セキュリティ向上と操作・利便性を課題とし、入力技術と識別照合技術を解決手段とする出願が多くみられることが分かる。生体一般照合関連で識別照合技術を解決手段とするものもかなり出願されている。

　なお技術課題、解決手段の具体内容については1.4節技術開発の課題と解決手段を参照されたい。

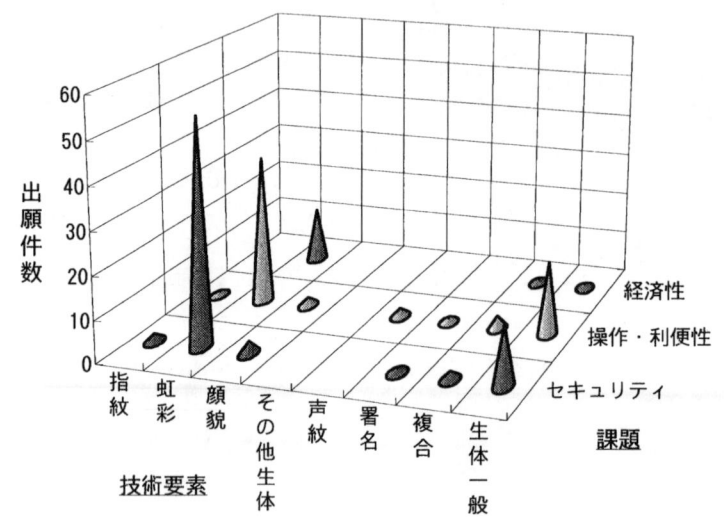

図2.1.3-1 技術要素・課題手段対応出願件数分布

（1991年1月～2001年9月に公開の登録と係属案件）

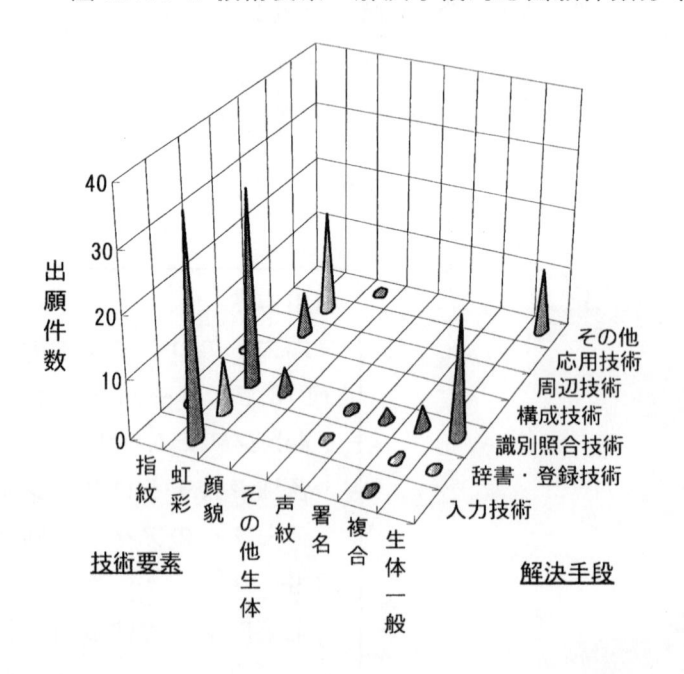

図2.1.3-2 技術要素・解決手段対応出願件数分布

（1991年1月～2001年9月に公開の登録と係属案件）

表2.1.3-1に沖電気工業の技術開発課題対応保有特許の一覧表を示す。この表は生体情報を用いた個人照合技術に関連する1991年1月～2001年9月に公開された登録と係属の特許について技術要素、課題ごとに分類したものである。

表2.1.3-1 沖電気工業の技術開発課題対応特許一覧表(1/9)

技術要素	課題	特許番号	特許分類	名称
			(概要：解決手段要旨)	(図)
指紋入力	信頼性	特開平8-287012	G06F15/00,330	指紋照合機能付きコンピュータ端末装置及びそのセキュリティ確認方法
指紋照合	信頼性	特開平10-134229	G07D9/00,461	自動取引装置及び自動取引システム
指紋照合	利便性	特許2804576	G06T7/00	指紋照合装置
			求めた指紋流に対応する中心核パターンを作成し、中心核パターンに類似する指紋群と入力した指紋とを照合し、一致するかどうかを判定するようにしたことによりIDコードを入力することなく指紋照合ができる。	
虹彩	セキュリティ	特開平9-106470	G07D9/00,461	自動取引システムおよび個人識別方法
		特開平9-212644	G06T7/00	虹彩認識装置および虹彩認識方法
			類似度が所定値より低い場合は、再度虹彩画像データを取得し、取得した画像データと登録データの一致部分を抽出してマッチングデータに追加することにより誤認識を防止する。	
		特開平9-212645	G06T7/00	身分証明書照合システム
		特開平9-259197	G06F19/00	電子財布システム
		特開平9-234264	A63B71/06	競技出場選手管理システム
		特開平9-273337	E05B49/00	キーレスエントリシステム
		特開平9-305196	G10L3/00,551	音声入力装置
		特開平9-305765	G06T7/00	虹彩識別方法および虹彩識別装置
		特開平10-21392	G06T7/00	虹彩認識システムおよび虹彩認識装置
		特開平10-5195	A61B5/117	虹彩の撮像方法及びその撮像装置

表 2.1.3-1 沖電気工業の技術開発課題対応特許一覧表(2/9)

技術要素	課題	特許番号	特許分類	名称
			(概要：解決手段要旨)	(図)
虹彩	セキュリティ	特開平9-198510	G06T7/00	自動取引装置及び自動取引システム
		特開平10-63858	G06T7/00	個人識別方法及び個人識別装置
		特開平10-162146	G06T7/00	個人識別装置
		特開平10-177553	G06F15/00,330	ネットワークセキュリテイシステム
		特開平10-222469	G06F15/00,330	オンラインシステム
		特開平10-240691	G06F15/00,330	ネットワークセキュリテイシステム
		特開平10-268372	G03B3/00	撮影装置
		特開平10-269183	G06F15/00,330	自動取引装置および自動取引装置システムおよびアイリスパターン登録装置
		特開平10-275234	G06T7/00	画像認識方法
			眼の撮像画像をブロックに分割し、ブロックの濃度値をあらわすモザイク画像に変換し、各モザイク画像の中心点からの距離が小さく、かつ暗い濃度値のブロックを瞳孔中心位置と判定し、このブロック位置から入力画像の中心位置を算出することで、正確に瞳孔を抽出する。	(フローチャート図：開始→S1 画像入力→S2 モザイク画像作成→S3 瞳孔の中心探索→S4 瞳孔領域抽出→終了)
		特開平10-262953	A61B5/117	画像認識装置
			虹彩照合手段が検出した円(瞳孔、虹彩)に基づいて照合処理を行い、座標系の不一致により、照合に失敗した場合でも、座標系補正手段により座標系を楕円に再設定して照合処理をやり直すので、照合の失敗を減少させることができる。	(補正処理前→補正→補正処理後 座標系補正処理結果の説明図)
虹彩	セキュリティ	特開平10-275235	G06T7/00	動物の個体識別装置
			動物の目の虹彩周辺にある虹彩顆粒を個体識別に利用する。虹彩顆粒の画像は、傾きや長さ、濃度等を正規化し、辞書に登録しておくことで安定した照合が得られる。	(馬の目の画像説明図)

表 2.1.3-1 沖電気工業の技術開発課題対応特許一覧表(3/9)

技術要素	課題	特許番号	特許分類	名称
			(概要：解決手段要旨)	(図)
虹彩	セキュリティ	特開平10-275236	G06T7/00	動物の個体識別装置
		特開平10-302065	G06T7/00	個体識別方法および個体識別装置
		特開平11-15972	G06T7/00	アイリス撮影装置
		特開平11-25273	G06T7/00	無人取引システム
		特開平11-31243	G07B5/00	乗車券類販売精算システム
		特開平11-113885	A61B5/117	個体識別装置およびその方法
			動物の目の中の情報を用いて個体識別を行う個体識別装置であって、瞳孔の輪郭線を抽出する輪郭線抽出部と、瞳孔の重心を通り、かつ、瞳孔内領域を点の集合とした場合、その軸上に全ての点を写像したとき点の分布が最も大きくなるような軸である主軸に対して垂直な直線上に中心点を持つ円弧によって、瞳孔の下部領域または上部領域の輪郭線を近似する円弧当てはめ処理部とを備えたことを特徴とする。	(図：カメラ101→輪郭線抽出部102→円弧当てはめ処理部103→虹彩顆粒形状変形部104←登録辞書105→虹彩顆粒識別部106→ディスプレイ107)
		特開平11-164823	A61B5/117	医療管理システムと個人情報カードシステム
		特開平11-185087	G07C9/00	入退場者管理システム
		特開平11-203478	G06T7/00	アイリスデータ取得装置
		特開平11-213047	G06F17/60	無人取引システム
		特開平11-200684	E05B49/00	扉錠前操作システム
		特開平11-244261	A61B5/117	アイリス認識方法及び装置、データ変換方法及び装置
		特開2000-33080	A61B5/117	アイリスコード生成装置およびアイリス認識システム
		特開2000-83930	A61B5/117	アイリスを用いた個人識別装置
		特開2000-105830	G06T7/00	個人識別装置
		特開2000-107156	A61B5/117	個人識別装置
		特開2000-132681	G06T7/00	アイリスデータ取得装置
		特開2001-155222	G07D9/00,461	自動取引システム
		特開2000-180707	G02B7/28	オートフォーカスカメラ及び個人識別装置
		特開2000-185031	A61B5/117	個体識別装置

表 2.1.3-1 沖電気工業の技術開発課題対応特許一覧表(4/9)

技術要素	課題	特許番号	特許分類	名称
		(概要：解決手段要旨)		(図)
虹彩	セキュリティ	特開2000-194856	G06T7/00	輪郭抽出方法及び装置
		特開2000-210271	A61B5/117	アイリス撮影装置
		特開2000-322575	G06T7/00	自動受付システム及び自動決済システム
		特開2000-357232	G06T7/00	アイリス認識装置
		特開2001-17410	A61B5/117	目画像撮像装置
		特開2001-67399	G06F17/60	電子マネー取引システム
		特開2001-118103	G07C9/00	ゲート管理装置
		特開2001-133737	G02C7/04	コンタクトレンズの虹彩識別装置
		特開2001-143123	G07D9/00,331	アイリス認証による現金処理システム
		特開2001-148001	G06T1/00	本人認証装置及び本人認証方法
		特開2001-167284	G06T7/60	眼鏡反射検出装置及び眼鏡反射検出方法
		特開2001-167252	G06T1/00	眼画像作成方法、アイリス認証方法及びアイリス認証装置
	操作・利便性	特開平9-147233	G07F19/00	自動取引システム
		特開平9-161135	G07D9/00,461	自動取引システム
		特開平9-160879	G06F15/00,330	顧客認識処理システム
		特開平9-198531	G07B11/00,501	カードレス施設利用システム
		特開平9-282526	G07D9/00,461	自動取引装置
		特開平9-305834	G07D9/00,461	自動取引装置
		特開平9-319927	G07D9/00,461	自動取引装置
		特開平9-198545	G07D9/00,426	自動取引装置
		特開平10-137223	A61B5/117	アイリスを用いた個人認識装置およびこの個人認識装置を用いた自動取引システム
		特開平10-137225	A61B5/117	生体の特徴を用いた個人認識装置およびこの個人認識装置を用いた自動取引システム
		特開平10-198843	G07D9/00,461	自動取引装置
		特開平11-89820	A61B5/117	アイリス入力装置
		特開平11-149513	G06F19/00	無人取引システム
		特開平11-175728	G06T7/00	無人取引システム

表2.1.3-1 沖電気工業の技術開発課題対応特許一覧表(5/9)

技術要素	課題	特許番号	特許分類	名称
			(概要：解決手段要旨)	(図)
虹彩	操作・利便性	特開2000-5146	A61B5/117	撮像装置
		特開2000-60825	A61B5/117	アイリス認識装置
		特開2000-132665	G06T1/00,400	アイリスパターン入力装置
			映像信号に基づく画像表示を行う表示装置の表示画面近傍に表示された画像の可視光成分を透過しつつ外光中の近赤外領域光のみを反射するハーフミラーと、このハーフミラーで反射された反射光を受光してこれを上記映像信号に変換する撮像素子とを有するキャプチャカメラを設ける構成とすることによって使用者は、視線を反らすことなく、ハーフミラー越しに表示装置上に表示された自分のアイリス画像をモニタしつつ、アイリスの位置合わせ及び取り込みを容易に行うことが可能となる。	
		特開2000-139878	A61B5/117	アイリスパターン認識装置
		特開2000-155863	G07C9/00	入退室管理システム
		特開2000-182049	G06T7/00	動物の個体識別装置
		特開2000-194853	G06T7/00	個体識別装置
		特開2000-194854	G06T7/00	個体識別装置
		特開2000-194855	G06T7/00	個体識別システム
		特開2000-207536	G06T1/00	撮影装置およびアイリス画像入力装置およびアイリス画像入力方法
		特開2000-237167	A61B5/117	アイリス認識装置
		特開2000-251068	G06T7/00	個体識別装置
		特開2000-259817	G06T1/00	アイリス認識装置
		特開2000-293663	G06T1/00	個人識別装置
		特開2001-29330	A61B5/117	アイリス撮影装置、代金処理装置、自動取引装置、遊技装置

表 2.1.3-1 沖電気工業の技術開発課題対応特許一覧表(6/9)

技術要素	課題	特許番号	特許分類	名称
			(概要：解決手段要旨)	(図)
虹彩	操作・利便性	特開2001-67411	G06F17/60	電子決済システム
			アイリス認証局に送信されたアイリスデータで本人認証が行われ、顧客が登録された者である旨の認定通知が行われたときは、消費者サーバに備えられた電子金庫から商品の購入代金を転送するようにし、クレジッドカード等を用いずに電子決済を行う。	具体例1のアイリス認証局の構成を示すブロック図
		特開2001-118055	G06T1/00	撮影装置
		特開2001-167275	G06T7/00	個体識別装置
		特開2001-184483	G06T1/00	個人識別装置及び個人識別方法
		特開2001-215109	G01B11/00	虹彩画像入力装置
		特開2001-236499	G06T7/00	アイリス画像判定装置
	経済性	特開平9-212722	G07D9/00,461	本人確認装置
		特開平10-40386	G06T7/00	虹彩認識システム
		特開平10-49728	G07D9/00,461	自動取引装置
		特開平10-139100	B67D5/06	無人ガソリンスタンドシステム
		特開平10-137219	A61B5/117	虹彩画像取得装置
		特開平10-137220	A61B5/117	個人識別装置
		特開平10-177651	G06T7/00	データ処理システム
		特開平10-269412	G07D9/00,456	自動取引装置の運用システム
		特開平11-47117	A61B5/117	アイリス撮影装置およびアイリスパターン認識装置
		特開平11-144105	G07C1/00	出退勤管理装置
		特開2001-76072	G06F19/00	個体識別システム
		特開2001-145613	A61B5/117	距離計測機能付きカメラ装置
		特開2001-5836	G06F17/30	アイリス登録システム

表 2.1.3-1 沖電気工業の技術開発課題対応特許一覧表(7/9)

技術要素	課題	特許番号	特許分類	名称
			(概要：解決手段要旨)	(図)
顔貌	セキュリティ	特許2793658	G06F17/60	自動審査装置
			本人データと登録データを本人判定手段によって比較し、または本人データと登録データをデータ判定手段によって比較すると同時に本人身長データを身長判定手段によって比較するようにした。短時間かつ正確に審査することが可能。	
		特開2000-235640	G06T1/00	顔器官検出装置
		特開2001-169272	H04N7/18	撮影装置及びその撮影装置を用いた監視システム
	操作性	特開平10-137221	A61B5/117	個人識別装置
		特開2000-90329	G07D9/00,461	カード無し取引方法
声紋	迅速性	特開平9-127977	G10L3/00,535	音声認識方法
		特開平9-204292	G06F3/16,340	音声入力装置およびそのカード
署名	不正防止	特開平10-334049	G06F15/00,330	電子文書の承認行為における承認者識別方法
	利便性	特開2000-215295	G06K19/10	本人確認データ内蔵ICカード及びそれを用いた本人確認方法
複合	セキュリティ	特開平10-137222	A61B5/117	個人識別装置
		特開2000-102524	A61B5/117	個体識別装置
	操作・利便性	特開平10-49606	G06F19/00	窓口処理装置
		特開平10-248827	A61B5/11	個人認識装置
		特開平11-232531	G07D9/00,461	自動取引システム
	経済性	特開2001-143004	G06F19/00	取引処理システム

表 2.1.3-1 沖電気工業の技術開発課題対応特許一覧表(8/9)

技術要素	課題	特許番号	特許分類	名称
			(概要：解決手段要旨)	(図)
生体一般	セキュリティ	特開平10-136011	H04L12/54	情報伝達装置
		特開平10-242958	H04L9/32	ネットワークセキュリティシステム
		特開平11-219412	G06K17/00	ＩＣカード発行システム
		特開平11-213163	G06T7/00	個体識別装置
		特開平11-306143	G06F15/00,330	コンピュータ端末装置
		特開平11-312250	G06T7/00	個体認識装置
		特開2000-94873	B42D15/10,521	個人識別カードシステム
		特開2000-163575	G06T7/00	個体識別装置
		特開2000-207461	G06F17/60	電子商取引システム
		特開2000-215294	G06K19/10	生体識別情報内蔵型ＩＣカード及びその本人認証方法
		特開2001-40924	E05B49/00	入退室・機器使用統合管理システム
		特開2001-67137	G06F1/00,370	個人認証システム
		特開2001-195366	G06F15/00,330	本人確認システム
		特開2001-217863	H04L12/54	電子メールシステム
	操作・利便性	特許2855102	G06T7/00	人体の特徴認識による取引処理システム
			自動取引装置の操作待ち行列の顧客を取引開始に先立って、識別し、ホストコンピュータの保有する口座情報を予めターミナルコントローラ又は自動取引装置に取込み、待ち行列の先頭顧客が科目を選択したとき、前記の受信した口座情報から所定の情報を抽出し表示入力部に表示し、支払取引であれば暗証入力、振込取引であれば振込先の金融機関名、支店名、科目、口座番号、受取人名又は依頼人名、電話番号等の入力を省略し、取引時間の短縮を図ったもの。	
		特開平9-204528	G06T7/00	機密管理装置
		特開平10-137224	A61B5/117	生体の特徴を用いた個人認識装置およびこの個人認識装置を用いた自動取引システム
		特開平10-171547	G06F1/00,370	自動化機器の連続取引制御システム
		特開平10-208113	G07D9/00,451	自動化機器のログ取得方法およびシステム
		特開平10-340343	G06T7/00	個体識別装置

表 2.1.3-1 沖電気工業の技術開発課題対応特許一覧表(9/9)

技術要素	課題	特許番号	特許分類	名称
		(概要：解決手段要旨)		(図)
生体一般	操作・利便性	特開平10-340345	G06T7/00	個体識別装置
		特開平11-7535	G06T7/00	個体識別装置
			個体識別処理で本人判定を失敗した場合でも、ユーザやオペレータに付加情報の入力を促し、入力された付加情報を用いて辞書を選択し、本人判定の閾値を変更してから（閾値を少しずつあまくしてから）判定を行うので、システムが本人判定を失敗した場合でも、本人判定が可能となる。	本発明装置の構成図
		特開平11-45364	G07D9/00,461	連携取引システム
		特開平11-328421	G06T7/00	自動取引システム
		特開平11-353485	G06T7/00	個体認識方法および装置
		特開2000-137810	G06T7/00	個体識別装置
		特開2001-40923	E05B49/00	入室管理システム
		特開2001-140518	E05B49/00	通行制御装置
		特開2001-195523	G06F19/00	患者確認装置
		特開2001-216269	G06F15/00,330	利用者認証装置
		特開2001-216514	G06T7/00	本人認証装置
	経済性	特開2001-67505	G07C9/00	入退室管理用照合装置

2.1.4 技術開発拠点

沖電気工業特許の発明者所属、住所およびホームページ、カタログ情報から抽出した生体情報による個人照合技術開発拠点を表 2.1.4-1 に示す。

表 2.1.4-1 沖電気工業の主要技術開発拠点

開発拠点	所在地	分野
本社	東京都港区	―
東海R&Dセンタ	静岡県清水市	―
システム開発センタ	埼玉県蕨市	―
富岡工場	群馬県富岡市	ATM、CDなど各種金融システムなどの製品の一貫生産
沖電気工業八王子地区	東京都八王子市	オプトデバイス、化合物半導体
沖情報システムズ	群馬県高崎市	―
沖エンジニアリング	東京都港区	―
沖ソフトウエア	東京都板橋区	―

2.1.5 研究開発者

沖電気工業の出願特許の実質発明者数情報より、研究開発担当者を推定し、開発者規模の推移を分析した結果が、図 2.1.5-1 である。個人照合技術開発は 1990 年以前にスタートしたと思われるが、本格的に進み出したのは 95 年からで、その後大変な勢いで研究開発者を増員してきた様子がみられる。出願件数の推移も研究開発者数の推移に連動している。

図 2.1.5-1 沖電気工業の発明者数と出願件数の推移

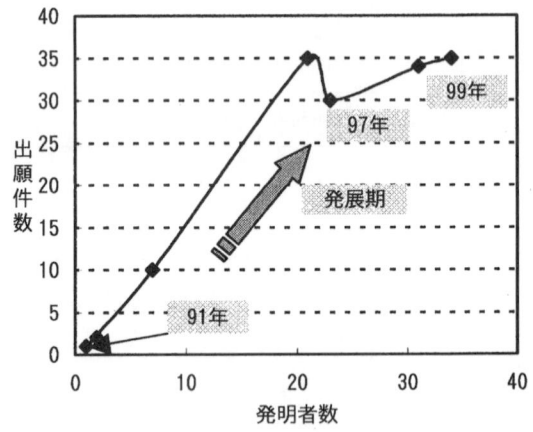

2.2 東芝

2.2.1 企業の概要

東芝は 1904 年に設立された日本を代表する総合電気メーカである。生体情報を用いた個人照合に関する事業では、2000 年以降、パソコン用の顔認識ソフトや、顔照合による入退場管理システムがある。今回調査した中の東芝の関係特許は、登録が3件、公開のものが 105 件であった。そのうち 10 件が海外にも出願されている。指紋照合に関する特許が 48 件と最も多く、生体一般と顔貌照合に関するものもそれぞれ 18 件、17 件と多く見られる。

表 2.2.1-1 に東芝の概要を示す。

表 2.2.1-1 東芝の概要

1)	商号	株式会社東芝
2)	設立年月日	1904年6月
3)	資本金	2,749億円1,627万円
4)	従業員	52,263名（単独）、188,042名（連結）
5)	事業内容	ＩＴ、社会インフラシステム、デジタルメディアネットワーク、モバイルコミュニケーション、電力システム、半導体、表示・部品材料、医用システム、家電機器
6)	技術・資本提携関係	（技術導入）GE（米国）「原子炉システム」に関する特許実施の許与、同技術的知識の供与 等　34社
		（クロスライセンス）モトローラ（米国）、エシュロン（米国）、インテル（米国）、シーゲイト（米国）、サンディスク（米国）　他
		（共同開発）GE（米国）「次世代火力発電システムの共同開発」　他数社
7)	事業所	本社／東京、工場／那須、深谷、深谷電子、青梅、日野、府中、浜川崎、浜川崎・福島、浜川崎・入舟分、柳町、小向、多摩川、京浜、横浜、横浜・横浜材料部品、横浜・大井川、富士、愛知、三重、四日市、大阪、姫路、姫路・太子、北九州、大分
8)	関連会社	国内／アジアエレクトロニクス、東芝ITソリューション、東芝エンジニアリング等
9)	業績推移（百万円）	売上／5,749,372（1999年度）、5,951,357（2000年度） 利益／▲28,000（1999年度）、96,168（2000年度）
10)	主要製品	情報通信システム（OAコンピュータなど）、電子デバイス・材料（ブラウン管など）、電力・産業システム（原子力発電機器など）、家庭電器（テレビなど）の開発・生産・販売・据付・保守・サービス
11)	主な取引先	（納入先）東京電力、中部電力、JR、三井物産、千代田組、官公庁他 （仕入先）三井物産、松下電器、TDK他多数

2.2.2 生体情報を用いた個人照合技術に関連する製品・技術

表 2.2.2-1 東芝の関連製品・技術例

技術要素	製品	製品名	発売時期	出典
顔貌照合	顔認識ソフトウエア	Smartface	2000年5月	http://www3.toshiba.co.jp/pc/mes/style/face.htm
顔貌照合	顔照合セキュリティシステム「入退場管理システム」	FacePass	2001年11月	http://www3.toshiba.co.jp/ccc/scd/fps/、TOSHIBA 顔照合セキュリティシステム「FacePass」カタログ

東芝は表 2.2.2-1 に示すような顔貌照合技術を用いた顔認識ソフトウエアや顔照合セキュリティシステムを実用化し販売している。

図 2.2.2-1 に顔認識ソフトウエアのパソコンでの利用イメージ図を示す。
図 2.2.2-2、図 2.2.2-3、表 2.2.2-2 にそれぞれ、入退場管理に利用される顔セキュリティシステム FacePass の外観図、システム構成図、仕様を示す。

図 2.2.2-1 SmartFace の利用イメージ図

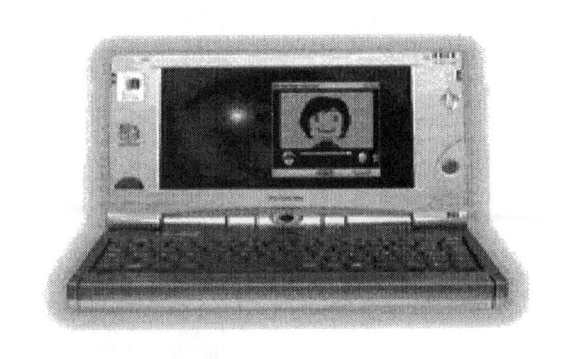

図 2.2.2-2 FacePass の外観図

図 2.2.2-3 FacePass のシステム構成図

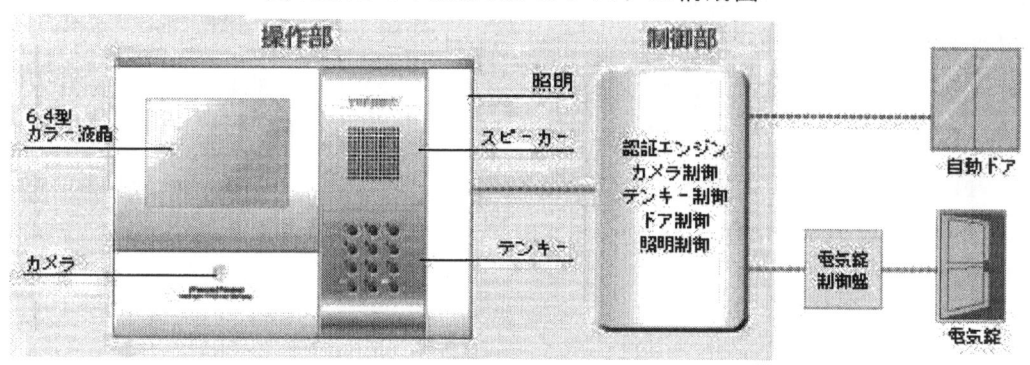

表 2.2.2-2 FacePass の仕様

項目		Standard Model	Basic Model
型式		VU-R700AS	VU-R700AB
登録人数		最大 1000 人	最大 300 人
照合方式		東芝独自方式【動画像パターンマッチング方式】	
照合時間（※1）		約 1 秒	
照合精度（※2）	他人受理率（FAR）	0.1%以下	
	本人排除率（FRR）	1%以下	
通行履歴蓄積（※3）		データ 6 万件、全顔画像最大 6 万件	データ 1.5 万件、NG 顔画像 50 件（※4）
電源条件	制御部	AC100V 50/60Hz	
消費電力	制御部	200W	
寸法（mm）	操作部	W331×H247×D104（※5）	
	制御部	W466×H108×D448	
質量	操作部	5kg	5kg
	制御部	12.5kg	11.5kg
画面表示	操作部	6.4 型カラー液晶	
補助入力	操作部	テンキー（0～9 および確定キー、取消キー）	
照明	操作部	冷陰極管	
電気錠制御（※6）自動ドア制御	制御部	無電圧接点出力 1 ポート	

※1　1：1の照合を行ったときにかかる時間
※2　東芝で実施したモニタ測定による値
※3　入（退）室記録（解錠者、解錠時刻）、扉監視記録（開け放し監視、こじ開け監視）
※4　NG顔画像とは、照合の結果入（退）室不可となった顔画像のこと
※5　設置は壁掛けもしくは埋め込みになる。壁へ埋め込むことにより表面突出部分の奥行（D）は、59mmになる。
※6　電気錠については別途「電気錠制御盤」が必要である。対応電気錠は、「通電時解錠0型」「通電時施錠型」「瞬時通電施解錠型」「モーター錠」になる。

2.2.3 技術開発課題対応保有特許の概要

　東芝の生体情報を用いた個人照合に関連する特許における技術要素と技術課題の対応を図2.2.3-1に、また解決手段との対応を図2.2.3-2に示す。これらの図によれば、指紋関連で、操作・利便性を課題としたセンサなど指紋入力技術を解決手段としたものが最も多い。また顔貌と生体一般照合関連で、セキュリティ向上を課題とし識別・照合技術を解決手段としたものも多い。

　なお技術課題、解決手段の具体内容については1.4節技術開発の課題と解決手段を参照されたい。

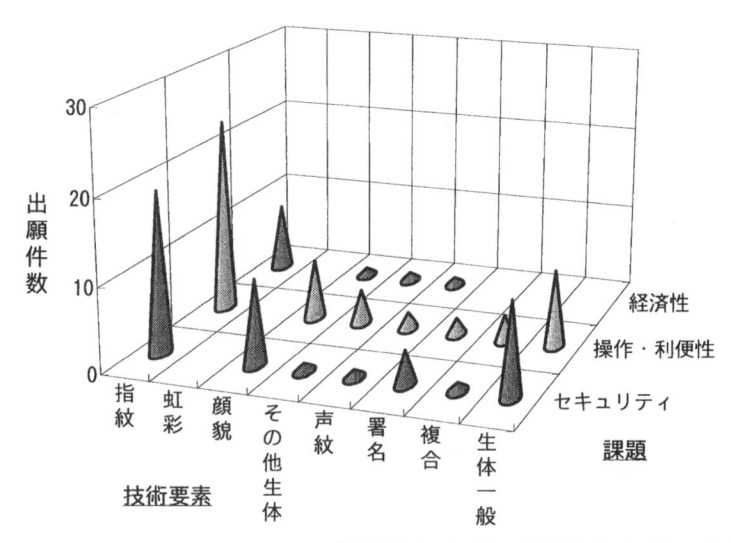

図2.2.3-1 技術要素・課題対応出願件数分布

（1991年1月～2001年9月に公開の登録と係属案件）

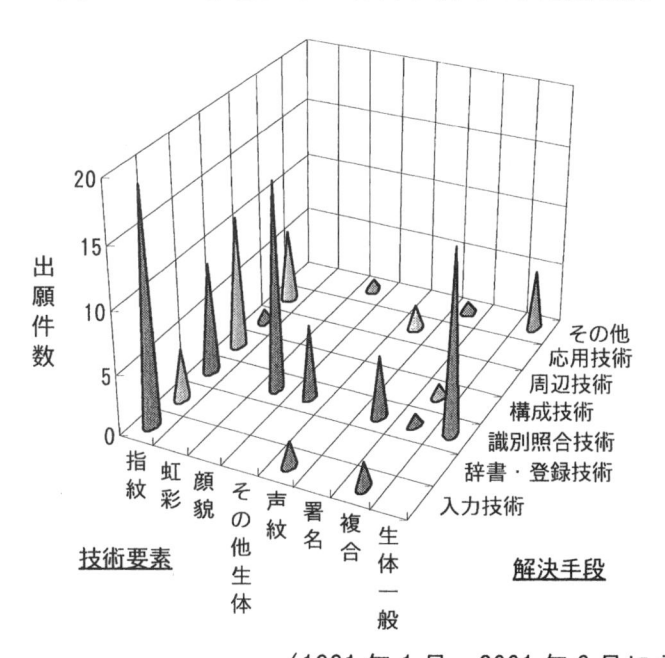

図2.2.3-2 技術要素・解決手段対応出願件数分布

（1991年1月～2001年9月に公開の登録と係属案件）

表 2.2.3-1 に東芝の技術開発課題対応保有特許の一覧表を示す。この表は、生体情報を用いた個人照合技術に関連する 1991 年 1 月～2001 年 9 月に公開された登録と係属の特許について技術要素、課題ごとに分類したものである。

表 2.2.3-1 東芝の技術開発課題対応保有特許一覧表(1/8)

技術要素	課題	特許番号	特許分類	名称
			(概要：解決手段要旨)	（図）
指紋システム	セキュリティ	特開平10-208049	G06T7/00	個人認証システム、個人認証装置、携帯形記憶媒体
		特開平10-208053	G06T7/00	指照合による個人認証装置を用いた機器制御システム
		特開平10-208054	G06T7/00	個人認証システム装置
		特開2000-90052	G06F15/00,330	コンピュータ装置
		特開2000-341662	H04N7/16	デジタル放送システムにおける限定受信方法及びセットトップボックス
	操作・利便性	特開平8-329010	G06F15/00,330	コンピュータネットワークシステム、このコンピュータネットワークシステムにおけるアクセス管理方法、及びこのコンピュータネットワークシステムにおいて使用される個人認証装置
			アクセス要求に応じ、使用者の身体的特徴（指紋）を計測しさらに一次元射影等の縮退された特徴データとして処理される。予め登録されている特徴データと照合し、一致すれば、コンピュータネットワークアクセスを許可する。	
	操作・利便性	特開平10-40425	G07B1/00	駅務装置
		特開平10-198453	G06F1/00,370	パーソナルコンピュータシステム
		特開平10-207840	G06F15/00,330	認証システム
		特開平10-254615	G06F3/033,320	セキュリテイ機能を持つペン入力装置ならびにペン入力装置を用いた情報機器

表 2.2.3-1 東芝の技術開発課題対応保有特許一覧表(2/8)

技術要素	課題	特許番号	特許分類	名称
			(概要：解決手段要旨)	(図)
指紋システム	操作・利便性	特許262951	A61B5/107	指照合システム
			遠隔操作送信装置の裏面に溝を設け、この溝に複数の電極が設けられる。電極間の抵抗値又はインピーダンス値を測定し、分布パターンをコード化して認識装置に伝送する。認識装置は、予め記憶された登録パターンと照合して、特定の個人か否かを判定し、この判定結果に応じて、制御装置は有料チャンネルの視聴可否を制御する。リモコンの握り方によらず個人認識が可能。	
		特開2001-28790	H04Q9/00,331	リモートコントロール装置
	経済性	特開平6-251049	G06F15/28	投票受付端末装置
		特開平8-326375	E05B49/00	入場管理システム
		特開平10-208052	G06T7/00	指照合による個人認証装置を用いた機器制御システム
		特開平11-149345	G06F3/033,340	情報処理用マウス
指紋入力	セキュリティ		G06T7/00	個人認証装置
		特許2971296		線状接触子電極に指を接触したときの圧力を感圧シートの抵抗値変化として検出し、圧力が一定になったら、接触する皮膚の表面の凹凸パターンに対応した、一次元の抵抗分布を読み取って、精度の高い個人認証を行なう。
			G06T7/00	個人認証装置
		特開平8-235361		複数の線状電極を基板上に配列して指を押し当てたときの抵抗分布を用いて個人認証する装置において、基板表面に多孔質膜を使用することにより、状態変化に影響されることなく安定した信号を得ることができ信頼性が向上する。
		特開平9-161052	G06T7/00	個人認証装置
		特開平10-222667	G06T7/00	個人認証装置
		特開平10-314148	A61B5/117	指認証センサならびに同センサの実装構造
		特開平11-99141	A61B5/117	個体認証装置及びその製造方法

87

表 2.2.3-1 東芝の技術開発課題対応保有特許一覧表(3/8)

技術要素	課題	特許番号	特許分類	名称
			(概要：解決手段要旨)	（図）
指紋入力	セキュリティ	特開平11-96359	G06T7/00	指の凹凸情報入力装置および個人認証装置およびその認証方法
			発汗などの指の表面の状態変化の影響を受けにくく、個人認証能力を向上可能な指の凹凸情報入力装置。指の凹凸情報を検出する際に異なる複数の周波数が利用され、最も雑音レベルの低い出力信号から相違度が求められて被認証者が本人か否かが識別されることから、精度の高い個人認証が可能となる。	
		特開2000-93410	A61B5/117	個人認証装置および個人認証方法
		特開2001-17412	A61B5/117	個体認証装置
	操作性	特開平7-168930	G06T1/00	表面形状センサ、個体認証装置、被起動型システムおよび個体認証方法
			皮膚の接触により生じる電気特性の変化を利用して指紋の凹凸パターンを検出するもので、少ない情報量、簡単なアルゴリズムで情報を生成できる。このため、表面形状センサや個体認識装置において、信号処理全体に費やす時間の短縮化や、サイズの小型化を図ったもの。	
		特開平9-69161	G06T7/00	個人認証装置
		特開平10-214342	G06T7/00	個人認証装置
		特開平10-222634	G06K19/10	個人認証装置およびＩＣカード
		特開平10-234711	A61B5/117	個人認証装置
		特開平10-261088	G06T7/00	指の凹凸情報入力装置および個人認証装置
		特開平11-96357	G06T7/00	指の凹凸情報入力装置および個人認証装置
		特開平11-328362	G06T1/00	個人認証機能付き情報処理装置及びこの情報処理装置に用いられる表示装置
		特開2000-242770	G06T1/00	指の凹凸情報入力装置および個人認証装置
		特開2001-5972	G06T7/00	個人認証装置と個人認証方法

表 2.2.3-1 東芝の技術開発課題対応保有特許一覧表(4/8)

技術要素	課題	特許番号	特許分類 (概要:解決手段要旨)	名称 (図)
指紋入力	経済性	特開平9-245149	G06T1/00	指紋検出装置
			複雑な光学系を用いずに被認証者の指紋を二次元画像信号として検出することができる指紋検出装置で、平行に配列された複数の線状電極と、少なくとも複数の線状電極の相互間にこの線状電極の長さ方向に沿って配列された複数の点状電極と、複数の線状電極および複数の点状電極に被認証者の指が接触することによる隣接した線状電極と点状電極との間の抵抗値を測定して指紋画像を検出する。検出は2組のアナログスイッチ群を切り換えて行われる。	
		特開平9-245174	G06T7/00	個人認証装置
		特開2000-5147	A61B5/117	個人認証装置
指紋・照合	セキュリティ	特許2877547	G06K17/00	携帯可能記憶媒体
			登録手段による身体的特徴情報の登録動作をあらかじめ定められた所定回数に制限(ヒューズ溶断)するようにしてICカードの不正使用を確実に防止したICカード。	
		特開平9-81728	G06T7/00	個人認証装置
		特開平9-259274	G06T7/00	指紋認識装置
		特開平10-171984	G06T7/00	個人認証装置
		特開2000-99720	G06T7/00	個人認証方法および個人認証装置
		特開2000-93411	A61B5/117	個人照合方法および個人照合装置
		特開2001-21309	G01B7/28	個体認証方法及び個人認証方法

表 2.2.3-1 東芝の技術開発課題対応保有特許一覧表(5/8)

技術要素	課題	特許番号	特許分類	名称
			(概要：解決手段要旨)	(図)
指紋照合	操作・利便性	特開平10-214324	G06T1/00	画像入力システムおよび画像入力方法
			複数のユーザが使用する画像入力装置（スキャナ）において、指紋照合によって、ユーザを特定し、そのユーザの設定に応じた適切な処理を行えるようにしたもの。	
		特開平10-260940	G06F15/00,330	情報管理システム、装置制御方法及び情報登録方法、並びにトレーニング機器システム及びトレーニング機器制御方法
		特開平10-268960	G06F1/00,370	指照合機能付き情報機器及び機器におけるシステムの起動方法
		特開平11-353380	G06F17/60	展示会入場登録システム及び展示会入場登録方法
	経済性	特開平11-327699	G06F1/26	個人認証機能付き情報処理装置及びこの情報処理装置に用いられるシステム起動方法
顔貌	セキュリティ	特開平6-259534	G06F15/62,465	人物認証装置及び方法
		特開平8-39973	B42D15/10,501	本人確認証
		特開平9-179945	G06K17/00	カード発行システム
		特開平9-251534	G06T7/00	人物認証装置、特徴点抽出装置及び特徴点抽出方法
			分離度フィルタを用いて顔の各特徴点候補を抽出し、顔の構造的な制約を用いて特徴点セット候補を絞り込むことにより輝度変化などに影響されずに、入力画像から目、鼻などの特徴点を安定に抽出して人物認証を高精度に行う。	
		特開平9-319877	G06T7/00	本人確認方法、本人確認装置及び入退室管理システム
		特開平11-219421	G06T1/00	画像認識装置及び画像認識装置方法
			抽出した部分の距離画像ストリームに基づいて認識処理を行うことにより、人間の顔や口唇の形状や動きを高速かつ高精度に認識することができる。	

90

表 2.2.3-1 東芝の技術開発課題対応保有特許一覧表(6/8)

技術要素	課題	特許番号	特許分類	名称
			(概要：解決手段要旨)	(図)
顔貌	セキュリティ	特開2000-99722	G06T7/00	人物顔認識装置及び人物顔認識方法
		特開2000-137809	G06T7/00	携帯型情報処理装置
		特開2000-259834	G06T7/00	人物認識装置における登録装置及びその方法
		特開2001-56859	G06T7/00	顔画像認識装置および通行制御装置
	操作・利便性	特開平6-119433	G06F15/62,465	人物認証装置及び方法
		特開平10-232934	G06T7/00	顔画像登録装置及びその方法
		特開平11-84481	G03B15/00	顔画像撮影方法および顔画像撮影装置
		特開2000-3386	G06F17/60	自動更新処理装置及び自動更新処理システム
		特開2000-30065	G06T7/00	パターン認識装置及びその方法
		特開2000-220333	E05B49/00	人物認証装置およびその方法
		特開2001-45471	H04N7/18	居所管理装置
	経済性	特開2001-14463	G06T7/00	コンピュータシステム、コンピュータシステムの個人認証方法、及び画像処理方法
その他生体	精度	特開平10-208050	G06T7/00	個人認証装置
	操作性	特開平10-91784	G06T7/00	個人認証装置
		特開平10-154235	G06T7/00	個人認証装置
		特開平10-208097	G07C9/00	入退場管理システム
		特開平10-211357	A63F9/22	ビデオゲーム装置およびゲームシステム
	経済性	特開平10-49675	G06T7/00	個体認証装置
声紋	確実性	特開平10-243105	H04M3/42	音声情報サービスへのアクセス認証システム
	利便性	特許2916327	G07D9/00,421	自動取引装置
			入力された音声から取引金額の単位を示す言葉「円」を検出し、この単位検出結果に応じて、「円」を示す言葉の前に発声される取引金額を認識するとともに、「円」に続く音声の特徴を抽出する。この特徴を識別し、本人の音声であると認識された場合、取引金額に応じて所定の取引を実行するようにした。	

表 2.2.3-1 東芝の技術開発課題対応保有特許一覧表(7/8)

技術要素	課題	特許番号	特許分類	名称
		(概要：解決手段要旨)		(図)
声紋	利便性経済性	特開平11-39540	G07D9/00,461	自動取引装置および自動取引方法
		特開平9-231421	G07C3/00	従業員管理装置
署名	セキュリティ	特開平7-306942	G06T7/00	情報表示処理装置
		特開平9-259331	G07D9/00,461	自動取引装置及び暗証照合方法
		特開2000-353243	G06T7/00	署名照合装置とその方法、ならびにプログラム記憶媒体
		特開2001-184505	G06T7/00	署名照合方法、装置、及び署名照合プログラムを記録した記録媒体
	操作性	特開2000-67179	G06K17/00	ＩＣカード、ＩＣカード作成装置、データ管理装置、データ検索装置、ＩＣカード作成方法及びデータ管理方法
		特開2000-123170	G06T7/00	署名照合方法及び署名照合用プログラムを記録した記録媒体
複合	精度	特開平10-261083	G06T7/00	個人同定装置及び個人同定方法
	操作・利便性	特開平9-138878	G07D9/00,421	自動取引装置
		特開2000-148376	G06F3/033,35	データ入力装置
		特開2001-161665	A61B5/117	情報処理装置、情報処理方法及びカード発行装置
生体一般	セキュリティ	特開平4-120651	G06F12/14,310	医療情報処理システム
		特開平8-30513	G06F12/14,320	保存データの秘匿保護方法及び携帯型情報処理装置
		特開平9-81727	G06T7/00	個人認証装置
		特開平10-211191	A61B5/117	生体情報を使用する記録再生装置及び記録再生方法
		特開平11-143833	G06F15/00,330	生体データによるユーザ確認システム及びＩＣカード並びに記録媒体
		特開2000-29837	G06F15/00,330	個人認証方法、ユーザ認証装置、及び記録媒体
		特開2000-137681	G06F15/00,330	個人認証方法および個人認証装置
		特開2000-242750	G06K17/00	個人認証システム、それに使用される携帯装置及び記憶媒体
		特開2000-276446	G06F15/00,330	本人確認装置及び方法
		特開2001-44986	H04L9/32	暗号化装置、暗号化方法、及びデータ通信システム
		特開2001-86319	H04N1/387	認証用記録物、認証方法、認証装置および認証システム
	操作・利便性	特開平5-163860	E05B49/00	個人認証装置
		特開平11-282319	G03G21/04	画像形成装置

表2.2.3-1 東芝の技術開発課題対応保有特許一覧表(8/8)

技術要素	課題	特許番号	特許分類	名称
			(概要：解決手段要旨)	(図)
生体一般	操作・利便性	特開2000-122975	G06F15/00,330	バイオメトリクスによるユーザー確認システム及び記憶媒体
			少なくともバイオメトリクスを含むユーザー確認方法を提示し、、選択されたユーザー確認実行手段によりユーザー確認を実行するようにして、ユーザーが確認手段を選択して使用でき、あるユーザ確認手段が使えないような緊急事態に柔軟に対処することができる認証システム。	
		特開2000-137844	G07C9/00	出入管理システムおよび複合型ゲート装置
		特開2000-163634	G07D9/00,461	現金処理システム及びその制御方法
		特開2000-215308	G06T7/00	生体情報認証装置およびその方法
		特開2000-215316	G06T7/00	生体情報認識装置およびその方法
		特開2000-250862	G06F15/00,330	プロセス監視制御システム
		特開2001-92838	G06F17/30	マルチメディア情報収集管理装置およびプログラムを格納した記憶媒体

2.2.4 技術開発拠点

東芝特許の発明者所属、住所およびカタログ情報から抽出した生体情報による個人照合技術開発拠点を表2.2.4-1に示す。

表2.2.4-1 東芝の主要技術開発拠点

開発拠点	所在地	分野
東芝研究開発センター	神奈川県川崎市	－
東芝e－ソリューション社システムコンポーネンツ事業部	東京都港区	顔認証による入退場管理システム Facepassの事業化
東芝府中工場	東京都府中市	－
東芝マルチメディア技術研究所	神奈川県横浜市	－
東芝柳町工場	神奈川県川崎市	－
東芝青梅工場	東京都青梅市	－
東芝日野工場	東京都日野市	－
東芝横浜事業所	神奈川県横浜市	－
東芝深谷映像工場	埼玉県深谷市	－
東芝関西研究所	兵庫県神戸市	－
東芝小向工場	神奈川県川崎市	－
東芝関西支社	大阪府大阪市	－
東芝本社事務所	東京都港区	－
東芝ソシオエンジニアリング	神奈川県川崎市	－
東芝コンピュータエンジニアリング	東京都青梅市	－
東芝テック製品開発センター	静岡県三島市	－
東芝エー・ブイ・イー	東京都港区	－
東芝マイクロエレクトロニクス	神奈川県川崎市	－

2.2.5 研究開発者

東芝の出願特許の実質発明者情報より、研究開発担当者を推定し、開発者規模の推移を分析した結果が、図2.2.5-1である。研究開発者は1997年にピークの30人に達し以降20数名の規模で推移し出願件数も同じ動きをしている。

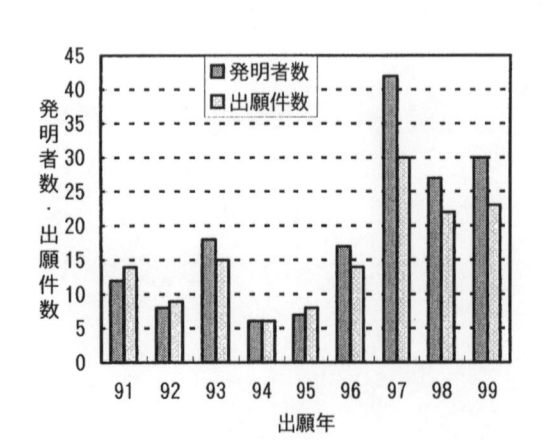

図2.2.5-1 東芝の発明者数と出願件数の推移

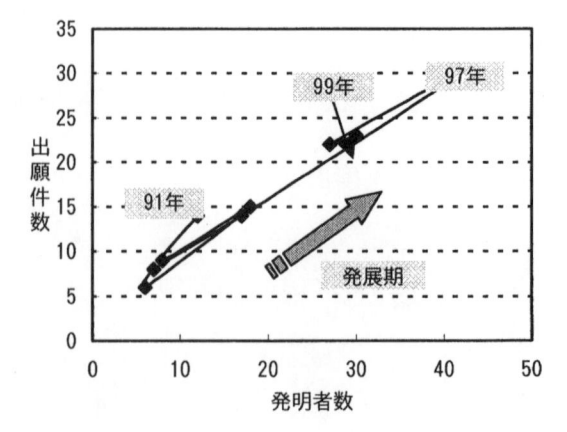

2.3 三菱電機

2.3.1 企業の概要

　三菱電機は、重電システム、産業メカトロニクス、情報通信システム、電子デバイス、家庭電器事業分野において製品・サービスを提供している総合電機メーカである。総合電機メーカとして蓄積してきた幅広い技術を活かし、グローバル経済社会に対応できるソリューションビジネスの推進を図っている。2000年度における部門別売上高比率は、情報通信システム24％、重電システム23％、電子デバイス21％、産業メカトロニクス20％、家庭電器12％である。今回調査した中の三菱電機の関係特許は、登録が3件、公開のものが98件であった。そのうち13件が海外にも出願されている。
　表2.3.1-1に三菱電機の概要を示す。

表2.3.1-1 三菱電機の概要

1)	商号	三菱電機株式会社
2)	設立年月日	1921年1月15日
3)	資本金	1,758億2,000万円（2001年3月31日現在）
4)	従業員	40,906名（単独）、116,715名（連結）
5)	事業内容	各種電気機械、電子応用機械、産業機械、情報処理機械、家庭用電気機械、通信機械、半導体素子、集積回路など電気機器その他一般機械器具および部品の製造並びに販売
6)	技術・資本提携関係	（技術導入）－ （資本提携）－ （共同開発）「次世代マンション・インテグレーテッド・システム」（松下電工、三菱電機ビルテクノサービス）、 「指紋認証付きICカードリーダライターおよび認証システム」（NTTデータ）
7)	事業所	電力・産業システム事業所 他40
8)	関連会社	三菱電機インフォメーションシステムズ、三菱電機ビルテクノサービス、島田理化工業、アドバンスト・ディスプレイ、第一電工 他
9)	業績推移 （連結、百万円）	売上／3,774,230(1999年度)、4,129,493(2000年度) 利益／24,833(1999年度)、124,786(2000年度)
10)	主要製品	重電機器、産業・メカトロニクス機器、情報通信システム・電子デバイス、家庭電気器具
11)	主な取引先	関西電力、東京電力、中部電力、九州電力、NTT、JR、防衛庁など官公庁、三菱重工、三菱製鋼、地方自治体 他

2.3.2 生体情報を用いた個人照合技術に関連する製品・技術

　指紋照合技術を中心に要素技術、製品・システムの開発が行われている。表2.3.2-1に従来の「FPR-MKⅡシリーズ」をより小型、低価格化し、2000年6月から発売された三菱小型指紋照合装置「FPR-MKⅢシリーズ」の製品ラインアップを、図2.3.2-1にその外観を示す。製品ラインアップとしては、出入管理、情報セキュリティ分野および出勤怠管理や装置組み込み用途の分野が用意されている。三菱小型指紋照合装置は、主に下記特長を有す。

（1）小型・軽量（小型指紋センサ、専用LSIの採用）
（2）短判定時間（わずか1秒で読取り判定）
（3）簡単操作（指を置くだけの自動照合モード、暗証番号＋指置きの暗証モード、グループを選択して検索照合するグループモードの3照合方法を自由選択）
（4）ハイセキュリティの実現（指紋照合と4桁ID番号の併用で他人受入率0.0002%以下）
（5）充実した製品ラインアップ（出入管理用ゲートタイプ、パソコン接続タイプ、タイムレコーダタイプ）
（6）豊富な用途展開（小型指紋照合ユニットによる鍵、本人認証を要する機器・装置への組み込み可能）

表2.3.2-1 三菱電機の関連製品例

技術要素	製品	製品名（型名） FPR-MKⅢシリーズ	発売時期	出典
指紋照合	出入管理	FPR-200/1000ADMKⅢ FPR-1000CSMKⅢ FPR-1000CS2MKⅢ （型名の数値は登録可能な指数）	2000年6月	http://www.melco.co.jp/giho/0111/0111.html http://www.building.melco.co.jp/system/prodsys/fpr_dt.htm
三菱小型指紋照合装置	情報セキュリティ	FPR-DTMKⅢ 関連ソフトウェア FPR-WWW ログオンパッケージソフト 認証パッケージソフト	同上	同上
	出退勤管理 （型名の数値は登録可能な指数）	FPR-200/1000HGMKⅢ （型名の数値は登録可能な指数）	同上	同上
	装置組み込み用	FPR-BTMKⅢ	同上	同上

図 2.3.2-1 三菱小型指紋照合装置 FPR-MKⅢシリーズ外観

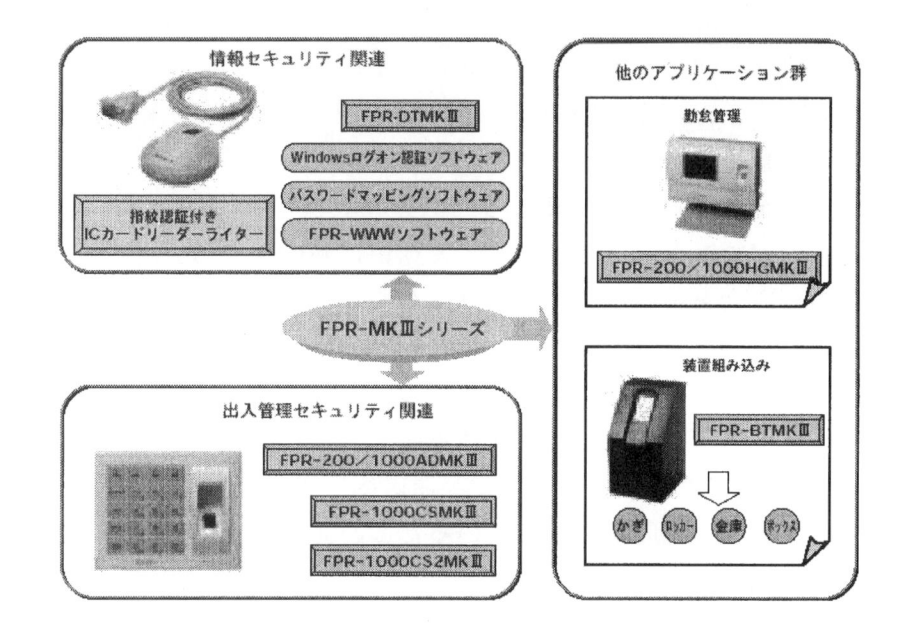

指紋照合技術を核とした三菱電機における製品・システム開発の二、三の例を下記に挙げる（出典：http://www.building.melco.co.jp/system/topics/main.htm）。

(1) 次世代マンション・インテグレーテッド・システム

松下電工、三菱電機ビルテクノサービスおよび三菱電機は、指紋照合システムを核にしてマンション・ホームオートメーション、エレベータ制御、情報提供システム、監視カメラなどを総合的に連動させた「次世代マンション・インテグレーテッド・システム」を共同開発した（2000年7月広報発表）。この製品の主な特長を挙げる。
- a. エントランスのオートロック解錠のための高精度な指紋照合認証とエレベータ内の監視カメラによりセキュリティ性を大幅に向上
- b. 指紋照合によるエレベータ呼び登録、宅配ボックスとの連動、不在時来客録画などにより利便性を向上
- c. 生活に便利な各種情報を電子掲示板として住戸内モニターTVへ配信サービス

(2) バイオメトリクス複合認証システム

社会インフラ・ビル・FAなどの分野でシステム製品開発を担当している産業システム研究所では、昇降機やビル・セキュリティシステムなどの新システム、要素技術の開発に関連してバイオメトリクス複合認証システムを開発した（2001年2月広報発表）。これは利便性と汎用性に優れた認証システムであり、次の特長を持つ。
- a. 1つの個人認証サーバで複数種類のバイオメトリクス識別手段や複合判定演算を、毎回の認証ごとに自由に組み合せて個人認証を行うことができる。
- b. ユーザがID番号を入力しなくても、バイオメトリクス情報のみで本人確認が可能な高速IDレス検索照合機能を併せ持っている。

(3) 「指紋認証付き IC カードリーダライター」を用いた認証システム

　IC カードを利用した認証システムでのカードホルダーの認証、指紋認証システムでの端末自体での個人情報管理、秘匿性の確保などセキュリティおよび運用上の課題を解決する方法として、NTT データと三菱電機は、NTT データの IC カード技術と三菱電機のバイオメトリクス（指紋）認証技術を組み合せて、「指紋認証付き IC カードリーダライター」を用いた認証システムを開発した（2001 年 3 月広報発表）。本システムは、従来認証システムと比較して以下の面でセキュリティレベルと運用性が向上する。

　a. 本人認証に指紋照合を用いることにより、なりすまし、改竄などの不正防止
　b. 個人情報を IC カード上に保持し、IC カードの耐タンパ性により秘匿性確保
　c. 認証データを他の機能と組み合わせて 1 枚の IC カード上に搭載し、IC カードをマルチアプリケーション型カードとして展開可能
　d. 個人情報を IC カード上に保持するため、端末への個人情報登録が不要
　e. 照合処理がカードと端末間で完結しているため、認証専用サーバの設置不要

2.3.3 技術開発課題対応保有特許の概要

　三菱電機の生体情報を用いた個人照合に関連する特許における技術要素と技術課題の対応を図2.3.3-1に、また解決手段との対応を図2.3.3-2に示す。これらの図によれば、指紋照合関連に出願は集中しており、セキュリティ向上と操作・利便性を課題とし、識別照合技術を解決手段とする出願が最も多くみられる。入力技術を解決手段とするものもかなりある。

　なお技術課題、解決手段の具体内容については1.4節技術開発の課題と解決手段を参照されたい。

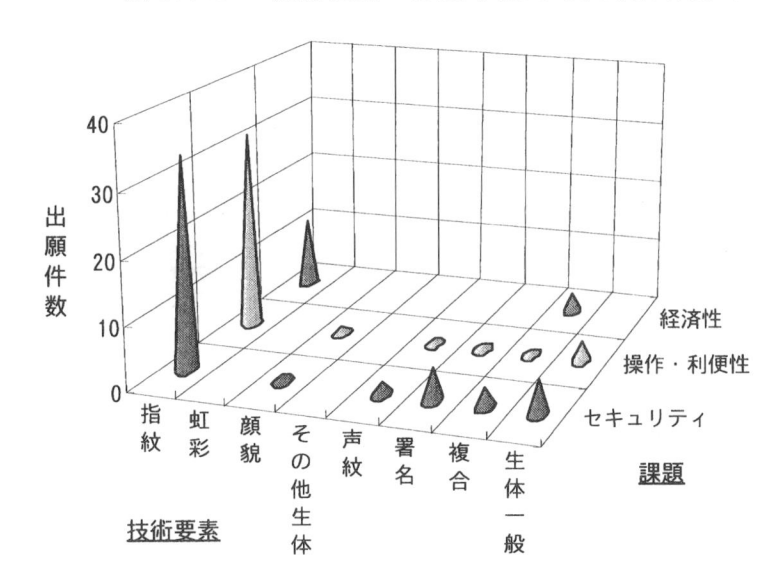

図2.3.3-1 技術要素・課題手段対応出願件数分布

（1991年1月～2001年9月に公開の登録と係属案件）

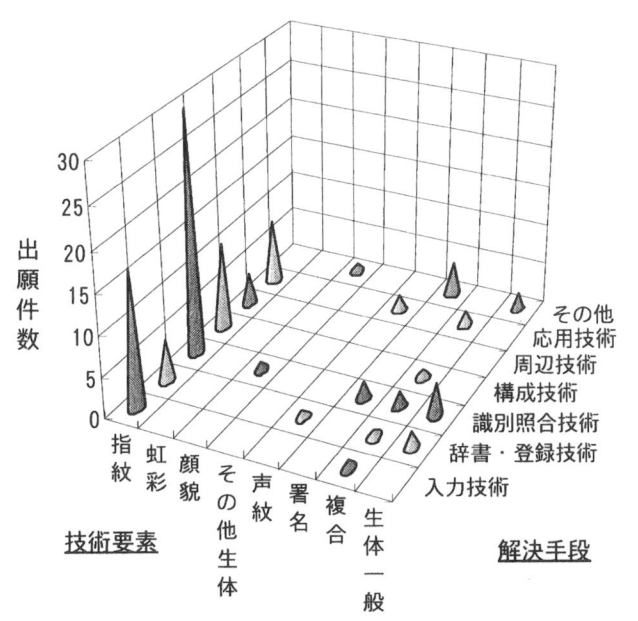

図2.3.3-2 技術要素・解決手段対応出願件数分布

（1991年1月～2001年9月に公開の登録と係属案件）

表 2.3.3-1 は三菱電機の生体情報を用いた個人照合技術に関連する 1991 年 1 月～2001 年 9 月に公開された登録と係属の特許について、技術要素、課題ごとに分類したものである。

表 2.3.3-1 三菱電機の技術開発課題対応保有特許一覧表（1/6）

技術要素	課題	特許番号	特許分類	名称
			（概要：解決手段要旨）	（図）
指紋システム	セキュリティ	特開平11-15789	G06F15/00,330	セキュリティ情報配布装置およびセキュリティ情報配布システム
		特開平11-134302	G06F15/00,330	端末のアクセス制御装置および認証カード
		特開2000-181564	G06F1/00,370	指紋照合装置
		特開2001-118066	G06T7/00	指紋照合装置
		特開2001-140519	E05B49/00	指紋照合連動マンションＨＡシステム
			マンション居住者の指紋データを居住階に応じてグループ区分して登録し、指紋照合端末機では、指紋データを読取り、グループ区分に対応した指紋データを迅速に認証して、共同玄関の電気錠を解錠する。	
	操作・利便性	特開平10-31743	G06T7/00	通行管理装置とその管理方法
		特開2000-186444	E05B49/00	指紋照合装置
		特開2000-204803	E05B19/00	キーボックス装置及びその制御方法。
		特開2000-302342	B66B1/14	エレベーターの運転装置
		特開2001-84374	G06T7/00	指紋照合管理装置
		特開2001-139241	B66B1/14	指紋照合連動マンションＨＡシステム
			指紋照合端末機から入力された指紋データを登録データと照合、認証後、共同玄関の電気錠を解錠する指紋照合制御システムとエレベータ昇降制御装置とを組合せ、エレベータの移送を制御する。	
		特開2001-143069	G06T7/00	個人識別装置及びその識別方法
	経済性	特許2842754	G08B15/00	防犯装置
			複数の部屋を警備するシステムにおいて、ID番号を正常と判別した所定時間内は、各部屋の前の端末装置の監視および解除スイッチの操作を有効とする単一のID判別装置を備えた安価システム。	
		特開平7-325949	G07C9/00	通行制御装置
		特開平8-218689	E05B19/00	キー収納装置

表 2.3.3-1 三菱電機の技術開発課題対応保有特許一覧表（2/6）

技術要素	課題	特許番号	特許分類	名称
			(概要：解決手段要旨)	（図）
指紋システム	経済性	特開2000-207047	G06F1/00,370	機器の運用システム
		特開2001-84050	G06F1/00,370	機器の遠隔制御装置
		特開2001-142606	G06F3/02,310	携帯型電子機器
指紋入力	セキュリティ	特開平8-123961	G06T7/00	指紋照合装置
		特開平8-315142	G06T7/00	個人識別装置
		特開平9-16767	G06T7/00	指紋照合装置
		特開平10-31740	G06T7/00	指紋照合装置及びその照合方法
		特開平10-334237	G06T7/00	指紋照合装置
		特開2000-20719	G06T7/00	指紋照合装置
		特開2000-20684	G06T1/00	指紋像入力装置
		特開2000-279397	A61B5/117	凹凸検出センサ、凹凸検出装置、指紋照合装置および個人判別装置
		特開2001-5949	G06T1/00	指紋照合装置
		特開2001-153630	G01B11/24	凹凸パターン検出装置
		特開2000-346610	G01B7/28	凹凸検出センサ、凹凸検出装置、指紋照合装置および個人判別装置
			感知電極とこの感知電極近傍の物体との間に形成される容量を電圧または電流に変換する変換回路と、上記感知電極からなる感知素子を縦N行×横M列のアレイ状に配置し、上記感知素子を、上記アレイの各列に沿って配置された走査線と、各行に沿って配置された出力線に接続して高S/N比を得る。	
	操作・利便性	特開平9-147085	G06T1/00	指紋照合装置
		特開平9-161053	G06T7/00	指紋照合装置
		特開平11-85704	G06F15/00,330	機密保持機能付きコンピュータ
		特開平11-95921	G06F3/033,340	コンピュータの入力装置
		特開平11-306323	G06T1/00	個人識別装置の入力装置
		特開平11-306332	G06T1/00	指紋検出装置
		特開2000-11142	G06T1/00	指紋画像撮像装置及びそれを用いた指紋照合装置
		特開2000-76420	G06T1/00	画像撮影装置
		特開2000-293669	G06T1/00	指紋入力装置
		特開2000-300542	A61B5/117	指紋識別センサおよびその製造方法

表 2.3.3-1 三菱電機の技術開発課題対応保有特許一覧表 (3/6)

技術要素	課題	特許番号	特許分類	名称
			(概要：解決手段要旨)	(図)
指紋入力	操作・利便性	特開2000-353236	G06T1/00	指紋照合装置
		特開2000-357222	G06T1/00	指紋検出装置
		特開2001-155137	G06T1/00	携帯型電子機器
		特開2001-177743	H04N5/225	撮像装置
	経済性	特開2001-61818	A61B5/117	凹凸パターン読取装置の照明光学系
指紋照合	セキュリティ	特許2903047	E05B49/00	個人判別装置
			読み取られた指紋と予め登録された指紋データとを比較する指紋判別手段と、所定のモードをモード設定スイッチを設け、該スイッチが操作されていると、指紋の不一致が判別されても，特定個人判別信号を出力する。	
		特開平8-180187	G06T7/00	個人識別装置
		特開平8-185517	G06T7/00	指紋照合装置
		特開平9-161033	G06K17/00	個人識別装置
		特開平9-297845	G06T7/00	指紋照合装置
		特開平9-330408	G06T7/00	指紋照合装置
		特開平11-25268	G06T7/00	指紋照合装置及びその照合方法
		特開平11-39478	G06T7/00	指紋照合装置及びその照合処理方法
		特開平11-110541	G06T7/00	個人判別装置
		特開2000-99728	G06T7/00	指紋認証機能付き遠隔制御装置及び遠隔制御システム
		特開2000-123178	G06T7/00	指紋照合装置
		特開2000-163572	G06T7/00	指紋照合装置及び指紋照合方法
		特開2000-11179	G06T7/00	人体照合装置
		特開2001-14462	G06T7/00	指紋照合システム
		特開2001-52165	G06T7/00	データ照合装置及びデータ照合方法
		特開2001-76143	G06T7/00	指紋照合装置及びその照合方法
		特開2001-202513	G06T7/00	指紋照合装置及びその照合方法

表 2.3.3-1 三菱電機の技術開発課題対応保有特許一覧表（4/6）

技術要素	課題	特許番号	特許分類	名称
			（概要：解決手段要旨）	（図）
指紋照合	操作・利便性	特開平7-317398	E05B49/00	家庭用機器の制御装置
		特開平8-96135	G06T7/00	通行制御装置
		特開平8-123960	G06T7/00	個人識別装置
		特開平8-202873	G06T7/00	指紋照合装置
		特開平9-27032	G06T7/00	指紋照合システム
		特開平10-149446	G06T7/00	指紋照合装置、指紋照合システム及び指紋照合方法
		特開平11-286378	B66B1/14	エレベーターの操作装置
		特開平11-283030	G06T7/00	人体照合装置
			照合時、指紋センサで指紋を自動的に検出させるか、テンキーでグループ番号を入力するか、あるいは、ID番号を入力して指紋センサで指紋を検出させるかの3種類の手順を選択できる人体照合装置。	
		特開2000-194848	G06T7/00	指紋照合装置及びその処理方法
		特開2001-155150	G06T7/00	指紋照合装置及びその照合方法
	経済性	特開平11-353457	G06T1/00	指紋画像撮像装置及びそれを用いた指紋照合装置
		特開2000-57340	G06T7/00	パターン照合装置及びパターン照合方法
		特開2000-90247	G06T1/00	指紋画像撮像装置及びそれを用いた指紋照合装置
		特開2000-90248	G06T1/00	指紋画像撮像装置及びそれを用いた指紋照合装置
顔貌	精度	特開平11-328405	G06T7/00	顔形判別装置
	操作性	特開2000-331158	G06T7/00	顔画像処理装置
声紋	確実性	特開平11-66006	G06F15/00,330	情報処理装置管理システム及び情報処理装置管理方法
		特開2000-324230	H04M1/57	通信装置および通信方法

表2.3.3-1 三菱電機の技術開発課題対応保有特許一覧表（5/6）

技術要素	課題	特許番号	特許分類	名称
			(概要：解決手段要旨)	(図)
声紋	利便性	特開2001-5487	G10L15/22	音声認識装置
署名	セキュリティ	特開平8-279040	G06T7/00	個人識別装置
		特開平8-279041	G06T7/00	筆記者識別装置
		特開平8-315139	G06T7/00	筆者識別装置及びデータベースの検索制御装置
		特開平10-187968	G06T7/00	筆者識別装置及び筆者識別方法
		特開平11-238131	G06T7/00	筆跡照合装置
	操作性	特開平11-175716	G06T7/00	署名照合装置
複合	セキュリティ	特開平9-147104	G06T7/00	指紋照合装置
		特開2000-148690	G06F15/00,330	個人認識装置
		特開2000-347995	G06F15/00,330	データ複合識別方法およびその装置
	操作性	特開2000-90263	G06T7/00	指紋照合装置並びにその錠制御方法
	経済性	特許2118521	G07C9/00	ＩＤカード及びＩＤ判別装置
			ID番号が書き込まれたIDカードをカードリーダにより読み取ってID番号の照合を行うID判別装置において、上記IDカードに指紋リード部を設け、記憶部の指紋データと照合を行う。	
		特開平10-162188	G07C9/00	入退室管理装置
		特開平11-219340	G06F15/00,330	認証管理装置及び認証管理システム
生体一般	セキュリティ	特開平11-96076	G06F12/14,320	セキュリテイ機能付きストレージカード及びセキュリテイシステム
			外部から与えられる特定情報から、記憶部に記憶するデータと照合可能な形式のデータを電子キーのデータとして取得し、これと記憶部に予め記憶してあるデータとが合致した場合のみ使用可能になるセキュリティ機能付きストレージカード。	

表 2.3.3-1 三菱電機の技術開発課題対応保有特許一覧表（6/6）

技術要素	課題	特許番号	特許分類	名称
			（概要：解決手段要旨）	（図）
生体一般	セキュリティ	特開平11-224236	G06F15/00,330	遠隔認証システム
			ユーザ端末には少なくとも1または複数種類のバイオメトリクス取得装置が接続され、認証サーバには、ユーザ端末および／またはユーザに応じた所定の1または複数の認証情報取得ソフトウェアが格納され、認証に際して該ソフトウェアの動作に応じて、バイオメトリクス情報またはユーザ識別情報を用いる。	
		特開2000-92046	H04L9/32	遠隔認証システム
			バイオメトリクス情報を暗号化し、該情報は、ユーザの指定した認証サーバにのみ複合可能な状態でネットワーク上を転送させ、個人のプライバシーを保護するとともに、認証サーバで認証情報作成時の日時確認ができ、不正な認証情報の再使用を防止する。	
		特開2000-163578	G06T7/00	個人識別装置
		特開2001-14575	G08B25/08	車載異常通報装置
	操作・利便性	特開平8-83342	G06T7/00	人体照合装置
		特開平10-46882	E05B19/00	キー管理装置及びその管理方法
		特開2000-16708	B66B1/14	エレベーターの呼び登録装置

2.3.4 技術開発拠点

　三菱電機は、国内に6つの研究所および開発センターを、海外の米欧に研究開発拠点を置き、国際的なネットワークを構築し、研究開発を推進している。産業システム研究所では、研究開発の一分野としてビル・セキュリティシステムなどビル分野での新システムおよび要素技術の開発が進められており、バイオメトリクス複合認証システムの開発が行われている。ビル・セキュリティシステムなどの関連製品開発は、ビルシステム事業本部の稲沢製作所で推進されている。ここでは本レポートのテーマに関連する三菱電機の主要技術開発拠点（国内）と拠点の担う分野を表2.3.4-1に示す。
（出典：http://www.melco.co.jp/corporate/randd/index_b.html）

表 2.3.4-1 三菱電機の主要技術開発拠点

開発拠点	所在地	分野
先端技術総合研究所	兵庫県尼崎市	電機、機械、新デバイス、エネルギー、環境・ウエルネス、材料などの研究開発および基礎・基盤技術の開発
情報技術総合研究所	神奈川県鎌倉市	情報処理、通信、インターフェース、マルチメディア、光電波技術分野の研究開発
産業システム研究所	兵庫県尼崎市	社会インフラ、ビル、FA、自動車などの分野でのシステム製品開発
情報通信システム開発センター	神奈川県鎌倉市	情報ネットワーク、インターネットサービスのシステム構築技術およびオープンプラットフォーム技術の研究開発
映像情報開発センター	京都府長岡京市	映像事業分野でのデジタル画像信号処理技術およびそれを核とした製品システム化技術の開発
稲沢製作所	愛知県稲沢市	ビルセキュリティシステム、ビル管理システム、エレベータ事業などの推進、関連技術開発

2.3.5 研究開発者

　図 2.3.5-1 に三菱電機の生体情報を用いた個人照合技術関連の 1991 年 1 月～2001 年 9 月に公開の出願を対象に発明者数および出願件数推移を示す。生体情報を用いた照合関連技術の係属および登録案件 101 件中約 74%にあたる 75 件が指紋関連の出願である。昇降機やビル・セキュリティシステムなどビル分野での新システムおよび要素技術の開発を進めている産業システム研究所では、指紋など生体情報のシステムへの応用が図られている。最近開発された指紋や顔、署名などバイオメトリクスによる個人認証を自由に組み合せて、本人かどうかを確認できるバイオメトリクス複合認証システムの開発はその一例である。事業サイドでは、ビルシステム事業本部に属する稲沢製作所の開発者により、ビルセキュリティシステム、ビル管理システム、エレベータ事業などに関連して、小型指紋照合装置などが開発され、出入管理、情報セキュリティなどへの応用が進められている。90 年代後半から発明者数および関連出願件数の増加が顕著である。

図 2.3.5-1 三菱電機の発明者数と出願件数推移

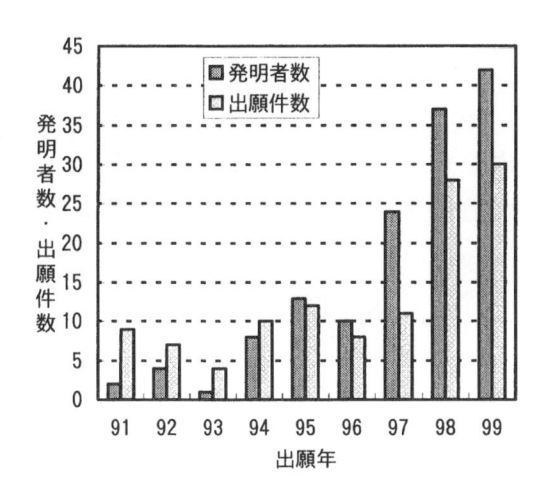

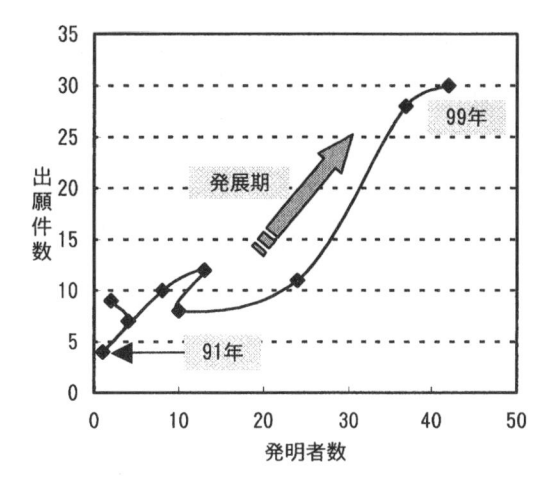

2.4 ソニー

2.4.1 企業の概要

ソニーは1946年に設立され、AV機器で世界最大のメーカである。生体情報を用いた個人照合に関する事業では、指紋照合技術を活用した指紋センサー、パソコンや携帯端末用指紋認証ソウトウエア、指紋認証キットなどの製品が有る。今回調査した中のソニーの特許は、公開特許が88件であった。そのうち、6件が海外にも出願されている。

指紋照合に関する特許が70件と群を抜いて多く、複合照合特許が8件、虹彩、顔貌、声紋、署名、生体一般に関するものは前者に比べて少ない。

表2.4.1-1にソニーの概要を示す。

表2.4.1-1 ソニーの概要

1)	商号	ソニー株式会社
2)	設立年月日	1946年5月
3)	資本金	4,623億6,700万円
4)	従業員	18,845名(単独)、181,800名(連結)
5)	事業内容	AV機器、情報通信機器、電子デバイス他
6)	技術・資本提携関係	(技術導入)ヴィジョンアーツ「IP3」の独占ライセンス導入 など8社
		(クロスライセンス)マイクロソフト(米国)、IBM(米国)、フィリップス・エレクトロニクス(オランダ)
		(共同開発)日本電気「デジタルテレビ用システムLSI、回路基板、搭載ソフトウェア」ほか数社 サン・マイクロシステムズ(米国)「デジタル家電とインターネットを接続する技術」ほか数社
7)	事業所	大崎東、大崎西、芝浦、品川、厚木、仙台他
8)	関連会社	アイワ、ソニー生命保険、ソニーコンピュータエンタテインメント、他多数
9)	業績推移(百万円)	売上/6,686,661(1999年度)、7,314,824(2000年度) 利益/121,835(1999年度)、16,754(2000年度)
10)	主要製品	ビデオ、オーディオ、テレビ、情報・通信、電子デバイス他の生産・販売
11)	主な取引先	ソニーマーケティング、ソニーコンポーネントマーケティング、ユーエスシー、テクノソニック、バイテック、ナナオ

2.4.2 生体情報を用いた個人照合技術に関連する製品・技術

表 2.4.2-1 ソニーの関連製品・技術例

技術要素	製品	製品名	発売時期	出典
指紋入力	半導体センサー	指紋センサー	−	http://www.sony.co.jp/~semicon/japanese/
指紋照合	指紋認証機能付トークン	PUPPY	−	http://www.sony.co.jp/Products/puppy/pdf.html
指紋照合	セキュリティソフトウエア	PuppySuite2.0 FIS-730 シリーズ	−	http://www.sony.co.jp/Products/puppy/pdf.html
指紋照合	セキュリティソフトウエア	Puppy Internet Token FIS-740	−	http://www.sony.co.jp/Products/puppy/pdf.html
指紋照合	セキュリティソフトウエア	Puppy for Entrust FIS-710	−	http://www.sony.co.jp/Products/puppy/pdf.html
指紋照合	指紋照合キット	PUPPY Kit	2001年12月	http://www.jp.sonystyle.com/

ソニーは表 2.4.2-1 に示すように、指紋入力技術、照合技術を活用した指紋センサーや、パソコン向け指紋認証ソフトなどを製品化している。

ソニーの指紋センサーは静電容量検出タイプで、図 2.4.2-2 に示すように、センサ部は金属電極がアレイ状に並んでおり、上面は絶縁膜でコートされている。その表面に指を置くことにより、静電容量値の変化を検出し、指紋のパターンを電気信号として取り出すようにしたものである。

図 2.4.2-1 ソニーの指紋センサー

図 2.4.2-2 指紋センサーの原理模式図

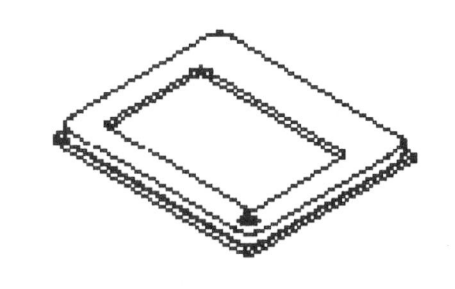

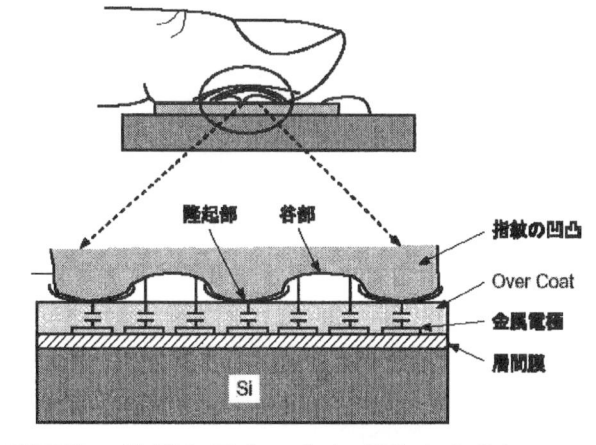

図 2.4.2-3 にソニーの指紋認証装置をパソコン向けに製品化した指紋認証機能付トークン PUPPY の外観を示す。また表 2.4.2-2 に

PUPPY の特長を示す。また図 2.4.2-4 に PUPPY に使われている暗号化のしくみを模式図として示す。

　図 2.4.2-5 に PUPPY をインターネット VPN のリモートアクセスに適用したシステム例を示す。

図 2.4.2-3 指紋認証付トークン PUPPY の外観

表 2.4.2-2 PUPPY の特長

- カードタイプのコンパクトボディ
- 個人データを本体に記録
- PKI（公開鍵暗号基盤）機能を搭載
- 高速高精度に指紋を照合

図 2.4.2-4 ソニーの指紋認証に使われている暗号化のしくみ

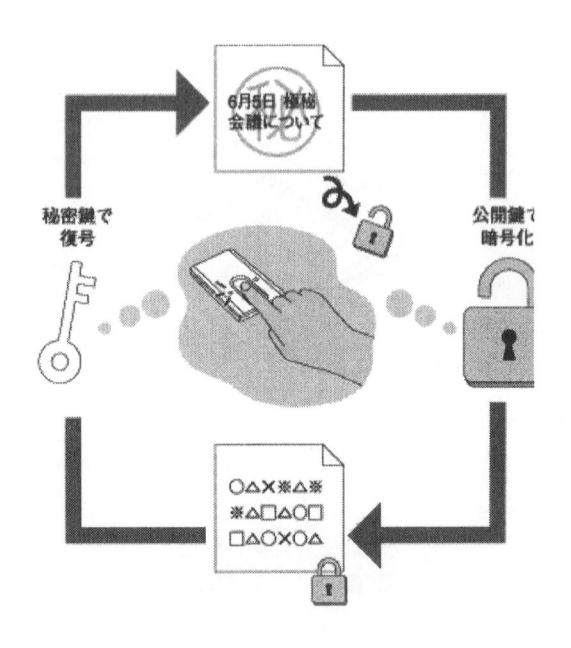

図 2.4.2-5 PUPPY の適応例

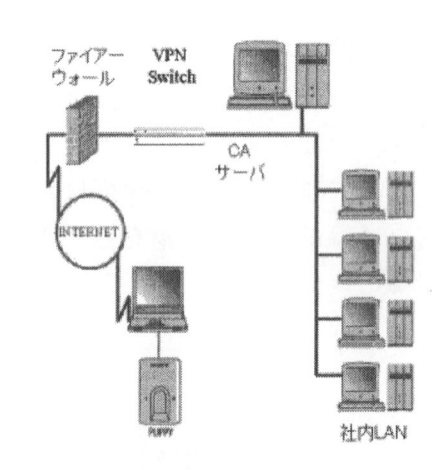

2.4.3 技術開発課題対応保有特許の概要

　ソニーの生体情報を用いた個人照合に関連する特許における技術要素と技術課題の対応を図2.4.3-1に、また解決手段との対応を図2.4.3-2に示す。これらの図によれば、指紋照合関連に集中した出願があり、操作・利便性を課題とし、入力技術と識別照合技術を解決手段とする出願が最も多くみられる。また指紋照合の構成技術を解決手段とするものもまとまった出願がある。

　なお技術課題、解決手段の具体内容については1.4節技術開発の課題と解決手段を参照されたい。

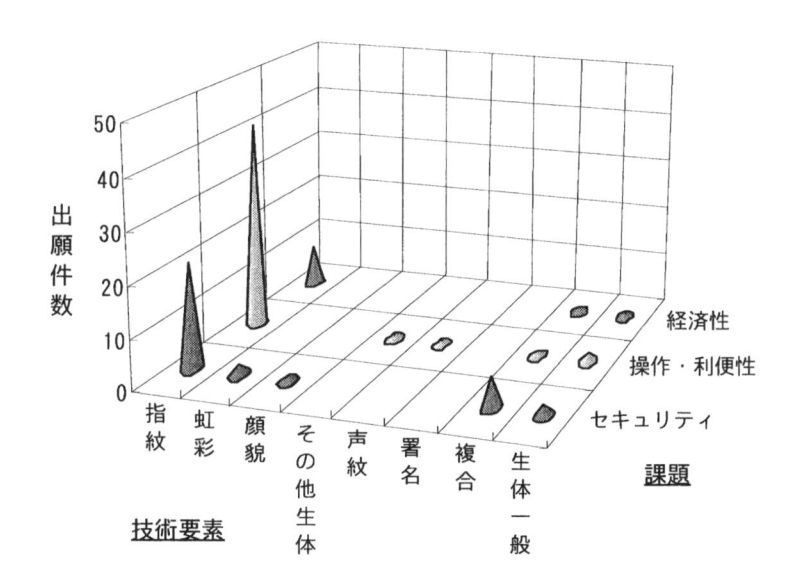

図2.4.3-1 技術要素・課題対応出願件数分布

（1991年1月～2001年9月に公開の登録と係属案件）

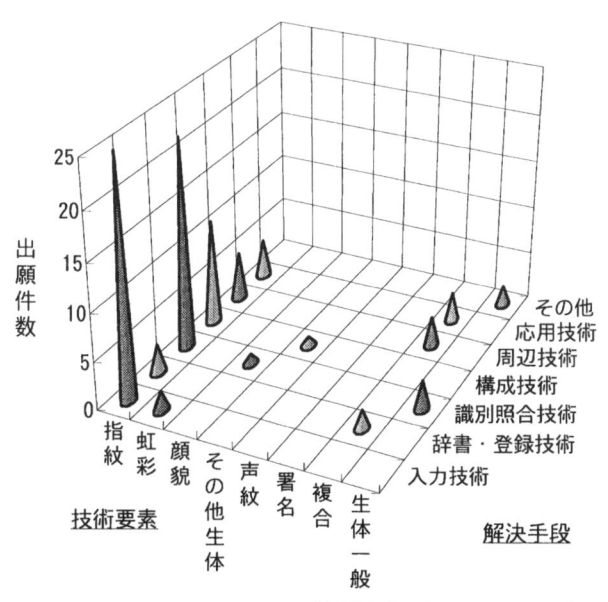

図2.4.3-2 技術要素・解決手段対応出願件数分布

（1991年1月～2001年9月に公開の登録と係属案件）

表 2.4.3-1 にソニーの技術開発課題対応保有特許の一覧表を示す。この表は、生体情報を用いた個人照合技術に関連する1991年1月～2001年9月に公開された登録と係属の特許について技術要素、課題ごとに分類したものである。

表2.4.3-1 ソニーの技術開発課題対応保有特許一覧表(1/5)

技術要素	課題	特許番号	特許分類	名称
			(概要：解決手段要旨)	(図)
指紋システム	セキュリティ	特開平11-250225	G06T1/00	指紋読取装置
		特開2000-90265	G06T7/00	指紋照合装置
		特開2000-188594	H04L9/32	認証システム及び指紋照合装置並びに認証方法
		特開2000-352998	G10L19/00	記録再生装置とその駆動方法
		特開2001-56858	G06T7/00	指紋照合装置及び指紋照合方法
		特開2001-92668	G06F9/445	電子機器、電子機器の内部プログラム書き換え方法及び電子機器の内部プログラム書き換え機能を有するプログラムを記録したコンピュータ読み取り可能な情報記録媒体
		特開2001-168855	H04L9/08	暗号鍵生成装置、暗号化・復号化装置および暗号鍵生成方法、暗号化・復号化方法、並びにプログラム提供媒体
	操作・利便性	特開平9-245176	G06T7/00	来訪者管理システム
		特開平11-175726	G06T7/00	情報処理装置および方法、情報処理システム、並びに提供媒体
		特開2000-222556	G06T1/00	指紋画像取得装置及び指紋照合装置
		特開2001-56796	G06F15/00,330	ネットワークシステム、通信端末装置及び携帯装置
	経済性	特開平11-134501	G06T7/00	画像照合装置
		特開平11-134497	G06T7/00	画像照合装置、画像照合システム、照合装置及び照合システム
		特開2001-103046	H04L9/08	通信装置、通信システム及び通信方法並びに認証装置
指紋入力	セキュリティ	特開平8-334691	G02B13/22	結像レンズ装置
		特開平9-44674	G06T7/00	画像読み取り装置
		特開平9-91400	G06T1/00	指紋読取センサ
		特開平10-149448	G06T7/00	指紋照合装置の光学補正方法
		特開平10-293844	G06T7/00	指紋照合装置の参照枠設定方法
		特開平10-307904	G06T1/00	凹凸パターン読み取り装置

表2.4.3-1 ソニーの技術開発課題対応保有特許一覧表(2/5)

技術要素	課題	特許番号	特許分類	名称
			(概要：解決手段要旨)	(図)
指紋入力	セキュリティ	特開平11-259628	G06T1/00	指紋画像処理装置及び指紋画像処理方法
			画像入力手段より入力される指紋画像より輝度レベルの脈動を検出し、この脈動が所定の判定レベル以上増大すると、指紋画像の処理を開始するようにし、確実に指紋画像を処理できるようにした。	
		特開2000-3441	G06T7/00	指紋画像処理方法および指紋画像処理装置
	操作性	特開平10-269344	G06T1/00	指紋読み取り装置
		特開平10-293833	G06T1/00	指紋照合装置及び複合型指紋照合装置
		特開平11-232423	G06T1/00	指紋照合装置用の指位置決め部材の製造方法とその製造装置
		特開平11-250255	G06T7/00	指紋照合用の指紋代用部材の製造装置と指紋照合用の指紋代用部材の製造方法及び指紋照合用の指紋代用部材
		特開平11-250226	G06T1/00	指紋照合装置
		特開平11-250229	G06T1/00	指紋読取装置
		特開平11-250230	G06T1/00	指紋読み取り用の指サック
		特開2000-166900	A61B5/117	指紋センサ及びその指紋データ生成方法
		特開2000-194825	G06T1/00	指紋センサー装置
		特開2000-222555	G06T1/00	指紋画像取得装置及び指紋照合装置
		特開2000-337813	G01B7/28	静電容量式指紋センサおよびその製造方法
		特開2000-356506	G01B7/28	指紋認識用半導体装置およびその製造方法
		特開2001-56852	G06T1/00	指紋照合装置
		特開2001-56204	G01B7/28	静電容量式指紋センサ
		特開2001-60261	G06T1/00	指紋認識用半導体装置
		特開2001-59701	G01B7/28	指紋照合装置
		特開2001-67460	G06T1/00	指紋読取装置及び指紋照合装置
		特開2001-120519	A61B5/117	指紋認識用半導体装置およびその製造方法
		特開2001-133213	G01B7/34,102	半導体装置およびその製造方法
	経済性	特開平10-3532	G06T1/00	指紋読み取り装置
		特開平10-320550	G06T7/00	照合装置

113

表2.4.3-1 ソニーの技術開発課題対応保有特許一覧表(3/5)

技術要素	課題	特許番号	特許分類	名称
			(概要：解決手段要旨)	(図)
指紋入力	経済性	特開平11-118415	G01B7/28	指紋読取り装置及びその方法
		特開平11-134496	G06T7/00	画像照合装置
		特開平11-197135	A61B5/117	指紋画像入力装置及び指紋照合装置
指紋照合	セキュリティ	特開平10-105710	G06T7/00	擬似指紋パターン作成方法と擬似紋様パターンの作成方法
		特開平10-293849	G06T7/00	画像照合装置
		特開平10-302047	G06T1/00	指紋照合装置
		特開平11-53545	G06T7/00	照合装置および方法
		特開平11-154230	G06T7/00	画像照合装置及び画像照合方法
		特開平11-345332	G06T7/00	指紋照合装置
	操作・利便性	特開平9-282465	G06T7/00	対象体の管理装置と対象体の管理方法
		特開平10-105704	G06T7/00	画像照合装置
			線状の画像を複数本切り出し、この切り出した線状の画像を他の画像上で走査させて順次類似の程度の高い位置を検出し、この検出した位置の座標値の関係より、画像を照合する際に、これら検出した座標値を部分的に組み合わせて、線状の画像に対応する相対位置関係を満足しない組み合わせを処理対象より除外する。処理時間が短くなる。	(図：元の画像、64ピクセル、D2A、D2B、D2G、D2H)
		特開平10-105705	G06T7/00	画像照合装置
		特開平10-105706	G06T7/00	画像照合装置
		特開平10-105707	G06T7/00	画像照合装置
			従来技術の特徴点の抽出照合方法ではなく、画像より切り出した線状の画像の画像データを所定の記憶手段に記憶し、さらにこの記憶手段に記憶した画像データと、第2の画像の画像データとの比較処理により、一致又は不一致を判定することで記憶容量の低減や処理時間の短縮を図ったもの。	(図：指紋データD1X,(D12,D13)の表)
		特開平10-105708	G06T7/00	画像照合装置
		特開平10-105709	G06T7/00	画像照合装置

表 2.4.3-1 ソニーの技術開発課題対応保有特許一覧表(4/5)

技術要素	課題	特許番号	特許分類	名称
			(概要:解決手段要旨)	(図)
指紋照合	操作・利便性	特開平10-187980	G06T7/00	画像照合装置
		特開平10-187981	G06T7/00	画像照合装置
		特開平10-187982	G06T7/00	画像照合装置
		特開平10-187984	G06T7/00	画像照合装置
		特開平10-187985	G06T7/00	画像照合装置
			検査対象に複数の枠を設定すると共に、各枠よりそれぞれ複数の線状画像を切り出し、この切り出した複数本の線状画像を基準にして各枠について画像の一致、不一致を判定し、この判定結果を総合的に判定して最終的に一致、不一致を判定することにより、照合時間を短縮する。	
		特開平10-187986	G06T7/00	画像照合装置
		特開平10-187987	G06T7/00	画像照合装置
		特開平10-187988	G06T7/00	画像照合装置
		特開平10-214343	G06T7/00	画像照合装置
			対象画像より切り出した複数の領域を、他の画像上で走査させて一致度の分布を検出し、この一致度の分布を各領域の相対位置関係により補正して足し合わせ、その結果得られる一致度の分布集計に基づいて、画像の一致、不一致を判定することにより照合時間を短縮する。	
		特開2000-67236	G06T7/00	指紋照合装置
		特開2001-167274	G06T7/00	指紋照合装置および指紋照合方法
虹彩	セキュリティ	特開2000-92523	H04N17/00	撮像機能を備えた画像表示装置
		特開2001-34754	G06T7/00	虹彩認証装置

表 2.4.3-1 ソニーの技術開発課題対応保有特許一覧表(5/5)

技術要素	課題	特許番号	特許分類	名称
		(概要：解決手段要旨)		(図)
顔貌	セキュリティ	特開平10-269358	G06T7/00	物体認識装置
その他生体	操作性	特開平11-126253	G06T1/00	生体検出装置
複合	セキュリティ	特開平9-274431	G09C1/00,630	記録再生装置、記録再生方法、送受信装置及び送受信方法
		特開平11-341146	H04M1/65	電話機
		特開2000-76443	G06T7/00	指紋照合装置と指紋照合方法
		特開2000-75954	G06F1/00,370	電子機器制御装置
		特開2001-144743	H04L9/08	暗号鍵生成装置、暗号化・復号化装置および暗号鍵生成方法、暗号化・復号化方法、並びにプログラム提供媒体
		特開2001-168854	H04L9/08	暗号鍵生成装置、暗号化・復号化装置および暗号鍵生成方法、暗号化・復号化方法、並びにプログラム提供媒体
	利便性	特開2001-195477	G06F17/60	情報処理装置および方法、情報処理システム、並びに提供媒体
	経済性	特開平10-40324	G06F19/00	通信投票システム、通信投票方法、および通信端末
生体一般	セキュリティ	特開2001-76118	G06K19/10	記録装置
		特開2001-216271	G06F15/00,330	情報処理システム、情報蓄積装置、アダプタ装置、情報端末装置
	操作・利便性	特開2000-267997	G06F15/00,330	情報処理装置および方法、情報処理システム、並びに提供媒体
		特開2000-276246	G06F1/00,370	情報提供装置
	経済性		A61B5/04	生体検知装置
		特開平10-165382	被検体の持つ静電容量を利用して被検体が生体である否かを検知する構成とすることにより、回路構成が簡単になり、装置が小型になる。	(図：被検体、測定電極、被検体発振周波数生成部20、被検体認識信号生成部30、基準信号設定部40、生体検知制御部50)

2.4.4 技術開発拠点

ソニー特許の発明者所属、住所および同社ホームページから抽出した生体情報を用いた個人照合技術開発拠点を、表2.4.4-1に示す。

表2.4.4-1 ソニーの主要技術開発拠点

開発拠点	所在地	分野
本社	東京都品川区	－
ソニー長崎	長崎県諫早市	－
マスターエンジニアリング	東京都品川区	－
アトミック	東京都千代田区	－
株式会社ネットマークス	東京都港区	ソニーの指紋認証関連ソリューションパートナー

2.4.5 研究開発者

ソニーの出願特許の実質発明者情報より、研究開発担当者を推定し、開発者規模の推移を分析した結果が、図2.4.5-1である。1995年から97年にかけて発明者が急増し、出願件数も1996年以降20件前後の規模で推移している。

図2.4.5-1 ソニーの発明者数と出願件数推移

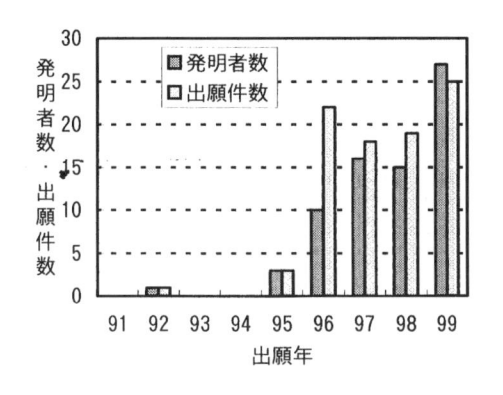

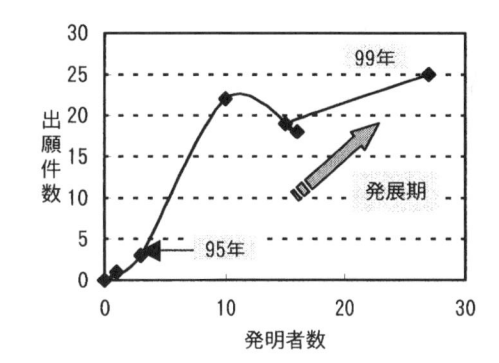

2.5 日本電気

2.5.1 企業の概要

日本電気は 1899 年に設立された通信で国内首位の日本を代表する通信・情報系メーカである。生体情報を用いた個人照合に関する事業では、指紋照合技術を活用した指紋認識装置やその応用システムなどの製品が有る。指紋照合分野のパイオニア的存在である。

今回調査した中の日本電気の特許は、登録が49件、公開のものが39件であった。そのうち61件が海外にも出願されている。指紋照合に関する特許が59件と群を抜いて多くそのうちの38件が登録されている。指紋に次いで多く出願が見られるのは生体一般照合の8件や声紋照合の5件である。

表2.5.1-1に日本電気の概要を示す。

表 2.5.1-1 日本電気の概要

1)	商号	日本電気株式会社
2)	設立年月日	1899年7月
3)	資本金	2,447億1,700万円
4)	従業員	34,878名(単独)、149,931名（連結）
5)	事業内容	コンピュータ、通信機器、電子デバイス、ソフトウェアなどの製造販売を含むインターネット・ソリューション事業
6)	技術・資本提携関係	（技術導入）MIPSテクノロジーズ（米国）「RiSC型プロセッサー」等 （クロスライセンス）AT&T、Lucent、NCR「通信、電子、デバイス」出願特許（1993-1〜1999-12）、IBM「情報処理システム等」出願特許（2000-12）等 （共同開発提携）TI、HP、ケメット、グレンエア「音声情報配信」、Philips「システムLSI」、Thomson Multimedia「PDP関連」 他
7)	事業所	三田、玉川、府中、相模原、横浜 他
8)	関連会社	国内140社（含むNEC）、海外107社
9)	業績推移（百万円）	売上／4,991,447(1999年度)、5,409,736(2000年度) 利益／10,416(1999年度)、56,603(2000年度)
10)	主要製品	通信機器、コンピュータ・その他電子機器、電子デバイス その他
11)	主な取引先	NECパーソナルシステム、NECビジネスシステム、日本事務器、NEC-HE、リョーサン、三信電気、佐鳥電機、新光商事、ミカサ商事、NTT、NTTドコモ、IDO、防衛庁、宇宙開発事業団、住友銀行、デルコンピュータ、大塚商会、任天堂

2.5.2 生体情報を用いた個人照合技術に関連する製品・技術

表 2.5.2-1 日本電気の生体情報を用いた個人照合関連製品・技術一覧表

技術要素	製品	製品名	発売時期	出典
指紋照合	パソコン向けハードウエア	指紋認証ユニット（PCカード）	1999年5月	www.sw.nec.co.jp/pid/pk-fp001.html
指紋照合	パソコン向けハードウエア	指紋認証ユニット（シリアル）	1999年5月	www.sw.nec.co.jp/pid/pk-fp002.html
指紋照合	パソコン	指紋認証ユニット（VersaPro）	1999年10月	www.sw.nec.co.jp/pid/interpc.html
指紋照合	携帯端末	指紋認証ユニット（MobileGearⅡ）	1999年11月	www.sw.nec.co.jp/pid/intermg.html
指紋照合	パソコン向けハードウエア	指紋認証ユニット（プリズム）	1999年10月	www.sw.nec.co.jp/pid/prism.html
指紋照合	パソコン向けハードウエア	指紋認証ユニット（プリズム・USB）	2001年5月	www.sw.nec.co.jp/pid/prismusb.html
指紋照合	ドアコントロールシステム	FingerThrough	1999年11月	www.sw.nec.co.jp/pid/n7950-51.html
指紋照合	出退勤管理システム	FingerRecorder	2000年10月	www.sw.nec.co.jp/pid/FingerRecorder.html
指紋照合	モジュールハードウエア	指紋認証モジュール	2000年2月	www.sw.nec.co.jp/pid/sa101.html

　日本電気は表 2.5.2-1 に示すような指紋照合に関する製品やシステムを擁し、指紋照合技術開発のパイオニアとして独自の技術開発を行い精力的な事業展開を行っている。

　日本電気の指紋照合方式は特徴点（指紋隆線における端点と分岐点）情報と、リレーションと呼ぶ特徴点と他の特徴点との間を横切る隆線の数の情報を組み合わせた情報で照合を行うところに特長がある。図 2.5.2-1 にそれぞれ、特徴点とリレーション方式の原理模式図を示す。

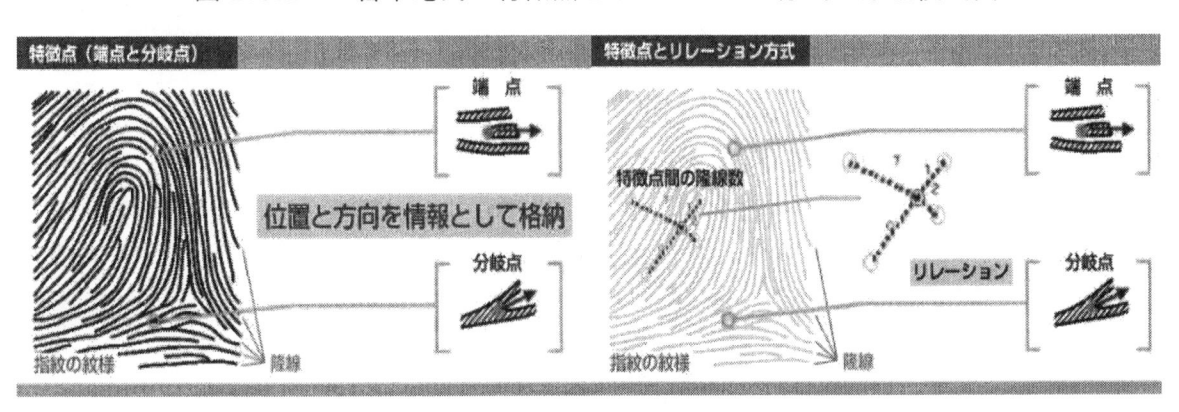

図 2.5.2-1　日本電気の特徴点とリレーション方式の原理模式図

次に表 2.5.2-1 に掲載した日本電気のパソコン向けハードウエアの指紋認証ユニット 5 機種の製品外観図を図 2.5.2-2、図 2.5.2-3、図 2.5.2-4、図 2.5.2-5、図 2.5.2-6 に示す。また、同ユニットの製品仕様の概要を表 2.5.2-2 に示す。

図 2.5.2-2 指紋認証ユニット(PCカード)　　図 2.5.2-3 指紋認証ユニット（プリズム・USB）

図 2.5.2-4 指紋認証ユニット(シリアル)　　図 2.5.2-5 指紋認証ユニット（内蔵型 VersaPro）

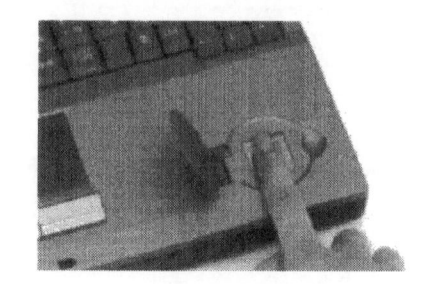

図 2.5.2-6 指紋認証ユニット内蔵型 MobileGearⅡ

表 2.5.2-2 指紋認証ユニットの製品仕様概要

照合精度	他人許容率＝0.0002%、本人拒否率＝0.05%
ユニット内照合時間	0.025 秒／指
ユニット内登録指数	200 指
登録時間	約 5 秒／指
センサ密度	500dpi（20ドット／mm）
画像センサ	プリズム・USB は光学式（CCD)センサ、その他は静電容量型半導体センサ使用

日本電気の指紋照合応用製品であるドアコントロールシステム FingerThrough の外観図を図 2.5.2-7 にまたそのシステム概要を表 2.5.2-3 に示す。
指紋出退勤システム FingerRecorder の外観図を図 2.5.2-8 にまたそのシステム概要を表 2.5.2-4 に示す。

図 2.5.2-7 ドアコントロールシステム : FingerThrough

図 2.5.2-8 指紋出退勤システム : FingerRecorder

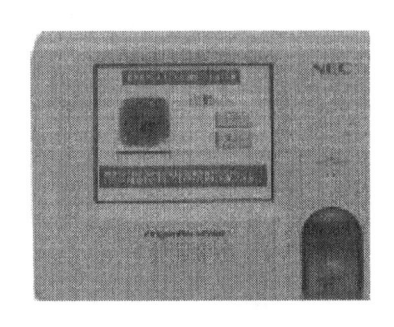

表 2.5.2-3 FingerTrough のシステム概要

- 指を置くだけの簡単操作で扉の解錠が可能
- 電気錠を直接接続でき、ドアコントロールパネル以外の装置は不要
- 利用者の登録・変更・削除機能、履歴情報管理機能、監視機能
- 扉の両面（入側・出側）に本機を設置することで、入退室の管理を実現
- 別売のソフトウェアを利用することにより、複数扉の管理を実現

表 2.5.2-4 FingerRecorder のシステム概要

- 指を置くだけの簡単操作で勤怠情報を記録
- 人事異動などによる指紋ＤＢの人事情報の更新、着任後の指紋出退勤端末への自動配信を実現
- フレキシブルなシステム構成が可能で、最大２５５台まで接続可能
- 他部門の方が利用者ＩＤを入力することにより、打刻する機能も実現
- 「指紋出退勤ソフトウェア」が必須

図 2.5.2-9 に指紋認証モジュールの外観を、その主な特長を表 2.5.2-5 に示す。

表 2.5.2-5 指紋認証モジュールの主な特長

- 指紋の登録および照合がモジュール単体で可能
- 指紋のみでの照合が最大１００指まで可能
- コンパクト設計により実装が容易

図 2.5.2-9 指紋認証モジュール

2.5.3 技術開発課題対応保有特許の概要

　日本電気の生体情報を用いた個人照合に関連する特許における技術要素と技術課題の対応を図2.5.3-1に、また解決手段との対応を図2.5.3-2に示す。これらの図によれば、指紋照合関連で、操作・利便性とセキュリティ向上を課題とし、識別照合技術と入力技術を解決手段とする出願が最も多くみられる。生体一般と声紋の識別照合関連にも操作・利便性を課題とし識別照合技術を解決手段とした出願がまとまってみられる。

　なお技術課題、解決手段の具体内容については1.4節技術開発の課題と解決手段を参照されたい。

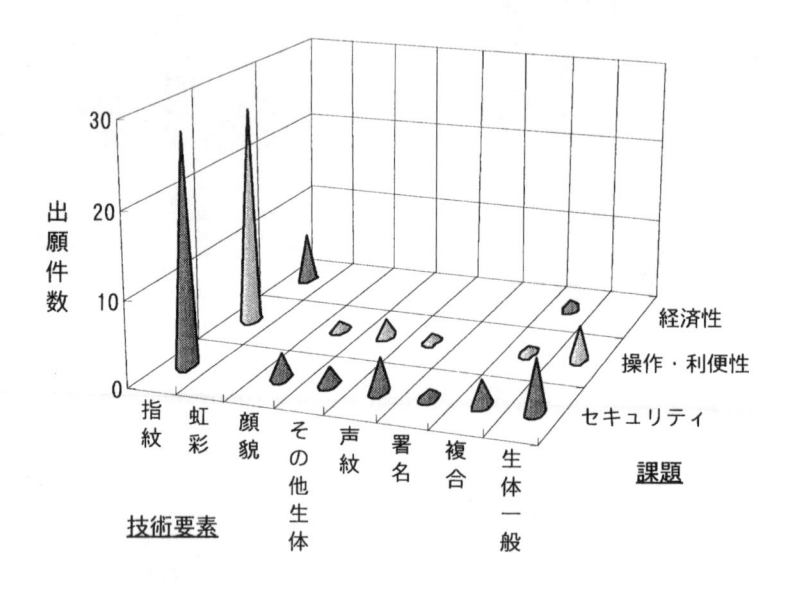

図2.5.3-1 技術要素・課題対応出願件数分布

（1991年1月～2001年9月に公開の登録と係属案件）

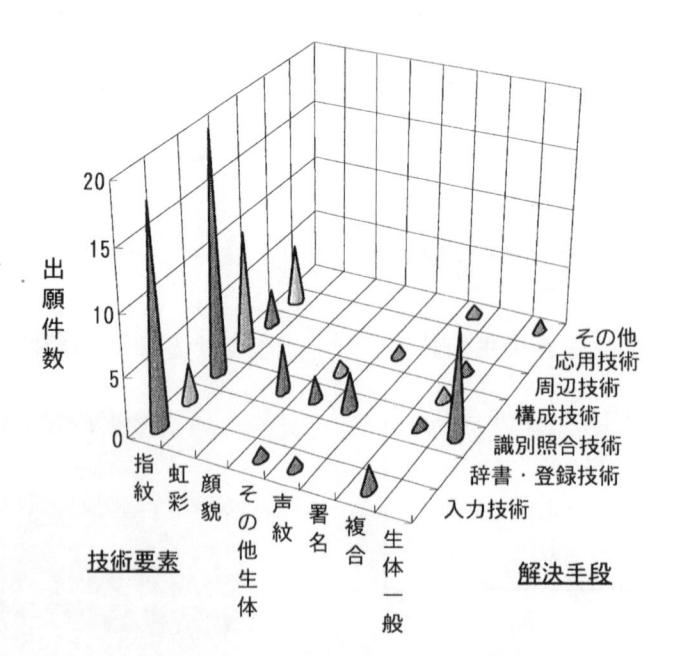

図2.5.3-2 技術要素・解決手段対応出願件数分布

（1991年1月～2001年9月に公開の登録と係属案件）

表 2.5.3-1 に日本電気の技術開発課題対応保有特許の一覧表を示す。この表は、生体情報を用いた個人照合技術に関連する 1991 年 1 月～2001 年 9 月に公開された登録と係属の特許について技術要素、課題ごとに分類したものである。

表 2.5.3-1 日本電気の技術開発課題対応保有特許一覧表(1/9)

技術要素	課題	特許番号	特許分類	名称
			(概要：解決手段要旨)	(図)
指紋システム	セキュリティ	特許 3022776	H04L9/32	無線通信端末
		特許 2950307	G06T7/00	個人認証装置と個人認証方法
			個人情報を格納するデータベース、アクセス可否を判定するアクセス判定手段をサーバに設け、IDカード読取り手段、指紋読取り手段を設けたキーボードを端末に設け、照合結果をコンピュータに送信するサーバとの通信手段とを設けることにより、コンピュータへの不正アクセスを防止できる小型の個人認証装置及び個人認証方法。	
		特開2000-322493	G06F19/00	電子商取引システム及び電子商取引方法
		特開2001-57551	H04L9/08	暗号化通信システムおよび暗号化通信方法
	操作・利便性	特開平11-296678	G06T7/00	入力装置および入力方法
		特開平11-353281	G06F15/00,330	データ転送システム及びデータ転送方法並びにそのデータ転送端末
		特開2000-90273	G06T7/00	指紋識別を用いた情報処理装置および情報処理方法
		特開2000-270385	H04Q9/00,331	携帯情報端末装置
		特開2000-276445	G06F15/00,330	バイオメトリクス識別を用いた認証方法、装置、認証実行機、認証プログラムを記録した記録媒体
	経済性	特開平10-157352	B42D15/10,521	ICカード及びそれを用いた個人情報管理システム
		特開2000-298529	G06F1/00,370	パーソナルコンピュータシステム

表2.5.3-1 日本電気の技術開発課題対応保有特許一覧表(2/9)

技術要素	課題	特許番号	特許分類	名称
			(概要：解決手段要旨)	(図)
指紋入力	セキュリティ	特許2776340	G06T7/00	指紋特徴抽出装置
			入力画像をY方向の平行な直線群により複数の小領域（以下帯と呼ぶ）に分ける垂直領域分離部と、それぞれの帯でX方向への濃度投影処理を行い、投影ヒストグラムを求める投影計算部と、各帯で得られた投影ヒストグラムから谷と呼ぶ極小点を求める谷候補計算部と、複数の帯での谷候補計算部から得られた谷の位置を入力して、指紋画像の節線位置とその確信度を求め、照合精度を上げる。	
		特開平10-3531	G06T1/00	押捺指紋画像入力装置およびその入力方法
		特許2927343	G06T1/00	指紋画像入力装置及びその入力方法
		特許2980051	G06T7/00	指紋検知方法および装置
		特許2962274	A61B5/117	生体識別方法および装置
		特許2967764	G06K19/07	非接触式ＩＣカードおよびそれを用いたログイン方法
		特許2959532	A61B5/117	静電容量検出方式の指紋画像入力装置
		特許2953440	G06T1/00	押捺指紋画像入力装置及びその入力方法
		特許2947234	G06T7/00	生体識別装置
		特開2000-339455	G06T7/00	指紋照合装置
		特開2001-14464	G06T7/00	指紋画像処理装置及び指紋画像処理方法
		特開2001-175848	G06T1/00	画像撮像装置及びその画像撮像方法
	操作・利便性	特公平7-62865	G06T1/00	指紋画像入力装置
		特許2937046	G06T1/00	指紋画像入力装置

表 2.5.3-1 日本電気の技術開発課題対応保有特許一覧表(3/9)

技術要素	課題	特許番号	特許分類	名称
			(概要：解決手段要旨)	（図）
指紋入力	操作・利便性	特許2943749	G06T1/00	指固定装置
			基台面に設けられた指紋読取窓との間に指1本分以上の間隔を隔てて当該指紋読取窓の上方に掛け渡され，少なくとも一端部が基台面に設けられた貫通穴を通って当該基台面の面下で移動子に固定されると共に他端部が基台面又は当該基台面の面下にて所定位置に固定された絞め手段と、少なくとも一部が絞め手段と指紋読取窓との間に配置されかつ絞め手段に装備された軟性の当たり手段と、基台面上にある絞め手段が指紋読取窓と近づく方向に移動子を移動させる駆動機構とを備えることにより、指紋撮像を容易にする。	
		特許3042434	G06T1/00	指固定装置
		特許3001044	G06T1/00	ハンディスキャナ
		特許3132411	G06T1/00,400	指紋検知装置
		特許3011125	G06T1/00	指紋検知装置および方法
		特許3011126	G06T1/00	指紋検知装置
	経済性	特許2910683	H01L27/14	指紋画像入力装置及びその製造方法
		特許3102395	G06T1/00,400	指紋検出装置
		特開平11-175478	G06F15/00,330	本人認証システム
		特許3102403	A61B5/117	指紋画像入力装置と入力方法
指紋照合	セキュリティ	特許2734245	G06T7/00	画像特徴抽出方法及びその装置
		特許2755127	G06T7/00	個人認証装置
		特許2636736	G06T7/00	指紋合成装置
		特許2872176	G06T7/00	個人認証装置
		特許2947210	G06T7/00	生体識別装置

表 2.5.3-1 日本電気の技術開発課題対応保有特許一覧表(4/9)

技術要素	課題	特許番号	特許分類	名称
			(概要：解決手段要旨)	(図)
指紋照合	セキュリティ	特許3075221	G06K19/10	カード型記録媒体及びその認証方法及び認証装置、作成システム、暗号化方式、その解読器と記録媒体
			第3者がカードの磁気を不正に複製した場合に、容易に複製したカードであるか判断が出来る様に、磁気データの他にカードの模様に例えば顔写真、指紋情報を入れる手段を設けることにより、不正な複製かどうかを容易に判断する手段。	
		特許2985839	G06T7/00	生体照合方法および装置、情報記憶媒体
			一人の人間に複数が存在する生体情報を種別ごとに事前に登録しておき、登録されている生体情報の複数の種別から少なくとも一つをランダムに選択し、ランダムに選択された種別の生体情報の入力を指示し、生体情報の入力を受け付け、入力された生体情報と選択された種別の登録されている生体情報とを照合するようにし、他人が生体情報を事前に用意しておくことを困難にした。	
		特開2000-182057	G06T7/00	個人識別方法、個人識別装置および記録媒体
		特開2001-5969	G06T7/00	指紋照合システムとその指紋照合方法
		特開2001-67474	G06T7/00	紋様データ照合装置
		特開2001-155122	G06K17/00	カード情報一括管理装置，記録媒体，および使用方法
		特開2001-167053	G06F15/00,330	バイオメトリクスを用いるユーザ認証装置及びそれに用いるユーザ認証方法
	操作・利便性	特許2551191	G06T7/00	指紋パターン照合方式
		特許2679601	G06T5/20	デジタル画像フイルタリング方法
		特許2734373	G06T7/00	指紋照合処理装置

表 2.5.3-1 日本電気の技術開発課題対応保有特許一覧表(5/9)

技術要素	課題	特許番号	特許分類	名称
			(概要：解決手段要旨)	(図)
指紋照合	操作・利便性	特許2838990	G06T1/00	指紋画像細線化処理装置およびその方法
		特許2827994	G06T7/00	指紋特徴抽出装置
			指紋画像から関節線の位置を検出する節線抽出手段と、指紋画像から指紋の複数の特異点の位置を検出する特異点検出手段と、関節線の位置と複数の特異点の位置とから求められる特徴量を計算する節線特徴計算手段とを有することにより処理時間を長くすること無くより高精度を実現する。	
		特許2817730	G06T7/00	指紋照合結果表示制御装置
		特許2867978	G06T7/00	指紋照合による個人識別方法及び装置
		特許2924958	G06T7/00	指紋カード絞り込み装置及び指紋カード絞り込み方法
			指紋から得られた紋様パターンの組み合わせ等の特徴情報を用いて、クラスタに分割して登録側のデータを登録側カード特徴記憶部に登録しておき、採取側データの特徴と矛盾しないクラスタのみを選択してそこに登録されたデータを指紋カードと比較判定することにより精度を劣化させること無く絞り込み処理を高速化する。	

表 2.5.3-1 日本電気の技術開発課題対応保有特許一覧表(6/9)

技術要素	課題	特許番号	特許分類	名称
			(概要：解決手段要旨)	（図）
指紋照合	操作・利便性	特許2944557	G06T7/00	縞パターン照合装置
			探索縞パターンの方向または位置の一方または両方が特定できない場合にも、採取した縞パターンの特徴点に対応する登録縞パターンの特徴点を選択して候補対リストを作成できるようにしたもの。すなわち、採取縞パターンの特徴点と登録縞パターンの特徴点とを比較するとき、採取縞パターンの特徴点の周囲の子特徴点との間の距離や方向やリレーション（隆線数）と、登録縞パターンの特徴点の周囲の子特徴点との間の距離や方向やリレーションとを比較する。照合時間の短縮が可能。	
		特許2996295	G06T1/00	指ガイド付指紋画像入力装置
		特許2950295	G06T7/00	紋様データ照合装置
		特開2001-167268	G06T7/00	指紋入力装置
顔貌照合	セキュリティ	特許2768308	G06T7/00	パターン認識を用いた顔画像の特徴点抽出方法
		特開2000-222576	G06T7/00	人物識別方法及び装置と人物識別プログラムを記録した記録媒体
		特開2000-322577	G06T7/00	画像照合装置及びその画像照合方法並びにその制御プログラムを記録した記録媒体
	利便	特許2735028	G06T7/00	人物顔画像照合装置
			人物の顔の画像について異なった2以上の方向に沿ってそれぞれ輝度が極小をなすV字エッジに見える構造点を抽出し、顔ごとの構造点間距離が最小となる者を照合対象となる人物として選択することにより、顔の構造を簡単に自動抽出できる。	
その他生体	精度	特許2776294	G06T7/00	皮膚紋様画像の画像特徴抽出装置および画像処理装置

表 2.5.3-1 日本電気の技術開発課題対応保有特許一覧表(7/9)

技術要素	課題	特許番号	特許分類	名称
			(概要：解決手段要旨)	(図)
その他生体	精度	特許3075345	G06T7/00	皮膚紋様特徴抽出装置
			オペレータが隆線形状や端点・分岐点などの微細構造を人手で入力あるいは修正する入力支援にかかわるもので、与えられた画像に対しオペレータからの指示に基づいて視点変換し、その結果を表示することにより、低品質な原画像では見えにくかった隆線の流れの視認性が高まり、個人識別の精度が向上する。	
	操作性	特許2725599	G06T7/00	隆線方向抽出装置
			皮膚紋様画像から予め設定した各点において勾配ベクトルを算出する勾配ベクトル算出手段と、勾配ベクトル記憶手段と、予め設定した画像の各局所領域毎に、局所領域に含まれる勾配ベクトルの分布の分散共分散行列の固有値のうち、小さい方の固有値に対応する固有ベクトルの方向を局所領域における皮膚紋様の隆線方向として算出し出力する分布解析手段により、単純な処理によって精度良く皮膚紋様画像の隆線方向を抽出する。	
		特開2000-122792	G06F3/02,310	キーボード

表 2.5.3-1 日本電気の技術開発課題対応保有特許一覧表(8/9)

技術要素	課題	特許番号	特許分類	名称
		(概要：解決手段要旨)		(図)
声紋照合	セキュリティ	特許2921245	G06F15/00,330	コンピュータ利用者管理システム
			複数の利用者それぞれに対する予め定められた言葉の音声とこの音声に対応するパスワードとを予め記憶しておき、このデーだベース音声と利用者の入力音声を照合し、照合一致の場合に出力音声に対応するパスワードを音声データベースから読出してコンピュータシステムのパスワード入力部へ出力することにより、本来コンピュータシステムを利用しない人の利用を禁止する。	
		特許2900869	G06F15/00,330	データベース検索システムおよびデータベース保護方法
		特許3090119	G10L17/00	話者照合装置、方法及び記憶媒体
		特開2000-250861	G06F15/00,330	非接触式ＩＣカードログインシステム及びそのログイン方法
	簡便	特開2000-330589	G10L17/00	本人特定システム及びその方法
署名	不正防止	特開2000-148742	G06F17/21	認証管理システム及び認証管理方法
複合照合	セキュリティ	特許2785862	G06T7/00	指紋カード選択装置および指紋カード絞り込み装置
			複数指の指紋について、紋様パターン種別の判定と指紋紋様上の特徴点の抽出とを自動で行なった場合に、それらが判定不明あるいは判定誤りを含む可能性を許容しつつ、照合にかけるべきカード対の信頼性および選択性を高めるとともに、信頼性および選択性という2つの尺度のトレードオフに応じた所望の特性および性能を持つ絞り込みの実現を可能にする柔軟性を有する指紋カード選択装置。	

130

表 2.5.3-1 日本電気の技術開発課題対応保有特許一覧表(9/9)

技術要素	課題	特許番号	特許分類	名称
			(概要：解決手段要旨)	(図)
複合	セキュリティ	特許3138694	A61B5/117	指紋検出方法
		特開2000-215172	G06F15/00,330	個人認証システム
	操作性	特開2001-134744	G06T1/00	携帯情報端末
	経済性	特開平11-53317	G06F15/00,330	パスワード入力装置
生体一般	セキュリティ		H04Q7/38	パーソナル通信システム及びその通信方法
		特許3139483	パーソナル通信システムにおいて行う加入者の認証を、使用者の身体的物理情報（声紋、指紋、人相及び筆跡等）の特徴を抽出してデータ化し、加入者データベースに予め登録されているデータとの照合により行うことにより、高い安全性と、加入者の行う操作の簡略化とを同時に満たす。	
		特開2000-194658	G06F15/00,330	暗証番号照合装置、暗証番号照合方法および暗証番号照合用プログラムを記録した記録媒体
		特開2000-307715	H04M1/66	携帯電話装置のセキュリティシステム及び方法
		特開2000-358025	H04L9/32	情報処理方法、情報処理装置及び情報処理プログラムを記憶した記録媒体
		特開2001-175795	G06F19/00	診療録作成者認証システム、診療録記憶装置、作成者認証装置および診療録作成者認証方法
		特開2001-216045	G06F1/00,370	バイオメトリクス入力装置及びバイオメトリクス照合装置
	操作・利便性	特開平11-73103	G09C1/00,630	暗号化制御方法及びプログラムを記録した機械読み取り可能な記録媒体
		特開2001-14276	G06F15/00,330	個人認証システム及びその方法
		特開2001-134696	G06F19/00	診療録情報の真正性を高めた診療録作成装置ならびにその方法
		特開2001-148072	G07G1/00,311	対面式の予約販売システム

2.5.4 技術開発拠点

日本電気特許の発明者所属、住所から抽出した生体情報を用いた個人照合技術開発拠点を表 2.5.4-1 に示す。

表 2.5.4-1　日本電気の技術開発拠点

開発拠点	所在地	分野
本社	東京都港区	―
日本電気ソフトウエア	東京都江東区	―
関西日本電気ソフトウエア	大阪府大阪市	―
NECソフト	東京都江東区	―
NEC三栄	東京都小平市	―
NEC情報システムズ	神奈川県川崎市	―

2.5.5 研究開発者

日本電気の出願特許の実質発明者情報より、研究開発担当者を推定し、開発者規模の推移を分析した結果が、図 2.5.5-1 である。研究開発者は 1991 年の時点で 10 人が認められ、一時減少するが、1999 年には 30 名を超えている。出願件数も研究者数の推移に連動した動きである。

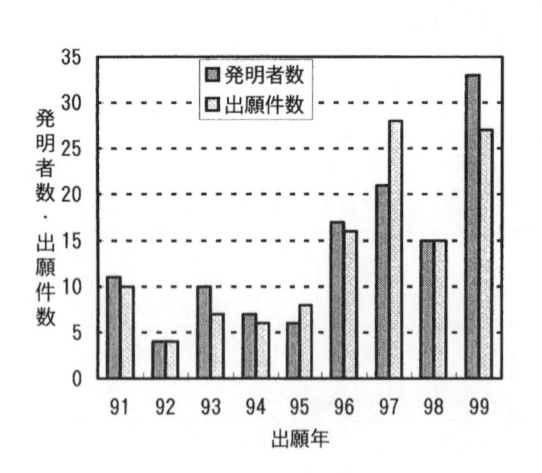

図 2.5.5-1　日本電気の発明者数と出願件数の推移

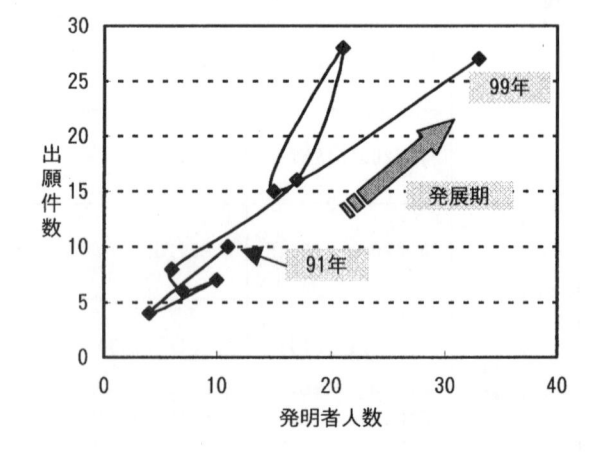

2.6 富士通

2.6.1 企業の概要

富士通は1935年に設立されたコンピュータで世界第2位の日本を代表する情報・通信系メーカである。生体情報を用いた個人照合に関する事業では、指紋照合、署名照合、声紋照合技術を活用した指紋認識装置、筆跡認証装置、声紋認識装置などの製品が有る。

今回調査した中の富士通の特許は、登録が50件、公開のものが31件であった。そのうち9件が海外にも出願されている。指紋照合に関する特許が58件と群を抜いて多くそのうちの8割にあたる48件が登録されている。まとまったものとしては声紋5件、生体一般に関するものが8件出願されている。

表2.6.1-1に富士通の概要を示す。

表2.6.1-1 富士通の概要

1)	商号	富士通株式会社
2)	設立年月日	1935年6月
3)	資本金	3,146億5,200万円
4)	従業員	42,010名（単独）、187,399名（連結）
5)	事業内容	ソフトウエアサービス、情報処理、通信、電子デバイス 等
6)	技術・資本提携関係	（技術導入）ラムバス（米国）「ラムバス型DRAMのライセンス導入」等7社 （クロスライセンス）LG半導体（韓国）、モトローラ（米国）、AT&T（米国）、TI（米国）、ハリス（米国）、IBM（米国）、マイクロソフト（米国）、シーゲイト・テクノロジー（米国） 他 （共同開発）東芝「次世代メモリー量産技術の共同開発などを柱とした包括提携」1GDRAMの共同開発 他14社
7)	事業所	本社／東京、本店／神奈川、工場／岩手、会津、若松、小山、鹿沼、那須、館林、熊谷、南多摩、川崎、長野、須坂、沼津、三重、明石
8)	関連会社	国内/PFU、エフ・エフ・シー、島根富士通、富士通アイソテック、富士通周辺機 等
9)	業績推移（百万円）	売上／5,255,102（1999年度）、5,484,426（2000年度） 利益／42,734（1999年度）、8,521（2000年度）
10)	主要製品	情報処理機器（スーパーコンピュータ等）、通信機器（電子交換機等）、電子デバイス（ゲートアレイ等）の生産・販売・保守
11)	主な取引先	（納入先）富士通ビジネスシステム、富士通パーソナルズ、富士通デバイス他、NTT、官公庁、地方自治体、アムダール （仕入先）古河電工、アドバンテスト、インテル、AMD、サン・マイクロシステムズ

2.6.2 生体情報を用いた個人照合技術に関連する製品・技術

表 2.6.2-1 富士通の関連製品（システム）・技術例

技術要素	製品（システム）	製品名	発売時期	出典
指紋照合	指紋認識装置	Fingsensor(フィンセンサ)	1999年10月	http://pr.fujitsu.com/jp/news/1999/Oct/20.html
生体一般照合	バイオ認証ソフトウエア	Fsas バイオ認証システム SF2000Bio	2001年2月	http://www.fsas.fujitsu.com/release/backno/010221a.html
署名照合	筆跡認証装置	SuperSIGN	2001年11月	http://primeserver.fujitsu.com/primepower/opt/sign/
声紋照合	声紋認識装置	VoiceGATE	1996年10月	http://pr.fujitsu.com/jp/news/1996/Jul/3.html
声紋照合	声紋認識装置	VoiceGATE-II	2000年1月	http://www.animo.co.jp/VoiceGATEII.doc

富士通は表 2.6.2-1 に示すような指紋照合、顔貌照合、声紋照合、生体全般照合技術を活用した認証装置を製品化している。

図 2.6.2-1、表 2.6.2-2 にそれぞれ指紋認識装置 Fingsensor の外観図および特長を示す。

図 2.6.2-1 Fingsensor の外観図

表 2.6.2-2 Fingsensor の特長

・高い指紋認識精度を実現する指紋識別アルゴリズム「特徴相関法」を採用
・静電容量式半導体センサを採用
・名刺サイズ、重量約 250g(*4)と小型/軽量

Fsas バイオ認証システム SF2000 Bio は下記の特長を有するパソコン用認証ソウトウエアである。
（1）複数のバイオ認証を統合し、セキュリティ強化
（2）充実した管理機能による容易な運用管理
（3）バイオ認証によるシングルサインオンの実現
（4）他社アプリケーションとの連携

なお同社は指紋照合技術について富士通電装社の、署名照合技術について日本サイバーサイン社の、声紋照合技術についてアニモ社のさらに顔照合技術については、米国MIT,eTrue 社の技術や製品を導入している。

2.6.3 技術開発課題対応保有特許の概要

　富士通の生体情報を用いた個人照合に関連する特許における技術要素と技術課題の対応を図 2.6.3-1 に、また解決手段との対応を図 2.6.3-2 に示す。これらの図によれば、指紋照合関連で、セキュリティ向上を課題とし、照合精度をあげるための識別照合技術を解決手段とする出願が最も多くみられ、次いで辞書・登録技術を解決手段とするものが多い。声紋照合関連で操作・利便性のための辞書・登録技術を解決手段とするものもまとまってみられる。

　なお技術課題、解決手段の具体内容については 1.4 節技術開発の課題と解決手段を参照されたい。

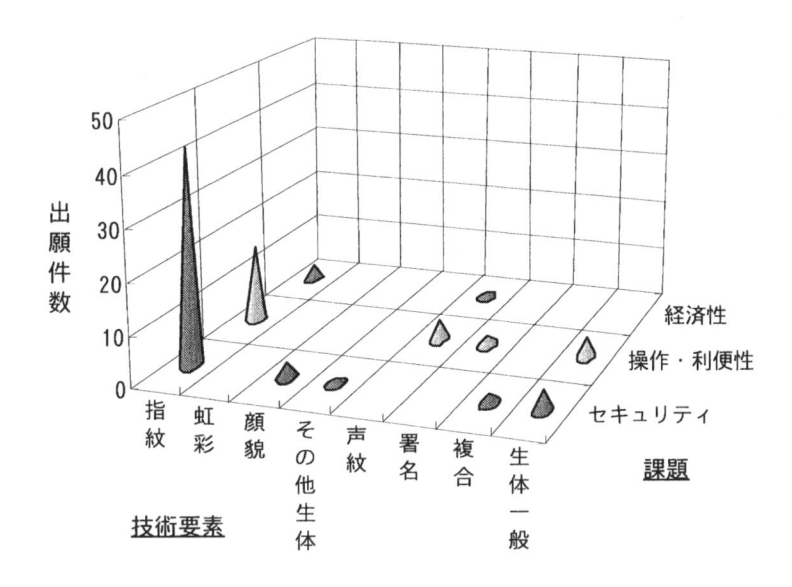

図 2.6.3-1 技術要素・課題対応出願件数分布

（1991 年 1 月～2001 年 9 月に公開の登録と係属案件）

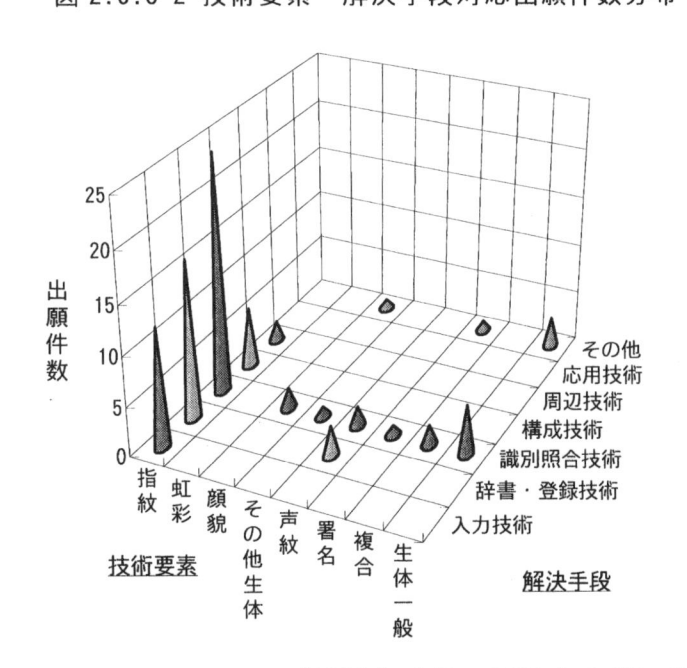

図 2.6.3-2 技術要素・解決手段対応出願件数分布

（1991 年 1 月～2001 年 9 月に公開の登録と係属案件）

表 2.6.3-1 に富士通の技術開発課題対応保有特許の一覧表を示す。この表は、生体情報を用いた個人照合技術に関連する 1991 年 1 月～2001 年 9 月に公開された登録と係属の特許について技術要素、課題ごとに分類したものである。

表 2.6.3-1 富士通の技術開発課題対応保有特許一覧表(1/7)

技術要素	課題	特許番号	特許分類	名称
			(概要：解決手段要旨)	(図)
指紋システム	安全性	特開平6-274759	G07G1/00,321	キャッシュレジスタ
	運営効率	特許2899119	G06T7/00	指紋照合装置
			登録用指紋画像から得られた特徴点を全て記憶しておき、これら特徴点に対応する登録用指紋2値画像と照合用指紋2値画像とを窓単位で比較し、照合誤差の小さいものから順に特徴パターンとして登録することにより、出現頻度の高い特徴点を優先的に選択しつつ、処理時間を短くすることができる。	本発明の原理ブロック図
指紋入力	セキュリティ	特許2708051	G06T1/00	指紋像入力装置
		特許2989200	G06F15/00,330	個人識別装置
		特許3058176	G06K9/00	指紋画像入力装置
		特許2917352	G06T1/00	指紋読取装置
		特許2867551	G06T1/00	指紋読取装置
		特許2806008	G06T7/00	指紋の臍位置検出装置
		特許2943337	G06T1/00	生体識別機能を備えた指紋像入力装置
		特許2955059	G06T1/00	指紋センサ
		特許3100456	G06T1/00	指紋像入力装置
		特許3014552	G06T7/00	位置合わせ用窓変更式指紋照合方法及びその装置
		特開平3-226888	G06T1/00	指ガイド
	操作性	特許2859681	G06T1/00	指紋データの2値化方法
		特許2993287	G06T1/00	凹凸形状検出装置

136

表 2.6.3-1 富士通の技術開発課題対応保有特許一覧表(2/7)

技術要素	課題	特許番号	特許分類	名称
			(概要：解決手段要旨)	(図)
指紋入力	操作性	特許3012138	G06T1/00	凹凸面読み取り装置
			一方の面に凹凸物体が密着される平行平面板の他方の面における全反射光の一部を選択的に結像させることによって、凹凸物体の凹部内に水が存在していても、凸部の像だけを結像させる。小形で取扱い容易となる。	
		特開2000-132261	G06F1/00,370	座標入力装置及び情報処理方法並びに記録媒体
		特開2001-84062	G06F1/16	拡張装置及び情報処理装置
			情報処理装置に備えられた収容部に着脱可能な拡張装置の発明であり、指紋を読み取るための指紋読み取り手段と、前記指紋読み取り手段を前記拡張装置内部に収納された状態から、指紋読み取りが可能となるように外に出るように移動させる移動手段とを設け、操作性の向上をはかったもの。	
		特開2001-125662	G06F1/00,370	情報処理装置用の認証情報入力手段付き拡張装置、認証情報入力ユニット及び情報処理装置
	経済性	特許2713311	G06T7/00	指紋像入力装置
指紋照合	セキュリティ	特許2698453	G06T7/00	指紋照合方法
		特許2788527	G06T7/00	指紋照合方法
		特許2788529	G06T7/00	指紋照合装置の辞書登録方法
		特許2943814	G06T7/00	指紋画像登録方式
		特許3033595	G06T7/00	指紋画像登録方式
		特許2864685	G06T7/00	指紋データ登録装置
		特許2802154	G06T7/00	指紋照合装置
		特許2866461	G06T7/00	指紋照合装置
		特許2877533	G06T7/00	指紋照合装置
		特許2818317	G06T7/00	指紋登録照合方法
		特許2875053	G06T7/00	登録済み指紋特徴点の更新方法

表 2.6.3-1 富士通の技術開発課題対応保有特許一覧表(3/7)

技術要素	課題	特許番号	特許分類	名称
			(概要：解決手段要旨)	(図)
指紋照合	セキュリティ	特許2871157	G06T7/00	指紋登録照合方法
		特許2922330	G06T7/00	ムービング・ウインドウ型指紋画像照合方法及び照合装置
		特許2821282	G06T7/00	ムービング・ウインドウ型指紋画像照合方法及び照合装置
		特許2871160	G06T7/00	疑似特徴点識別方法
		特許2871161	G06T7/00	疑似特徴点識別方法
		特許2875055	G06T7/00	指紋照合方法
		特許2880587	G06T7/00	指紋照合装置
		特許2693663	G06T7/00	指紋照合装置
		特許2919653	G06T7/00	指紋照合装置
		特許2871233	G06T7/00	二値化像修正方法
		特許2833313	G06T7/00	指紋特徴点の真偽判定装置
		特許2828820	G06T7/00	指紋照合装置
		特許2951472	G06T7/00	指紋照合装置及び指紋照合方法
		特許3009542	G06T7/00	指紋照合処理装置
		特許2974857	G06T7/00	指紋辞書登録処理方式
			誤照合の確率を小さくするため、指紋辞書登録処理において，指紋辞書に既に登録されている辞書データと登録しようとする指紋のデータとの相関をとることによって、既登録の辞書データとの相関の小さいデータを新たに登録する指紋の辞書データとする。	指紋の相関の説明図
		特開平4-277872	G06F15/62,460	指紋照合機
		特開平11-25257	G06T1/00	回転指紋印象採取方式
		特開平11-195119	G06T7/00	指紋登録装置、指紋照合装置及び指紋照合方法

表 2.6.3-1 富士通の技術開発課題対応保有特許一覧表(4/7)

技術要素	課題	特許番号	特許分類	名称
			(概要:解決手段要旨)	(図)
指紋照合	セキュリティ	特開2001-118065	G06T7/00	指紋照合装置及び照合方法
			隆線でつながれている特徴点のネットワークは、指紋がひずんだり伸び縮みしたり、一部が欠けても、そのネットワーク構造は不変であることを利用し、高い照合性能を得るために、指紋の隆線構造と特徴点の位置関係を用いて指紋の照合を行う。	
	操作・利便性	特許2702786	G06T7/00	指紋照合装置
		特許2790689	G06T7/00	指紋中心位置算出方式
		特許2806037	G06T7/00	指紋照合装置
		特許2868909	G06T7/00	指紋照合装置
		特許2833314	G06T7/00	指紋照合装置
		特許2899159	G06T7/00	指紋照合装置
		特開平6-274602	G06F15/62,460	指紋登録・照合装置
		特開平10-124668	G06T7/00	指紋照合方式、及びネットワーク認証装置
		特開2000-293688	G06T7/00	指紋照合装置
	経済性	特開平3-291776	G06T1/00	指紋画像処理装置
顔貌	セキュリティ	特開平11-85988	G06T7/00	顔画像認識システム
		特開2000-306095	G06T7/00	画像照合・検索システム
		特開2001-92963	G06T7/00	画像照合方法および装置

表 2.6.3-1 富士通の技術開発課題対応保有特許一覧表(5/7)

技術要素	課題	特許番号	特許分類	名称
			(概要：解決手段要旨)	（図）
その他生体	不正防止	特開平8-55021	G06F9/06,550	鍵認証方式
			暗号化ソフトウェアに対して、ハードウェアに内蔵あるいは着脱可能なモジュールを提供し、このモジュールにはユーザ固有のユニークな情報（たとえば、打鍵特性、マウスの2次元移動特性など）を生成する機能を備え、ソフトウェアの利用を許可すべき正当なユーザか否かを判別するようにしたもの。	
声紋	利便性	特開平10-20883	G10L3/00,531	ユーザ認証装置
		特開平10-116307	G06F19/00	電話取引支援システム及びその支援システムでの処理をコンピュータに実行させるためのプログラムを格納した記録媒体
		特開平10-65821	H04M3/60	電話接続制御システム及びそのシステムでの処理をコンピュータに行なわせるためのプログラムを格納した記録媒体
		特開平10-124294	G06F3/16,320	本人同定方法及び装置及び電子決裁システム並びに記録媒体
	経済性	特開平11-134303	G06F15/00,330	取引処理装置
署名	操作性	特許2868962	G06T7/00	印鑑・署名のイメージ表示方法
		特開平11-338925	G06F17/60	署名情報入力装置及びプログラム記録媒体
複合	セキュリティ	特開2000-132515	G06F15/00,330	不正アクセス判断装置及び方法
		特開2000-259278	G06F1/00,370	生体情報を用いて個人認証を行う認証装置および方法
生体一般	セキュリティ	特開2000-11176	G06T7/00	認証装置及び記憶媒体

140

表2.6.3-1 富士通の技術開発課題対応保有特許一覧表(6/7)

技術要素	課題	特許番号	特許分類	名称
			(概要：解決手段要旨)	(図)
生体一般	セキュリティ	特開2001-7802	H04L9/32	生体情報の暗号化・復号化方法および装置並びに、生体情報を利用した本人認証システム
			暗号化ステップで、個人に固有の特徴を表す生体情報を入力し、暗号化の都度、任意の値を持つ数値キーを決定し、数値キーと所定の一次鍵とから暗号鍵を生成し、暗号鍵を用いて生体情報を暗号化し、複合化ステップでは、得られた暗号化生体情報と数値キーとに基づいて、復号化処理側で暗号鍵を再生するための復号制御情報を作成し、暗号化生体情報と復号制御情報とを組み合わせて認証情報を作成する。安全かつ確実な伝送が可能。	(図：フローチャート)
		特開2001-117876	G06F15/00,330	生体情報を用いた認証装置及びその方法
			指紋の特徴点情報などの生体情報と識別情報が組み合わせたものを照合情報とし、さらにこれを暗号化して、ら照合装置に送信する。なお、識別情報としては、従来時刻情報を用いていたものを、採取装置のシリアル番号や装置名称、採取装置から認証を行う装置までの経路情報、あるいは、特定装置で採取した生体情報につけた一連番号などとする。なりすましなどを正確に排除できる。	(図：照合情報50 識別情報51 生体情報52)
		特開2001-236324	G06F15/00,330	バイオメトリクス情報による個人認証機能を有する携帯電子装置
	操作・利便性	特開平5-263558	E05B49/00	商品貸し出し管理システム、無線装置、管理装置、精算システム及び精算装置
		特開平11-250231	G06T1/00	凹凸面接触パッドおよび凹凸パターン採取装置

表 2.6.3-1 富士通の技術開発課題対応保有特許一覧表(7/7)

技術要素	課題	特許番号	特許分類	名称
			(概要：解決手段要旨)	(図)
生体一般	操作・利便性	特開2000-322358	G06F13/00,354	データ表示装置及び情報表示のためのプログラムを記録した記録媒体
		特開2001-84371	G06T7/00	生体情報を用いた個人認証システム
			生体情報を採取する機能をもつ生体情報入力部22と、この生体情報入力部22により採取された生体情報を所定の採取条件で採取された状態に変換する生体情報変換部231と、この生体情報変換部231により変換された生体情報から生体特徴データを抽出する生体特徴データ抽出部31とをそなえて構成することにより、生体情報採取用デバイス、生体情報採取方式あるいは照合時に使用すべき生体特徴データが変更されても、ユーザに生体情報の再登録作業を求める必要性をなくした。	

2.6.4 技術開発拠点

富士通特許の発明者所属、住所から抽出した生体情報を用いた個人照合技術開発拠点を表2.6.4-1に示す。

表 2.6.4-1 富士通の技術開発拠点

開発拠点	所在地	分野
本店	神奈川県川崎市	－
富士通サポートアンドサービス株式会社	東京都品川区	－
富士通電装	神奈川県川崎市	指紋照合技術開発
富士通香川システムエンジニアリング	香川県高松市	－
富士通ソーシャルシステムエンジニアリング	東京都品川区	－
アニモ	神奈川県川崎市	声紋照合技術開発

2.6.5 研究開発者

富士通の出願特許の実質発明者情報より、研究開発担当者を推定し、開発者規模の推移を分析した結果が、図 2.6.5-1 である。研究開発者、出願件数とも 1992 年に 20 名強、34 件とピークに達したが、90 年代半ばにはなくなり、その後再び増加の方向にある。

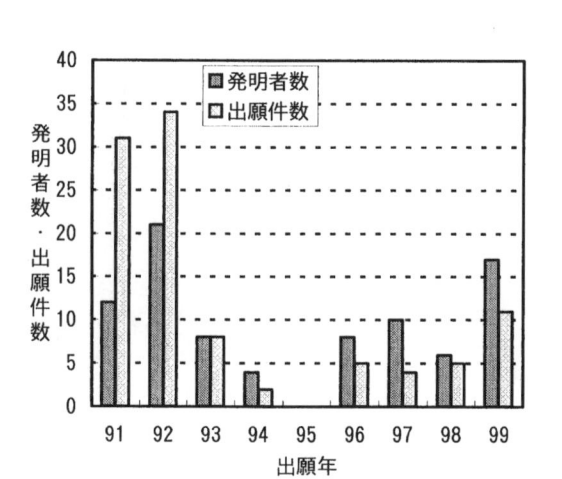

図 2.6.5-1 富士通の発明者数と出願件数の推移

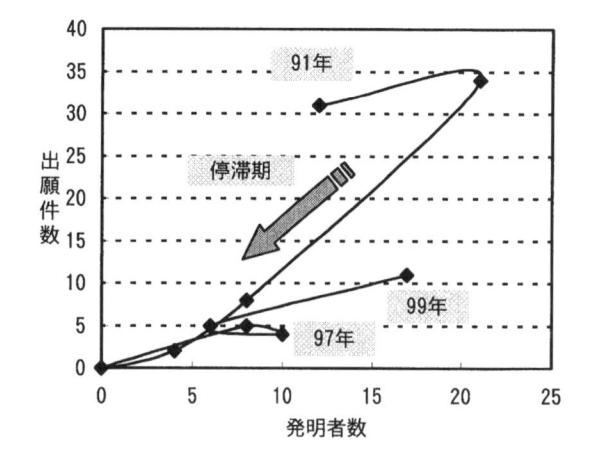

2.7 日本電信電話

2.7.1 企業の概要

日本電信電話は 1985 年に民営化によって発足し、99 年 7 月に東日本電信電話、西日本電信電話、研究所などを傘下に置く持ち株会社となった日本の通信分野を牽引する企業である。生体情報を用いた個人照合に関して、指紋照合技術を活用した指紋認識システムや指紋センサ LSI などの研究開発が有る。

今回調査した中の日本電信電話の特許は、登録が 4 件、公開のものが 50 件であった。そのうち 9 件が海外にも出願されている。指紋照合に関する特許が 26 件と最も多いが、顔貌や、声紋、生体一般に関するものも、まとまった件数の出願がある。指紋照合の中では入力技術に関するものが 17 件と大半を占めている。

表 2.7.1-1 に日本電信電話の概要を示す。

表 2.7.1-1 日本電信電話の概要

1)	商号	日本電信電話株式会社
2)	設立年月日	1985 年 4 月
3)	資本金	9,379 億 5,000 万円（2001 年 3 月末）
4)	従業員数	3,314 名（2001 年 3 月末）（連結：215,231 名）
5)	事業内容 （売上構成比は連結ベース）	地域通信事業　　　　　　（売上構成比 38%） 長距離・国際通信事業　（売上構成比 10%） 移動通信事業　　　　　　（売上構成比 41%） データ通信事業　　　　　（売上構成比 6%） その他の事業　　　　　　（売上構成比 5%）
6)	技術・資本提携関係	（技術導入）－ （クロスライセンス）－ （共同開発）－
7)	本社所在地	東京都千代田区
8)	関連会社	東日本電信電話、西日本電信電話、NTT コミュニケーションズ、NTT ドコモ等
9)	売上高	3,228 億 65 百万円（2001 年 3 月期）（連結：11 兆 4,141 億 81 百万円）

2.7.2 生体情報を用いた個人照合技術に関連する製品・技術

表 2.7.2-1 日本電信電話の生体情報を用いた個人照合関連製品（システム）・技術一覧表

技術要素	技術	開発テーマ名	開発時期	出典
指紋照合	指紋認証システム	高信頼性半導体指紋センサLSI センサ搭載ワンチップ指紋認証用LSI	実用化実験2000年2月～9月	http://kankyo.lelab.ecl.ntt.co.jp/taisei_hum_bio.htm、http://www.ntt-east.co.jp/release/0002/000210.html、http://www.ntt-west.co.jp/info/fromntt/0103/06.html、http://www.sctlg.ecl.ntt.co.jp/ntt_en/top06.html

日本電信電話は表 2.7.2-1 に示すような指紋認証技術を、通信系のさまざまな事業領域に活用することを目的に研究開発を進めている。

日本電信電話の指紋照合技術開発には、指紋センサのLSI化や指紋認証アルゴリズムに関するテーマが見られる。

図 2.7.2-1 に日本電信電話の半導体指紋センサLSIの構造図を示す。センサ電極の四方を接地した壁状の電極で取り囲んだ構造を持つ。期待される効果としては、静電気耐圧の向上と指紋読み取りの高感度化があげられている。これについて第1段階で社内評価実験を、第2段階で運用環境での評価実験が行われた。図 2.7.2-2 に半導体指紋センサLSIを応用した指紋読取装置（試作品）の概観を示す。

図 2.7.2-1 日本電信電話の指紋センサLSI構造図

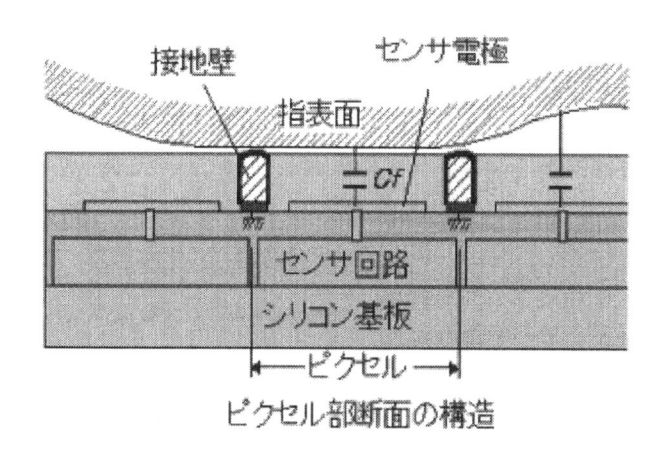

図 2.7.2-2 日本電信電話の指紋読取
　　　　装置（試作品）

表 2.7.2-1 に記載したセンサ搭載ワンチップ指紋認証用 LSI は上記の指紋入力センサと認証回路などを一体化した LSI である。ここに使われている認証アルゴリズムはパタンマッチング方式である。

図 2.7.2-3 にセンサ搭載ワンチップ指紋認証 LSI の外観図を、図 2.7.2-4 にイメージ図と期待される効果等を示す。また図 2.7.2-5 に LSI の構造図を示す。

図 2.7.2-6、図 2.7.2-7 に日本電信電話の指紋認証システム応用例 2 件を紹介する。

図 2.7.2-3 日本電信電話の
　　　　ワンチップ指紋
　　　　認証用 LSI

図 2.7.2-4 日本電信電話の指紋認証用 LSI 構成図と効果

従来の小型指紋認証装置（イメージ図）
　登録用メモリ
　照合用プロセッサ
　指紋読み取りセンサ

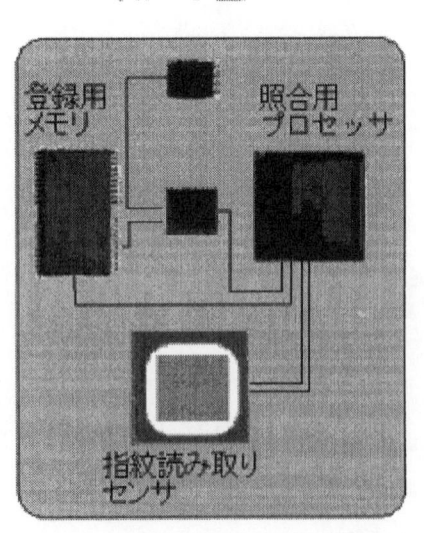

ワンチップ型指紋センサ認証LSI
15 mm

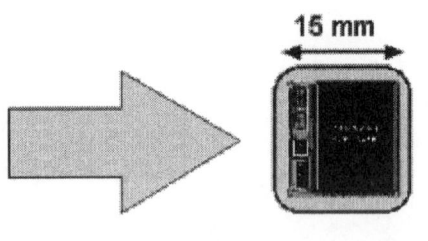

【期待される効果等】
・ワンチップなので小型で薄い
・照合用チップが不要で低価格
・指紋データをシステムの外へ出さないので高セキュリティ
・並列処理で高速、低消費エネルギー

図 2.7.2-5 日本電信電話の指紋認証 LSI の構造

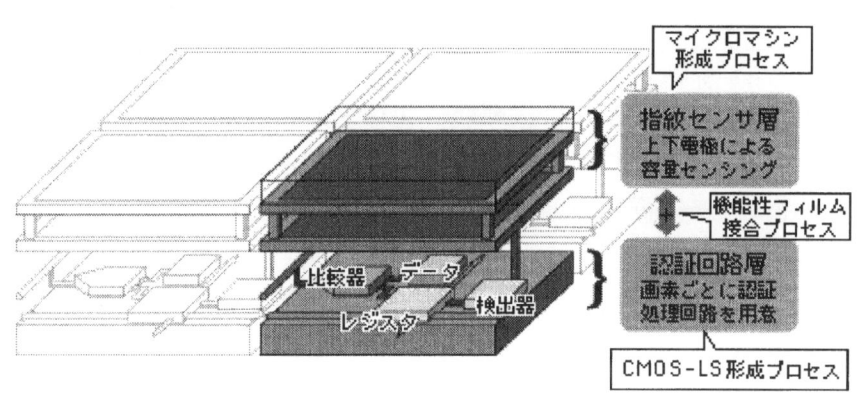

指紋センサ認証LSIの構造

図 2.7.2-6 日本電信電話の指紋認証システム応用例 1

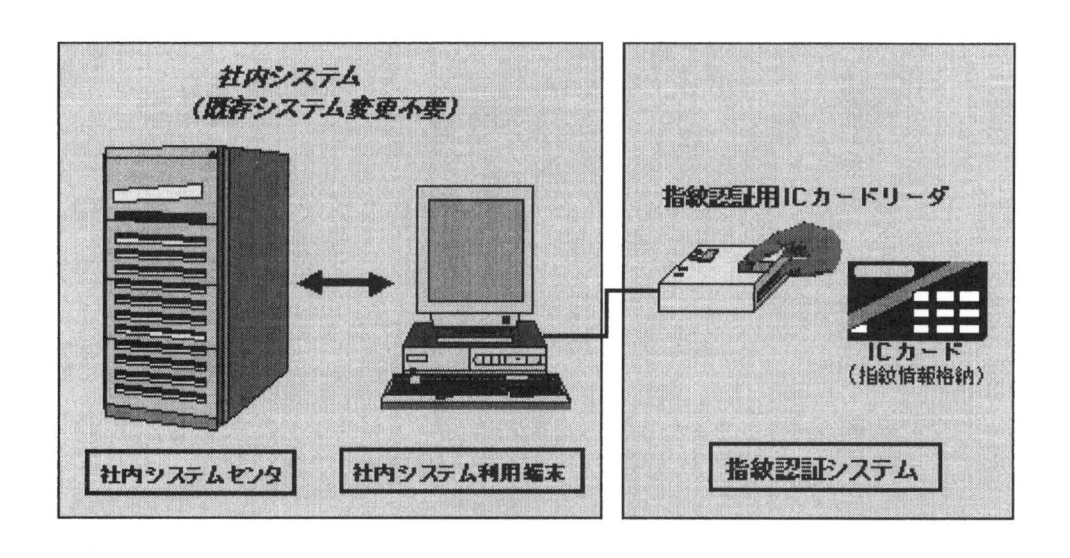

図 2.7.2-7 日本電信電話の指紋認証システム応用例 2

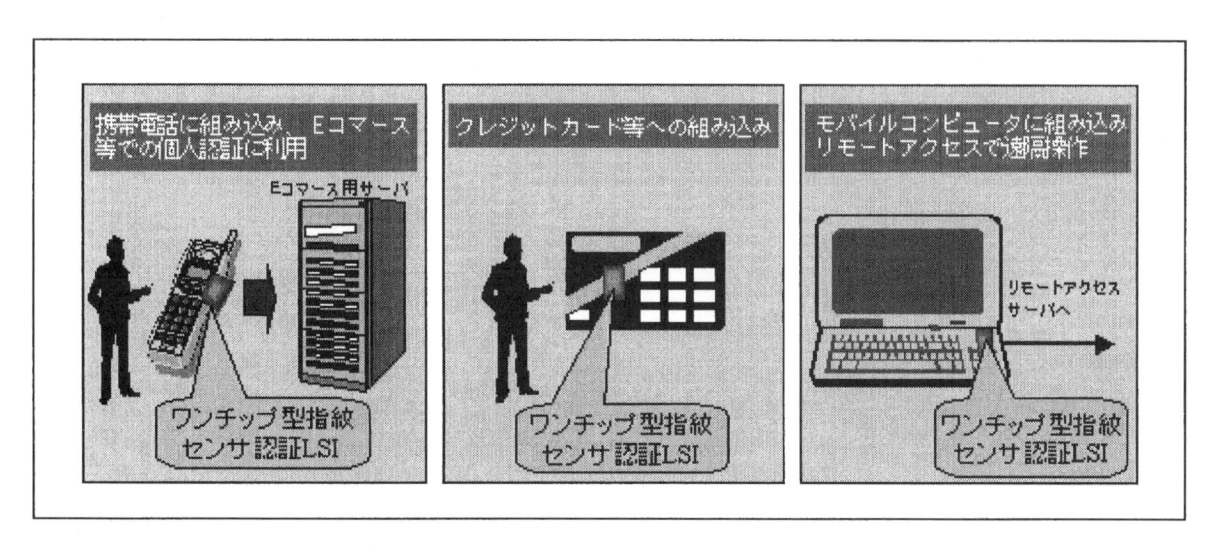

2.7.3 技術開発課題対応保有特許の概要

　日本電信電話の生体情報を用いた個人照合に関連する特許における技術要素と技術課題の対応を図2.7.3-1に、また解決手段との対応を図2.7.3-2に示す。これらの図によれば、虹彩照合を除いて指紋照合を筆頭に、顔貌、生体一般、声紋、署名の順に関連出願が有る。指紋関連では指紋センサLSI技術などを含む入力技術を解決手段とするものが大勢を占め、指紋以外ではセキュリティ向上などを課題とし、識別照合技術を解決手段とする出願が多くみられる。

　なお技術課題、解決手段の具体内容については1.4節技術開発の課題と解決手段を参照されたい。

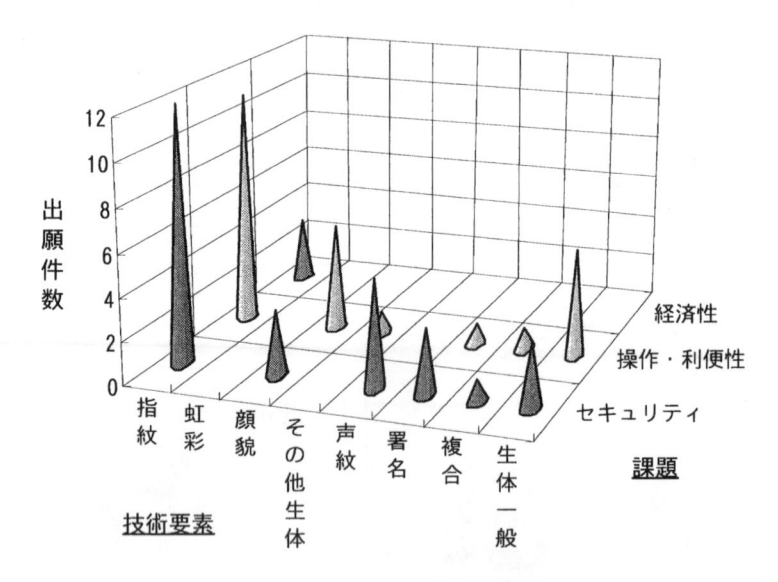

図2.7.3-1 技術要素・課題対応出願件数分布

（1991年1月～2001年9月に公開の登録と係属案件）

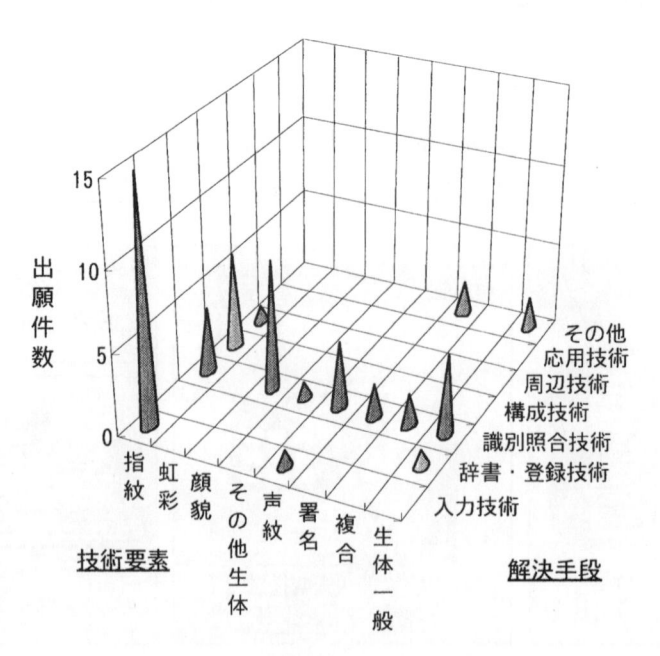

図2.7.3-2 技術要素・解決手段対応出願件数分布

（1991年1月～2001年9月に公開の登録と係属案件）

表 2.7.3-1 に日本電信電話の技術開発課題対応保有特許の一覧表を示す。この表は、生体情報を用いた個人照合技術に関連する1991年1月～2001年9月に公開された登録と係属の特許について技術要素、課題ごとに分類したものである。

表2.7.3-1 日本電信電話の技術開発課題対応保有特許一覧表(1/6)

技術要素	課題	特許番号	特許分類	名称
			(概要：解決手段要旨)	(図)
指紋システム	セキュリティ	特開平8-287259	G06T7/00	指紋照合方法
		特開平9-147072	G06K17/00	個人認証システム、個人認証カードおよびセンタ装置
	操作・利便性	特開平11-39483	G06T7/00	指紋認証カード、メモリカード、認証システム、認証装置及び携帯機器
		特開2000-244481	H04L9/32	アクセス制御方法および装置とアクセス制御プログラムを記録した記録媒体
	経済性	特開平11-19069	A61B5/117	指紋認識集積回路
指紋入力	セキュリティ	特許3082141	G01B7/28	表面形状認識用センサ回路
			表面形状に応じて電気量が変化する素子を含むセンサ回路の出力電圧信号を時間方向の信号に変換し、センサ回路の出力ダイナミックレンジを大きくする。また、出力部にバイアス調節回路60を設け、出力部のバイアス状態を調整することで、指紋の凹凸のコントラストを強調し指紋を正確に入力するもの。	
		特許3044660	G01B7/28	表面形状認識用センサ回路
			指紋の凹凸等、表面形状認識用センサ回路を、容量値Csを有する容量素子14から構成して、容量素子の第1の端子を節点N1に接続し、容量素子の第2の端子の電圧を第1の電位に設定するとともに、節点N1に電荷が充電された後に第2の端子を第2の電位に変化させて節点N1の電荷を引き抜くことにより検出精度を向上させる。	

表2.7.3-1 日本電信電話の技術開発課題対応保有特許一覧表(2/6)

技術要素	課題	特許番号	特許分類	名称
			(概要：解決手段要旨)	(図)
指紋入力	セキュリティ	特開平7-334646	G06T1/00	指紋撮像装置
		特開平9-134419	G06T1/00	指紋の照明方法および指紋撮像装置
		特開2000-18908	G01B7/28	表面形状認識用センサ
			指紋のような微小な凹凸を精度よく検出できるようにするため、下部電極104の周囲を囲うように、下部電極104および支持部材103とは離間して、絶縁層102上に参照電極104aを配置する。そして、上部電極105および下部電極104の間の容量Cfと、上部電極105および参照電極104aの間の容量Crとの差を、センサ回路110により検出する。	
		特開2000-28311	G01B7/28	表面形状認識用センサ回路
			表面形状認識用センサ回路の検出精度を向上させるために、第1の信号発生手段20による信号のレベルを増幅して出力手段40に出力する増幅手段30を備える。	
		特開2000-65514	G01B7/28	表面形状認識用センサ回路
			指紋のような微小な凹凸を、大きな信号差として発生させるための手段であって、上部電極4に接続される第1の端子と下部電極1に接続される第2の端子間の容量が測定対象物の表面凹凸に応じて変化する容量センサ素子Cfと、第2の端子に接続されCfの容量の変化を検出する検出回路10と、第2の端子と外部電位Vpとの接続をオン・オフするスイッチSWと、第1の端子の電位を制御し、かつスイッチのオン・オフを制御する制御手段11とを備える。	

表 2.7.3-1 日本電信電話の技術開発課題対応保有特許一覧表(3/6)

技術要素	課題	特許番号	特許分類	名称
			(概要：解決手段要旨)	(図)
指紋入力	セキュリティ	特開2000-65516	G01B7/34,102	表面形状認識用センサ回路
			測定対象物である指紋のような微小な凹凸を、大きな信号差として発生させるための手段であって、上部電極4に接続される第1の端子と下部電極1に接続される第2の端子間の容量が測定対象物の表面凹凸に応じて変化する容量センサ素子Cfと、第2の端子に接続され容量センサ素子Cfの容量の変化を検出する検出回路10と、第2の端子と外部電位Vpとの接続をオン・オフするスイッチSWと、スイッチのオン・オフを制御する制御手段11とを備え、第1の端子は一定電位に保持される。	
		特開2000-163589	G06T7/00	光学的情報照合装置及びこれを搭載した携帯型情報処理装置
	操作性	特開平7-334649	G06T1/00	指紋入力装置
		特開平8-154921	A61B5/117	指紋撮像装置
		特開平8-279035	G06T1/00	指紋入力装置
		特開平8-305832	G06T1/00	指紋入力装置
		特開平8-320919	G06T1/00	指紋撮像装置
		特開2001-76142	G06T7/00	指紋画像照合方法及び装置及びこの方法を記録した記録媒体
		特開2001-143077	G06T7/00	指紋認識型データ入力装置
	経済性	特開平8-263631	G06T1/00	指紋入力装置

表 2.7.3-1 日本電信電話の技術開発課題対応保有特許一覧表(4/6)

技術要素	課題	特許番号	特許分類 (概要:解決手段要旨)	名称 (図)
指紋照合	認識精度	特開2001-84370	G06T7/00	指紋認識装置およびデータ処理方法
			マトリクス状に配置された複数の画素ユニットの端の列や行のデータが、反対の端の列や行に移動するようにし、マトリクス状に配置した複数の画素ユニットの外側にバッファなどを用いなくても、指紋画像のシフトにより指紋画像の端がかけて無くなることが無いので、指紋認識装置の面積を大きくすることなく正確に指紋を認識できる。	
	迅速化	特開平8-54283	G01J1/44	画像入力装置
		特開平9-147113	G06T7/00	指紋照合方法及び装置
	経済性	特開2000-242771	G06T1/00	指紋認識集積回路
			指紋を採取するセンサ回路を集積回路上に形成し、認識回路、指紋メモリを同じ集積回路上に形成することにより、指紋認識システムを集積回路上に構成でき、非常に小さい指紋認識システムを実現する。	
顔貌	不正防止	特開平9-91429	G06T7/00	顔領域抽出方法
		特開平9-91432	G06T7/00	不審人物抽出方法
		特開平10-283465	G06T1/00	定期券および定期券不正使用防止システム
	操作・利便性	特許3089605	G06T1/00	顔基準点抽出方法
			顔画像中から安定に基準点抽出を行うために、目や口の造作を表すエッジ情報ではなく色情報に着目し、この色情報によって領域分割を行い得るべき造作の候補を抽出する。抽出された候補領域とテンプレートとを照合することにより、候補領域中から正しい候補を選択するもの。	図11
		特開平7-302337	G06T7/00	類似顔画像検索装置

表 2.7.3-1 日本電信電話の技術開発課題対応保有特許一覧表(5/6)

技術要素	課題	特許番号	特許分類	名称
			(概要：解決手段要旨)	(図)
顔貌	操作・利便性	特開平8-55133	G06F17/30	顔画像による登録データ検索装置
		特開平9-259271	G06T7/00	人物照合装置
		特開2001-92737	G06F13/00,351	3次元共有仮想空間におけるコミュニケーション方法およびシステムならびにそのプログラムを格納した記録媒体
その他生体	操作性	特許2801362	G06T7/00	個人識別装置
			人間の歩行動を捉えた動画像を利用して、入力された歩行者が予め登録されている人物の中で誰であるかを判定する個人認識、あるいは予め登録されている人物と一致するかどうかを判定する個人識別装置において、入力された画像からシルエットを作成するシルエット作成手段と、この作成されたシルエットの輪郭から特徴量を抽出する特徴抽出手段と、予め個人情報が格納されている個人用辞書と特徴抽出手段から送出された特徴とを比較する波形照合手段とで構成されることを特徴とする個人識別装置。	
声紋	セキュリティ	特開平10-173644	H04L9/32	本人認証方法
		特開平11-85181	G10L3/00,531	音声モデルの生成方法並びにその音声モデルを用いた話者認識方法及び話者認識装置
		特開2000-67004	G06F15/00,330	本人確認方法及びその方法を用いた装置及び本人確認装置制御プログラムを記録した記録媒体
		特開2000-67005	G06F15/00,330	本人確認方法及びその方法を用いた装置及び本人確認装置制御プログラムを記録した記録媒体
		特開2000-347683	G10L15/10	音声認識方法及びシステム装置
署名	セキュリティ	特開平7-302340	G06T7/00	オンラインサイン認証方法および認証学習方法
		特開平10-63849	G06T7/00	サイン認証方法
		特開2000-194618	G06F13/00,351	手書き認証通信システム、手書き認証通信方法、手書き認証サーバ及び手書き入力装置
	利便性	特開2001-56835	G06F17/60,410	電子権利情報処理システム、その処理方法、装置及びその方法を実施するプログラムが記録された記録媒体

表 2.7.3-1 日本電信電話の技術開発課題対応保有特許一覧表(6/6)

技術要素	課題	特許番号	特許分類	名称
			(概要:解決手段要旨)	(図)
複合	確実性	特開2001-52181	G06T7/00	個人認証方法及び個人認証プログラムを記録した記録媒体
	受容性	特開平8-30745	G06K17/00	個人識別機能付きカード、個人識別機能付きカードの処理システムおよび個人識別機能付きカードの処理方法
生体一般	セキュリティ	特開平11-338985	G06K17/00	セキュリティレベル設定判別方法とICカード及びその使用方法
		特開2001-202511	G06T7/00	個人認証方法及び個人認証装置
		特開2001-202336	G06F15/00,330	本人認証方法およびこの方法を実施する装置
	操作・利便性	特開2000-29932	G06F17/60	利用者検知機能を用いた情報案内方法及び利用者検知機能を有する情報案内システム及び情報案内プログラムを格納した記憶媒体
		特開2000-354943	B23Q41/08	作業管理・支援方法、その装置及びそのプログラムを記録した記録媒体
		特開2001-43190	G06F15/00,330	認証用端末及び認証システム
		特開2001-52180	G06T7/00	個人認証方法及び個人認証プログラムを記録した記録媒体
		特開2001-52182	G06T7/00	個人認証方法及び個人認証プログラムを記録した記録媒体

2.7.4 技術開発拠点

日本電信電話の特許の発明者所属、住所および同社ホームページから抽出した生体情報による個人照合技術開発拠点を表 2.7.4-1 に示す。

表 2.7.4-1 日本電信電話の技術開発拠点

開発拠点	所在地	分野
本社	東京都千代田区	－
東日本電信電話本社	東京都新宿区	－
NTT生活環境研究所	神奈川県厚木市、東京都武蔵野市	指紋認証LSI研究開発
NTTエレクトロニクス	東京都渋谷区	指紋認証LSI事業化

2.7.5 研究開発者

日本電信電話の出願特許の実質発明者情報より、研究開発担当者を推定し、開発者規模の推移を分析した結果が、図 2.7.5-1 である。研究開発者は 1991 年から 3 年間は 5 名程度であったが 94 年に 15 名まで一気に増加し、その後波はあるが増員されている。出願件数も研究者数の推移に連動した動きである。

図 2.7.5-1 日本電信電話の発明者数と出願件数の推移

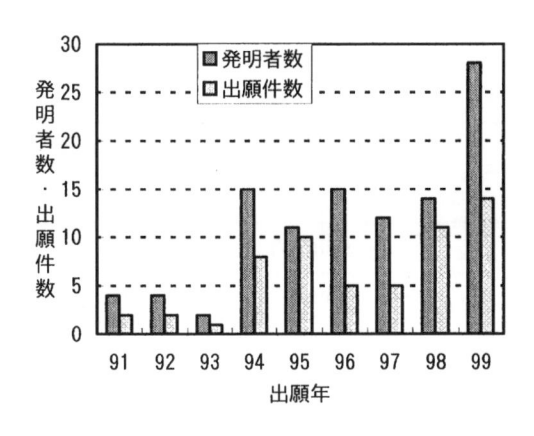

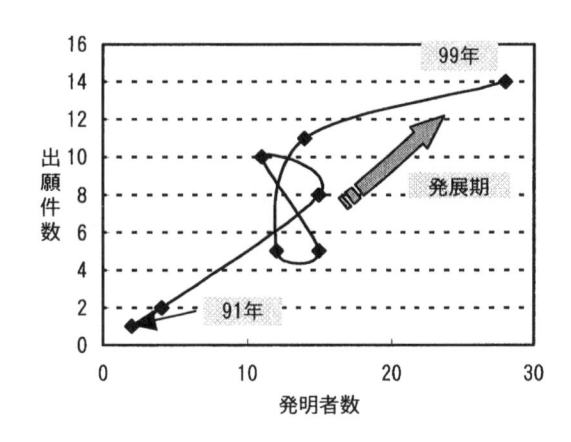

2.8 日立製作所

2.8.1 企業の概要

　日立製作所は、電機メーカとして、情報・通信システム、マルチメディア関連機器、家電品、電子デバイス、電力・エネルギーシステム、環境・公共システム、産業機器など幅広い製品・サービスを提供、地球レベルでの事業展開をしている総合電機メーカである。2001年3月現在、グループは、製造会社、エンジニアリング・サービス会社などを含めて1,153社にのぼる。今回調査した中の日立製作所の特許は、登録が2件、公開特許が50件であった。そのうち海外に2件が出願されている。

　表2.8.1-1に日立製作所の概要を示す。

表2.8.1-1 日立製作所の概要

1)	商号	株式会社　日立製作所
2)	設立年月日	1920年2月1日
3)	資本金	2,817億5,400万円　　　　　　　　　　　（2001年3月31日現在）
4)	従業員	55,609名（単独）、340,939名（連結）（2001年3月31日現在）
5)	事業内容	情報・通信システム、電力・エネルギーシステム、マルチメディア関連機器、電子デバイス、環境・公共システム、家電品、産業機器など総合電機事業
6)	技術・資本提携関係	（技術導入）－ （資本提携）－ （共同開発）－
7)	事業所	日立、国分、大みか、土浦、水戸、岐阜、東海、海老名、豊川、佐倉、小諸、他
8)	関連会社	日製産業、日立キャピタル、他多数
9)	業績推移 （連結、百万円）	売上／8,001,203(1999年度)、8,416,982(2000年度) 利益／16,922(1999年度)、104,380(2000年度)
10)	主要製品	情報・エレクトロニクス、電力システム、産業システム、交通システム、家庭電器製品　他
11)	主な取引先	NTT、東京電力、中部電力　他

2.8.2 生体情報を用いた個人照合技術に関連する製品・技術

近赤外光を用いた指の静脈パターンによる個人認証、生体情報のシステムへの応用など種々の生体情報を用いた技術開発がなされている。生体情報を利用した照合関連製品としては、セキュアなオフィス環境を提供するための入退室管理システム、PCデスクトップ上でシングルサインオン環境を実現するシングルログインマネージャ、情報セキュリティを強化したICカードソリューションなどが挙げられる。グループ会社の1つである日立エンジニアリングの指紋認証システムなども利用されている。表2.8.2-1に指紋照合技術を用いた製品例を挙げる。

表 2.8.2-1 日立製作所の関連製品例

技術要素	製品	製品名		発売時期	出典
指紋照合	入退室管理 情報アクセスコントロール	日立アクセスコントロールシステム		—	http://www.hitachi.co.jp/Prod/elv/jp/products/builmax/acs1.html
		日立ICカードシステムソリューションズ		2001年7月	http://www.hitachi.co.jp/New/cnews/2001/0704/index.html
		シングルログインマネージャ		—	http://www.hitachi.co.jp/Prod/comp/soft1/security/catalog.html
	指紋認証システム	Finger Attestor	モジュールタイプ	—	http://www.hitachi-hec.co.jp/ 日立エンジニアリングカタログ (B3-054R)
			PCカードタイプ		
	入退管理指紋認証システム	Finger Attestor-E1		—	http://www.Hitachi-hec.co.jp/virsecur/tateyase/tateya02.htm

(1) 日立アクセスコントロールシステム

本システムは、非接触ICカードを個人IDとして使用する信頼性の高い入退室管理システムである。セキュリティレベルを高めるために指紋照合技術も適用できる。下記のシステム特長を持つ。

a. 最大30ｃm、平均25ｃmのカード検知距離
b. 高セキュリティレベルに対応するために指紋照合装置が適用できる
c. エレベータとの連動制御や、映像監視、機械警備システムとの連携が容易　など

図 2.8.2-1 日立アクセスコントロールシステム

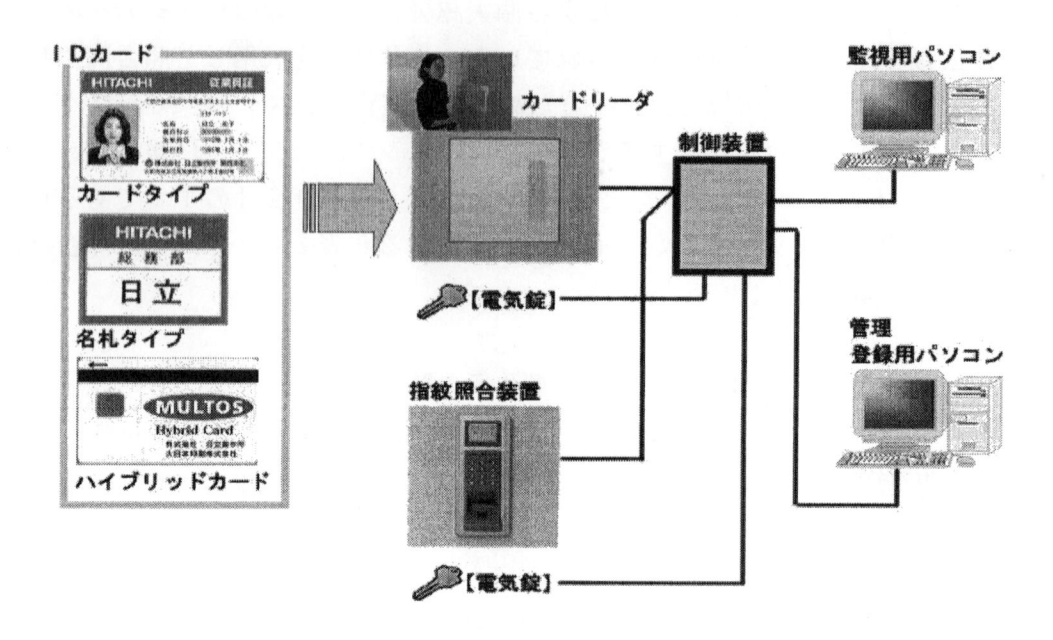

(2) 日立ICカードシステムソリューションズ

ICカードシステムの活用により最適なソリューションを提供するものである。例えば組織内の情報システムへのアクセスや入退室管理に適用できる。ICカードと指紋またはサイン照合による生体認証およびシングルサインオンを組み合せたパッケージで高度なセキュリティシステムを構築できる。

(3) シングルログインマネージャ

シングルログインマネージャは、PC上でのユーザのログイン操作を不要にし、パスワード漏洩の危険を少なくするシングルサインオン環境を実現する。主な特長を下記する。
 a.ユーザIDやパスワードなどのユーザ情報が、アプリケーションごとに設定できる
 b.ICカードオプションにより、強固なユーザ認証ができる
 c.スクリーンセーバー連携により、第三者の不正操作を防止できる
 d.生体情報や署名認証機能を持つ認証プラグインを登録でき、生体情報や署名筆跡により個人を認証し、シングルログインマネージャへのログインを可能にする など

2.8.3 技術開発課題対応保有特許の概要

日立製作所の生体情報を用いた個人照合に関連する特許における技術要素と技術課題の対応を図2.8.3-1に、また解決手段との対応を図2.8.3-2に示す。これらの図によれば、生体一般照合関連で、セキュリティ向上を課題とし、識別照合技術を解決手段とする出願が最も多くみられる。また複合照合関連ではセキュリティ向上を課題とし、辞書・登録技術や識別照合技術を解決手段とするもにまとまった出願がある。

なお3つの技術課題、解決手段の具体内容については1.4節技術開発の課題と解決手段を参照されたい。

図2.8.3-1 技術要素・課題対応出願件数分布

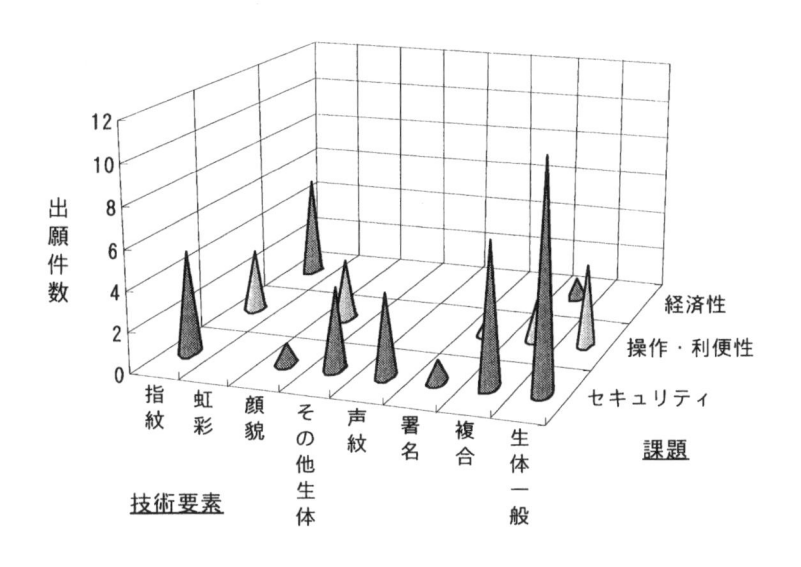

（1991年1月～2001年9月に公開の登録と係属案件）

図2.8.3-2 技術要素・解決手段対応出願件数分布

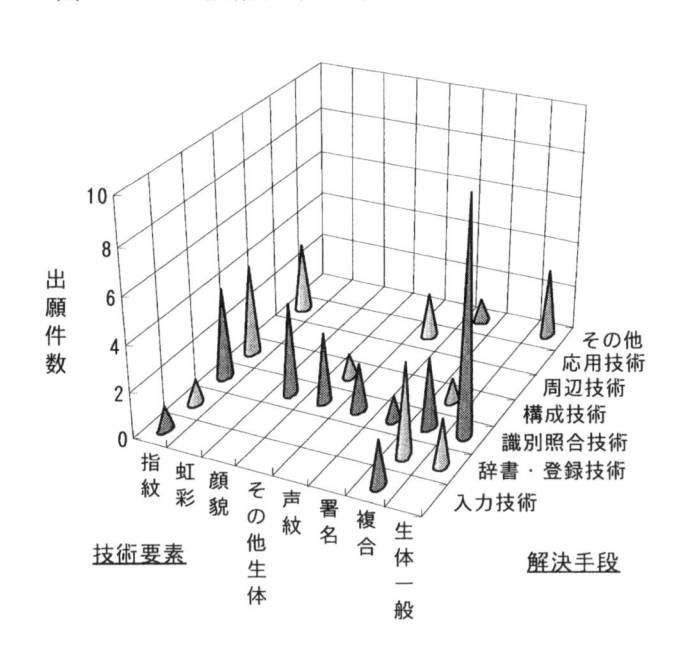

（1991年1月～2001年9月に公開の登録と係属案件）

　表2.8.3-1は日立製作所の生体情報を用いた個人照合技術に関連する1991年1月～2001年9月に公開された登録と係属の特許について、技術要素、課題ごとに分類したものである。

表2.8.3-1 日立製作所の技術開発課題対応保有特許一覧表（1/6）

技術要素	課題	特許番号	特許分類	名称
			概要(解決手段要旨)	図
指紋	セキュリティ	特開平8-22531	G06T1/00	データ照合用画像入力装置
		特開平8-314862	G06F15/00,330	自動認証方法

表 2.8.3-1 日立製作所の技術開発課題対応保有特許一覧表 (2/6)

技術要素	課題	特許番号	特許分類	名称
			概要(解決手段要旨)	図
指紋	セキュリティ	特開平11-110505	G06K17/00	ICカードターミナル
		特開2001-67523	G07D9/00,461	ATMにおける指紋照合システムおよびその方法
		特開2001-202494	G06K19/10	ICカード及びICカード認証方法
	操作・利便性	特開平9-120321	G06F1/00,370	サスペンド/レジューム機能を有する情報処理装置
		特開平11-265451	G06T7/00	画像情報照会システム
			画像照合装置,情報照会装置をネットワークで接続し、画像照会システムにおいて処理分散、データ分散によりレスポンスタイムの短縮などを図る。	
		特開2001-147997	G06K19/073	ICカードおよびICカード取り扱いシステム
	経済性	特開平10-222633	G06K19/077	ICカード
		特開平11-259616	G06K19/07	ICカードおよびICカードによる処理方法
		特開2000-76422	G06T1/00	指掌紋押捺装置
		特開2001-204794	A61J3/00,310	薬品保管管理システム
		特開2001-76270	G08B25/04	セキュリティシステム
			利用者が警備区域内にいる間だけ、固有情報をセキュリティシステムが保持する、また警備区域内の入退場の際にのみ携帯型端末装置を用いる低コストシステム。	

表2.8.3-1 日立製作所の技術開発課題対応保有特許一覧表 (3/6)

技術要素	課題	特許番号	特許分類	名称
			概要(解決手段要旨)	図
顔貌	セキュリティ	特開 2000-215171	G06F15/00,330	認証システムおよび認証方法
	操作・利便性	特許3168546	G06F17/60,236	肖像処理装置および現金自動取引装置
		特開平 6-52209	現金自動取引装置の操作者が所定の方向を向き、背景が除去された肖像部分のみを切り出し記憶する。	
		特開平 8-272973	G06T7/00	顔面特徴抽出を行なうイメージ処理
		特開 2000-331157	G06T7/00	本人自動確認機能付き端末システム
その他生体	セキュリティ	特開平 8-337368	B66B3/00	エレベータセキュリティシステム
		特開平 11-203452	G06T1/00	個人特徴パターン検出装置及びそれを用いた個人識別装置
			静脈血管と一緒に汚れなどが写っている指の近赤外線透過光映像と指表面の汚れやしわの映像である可視光映像の両画像を利用して演算処理する。	
		特開 2000-305653	G06F1/00,370	パスワード認識装置
		特開 2001-184507	G06T7/00	個人認証装置
声紋	セキュリティ	特開平 9-294172	H04M11/06	音声の伝送装置
		特開平 9-312694	H04M3/42	安否確認システム
		特開平 10-111728	G06F1/00,370	セキュリティ方法、データ処理装置、携帯型情報端末機器
		特開 2000-48130	G06K17/00	ICカード読み取り装置及び音声変換装置

表 2.8.3-1 日立製作所の技術開発課題対応保有特許一覧表（4/6）

技術要素	課題	特許番号	特許分類	名称
			概要(解決手段要旨)	図
署名	セキュリティ	特開 2000-222541	G06K19/07	ICカード
	操作・利便性	特開 2001-178707	A61B5/117	個人認証装置
複合	セキュリティ	特開平 8-221570	G06T7/00	個人識別装置及びその可搬形筐体
		特開平 10-127609	A61B5/117	生体識別装置
			光を用いて計測される血管パターンとその血管が走行する生体外部形状を撮像し、それぞれの画像を個人識別に用いる。	
		特開平 10-161979	G06F15/00,330	サーバへログイン時の指紋、及び変換したパスワードによるユーザ認証
		特開平 10-154231	G06T7/00	生態情報を用いた本人認証装置および方法
			1つの指の指紋を入力するだけでなく、入力する指の順番を暗証番号とみたてて、複数回の指入力を組み合せて照合する。	
		特開平 11-96252	G06F19/00	マルチメディア携帯端末を用いた電子マネー取引方式
		特開 2000-215280	G06K17/00	本人認証システム
		特開 2000-311220	G06K17/00	機器操作権管理システムおよび機器操作権管理端末およびICチップおよびICチップケース

表 2.8.3-1 日立製作所の技術開発課題対応保有特許一覧表（5/6）

技術要素	課題	特許番号	特許分類	名称
			概要(解決手段要旨)	図
複合	操作・利便性	特開 2000-47990	G06F15/00,330	本人認証システム利用者登録方法
			暗号化された個人ID情報を含むバイオメトリクス特徴量を記録媒体に格納する登録プログラムをネットワーク経由で提供する。	
		特開 2000-148985	G06T1/00	個人認証システム
	経済性	特開 2000-200113	G06F1/00,370	本人否認リカバリ方法及びその実施装置並びにその処理プログラムを記録した媒体
生体一般	セキュリティ	特開平 9-297847	G06T7/00	情報端末装置
		特開平 11-95789	G10L3/00,531	音声認識システムおよび音声認識システムにおける話者適応方法
		特開平 10-312459	G06T7/00	携帯電子装置及び生体情報を用いた個人認証方法
			携帯電子装置に生体情報の特徴量を登録データとして格納し、生体情報をデータ処理装置に入力する。データ処理装置は、照合に供する生体情報の特徴量を抽出し、携帯電子装置に送信する。	
		特開平 11-339045	G06T7/00	電子データ確認及び発行方法、その実施装置、その処理プログラムを記録した媒体並びに電子データ記録媒体
			電子データの所有者の身体的特徴およびその電子署名を検定し、電子身分証明書の所有者の確認を行う。	

表 2.8.3-1 日立製作所の技術開発課題対応保有特許一覧表 (6/6)

技術要素	課題	特許番号	特許分類	名称
			概要(解決手段要旨)	図
生体一般	セキュリティ	特開 2000-76451	G06T7/00	入室管理サーバ及び入室管理クライアント並びにその処理プログラムを記録した媒体
		特開 2000-132514	G06F15/00,330	個人認証方法
			個人登録時に、パスワード登録に加えて、個人のパスワード入力動作の特徴を学習させ、一人一人の特徴を認識、識別する。	
		特開 2000-132260	G06F1/00,370	情報処理装置
		特開 2000-181870	G06F15/00,330	携帯電子装置、故障検出方法
		特開 2000-216822	H04L12/56	IPアドレスの割当て方法
		特開 2000-298756	G07F7/12	セキュリティ連動認証方法
		特開 2001-184312	G06F15/00,330	電子認証方法及びその実施装置並びにその処理プログラムを記録した記録媒体
	操作・利便性	特許 3101551	G06F17/60,126	在宅医療システム
		特開 2000-105747	G06F15/00,330	シングルログイン方式のための画面制御方法
		特開 2000-209453	H04N5/00	放送受信リモートコントロールシステム及びそのリモートコントロール装置と放送受信装置
		特開 2000-215279	G06K17/00	ICカード決済装置

2.8.4 技術開発拠点

日立製作所には国内で6つの全社的研究所、一方各事業本部では各事業に関連した開発がなされている。ここでは本レポートのテーマに関連する日立製作所の主要技術開発拠点（国内）と拠点の担う分野を表2.8.4-1に示す。
(出典：http://www.hqrd.Hitachi.co.jp/Rd/location.html)

表2.8.4-1 日立製作所の主要技術開発拠点

開発拠点	所在地	分野
中央研究所	東京都国分寺市	情報・通信、ソリューションLSI、先端デバイス、ライフサイエンス
システム開発研究所	神奈川県川崎市 神奈川県横浜市	サービス・ソリューション、情報ネットワーク、ソフトウェア
基礎研究所	埼玉県比企郡	先端基礎研究
日立研究所	茨城県日立市	社会システム、デバイス、コンポーネント、材料
機械研究所	茨城県土浦市	メカトロニクス
ビルシステムグループ 他	－	エレベータ、エスカレータ、ビルシステム 他

2.8.5 研究開発者

図2.8.5-1に日立製作所の生体情報を用いた個人照合技術関連の1991年1月～2001年9月に公開の出願を対象に発明者数および出願件数推移を示す。最近、中央研究所では新しい生体認証技術として、指の静脈パターンを用いた個人識別「指静脈パターン認証技術」の開発、システム開発研究所では高度交通システムにおけるバイオメトリクスによる走行中のドライバー認証技術の開発など種々のセキュリティ技術、システムの開発がなされている。事業本部サイドでは、入退出管理用アクセスコントロールシステムなどが事業化されている。生体情報を用いた照合関連技術の中でも、生体一般および指紋に関する出願が全体の50%強を占めており、これら生体情報の利用についての関心が高い。開発および事業本部の活動を反映して90年代半ばより発明者人数および関連出願件数は全般的に右肩上がりのトレンドにあり、生体情報を用いた個人認証への関心が高まっていることがうかがわれる。

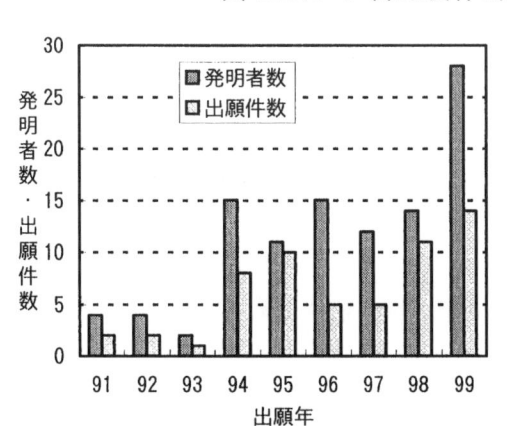

図2.8.5-1 日立製作所の発明者数と出願件数推移

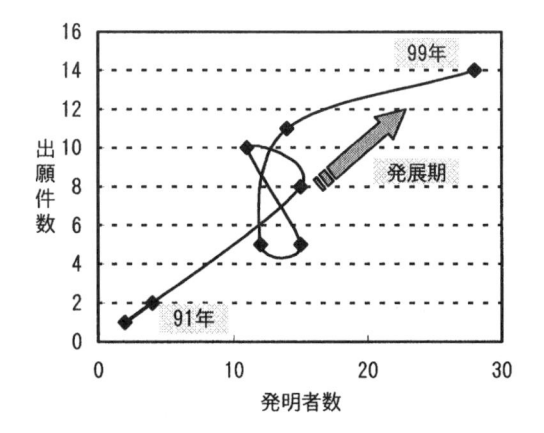

2.9 松下電器産業

2.9.1 企業の概要

　松下電器産業は 1935 年に設立され、家電を主力とする日本を代表する電機メーカである。生体情報を用いた個人照合に関する事業では、指紋、声紋、顔貌、署名、複合照合技術などを活用した個人認証システムを製品化し幅広い展開を見せている。今回調査した中の松下電器産業の特許は、登録が3件、公開特許が 45 件であった。そのうち、1件が海外にも出願されている。虹彩照合に関する特許が12件で最多、次いで、顔貌の10件、指紋、複合の6件、その他生体の5件と続く。指紋照合関係特許より、虹彩照合関連が多いのは沖電気工業と同じであるが、多種類の生体情報に指向している出願分布である。

　表2.9.1-1に松下電器産業の概要を示す。

表 2.9.1-1 松下電器産業の概要

1)	商号	松下電器産業株式会社
2)	設立年月日	1935年12月
3)	資本金	2,096億5,200万円
4)	従業員	44,951名（単独）、292,790名（連結）
5)	事業内容	AVCネットワーク、アプライアンス、インダストリアル・イクイップメント、デバイス
6)	技術・資本提携関係	（技術導入）ドルビー・ラボラトリーズ・ライセンシング（米国）「雑音低減装置」に関する製造技術　など13社
		（クロスライセンス）IBM（米国）、AT&T（米国）、TI（米国）、ディスコビジョン・アソシエイツ（米国）
		（共同開発）モトローラ（米国）、「非接触型次世代ICカード及び同カード搭載用半導体チップ」関連技術他数社、東芝「SDメモリーカード」関連技術ほか数社
7)	事業所	門真、豊中、茨木、草津、他
8)	関連会社	日本ビクター、九州松下電器、他多数
9)	業績推移（百万円）	売上／7,299,387(1999年度)、7,681,561(2000年度)
		利益／99,709(1999年度)、41,500(2000年度)
10)	主要製品	民生分野(映像・音響機器、家庭電化・住宅設備機器)
		産業分野(情報・通信機器、産業機器)
		部品分野(半導体、ブラウン管、電子回路部品、プリント配線板、トランス、電源、コイル、コンデンサ、抵抗器、チューナ、スイッチ、コンプレッサー、乾電池、蓄電池、太陽電池、充電器、非鉄金属)
11)	主な取引先	松下CE、北海道松下LEC、他国内LEC各社、イギリス松下電器他海外販社各社

2.9.2 生体情報を用いた個人照合技術に関連する製品・技術

表 2.9.2-1 松下電器産業の関連製品（システム）・技術例

技術要素	製品（システム）	システム名	発売時期	出典
指紋照合	認証システム	指紋認証装置を活用した端末セキュリティ	－	http://www.itbc.panasonic.co.jp/cssditbu-tmp/solution/
複合照合	認証システム	指紋認証装置とスマートカードを活用した端末セキュリティ	－	http://www.itbc.panasonic.co.jp/cssditbu-tmp/solution/
生体一般照合	クライアントサーバシステム	指紋認証装置を活用したクライアントサーバーシステム	－	http://www.itbc.panasonic.co.jp/cssditbu-tmp/solution/
顔貌照合	認証システム	顔認証システムを活用した特定人物捜索システム	－	http://www.itbc.panasonic.co.jp/cssditbu-tmp/solution/
声紋照合	認証システム	声紋認証を活用した、コールセンターの効率化と不良顧客排除システム	－	http://www.itbc.panasonic.co.jp/cssditbu-tmp/solution/
生体一般照合	出退勤管理システム	指紋、声紋、顔、サイン認証に対応したタイムレコーダシステム	－	http://www.itbc.panasonic.co.jp/cssditbu-tmp/solution/
生体一般照合	認証システム	複数のバイオメトリクスand 認証によるクライアントサーバーシステム	－	http://www.itbc.panasonic.co.jp/cssditbu-tmp/solution/
署名照合	認証システム	サイン本人認証システム「Cyber-SIGN」	－	http://www.hms.sc.panasonic.co.jp/seihin/5.html

松下電器産業の都合により製品等の情報は予告なく変更されることがあります。

表 2.9.2-1 に松下電器産業の生体情報を用いた個人照合関連製品一覧表を示す。同社は指紋、声紋、顔、署名などの個人認証装置を利用した各種システムの製品化を行っている。

指紋によるものでは、マウスやハムスターに指紋センサを装着したパソコン用端末セキュリティシステムや、図 2.9.2-1 に示す指紋センサとスマートカードを一体化した端末セキュリティシステムを販売している。これは、所持品認証と知識認証に本人認証を加え、セキュリティ強度の高いユーザ認証を実現したものである。

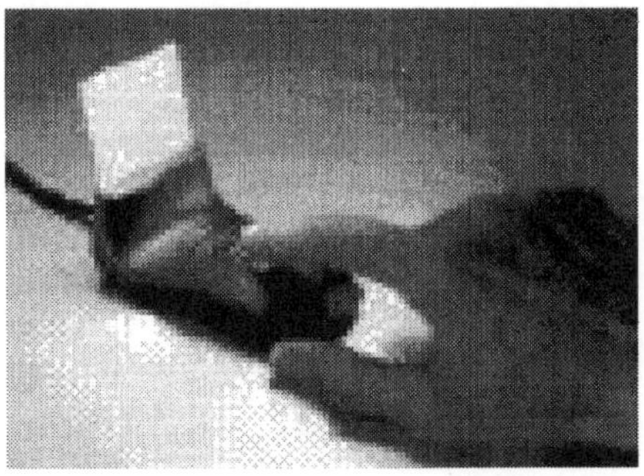

図 2.9.2-1 松下電器産業の指紋センサとスマートカードを一体化した指紋認証装置外観

さらに、いろいろな生体情報を個人認証に使える

ようにしたクライアントサーバシステムや、音声パスワードで本人確認を行う対話型のコールセンターシステム、顔認証システムを活用した特定人物捜索システムや動的署名照合システムを活用したサイン本人認証システム「Ciber-SIGN」など多様な応用製品を提供している。

なお、いろいろな生体情報を使えるシステムでは、それら生体認証を Or で判定するものと And（複合）で実行するものを選択できるように工夫されている。

図 2.9.2-2 に多数の生体情報を利用して認証するマルチバイオ認証システムのシステムイメージ図を示す。図 2.9.2-3 に声紋認証の応用例の不良顧客排除システムのシステム図を示す。

図 2.9.2-2 松下電器産業のマルチバイオ認証システムのイメージ

なお松下電器産業はグループ内の松下通信工業が沖電気工業と 2000 年 3 月に虹彩照合装置の開発製品販売に関する提携を交わしている。

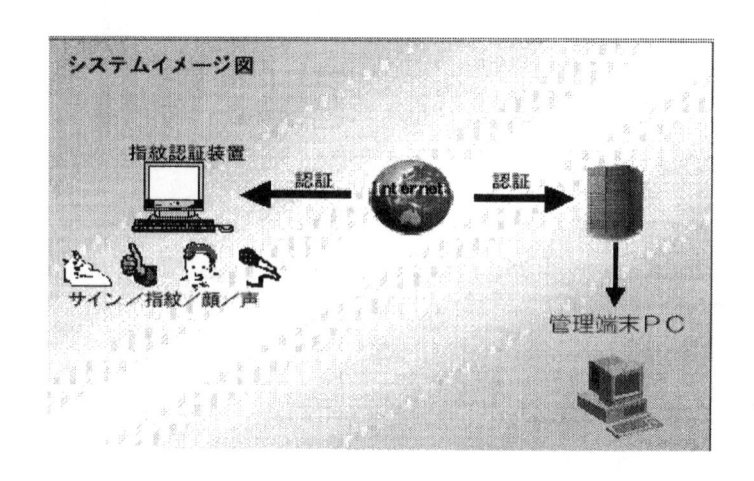

図 2.9.2-3 松下電器産業の声紋認証を活用した、コールセンターの効率化と不良顧客排除システム

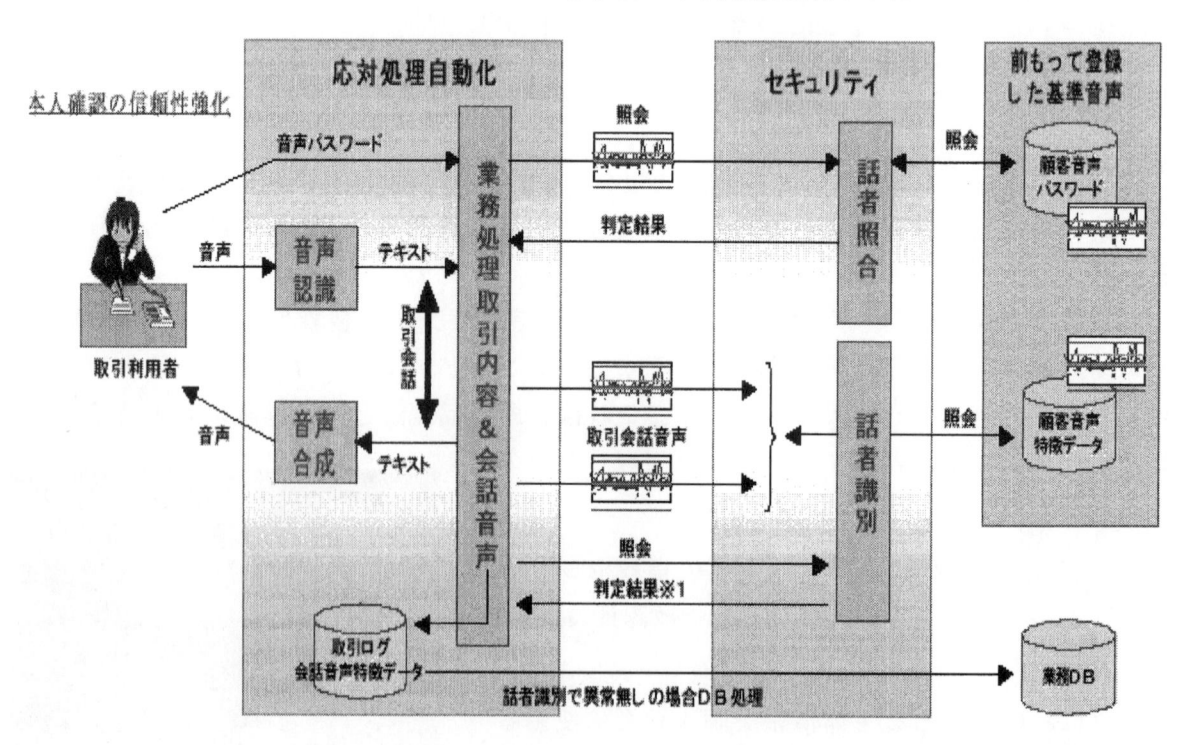

2.9.3 技術開発課題対応保有特許の概要

　松下電器産業の生体情報を用いた個人照合に関連する特許における技術要素と技術課題の対応を図 2.9.3-1 に、また解決手段との対応を図 2.9.3-2 に示す。これらの図によれば、虹彩照合と顔貌照合関連を主体に、幅広く技術要素に分布した出願があり、セキュリティ向上などを課題とし、入力技術を解決手段とする出願が指紋と虹彩関連で最も多くみられる。また顔貌照合のセキュリティ向上を課題とし識別照合技術を解決手段とするものその次に多くみられ、複合、生体一般関連で操作・利便性のための識別照合技術を解決手段とするものにまとまった出願がある。なお技術課題、解決手段の具体内容については 1.4 節技術開発の課題と解決手段を参照されたい。

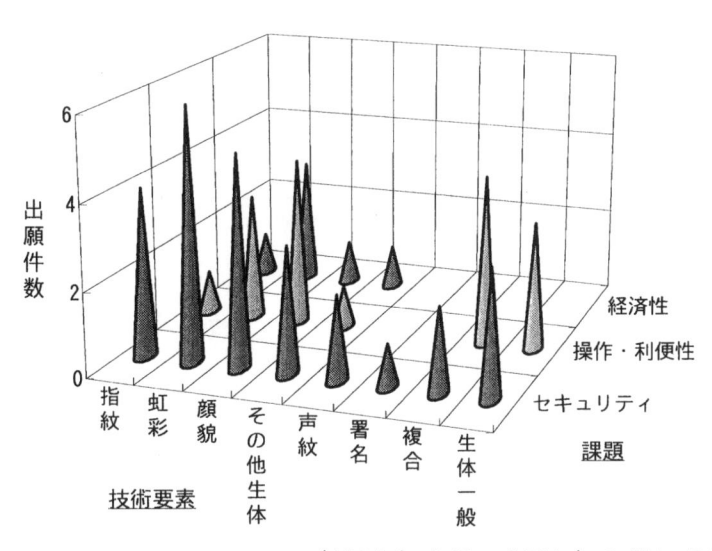

図 2.9.3-1 技術要素・課題対応出願件数分布

（1991 年 1 月～2001 年 9 月に公開の登録と係属案件）

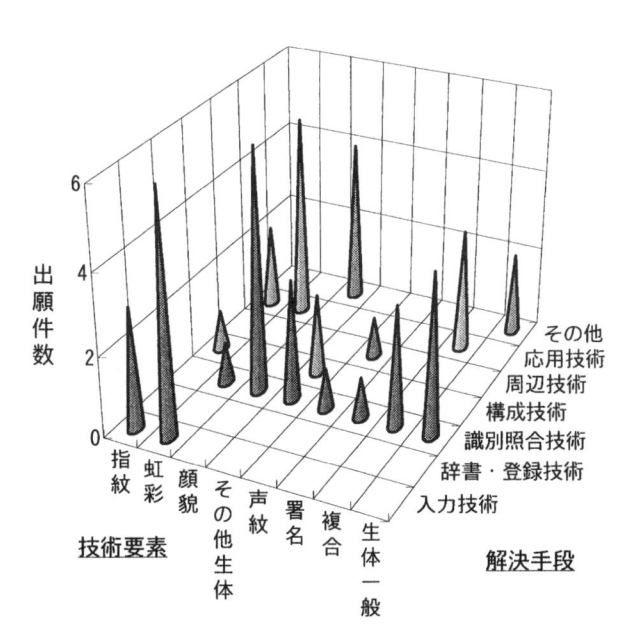

図 2.9.3-2 技術要素・解決手段対応出願件数分布

（1991 年 1 月～2001 年 9 月に公開の登録と係属案件）

表 2.9.3-1 に松下電器の技術開発課題対応保有特許の一覧表を示す。この表は、生体情報を用いた個人照合技術に関連する 1991 年 1 月～2001 年 9 月に公開された登録と係属の特許について技術要素、課題ごとに分類したものである。

表 2.9.3-1 松下電器産業の技術開発課題対応保有特許一覧表(1/4)

技術要素	課題	特許番号	特許分類	名称
			(概要：解決手段要旨)	(図)
指紋システム	セキュリティ	特開2001-222509	G06F15/00,330	指紋認証を備えたソフトウエア初期化方法と、ソフトウエア初期化方法を備えた情報処理装置
	経済性	特開平11-293981	E05B49/00	自動車
指紋入力	精度	特許3003311	G06T1/00	指紋センサ
			ICカード1における集積デバイスには、端末装置に数cm～10cmまで接近した場合、アクセスされる不揮発メモリ12と、第1端末装置と協調して双方向認証を行う暗号回路10とが備えられている。これと共に、集積デバイスには、端末装置に0mm～5mmまで接近し、アンテナからより大きな電力が供給された場合のみアクセスされる不揮発メモリ13と、第1端末装置と協調して双方向認証を行う暗号回路11とが備えられている。この不揮発メモリ13に機密性が強く求められる個人情報（バイオ情報など）を記憶させ、この不揮発メモリ13をアクセスする際の双方向認証を、暗号回路11を用いて行うことで、個人情報の保護万全となる。	

表2.9.3-1 松下電器産業の技術開発課題対応保有特許一覧表(2/4)

技術要素	課題	特許番号	特許分類	名称
		(概要:解決手段要旨)		(図)
指紋入力	精度	特許2943437	G06T1/00	指紋センサ
		下面電極上に圧電薄膜を形成したのち、この圧電薄膜上に下面電極の境界より少なくとも圧電薄膜の厚みの1/2の寸法だけ後退させた上面電極を形成し、下面電極と上面電極を介して分極処理することにより構成したセンサ素子をマトリックス状に配置した構成とすることにより、隣接素子への影響を及ぼすことなく、圧電薄膜センサ素子による指の指紋パターンに応じた圧力分布を精度良く検出することができるため、小型化が可能でありかつ高分解能で指紋パターンを検出することができる。		
	操作性	特開平6-282637	G06F15/64	導波路型画像伝送装置及び指紋検出装置
指紋照合	セキュリティ	特開2001-101404	G06T7/00	指紋認識方法と指紋認識装置
虹彩	セキュリティ	特開2000-5149	A61B5/117	虹彩撮像装置及び、その虹彩撮像方法
		特開2000-5150	A61B5/117	虹彩撮像装置及び、その虹彩撮像方法
		特開2000-194972	G08B25/04	入退室管理システム
		特開2000-238970	B66B5/00	エレベータシステム
		特開2000-356059	E05B49/00	ホテル管理装置
		特開2001-24936	H04N5/232	画像取込装置
	利便性	特開2000-23946	A61B5/117	虹彩撮像装置および虹彩撮像方法
		特開2000-242158	G09B5/14	学習システム
		特開2001-5948	G06T1/00	虹彩撮像装置
	経済性	特開2000-11163	G06T1/00	虹彩撮像装置及び、その虹彩撮像方法
		特開2000-242788	G06T7/00	虹彩認識システム
		特開2000-293579	G06F17/60	図書管理システム

171

表 2.9.3-1 松下電器産業の技術開発課題対応保有特許一覧表(3/4)

技術要素	課題	特許番号	特許分類	名称
			(概要:解決手段要旨)	(図)
顔貌	セキュリティ	特許2973676	G06T7/00	顔画像特徴点抽出装置
			二値化されたエッジ画像を用い、顔の構成部品の形状データ並びに形状データ変更部を有することにより、光源の状態が変化しても安定して顔の特徴点を抽出する。	エッジ抽出部―二値化部―形状データベース部／画像入力部―画像演算部―形状データ変更部―出力部→結果
		特開平10-171988	G06T7/00	パターン認識・照合装置
		特開2000-105829	G06T7/00	顔パーツ検出方法及びその装置
		特開2000-132675	G06T7/00	顔識別・照合方法及びその装置
		特開2000-132688	G06T7/00	顔パーツ検出方法及びその装置
	操作性	特開平10-21394	G06T7/00	個人照合装置
		特開2000-134638	H04N11/04	画像処理装置
		特開2001-5967	G06T7/00	画像送信装置及びニューラルネットワーク
		特開2001-109855	G06K17/00	個人認証装置
	経済性	特開2001-76208	G07D9/00,401	無人契約装置
その他生体	セキュリティ	特開平9-326086	G07G1/12,321	クレジット処理システム
		特開平10-94534	A61B5/117	個人識別装置
		特開平10-198638	G06F15/00,330	情報通信システムにおけるセキュリティ装置
	操作性	特開平9-299355	A61B5/117	個人識別装置
	経済性	特開平9-253072	A61B5/107	個人識別装置
声紋	セキュリティ	特開平10-301755	G06F3/16,320	操作誘導装置
		特開平11-282492	G10L3/00,571	音声認識装置、話者検出装置及び画像記録装置
署名	精度	特開平11-213093	G06K9/62	パターン認識装置及び方法並びにパターン認識プログラムと辞書を記録した記録媒体
複合	セキュリティ	特開平9-160589	G10L3/00,571	利用者照合装置
		特開平11-53494	G06K17/00	個人識別システム

表 2.9.3-1 松下電器産業の技術開発課題対応保有特許一覧表(4/4)

技術要素	課題	特許番号	特許分類	名称
		(概要：解決手段要旨)		(図)
複合	操作・利便性	特開2000-259828	G06T7/00	個人認証装置及び方法
		特開2000-280843	B60R21/00	緊急通報システム
		特開2000-137774	G06K17/00	2つの用途で用いられる可搬体、通信システム、通信方式、端末装置、プログラムを記録したコンピュータ読み取り可能な記録媒体
			電気的接触を行わずに、決済用途や改札用途など2つの用途に用いることのできる可搬体で、内部の不揮発性メモリに機密性が強く求められる個人情報を記憶させ、また端末装置と協調して双方向認証を行う暗号回路を設けた。	
		特開2001-109717	G06F15/00,330	パスワード送出方法およびパスワード送出装置
生体一般	セキュリティ	特開平9-282282	G06F15/00,330	利用者照合装置
		特開2001-1866	B60R25/04,603	交通機関の操作者判別方法及び装置
		特開2001-67477	G06T7/00	個人識別システム
	操作性	特開平9-18971	H04Q9/00,301	電子機器操作装置
		特開2001-204705	A61B5/05	個人識別方法およびそれを用いた体脂肪計
		特開2001-204706	A61B5/05	体脂肪率測定方法および体脂肪計

2.9.4 技術開発拠点

松下電器産業特許の発明者所属、住所およびホームページから抽出した生体情報を用いた個人照合技術開発拠点を表 2.9.4-1 に示す。

表 2.9.4-1 松下電器産業の技術開発拠点

開発拠点	所在地	分野
本社	大阪府門真市	ー
松下通信工業本社	神奈川県横浜市	ー
松下通信金沢研究所	石川県金沢市	虹彩照合技術開発
松下技研	神奈川県川崎市	顔貌照合製品開発
松下電子工業	大阪府高槻市	ー

2.9.5 研究開発者

松下電器産業の出願特許の実質発明者情報より、研究開発担当者を推定し、開発者規模の推移を分析した結果が、図 2.9.5-1 である。出願が 1994 年に途切れているが、研究開発者数は 91 年に 10 名であったものが、99 年には 30 名近くに増加している。出願件数も、同じ推移を示している。特に 98 年からの伸びが著しい。

図 2.9.5-1 松下電器産業の発明者数と出願件数の推移

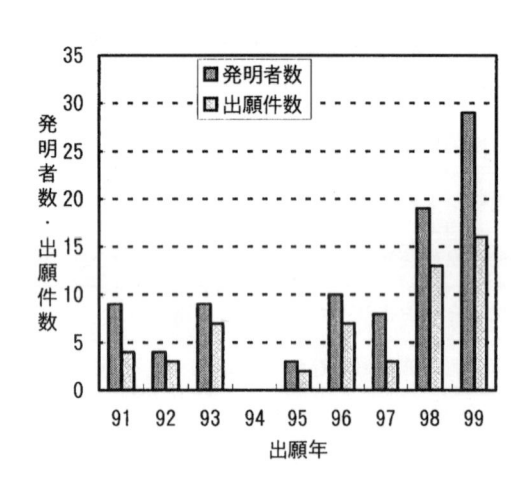

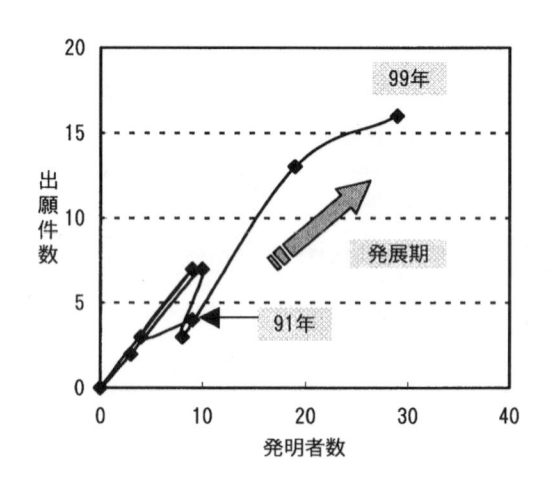

2.10 富士通電装

2.10.1 企業の概要

　富士通電装は1935年に河津無線研究所として設立され、72年に現名称に改称された通信系メーカである。生体情報を用いた個人照合に関する事業では、指紋照合技術を活用した指紋認識装置などの製品が有る。今回調査した中の富士通電装の特許は、登録が22件、公開のものが20件であった。そのうち10件が海外にも出願されている。指紋照合に関する特許が30件と群を抜いて多くそのうち29件が登録されている。その他生体に関する出願も6件有る。

　表2.10.1-1に富士通電装の概要を示す。

表2.10.1-1 富士通電装の概要

1)	商号	富士通電装株式会社
2)	設立年月日	1935年3月
3)	資本金	66億9,172万円
4)	従業員	1,419名（単独）、1,835名（連結）
5)	事業内容	アクセスネットワーク、社会システム、パワーエレクトロニクス
6)	技術・資本提携関係	（技術導入）－ （クロスライセンス）－ （共同開発）－
7)	事業所	本社／神奈川、工場／下館、協和、関城、古殿
8)	関連会社	富士通電装アール・アンド・ディー、富士通電装福島、光和電装、富士通電装茨城、山形電装、富士通電装シー・アンド・エス、電装サポート、Fujitsu Denso International Limited ほか
9)	業績推移（百万円）	売上／67,179（1999年度）、60,997（2000年度） 利益／1,194（1999年度）、370（2000年度）
10)	主要製品	アクセスネットワーク機器（専用サービスノード装置(DSM)など）、社会システム機器（ARGUS(集中監視制御システム)など）、パワートロニクス機器（M2PSシリーズ可変電源など）
11)	主な取引先	通信事業者、電力会社、富士通、官公庁、自治体、半導体メーカ

2.10.2 生体情報を用いた個人照合技術に関連する製品・技術

表2.10.2-1に富士通電装の関連製品・技術例を示す。

表2.10.2-1 富士通電装の関連製品・技術例

技術要素	製品	製品名	発売時期	出典
指紋照合	指紋認識装置	Fingerpass（スタンドアローンタイプ）	－	http://www.denso.fujitsu.com/products/s-dhns-s.html
指紋照合	指紋認識装置	Fingerpass（出入管理システム）	－	http://www.denso.fujitsu.com/products/s-dhns-s.html
指紋照合	指紋認識装置	Fingerpass Card（ノートブックパソコン用カード指紋認識装置）	1998年8月	http://pr.fujitsu.com/jp/news/1998/Aug/19-2.html

2.10.3 技術開発課題対応保有特許の概要

富士通電装の生体情報を用いた個人照合に関連する特許における技術要素と技術課題の対応を図2.10.3-1に、また解決手段との対応を図2.10.3-2に示す。これらの図によれば、指紋照合関連でセキュリティ向上を課題としたものに集中した出願があり、解決手段は識別照合技術、辞書・登録技術、入力技術の順に多い。なおその他生体にもまとまった出願がみられるが、これは掌紋照合に関連するもので構成技術を解決手段とするものが主体である。なお技術課題、解決手段の具体内容については1.4節技術開発の課題と解決手段を参照されたい。

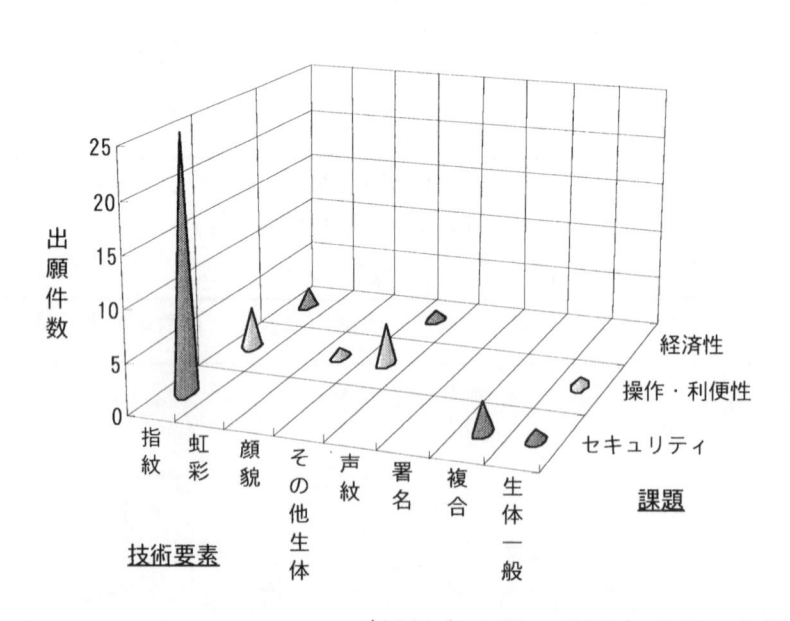

図2.10.3-1 技術要素・課題対応出願件数分布

（1991年1月～2001年9月に公開の登録と係属案件）

図 2.10.3-2 技術要素・解決手段対応出願件数分布

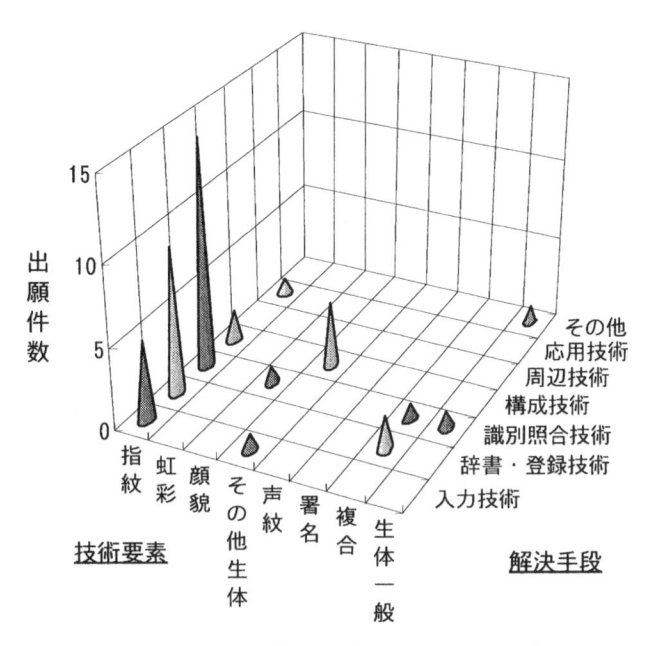

（1991年1月～2001年9月に公開の登録と係属案件）

　表 2.10.3-1 に富士通電装の技術開発課題対応保有特許の一覧表を示す。この表は、生体情報を用いた個人照合技術に関連する 1991 年 1 月～2001 年 9 月に公開された登録と係属の特許について技術要素、課題ごとに分類したものである。

表 2.10.3-1 富士通電装の技術開発課題対応保有特許一覧表(1/5)

技術要素	課題	特許番号	特許分類	名称
		(概要：解決手段要旨)		（図）
	セキュリティ	特開平11-85994	G06T7/00	指紋照合方法及び指紋照合装置
		特開2000-242819	G07C9/00	入退室経路の制御方法
指紋システム	操作性	特許3000341	G06T7/00	指紋照合装置
			正規IDに比較して少ない桁数のローカルIDを割当てることにより、指紋照合時の入力操作を簡単化して、操作性を向上すると共に、ローカルIDの有効時刻を設定することにより、一時的に使用頻度が高い人に割当てたローカルIDを、有効時刻経過後には、他の人に割当てることが可能となり、ローカルIDの有効利用を図ることができる。	（フローチャート図：スタート→(B1)ローカルID要求入力→(B2)正規ID入力(n桁)→(B3)指紋押捺→(B4)指紋照合 NG/OK→(B5)有効時刻を設定したn'桁のローカルID発行→エンド）

表 2.10.3-1 富士通電装の技術開発課題対応保有特許一覧表(2/5)

技術要素	課題	特許番号	特許分類	名称
		(概要：解決手段要旨)		(図)
指紋システム	経済性	特開2000-57324	G06T1/00	カード型指紋認識装置
指紋入力	セキュリティ	特許2650104	G06T1/00	レンズの固定装置
		特許3097024	G06T1/00	指紋入力装置
		特開平9-259249	G06T1/00	指紋押捺装置及び撮像指紋処理方法
		特開平10-240913	G06T1/00	指紋画像処理装置
	操作性	特許2964201	G06T1/00	画像処理装置
	経済性	特許3066729	G06T1/00	指紋入力装置
			押圧によって交点が接触状態となる直交配置の電極を有するマトリクススイッチ板5を設け、このマトリクススイッチ板5上に取り外し可能のテンプレートによる入力点の押圧位置を、マトリクススイッチ板5の接触状態の交点位置により検出して、データ処理部4に入力する入力検出部6を設け、配置スペースを縮小する。	本発明の実施の形態の説明図
指紋照合	セキュリティ	特許2904463	G06T7/00	指紋照合装置の辞書登録方式
		特許2874104	G06T7/00	本人確認システム
		特許2873647	G06T7/00	指紋の特徴点抽出方法及び特徴点抽出装置
		特許2964199	G06T7/00	指紋照合方法
		特許2952637	G06T1/00	指紋照合装置の押捺判定処理方式
		特許2976362	G06T7/00	指紋認識用辞書登録照合方法
		特許2949555	G06T7/00	指紋認識用辞書登録更新方法
		特許2990488	G06T7/00	指紋照合装置及び指紋押捺判定方法
		特許2990491	G06T7/00	指紋登録方法及び指紋照合装置

表2.10.3-1 富士通電装の技術開発課題対応保有特許一覧表(3/5)

技術要素	課題	特許番号	特許分類	名称
			(概要：解決手段要旨)	（図）
指紋照合	セキュリティ	特許2964221	G06T7/00	指紋登録方法及び指紋照合入退室管理システム
			指紋登録用鍵を用いて、少なくとも2名以上の所定数のスーパーバイザーの指紋を指紋登録装置1に登録し、新規指紋登録者は、指紋登録用鍵と、スーパーバイザーの指紋照合とによって、登録許可とするもので、指紋登録用鍵によるガードと、スーパーバイザーの指紋照合によるガードとの二重のガードにより、入退室管理用の指紋の登録，更新，抹消及び入室履歴収集等のその他のメニューの操作を可能とし、入退室管理のセキュリティを向上する。	システム説明図
		特許2964222	G06T7/00	指紋照合入退室管理システム
			指紋照合により本人確認が得られた時に、登録指紋データを押捺指紋データにより更新し、且つタイムスタンプを付加し、ホスト装置が、更新登録指紋データを収集して、タイムスタンプによる最新の指紋データにより指紋辞書ファイルを更新する構成とした登録指紋更新方法。	本発明の実施例の説明図
		特許2990495	G06T7/00	指紋照合に於ける生体認識方法
		特開平9-167229	G06T7/00	指紋認識方法

表2.10.3-1 富士通電装の技術開発課題対応保有特許一覧表(4/5)

技術要素	課題	特許番号 (概要:解決手段要旨)	特許分類	名称 (図)
指紋照合	セキュリティ	特開平9-265528	G06T7/00,530	指紋登録方法
		2値画像データにおける特徴点数が所定数以上でなく、1回目の指紋登録処理が失敗した時は、指紋画像が不良と判定して、2回目以降の指紋登録処理に於いて多値画像データに対して空間フィルタ処理を行い、この空間フィルタ処理を行った多値画像データを二値化処理する過程を含むことにより、指紋照合率を向上する。		指紋照合装置の説明図 1 指紋押捺撮像部 2 3 4 CUP 5 IF 6 ROM 7 多値画像メモリ 8 二値画像メモリ 9 二値画像退避メモリ 10 細線画像メモリ 11 特徴点リストメモリ 12 登録データ用不揮発性メモリ
		特開平10-261086	G06T7/00	生体指識別方法
		特開平11-25257	G06T1/00	回転指紋印象採取方式
		入力面上に回転押捺される指の指紋画像をフレーム単位に入力する画像入力手段と、前記フレームデータより前記指紋画像の特徴点の位置を検出する特徴点検出手段と、前記特徴点の位置に応じて合成用に抽出する領域を決定する合成領域決定手段と、前記合成領域決定手段により決定された合成領域の画像データを前記フレームデータから抽出する画像切り出し手段と、前記画像入力手段が前記フレームデータの入力前に入力したフレームデータを合成して得られた合成フレームの前記合成領域に対応する領域の画像データを前記画像切り出し手段により抽出された画像データに書き換える画像合成手段。		画像処理回路の構成を機能別に示すブロック図 7 垂直ピーク点検出部 8 指回転方向判別部 9 合成基準位置算出部 10 画像切り出し部 11 画像合成部 12 回転終了判別部 64 画像メモリ RAM 68 ワークメモリ 62
		特開平11-45329	G06T1/00	画像撮像装置及び画像合成処理方法

180

表 2.10.3-1 富士通電装の技術開発課題対応保有特許一覧表(5/5)

技術要素	課題	特許番号	特許分類	名称
		(概要：解決手段要旨)		(図)
指紋照合	セキュリティ	特開平11-96358	G06T7/00	指紋照合処理方法及び指紋照合装置
		特開2000-57343	G06T7/00	指紋照合方法及び指紋照合システム
		特開2001-34753	G06T7/00	指紋照合判定方法
	迅速化	特許2947313	G06T7/00	登録指紋データの登録方法及び指紋照合方法
顔貌	操作性	特許2735167	G07C9/00	入退場者照合装置
その他生体	操作性	特許3066723	G06T1/00	掌紋押捺装置
		特開平8-272953	G06T5/00	指掌紋押捺装置
		特開平10-255051	G06T7/00	掌紋採取処理方法
		特開2000-48194	G06T7/00	指掌紋認識装置
	経済性	特許3097028	G06T1/00	指掌紋採取装置
複合	セキュリティ	特開平8-270281	E05B49/00	遠隔操作電気錠
		特開平9-147110	G06T7/00	指紋照合方法
		特開平11-85995	G06T7/00	指紋照合入力方法
生体一般	セキュリティ	特開2001-52127	G06K17/00	本人認証装置及びクライアントサーバシステム
	操作性	特開平11-250231	G06T1/00	凹凸面接触パッドおよび凹凸パターン採取装置

2.10.4 技術開発拠点

　富士通電装特許の発明者所属、住所から抽出した生体情報を用いた個人照合技術開発拠点は富士通電装本社（神奈川県川崎市）である。

2.10.5 研究開発者

　富士通電装の出願特許の実質発明者情報より、研究開発担当者を推定し、開発者規模の推移を分析した結果が、図2.10.5-1である。1992年から97年にかけて10名弱の研究開発が見られ、直近の2年で減少してきている。出願件数の推移も開発者数の推移に連動している。

図 2.10.5-1 富士通電装の発明者数と出願件数の推移

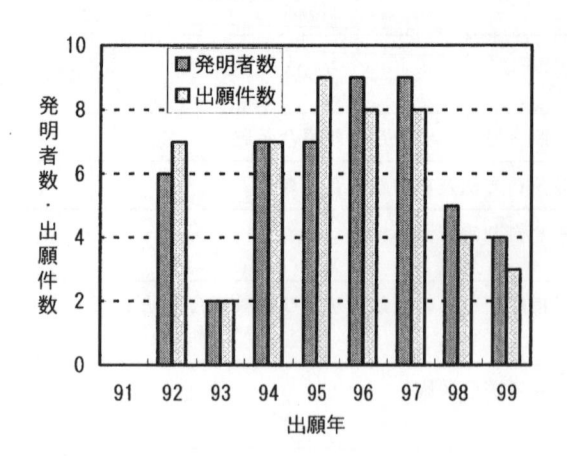

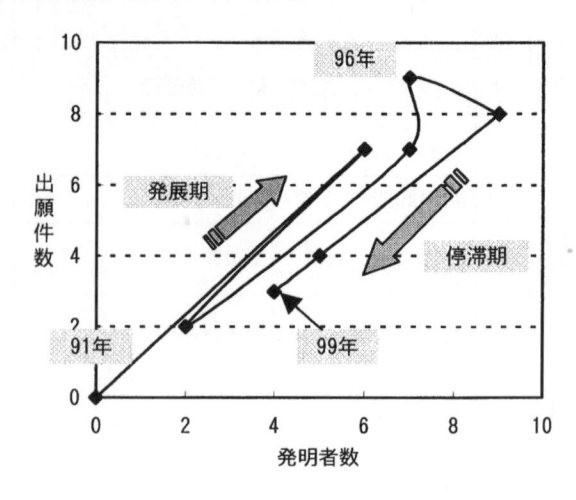

2.11 キヤノン

2.11.1 企業の概要

カメラと事務機の総合精密機械メーカへの飛躍に向けて、キヤノンは1969年、キヤノンカメラ株式会社から現キヤノン株式会社に社名を変更した。複写機、コンピュータ周辺機器、情報・通信機器から成る事務機およびカメラ、光学機器などを主要事業とし、2000年12月決算では、事務機が約80%弱の売上構成を占める。真のグローバルエクセレントカンパニーを目指し、新たなイメージ情報関連サービス事業、コンテンツ関連事業、ネットワークビジネスの展開を図っている。今回調査した中のキヤノンの特許は、登録が1件、公開特許が31件であった。

表2.11.1-1にキヤノンの概要を示す。

表2.11.1-1 キヤノンの概要

1)	商号	キヤノン株式会社
2)	設立年月日	1937年8月10日
3)	資本金	1,647億9,600万円（2000年12月31日現在）
4)	従業員	21,200名　　　　（2000年12月31日現在）
5)	事業内容	事務機（複写機、コンピュータ周辺機器、情報・通信機器） カメラ、光学機器およびその他
6)	技術・資本提携関係	（技術導入）－ （資本提携）－ （共同開発）－
7)	事業所	本社／東京、事業部／取手事業所、阿見事業所、玉川事業所、目黒事業所、福島工場、宇都宮光学機器事業所、小杉事業所　他
8)	関連会社	国内／キヤノン販売、キヤノン電子、コピア、キヤノンアプテックス、ニスカ、キヤノン・コンポーネンツ、オハラ、キヤノン精機、塙精機、弘前精機、オプトロン、東京電子設計 海外／クライテリオンソフトウェア（イギリス）、キヤノン電産香港（香港）　他
9)	業績推移 （連結、百万円）	売上／2,622,265（1999年12月）、2,781,303（2000年12月） 利益／70,234（1999年12月）、134,088（2000年12月）
10)	主要製品	オフィス／パーソナル／カラー複写機、レーザビームプリンタ、バブルジェットプリンタ、スキャナ、ファクシミリ、一眼レフカメラ、デジタルカメラ、ビデオカメラ、半導体製造装置、眼科機器、医療画像記録機器　他
11)	主な取引先	－

2.11.2 生体情報を用いた個人照合技術に関連する製品・技術

　キヤノンでは、個人照合技術に関連するものに、「手書き文字認識技術」を実用化している。これは、入力デバイスの１つとしての「手書き文字入力」においてアルゴリズムの見直しと統計情報の活用により、筆跡を正確に読取り、かつスピーディに文字変換する技術である。財産保全のために個人認証技術が重要視されるカード社会において、手書き文字認識技術のセキュリティを目的としたバイオメトリクスへの応用が期待されているものの、キヤノンには、現時点では生体情報（身体的特徴あるいは行動特性）を用いた個人照合技術関連の該当製品はない。

2.11.3 技術開発課題対応保有特許の概要

　キヤノンの生体情報を用いた個人照合に関連する特許における技術要素と技術課題の対応を図 2.11.3-1 に、また解決手段との対応を図 2.11.3-2 に示す。これらの図によれば、署名照合関連で、セキュリティ向上を課題とし識別照合技術を解決手段とする出願が最も多くみられる。また指紋照合関連では、セキュリティ向上を課題とし解決手段が応用技術のものが目立った出願として数件ある。

　なお３つの技術課題、解決手段の具体内容については 1.4 節技術開発の課題と解決手段を参照されたい。

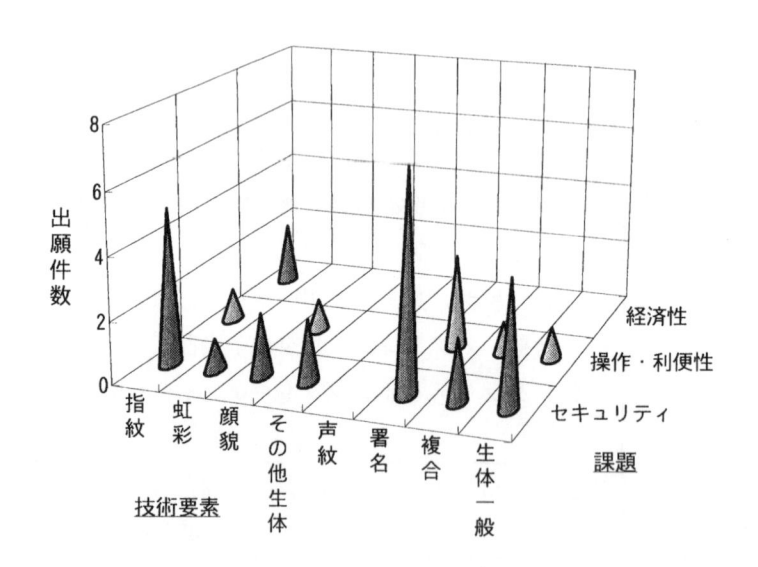

図 2.11.3-1 技術要素・課題対応出願件数分布

（1991 年 1 月～2001 年 9 月に公開の登録と係属案件）

図 2.11.3-2 技術要素・解決手段対応出願件数分布

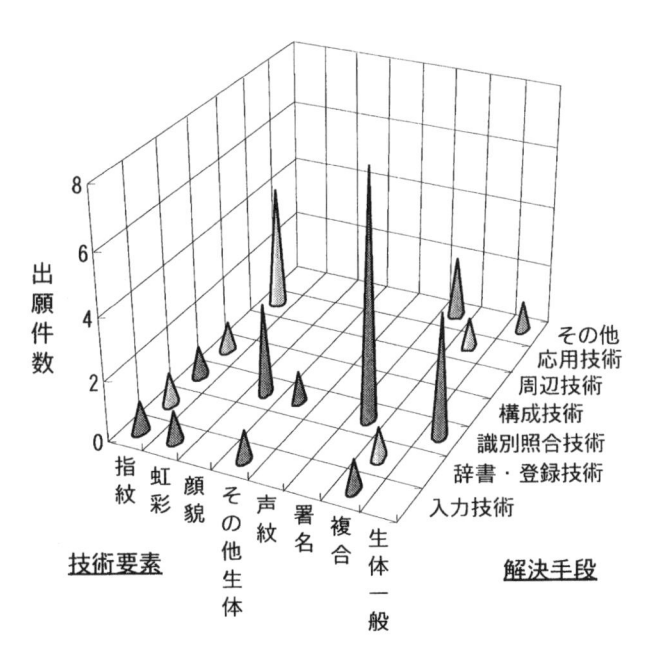

(1991年1月～2001年9月に公開の登録と係属案件)

表 2.11.3-1 はキヤノンの生体情報を用いた個人照合技術に関連する 1991 年 1 月～2001年 9 月に公開された登録と係属の特許について、技術要素、課題ごとに分類したものである。

表 2.11.3-1 キヤノンの技術開発課題対応保有特許一覧表 (1/4)

技術要素	課題	特許番号	特許分類	名称
			概要(解決手段要旨)	図
指紋	セキュリティ	特開平8-335256	G06K17/00	情報処理システムと情報処理方法
		特開平9-35060	G06T7/00	指紋照合システム
		特開2000-115624	H04N5/232	撮像装置及びその制御方法及び記憶媒体
		特開2000-276018	G03G21/04	画像形成装置および画像形成方法
		特開2001-67321	G06F15/00,330	通信システム及び通信装置及びその制御方法
	操作・利便性	特開2000-315118	G06F1/00,370	情報処理装置、情報処理装置制御方法、情報処理装置制御プログラムを格納した記憶媒体
	経済性	特開2001-45192	H04N1/00	画像処理装置及びその制御方法並びにメモリ媒体
		特開2000-315120	G06F1/00,370	情報処理装置、情報処理方法、情報処理プログラムを格納した記憶媒体
虹彩	セキュリティ	特開平9-313441	A61B3/113	撮像装置
顔貌	セキュリティ	特開2000-132620	G06F19/00	端末装置、カード状記憶媒体、電子通貨取引システム、及び記憶媒体
		特開2000-187733	G06T7/00	画像処理装置及び方法並びに記憶媒体

表 2.11.3-1 キヤノンの技術開発課題対応保有特許一覧表（2/4）

技術要素	課題	特許番号	特許分類	名称
			概要(解決手段要旨)	図
顔貌	操作・利便性	特開 2000-15966	B42D15/10,501	IDカードシステム
			情報記録カードに記録されている本人確認のためのID情報を再生する情報再生装置から、前記カードが排出された後もID情報を表示し続ける。	
その他生体	セキュリティ	特開平 10-5196	A61B5/117	眼識別装置
		特開平 11-149453	G06F15/00,330	情報処理装置及び方法
署名	セキュリティ	特許2766055 特開平 4-90393	B42D15/10,501	情報担持カードのサイン偽造防止方法
			透明層からなるサインパネルの内側に感光変色層と保護層を設け、サイン偽造防止機能付きカードを提供する。	
		特開平 6-84017	G06K9/68	文字処理方法及び装置
		特開平 10-222241	G06F1/00,370	電子ペン及び個人認証システム並びに個人認証方法
		特開平 10-240941	G06T7/00	入力データ認識装置と入力データの認識方法
		特開平 11-66007	G06F15/00,330	携帯型端末装置及びその通信方法及びそのデータ通信システム

表 2.11.3-1 キヤノンの技術開発課題対応保有特許一覧表（3/4）

技術要素	課題	特許番号	特許分類	名称
			概要(解決手段要旨)	図
署名	セキュリティ		G06T7/00	パターン照合装置、方法及びコンピュータ読み取り可能な記憶媒体
		特開 2000-132682	振動入力ペンを用いて署名し、センサへの振動到達時間で移動軌跡を求め、筆圧、波長検出誤差とともに署名真偽判定をする。	
		特開 2001-155162	G06T7/00	手書署名認証装置、手書署名認証方法、及び手書署名認証プログラムを格納した記憶媒体
	操作・利便性	特開平 10-97628	G06T7/00	画像処理装置
		特開 2001-155161	G06T7/00	署名認証装置、署名認証方法、及び署名認証プログラムを格納した記憶媒体
		特開 2001-154753	G06F1/00,370	手書署名認証装置、手書署名認証方法、及び手書署名認証プログラムを格納した記憶媒体
複合	セキュリティ	特開平 9-44619	G06K17/00	ＩＤ確認方法及びシステム
		特開 2000-76459	G06T7/00	人物同定方法及び装置
	操作・利便性	特開平 10-191071	H04N1/44	画像入力装置及び画像入力方法
生体一般	セキュリティ		H04L9/32	エンティティの属性情報に基づく暗号化方式、署名方式、鍵共有方式、身元確認方式およびこれらの方式用装置
		特開平 9-284272	エンティティの物理的な身体属性情報、あるいはそれを圧縮変換した情報を公開鍵として用い、エンティティと公開鍵とが確実に1:1に対応するようにする。	

表 2.11.3-1 キヤノンの技術開発課題対応保有特許一覧表（4/4）

技術要素	課題	特許番号	特許分類	名称
			概要(解決手段要旨)	図
生体一般	セキュリティ	特開平 9-167231	G06T7/00	生体測定による識別方法及びその装置
			ユーザの複数の肉体的特徴を記憶する記憶媒体と、それに対応する生体情報をユーザから抽出し、ランダムかつ連続して順次両該当生体情報を照合する。	
		特開平 11-215119	H04L9/32	個人情報管理装置及び方法
			生体情報をデジタルコード化して、該コード列に基づき2次コード情報を生成する。登録コード情報と比較して特定個人の情報を確認後、前記コード列を用いて暗号化された署名データを作成する。	
		特開 2001-184311	G06F15/00,330	情報発信装置及び情報受信装置及びそれらの制御方法及び記憶媒体及びシステム
			ユーザ識別情報を入力し、暗号化して発信対象の情報とともに送信する。情報受信装置側でユーザ本人の生体情報を用いて、正規ユーザであることを識別したうえで情報を再生する。	
	操作・利便性	特開 2001-75668	G06F1/00,370	自動設定装置付機器

2.11.4 技術開発拠点

本レポートのテーマに関係すると思われるキヤノンの主要開発拠点（国内）と拠点の担う分野を表 2.11.4-1 に示す。
（出典：http://www.canon.co.jp/about/group/list.html および特許公開公報）

表 2.11.4-1 キヤノンの主要技術開発拠点

開発拠点	所在地	分野
本社	東京都大田区	研究開発、本社管理 他
中央研究所	神奈川県厚木市	将来製品に必要な先端技術、要素技術の研究
小杉事業所	神奈川県川崎市	ソフトウェアおよびシステム等の研究開発
光学技術研究所	栃木県宇都宮市	光学技術の研究開発
平塚事業所	神奈川県平塚市	ディスプレイ、電子デバイスの開発 他
目黒事業所	東京都目黒区	研究開発 他
キヤノン U.S.A.	米国 ニューヨーク州	－

2.11.5 研究開発者

図 2.11.5-1 にキヤノンの生体情報を用いた個人照合技術関連の 1991 年 1 月～2001 年 9 月に公開の出願を対象に発明者数および出願件数推移を示す。95 年以降の関連出願件数は、全般的傾向として右肩上がりのトレンドを示す。全出願の 30％強が署名、25％が指紋照合関連出願である。

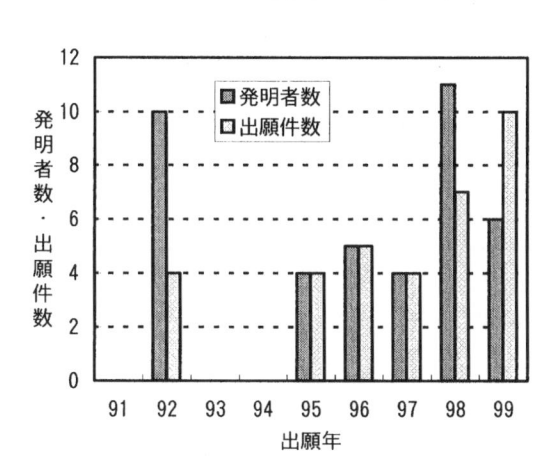

図 2.11.5-1 キヤノンの発明者数と出願件数推移

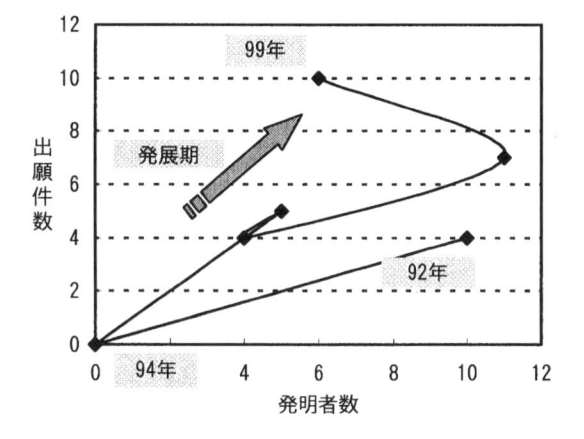

2.12 オムロン

2.12.1 企業の概要

オムロンは、1948年に立石電機株式会社として設立された制御機器・FA、電子決済・公共情報システム事業など様々な事業/製品を有するビジネスカンパニーである。90年に社名としてオムロンが命名され新たな第一歩を踏み出した。98年には、顔認識技術関連事業化がスタートした。今回調査した中のオムロンの特許は、登録が1件、公開特許が30件であった。

表2.12.1-1にオムロンの概要を示す。

表2.12.1-1 オムロンの概要

1)	商号	オムロン株式会社
2)	設立年月日	1948年5月19日
3)	資本金	640億8,178万円（2001年3月20日現在）
4)	従業員	6,757名（単独）、25,039名（連結）（2001年3月20日現在）
5)	事業内容	制御機器・FAシステム事業、電子部品事業、電子決済・公共情報システム事業、健康機器・健康サービス事業、パソコン周辺機器 他
6)	技術・資本提携関係	（技術提携）アイマティックインターフェイセズ社（米国、顔認識技術） （資本提携）－ （共同開発）－
7)	事業所	本社／京都、工場／草津、三島、綾部、水口 他
8)	関連会社	ヒューマンルネッサンス研究所、オムロンソフトウェア、オムロンアルファテック、オムロンライフサイエンス研究所 他
9)	業績推移（百万円）	売上／555,358（1999年度）、594,259（2000年度） 利益／11,561（1999年度）、22,297（2000年度）
10)	主要製品	制御機器・FAシステム（センサなど）、電子部品（プリント基板用リレーなど）、電子決済・公共情報システム（顔認識技術商品など）、健康機器・健康サービス（電子血圧計など）、アウトソーシング、パソコン周辺機器（指紋照合システムなど）、その他（音声認識システムなど）
11)	主な取引先	日本アイ・ビー・エム 他

2.12.2 生体情報を用いた個人照合技術に関連する製品・技術

オムロンは、1997年12月に米国のベンチャー企業 Eyematic Interfaces, Inc. と画像による顔認識技術に関する技術提携を行った。コンピュータを用いた画像処理・認識技術の応用であるこの技術をもとに、エレクトロニック・コマースなどの決済システムでの本人照合や空港、税関などの諸施設のセキュリティチェックなど、幅広いアプリケーションの開発、製品事業化を進めている。

画像による顔認識技術は、CCDカメラなどの画像入力装置で取り込んだ顔画像を解析し、あらかじめ登録された顔データや写真などと照合し、個人を識別する。顔貌による認証の最大の特長は、使用者本人が意識することなく離れたところから識別が可能で、識別／照合のための動作が不要であることにある。この特長を活かし、他のバイオメトリクス技術では難しい新しい応用、例えば徘徊者保護システム、離れたところからの重要顧客の自動検出など、が検討されている。

　一方、パソコン用プライバシー保護や重要データの流出防止用ツールとしての安価な指紋照合技術関連製品も製品化されている。

図2.12.2-1　オムロン顔認識技術の特徴

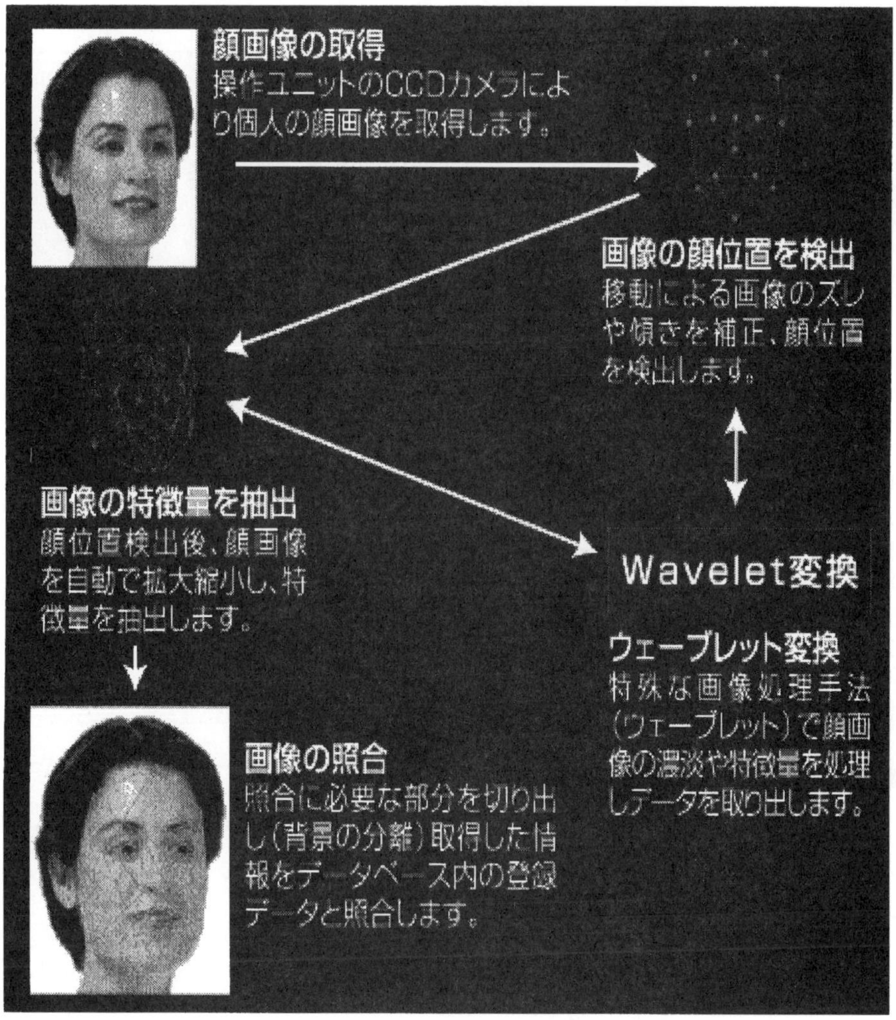

表 2.12.2-1 オムロンの関連製品例

技術要素	製品	製品名	発売時期	出典
顔貌照合	顔認識入退室管理システム	Face Key	2001年10月	http://www.omron.co.jp/press/s1004prn.html
	徘徊者保護支援システム	ー	ー	http://www.society.omron.co.jp/faceid/faceid.html
	顔認識ライブラリ	ー	ー	同上
	顔認識写真照合システム	ー	ー	同上
指紋照合	指紋照合関連製品	指ラク VER3.0（型式 YR1030）	2001年12月	http://www.omron.co.jp/press/p1109prn.html
		指ラク mini Ver3.0（型式 YR3030）	2001年12月	同上
		指紋照合システムソフトウェア開発キット FPS-3000SDK Ver2.1	2001年8月	http://www.omron.co.jp/ped-j/product/fp/fps1000.htm
		指紋センサつきキーボード FPK-3000S Ver2.1	同上	同上

(1) 顔認識入退室管理システム Face Key

　本システムは、操作ユニット、制御ユニット、データ管理端末から成る。操作ユニットの照合ボタンを押して、登録している顔画像とマッチングし、本人と認識した場合に解錠する。下記特長を持つ。
　　a.パスワードや鍵、カードなどの盗難、偽造、紛失による「なりすまし」を防ぐ
　　b.鍵やカードを持ち歩く必要がない
　　c.自然な認証が可能で、強制感がない
　　d.入室者の履歴に顔画像が残るので、不正侵入者の後日追跡が可能
　　e.顔画像を残していることの明示による犯罪抑止効果がある

図 2.12.2-2 顔認識入退室管理システム

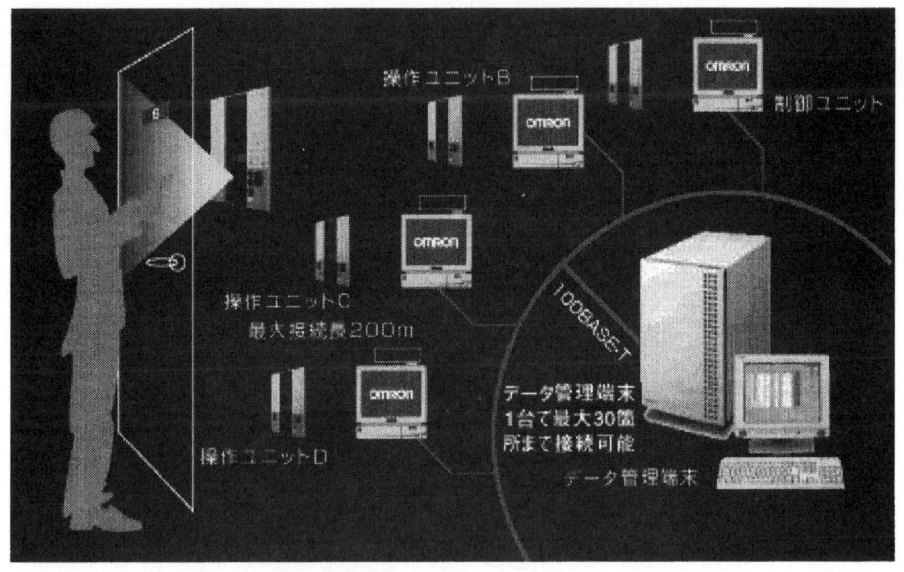

(2) 徘徊者保護支援システム

玄関（室内側）などに設置したカメラスタンドで人物を自動的に判別し、徘徊癖のある人物が外出しようと玄関を通行した場合に、管理者に注意を促し、徘徊者の事故を未然に防ぐシステムである。下記特長を持つ。

　a. 出入口を通過した時の顔画像を登録でき（最大100人）、自然な認証が可能である
　b. 出入口通過時の服装など特徴を映像で確認できる
　c. 発信機やタグなどを身につける必要性がない
　d. 音声、画面での通報が可能である　など

図 2.12.2-3 徘徊者保護支援システム

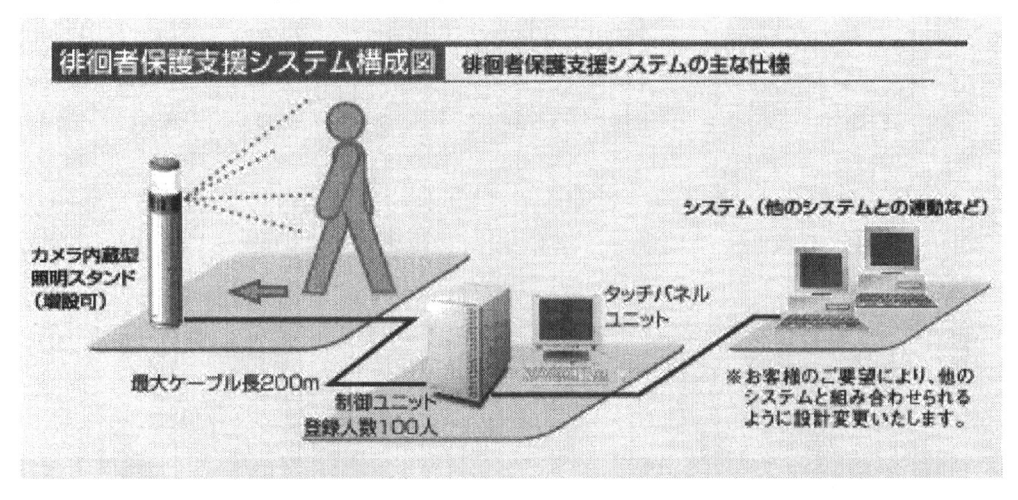

(3) 顔認識ライブラリ

顔認識エンジンをソフトウェアライブラリとして、様々な分野で利用できる。例えば、ネットワークを介した顔認証、PC単体での顔認証、2種類の顔画像ファイルの類似度判定、入力した画像ファイルとデータベースの画像ファイル（n個）の照合などがある。

（4）指紋照合システム

　本システムは、人により異なる指紋をチェックすることにより、登録した正しいユーザだけがパソコンを操作できるプライバシーおよびデータ保護ツールとして使用される。

図2.12.2-4 指紋照合の仕組み

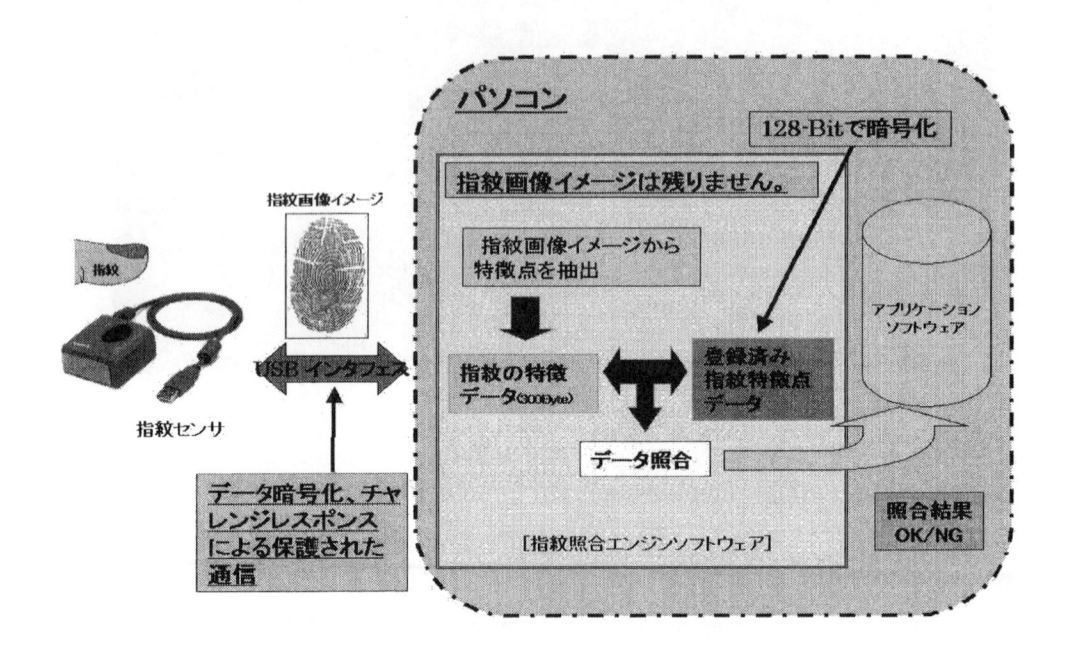

主な特徴を下記する。
　　a. ワンタッチログイン（指紋センサに指をタッチするのみでPCにログイン）
　　b. ワンタッチユーザースイッチ（即座にユーザのデスクトップに切替え）
　　c. ワンタッチファイルロック（ファイルの暗号化・復号化）
　　d. ワンタッチスクリーンセーバ（指紋でロックおよび解除するスクリーンセーバ）
　　e. ワンタッチインターネット（センサへのワンタッチでパスワード代用）　など

図2.12.2-5 指ラクVer3.0に付属のデスクトップ用指紋センサ

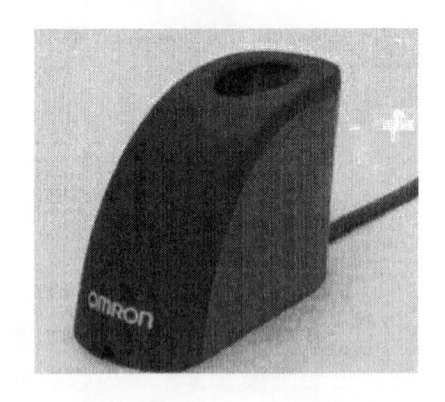

図2.12.2-6 指ラクmini Ver3.0に付属の小型指紋センサ

2.12.3 技術開発課題対応保有特許の概要

　オムロンの生体情報を用いた個人照合に関連する特許における技術要素と技術課題の対応を図2.12.3-1に、また解決手段との対応を図2.12.3-2に示す。これらの図によれば、指紋照合と顔貌照合関連に集中した出願があり、セキュリティ向上や操作・利便性を課題とし、指紋では辞書・登録、入力技術を解決手段としたものが、また顔貌では識別照合技術を解決手段としたものが多くみられる。

　なお技術課題、解決手段の具体内容については1.4節技術開発の課題と解決手段を参照されたい。

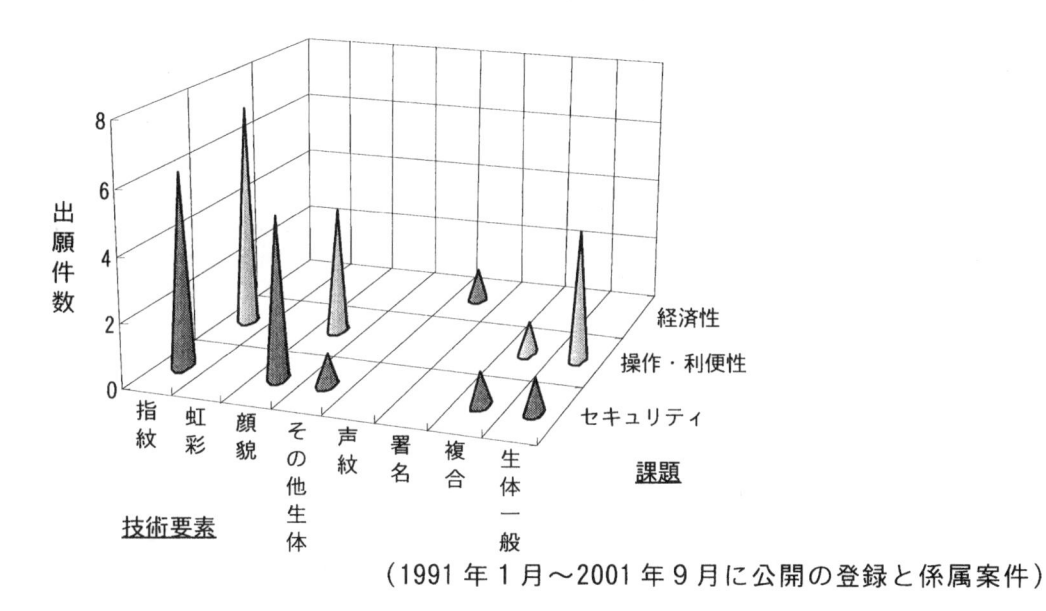

図2.12.3-1 技術要素・課題対応出願件数分布

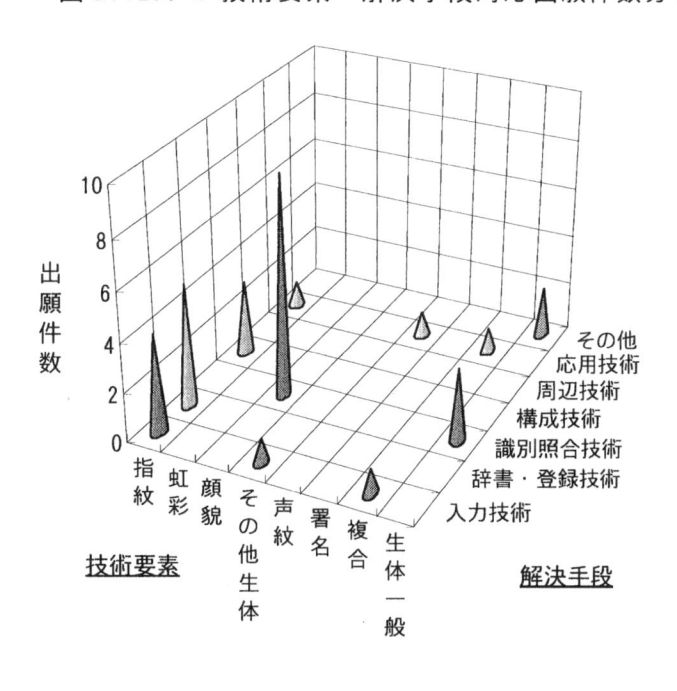

（1991年1月～2001年9月に公開の登録と係属案件）

図2.12.3-2 技術要素・解決手段対応出願件数分布

（1991年1月～2001年9月に公開の登録と係属案件）

表2.12.3-1はオムロンの生体情報を用いた個人照合技術に関連する1991年1月〜2001年9月に公開された登録と係属の特許について、技術要素、課題ごとに分類したものである。

表2.12.3-1 オムロンの技術開発課題対応保有特許一覧表（1/3）

技術要素	課題	特許番号	特許分類	名称
			概要(解決手段要旨)	図
指紋	セキュリティ	特開 2000-172833	G06T1/00	指紋照合装置
			発信部、電極部、検出部、および判定部で生体検知部を構成し、電極部は生体の指を置いたときに共振回路を構成し、インピーダンス整合が取れるようにする。	
		特開 2000-200353	G06T7/00	指紋照合装置
		特開 2000-242783	G06T7/00	指紋認証処置
		特開 2001-76144	G06T7/00	画像照合装置
			入力画像の傾きをニューラルネットワーク法により求め、該データにより入力画像を補正後照合判定する。	
		特開 2001-76145	G06T7/00	画像照合装置
		特開 2001-76146	G06T7/00	画像照合装置
	操作・利便性	特許2803281	G06T7/00	指紋照合装置
		特開平 3-217984		特定掌形分類に属する識別指紋データと入力指紋画像データとを比較照合する。
		特開平 10-302073	G06T7/00	指紋照合装置

表 2.12.3-1 オムロンの技術開発課題対応保有特許一覧表 (2/3)

技術要素	課題	特許番号	特許分類	名称
			概要(解決手段要旨)	図
指紋	操作・利便性	特開 2000-244830	H04N5/44	視聴制限機能付きテレビジョン装置及び画像再生装置並びにそれらのリモコン装置
		特開 2000-268174	G06T7/00	指紋認証登録方法および装置
		特開 2000-284905	G06F3/033,340	コンピュータ用マウス
		特開 2000-318912	B65H31/24	画像形成装置
		特開 2001-143051	G06T1/00	操作入力装置及び操作入力処理装置並びに制御装置
顔貌	セキュリティ	特開平 10-340359	G07B15/00	乗車カード処理システムおよび乗車カード処理装置
		特開平 11-161790	G06T7/00	人間識別装置
		特開平 11-175633	G06F17/60	預入れシステム及び託児所システム
		特開平 11-339048	G06T7/00	個人識別装置、個人識別方法および個人識別プログラムを記録した記録媒体
		特開 2000-331209	G07C9/00	通行制御装置
			通行許可者と通行拒否者の顔画像を登録しておき、最初に通行許可者の顔画像検索、判定後、他方の登録者側の顔情報を検索する通行制御装置。	
	操作・利便性	特開平 10-312462	G06T7/00	本人特定装置
		特開平 11-167632	G06T7/00	本人特定装置
		特開平 11-175782	G07B15/00	利用データ出力装置及び乗車料金出力システム
		特開 2000-339466	G06T7/00	データ保存装置及び顔画像保存装置

表 2.12.3-1 オムロンの技術開発課題対応保有特許一覧表 (3/3)

技術要素	課題	特許番号	特許分類	名称
			概要(解決手段要旨)	図
その他生体	セキュリティ	特開平 10-307919	G06T7/00	本人特定装置
声紋	経済性	特開 2001-144858	H04M3/42	情報管理装置、および通信端末
複合	セキュリティ	特開 2000-293491	G06F15/00,330	情報端末機
			現時点が本人認証有効期間内かどうかの判定手段結果に応じ、認証不許可および再登録処理をする。	
	操作・利便性	特開 2000-3337	G06F15/00,330	制御装置
生体一般	セキュリティ	特開 2000-59501	H04M1/66	認証付き電話機
		特開平 11-316836	G06T7/00	本人特定装置
	操作・利便性	特開 2000-30028	G06K19/10	認証媒体、認証媒体発行装置、及び認証装置
			バイオメトリクス情報読出し可能な認証媒体により、アプリケーション側の記憶容量低減、複数アプリケーションへの使用可能にする。	
		特開 2000-90264	G06T7/00	生体照合方法およびその装置
		特開 2000-268175	G06T7/00	個人認証方法および装置

2.12.4 技術開発拠点

本レポートのテーマに関連するオムロンの主要技術開発拠点と拠点の担う分野を表2.12.4-1に示す（出典：http://www.omron.co.jp/jinji/shin/rd/）。

表2.12.4-1 オムロンの主要技術開発拠点

開発拠点	所在地	分野
京都事業所（本社）	京都府京都市	最先端のIT技術の開拓・事業化
京都研究所	京都府長岡京市	コア技術と基盤技術の全てに関わるオムロンR&Dの中枢
綾部事業所	京都府綾部市	FAセンサーとセンシング機器の開発、生産の中核拠点
三島事業所	静岡県三島市	FAシステム機器の開発、生産拠点
草津事業所	滋賀県草津市	メカトロ・センシング&ITを核にメカトロ事業の未来を開拓
小牧車載事業所	愛知県小牧市	車載電装機器の研究開発拠点

2.12.5 研究開発者

図2.12.5-1にオムロンの生体情報を用いた個人照合技術関連の1991年1月～2001年9月に公開の出願を対象に発明者数および出願件数推移を示す。オムロンは、識別／照合のための動作が不要で離れたところから識別が可能な顔認識技術に着目して、97年に米国のベンチャー企業Eyematic Interfaces Inc.と技術提携し翌年に顔認識技術関連事業化のスタートを切った。さらに近年は、パソコン操作におけるプライバシーおよびデータ保護ツールとしての指紋照合システムに力を入れている。これら事業戦略に呼応して、97年から開発者および関連出願が急激に増加しており、顔認識、指紋照合を中心に生体認証に注力しているとみられる。開発者人数、出願件数の推移は、開発フェーズとして発展期の過程にあることを示している。

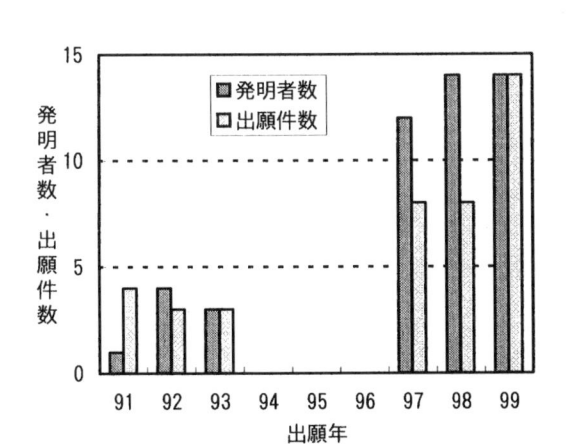

図2.12.5-1 オムロンの発明者数と出願件数推移

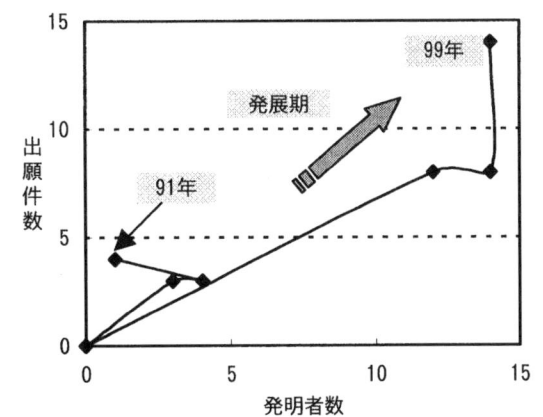

2.13 浜松ホトニクス

2.13.1 企業の概要

浜松ホトニクス株式会社は1952年に設立された浜松テレビ株式会社に始まる。以後、光電管・光電子増倍管・映像管等を開発し現在は光半導体、画像処理・計測装置、放射性医療機器の製造も行っている。

生体情報による個人識別に関する製品にはパーソナルIDシステム、ホトニクスビジョン、光コンピュータがある。今回調査した中の浜松ホトニクスの特許は、登録が2件、公開特許が25件であった。そのうち7件が海外にも出願されている。画像信号処理による照合技術について2件登録されているほか、7件程度の公開がある。またファイバ光学プレートを利用した画像入力装置が出願されている。表2.13.1-1に浜松ホトニクスの概要を示す。

表2.13.1-1 浜松ホトニクスの概要

1)	商号	浜松ホトニクス株式会社
2)	設立年月日	1953年9月
3)	資本金	149億800万円
4)	従業員	1,938名（単独）、2,620名（連結）
5)	事業内容	光関連で高技術、光電子管で世界シェア六割、開発型企業指向、研究所拡充
6)	技術・資本提携関係	－
7)	事業所	本社／静岡県浜松市、工場／浜松（市野、常光、天王、都田）、豊岡、三家
8)	関連会社	－
9)	業績推移（百万円）	売上／51,558（1999年度）、62,619（2000年度） 利益／1,568（1999年度）、3,506（2000年度）
10)	主要製品	電子管製品（受光電子管、光センサ応用製品、光源、光源応用製品、イメージセンサ、イメージセンサ応用製品、光学素子・機能材料、X線関連製品、レーザ関連製品）光半導体素子（受光素子、発光素子、複合素子）システム製品（応用製品、汎用製品）
11)	主な取引先	－

2.13.2 生体情報を用いた個人照合技術に関連する製品・技術

浜松ホトニクスには、現在、生体情報を用いた照合技術に関連する製品はない。

2.13.3 技術開発課題対応保有特許の概要

　浜松ホトニクスの生体情報を用いた個人照合に関連する特許における技術要素と技術課題の対応を図 2.13.3-1 に、また解決手段との対応を図 2.13.3-2 に示す。これらの図によれば、指紋照合関連に集中した出願があり、セキュリティ向上を課題とし、入力技術を解決手段とする出願が最も多くみられる。また指紋照合における識別照合や構成技術を解決手段とするものもまとまった出願がある。

　なお技術課題、解決手段の具体内容については 1.4 節技術開発の課題と解決手段を参照されたい。

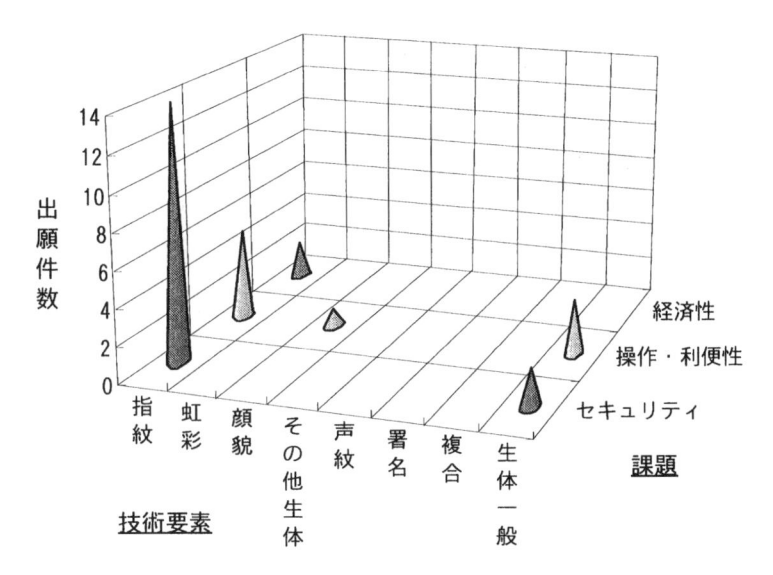

図 2.13.3-1 技術要素・課題対応出願件数分布

（1991 年 1 月〜2001 年 9 月に公開の登録と係属案件）

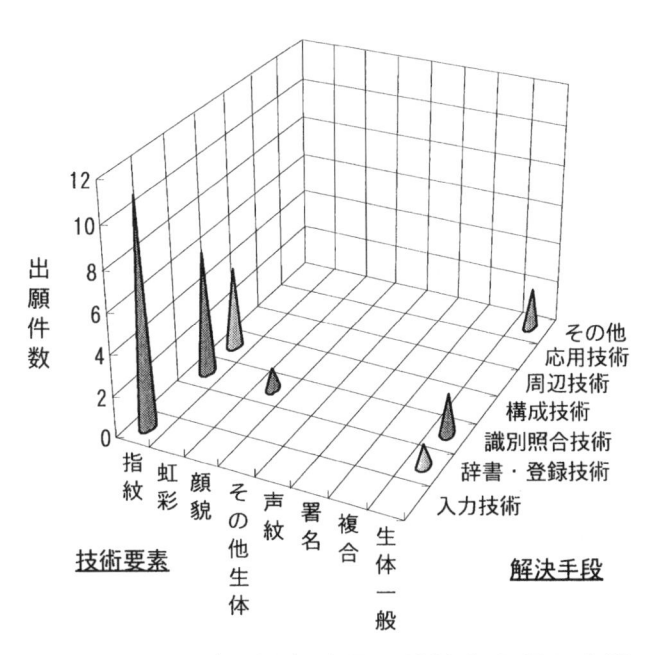

図 2.13.3-2 技術要素・解決手段対応出願件数分布

（1991 年 1 月〜2001 年 9 月に公開の登録と係属案件）

表2.13.3-1は浜松ホトニクスの生体情報を用いた個人照合技術に関連する1991年1月〜2001年9月に公開された登録と係属の特許について技術要素、課題ごとに分類したものである。

表2.13.3-1 浜松ホトニクスの技術開発課題対応特許一覧表(1/3)

技術要素	題課	特許番号	特許分類	名称
			概要(解決手段要旨)	図
指紋システム	セキュリティ	特開平11-338827	G06F15/00,330	人物照合システム
指紋入力	セキュリティ	特開平6-176134	G06F15/62,460	指紋認識装置
		特開平7-146940	G06T7/00	照合装置
		特開平7-146942	G06T7/00	照合装置
		特開平7-171137	A61B5/117	指紋読み取り装置
		特開2001-155141	G06T1/00	パターン検出装置（海外出願あり）
			被測定対象との接触面を有するプリズム、互いに平行な入射・出射面を有するファイバ光学部品、CCD、光源部とを備え、それぞれを特定の角度関係とすることにより、伝送路の屈曲による光の伝送損失を減少させ、明瞭な出力イメージを得る。	
		特開平9-184931	G02B6/08	ファイバ光学プレート
		特開平10-104442	G02B6/04	画像入力装置（海外出願あり）
		特開平10-104444	G02B6/04	ファイバ光学デバイス、受光部品及びパターン取得装置（海外出願あり）
		特開平10-104445	G02B6/04	ファイバ光学デバイス、受光部品及びパターン取得装置
		特開平10-208022	G06T1/00	ファイバ光学プレート
		特開平10-283464	G06T1/00	指紋像入力装置
	操作・利便性	特開2000-75206	G02B17/08	光学素子
		特開2000-149028	G06T7/00	人物照合装置
指紋照合	セキュリティ	特開2000-3442	G06T7/00	人物照合装置
		特開2001-34757	G06T7/00	指紋照合装置

202

表 2.13.3-1 浜松ホトニクスの技術開発課題対応特許一覧表(2/3)

技術要素	題課	特許番号	特許分類	名称
			概要(解決手段要旨)	図
指紋照合	セキュリティ	特開平 9-91434	G06T7/00	人物照合装置（海外出願あり）
			新規に登録しようとする特徴パターンと他人の比較用パターンとの間の相関値を求め、この相関値が所定のしきい値以下である場合にその特徴パターンを登録することにより、他人を本人と誤認する確率が低減される。	
	操作・利便性	特許 2738906	G06T7/00	照合装置
			第1のフーリエ変換手段で変換された合同フーリエ変換光像を、第2の空間光変調器に直接入力して、第2のコヒーレント光像に変換することにより光パターン認識装置の演算精度と速度の向上をはかる。	
		特開平 6-76128	G06K17/00	人物照合装置（海外出願あり）
			入力情報と参照情報は回折光として取り出され、フーリエ変換され、相関を求めることにより、判別すべき身体の一部の位置ずれにたいする許容度が高い装置を得る。	
	経済性	特開平 10-143663	G06T7/00	指紋情報処理装置

表 2.13.3-1 浜松ホトニクスの技術開発課題対応特許一覧表(3/3)

技術要素	題課	特許番号	特許分類	名称
			概要(解決手段要旨)	図
指紋照合	経済性	特開 2001-29331	A61B5/117	パターン検出装置
顔貌	操作・利便性	特許 2500203	G06T7/00	顔認識装置
			人物の顔の正面情報と側面情報を取り込み、二値化し外形(シルエット)情報を求めることにより、簡単なシステムによって、容易に人物の顔を認識し、同定することのできる顔認識装置を提供する。	
生体一般	セキュリティ	特開平 8-185519	G06T7/00	人物照合方法及びその装置
		特開平 11-3423	G06T7/00	画像照合装置及び照合方法並びに照合プログラムを記録したコンピュータ読み取り可能な記録媒体
		特開平 9-81725	G06T7/00	人物照合装置（海外出願あり）
			参照用および照合用画像をフーリエ変換し、参照用画像と照合用画像のフーリエ変換結果とを乗算した後、この結果を逆フーリエ変換し相関信号を求めることにより、高い精度で短時間に照合を行う。	
	操作・利便性	特開平 9-147115	G06T7/00	人物照合装置（海外出願あり）
			対象者の身体パターンを複数回撮像し登録し、参照用・照合用画像のフーリエ変換結果を重ね合わせ、これと照合用画像のフーリエ変換結果とを乗算した後、逆フーリエ変換して類似度を求めることにより、回転・歪み等がある場合にも照合率が高い装置を得る。	
		特開平 10-309268	A61B5/117	凹凸画像入力装置

2.13.4 技術開発拠点

本レポートのテーマに関連する浜松ホトニクスの主要開発拠点を下表2.13.4-1に示す（出典：http://www.hpk.co.jp/）。

表2.13.4-1 浜松ホトニクスの主要技術開発拠点

開発拠点	所在地	分野
本社工場	静岡県浜松市市	－
中央研究所	静岡県浜北市	－
筑波研究所	茨城県つくば市	－

2.13.5 研究開発者

浜松ホトニクスの出願特許の実質発明者情報より、研究開発担当者を推定し、開発者規模の推移を分析した結果が、図2.13.5-1である。研究開発者数は1991年から93年にかけて増加し10名となったが、その後減少して96年に再び増加している。出願件数の推移も開発者数の動きに連動している。

図2.13.5-1 浜松ホトニクスの発明者人数および出願件数推移

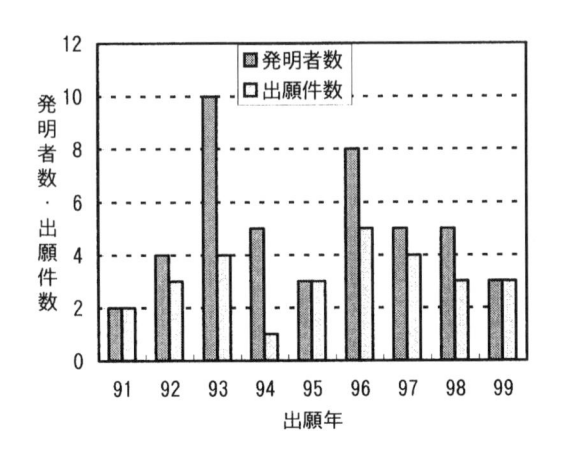

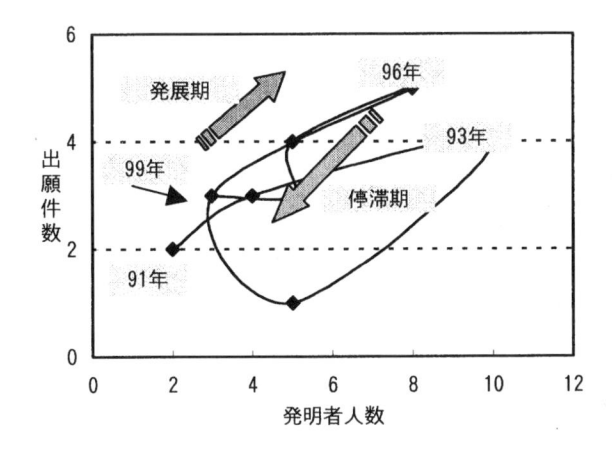

2.14 カシオ計算機

2.14.1 企業の概要

　時計、電子情報機器の大手メーカである。情報端末などモバイル情報通信分野へ積極的に展開している。またデバイスでは液晶が急成長した。

　今回調査した中のカシオ計算機の特許は、公開特許が 26 件であった。生体情報による個人照合に関して、指紋等の読取り装置、入力信号処理、バイオメトリクス照合の分野に出願している。

　表 2.14.1-1 にカシオ計算機の概要を示す。

表 2.14.1-1 カシオ計算機の概要

1)	商号	カシオ計算機株式会社
2)	設立年月日	1957年6月
3)	資本金	415億4,900万円
4)	従業員	3,407名（単独）、18,119名（連結）
5)	事業内容	制御機器・FAシステム事業、電子部品事業、電子決済・公共情報システム事業、健康機器・健康サービス事業、パソコン周辺機器 他
6)	技術・資本提携関係	－
7)	事業所	東京、青梅
8)	関連会社	甲府カシオ、山形カシオ、愛知カシオ、高知カシオ 他
9)	業績推移（百万円）	売上／410,338(1999年度)、443,930(2000年度) 利益／6,173(1999年度)、6,547(2000年度)
10)	主要製品	情報機器、電子時計、通信・映像機器、デバイス・その他
11)	主な取引先	－

2.14.2 生体情報を用いた個人照合技術に関連する製品・技術

表 2.14.2-1 カシオ計算機の関連製品例

技術要素	製品	製品名	発売時期	出典
指紋入力	指紋認証デバイス	－	2001年10月発表	http://www.casio.co.jp/ced/products/app_fingerp.html

(1) 指紋認証デバイス

高画質密着型センサーにより、光学式で薄型化を実現したもの。自動感度調整機能により、光学式でありながら、0～10万 Lux まで対応し、使用環境を選ばない。また、静電気耐圧 ±15V の高信頼性を実現している。

図 2.14.2-1 カシオ計算機　指紋認証デバイスの構造

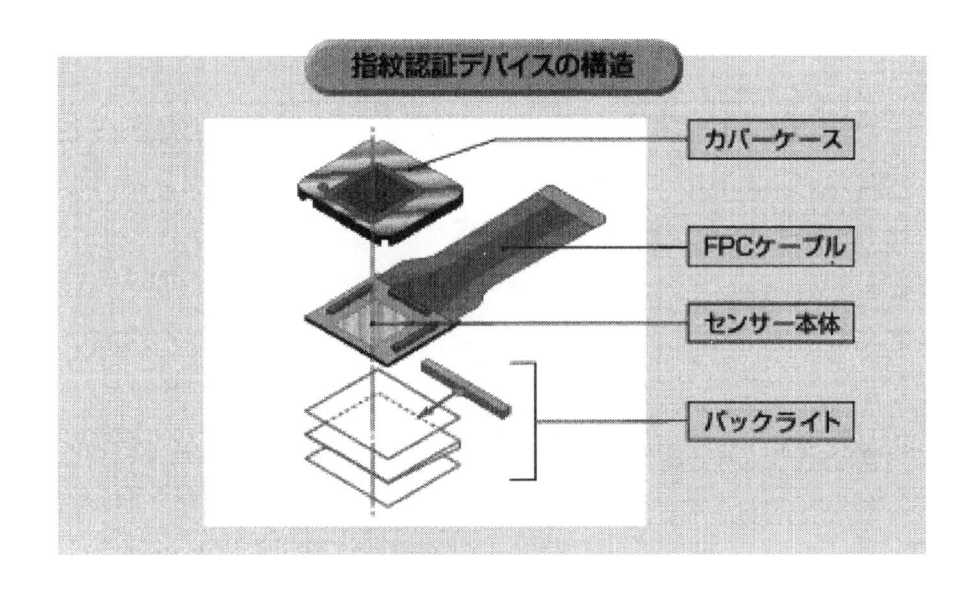

照合精度をさらに高める高精細500dpiデバイスを開発し、指紋の特徴点や曲線の形状をより正確に捕捉し照合性能の向上に寄与している。
　また、白色光源を採用し、外乱に強く、安定した撮像性能を実現した。例えば青インクで汚した指で比べると、指の汚れ、個人差、押し圧などの外乱に強く、より安定した撮像が可能になった。
　用途として携帯電話、PDA、モバイルPCなど幅広く展開できる。

図2.14.2-2 カシオ計算機　指紋認証デバイスの解像度改善

従来型320dpiデバイス　　新開発500dpiデバイス

図2.14.2-3 カシオ計算機　指紋認証デバイスの白色光源

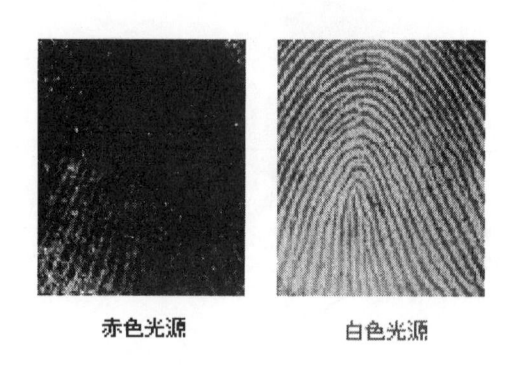

赤色光源　　白色光源

図2.14.2-4 カシオ計算機　指紋認証デバイスの用途

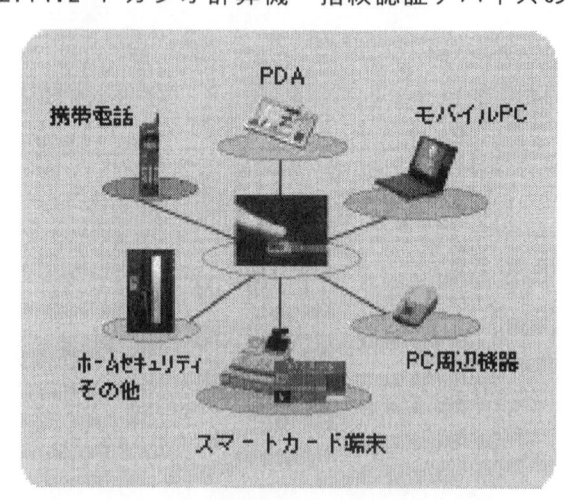

2.14.3 技術開発課題対応保有特許の概要

　カシオ計算機の生体情報を用いた個人照合に関連する特許における技術要素と技術課題の対応を図2.14.3-1に、また解決手段との対応を図2.14.3-2に示す。これらの図によれば、指紋照合関連に集中した出願があり、操作・利便性を課題とし、入力技術を解決手段とする出願が最も多くみられる。また指紋照合の識別照合、構成技術を解決手段とするものや署名照合にも若干の出願がある。

　なお技術課題、解決手段の具体内容については1.4節技術開発の課題と解決手段を参照されたい。

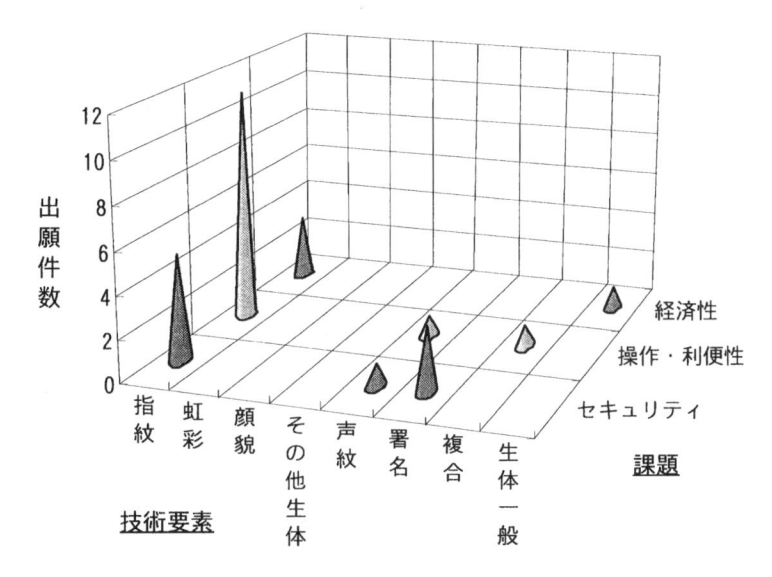

図2.14.3-1 技術要素・課題対応出願件数分布

（1991年1月〜2001年9月に公開の登録と係属案件）

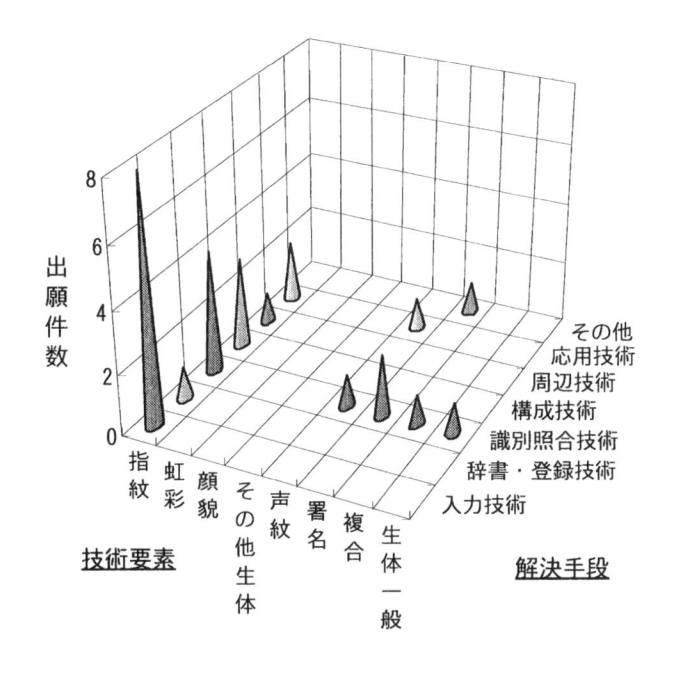

図2.14.3-2 技術要素・解決手段対応出願件数分布

（1991年1月〜2001年9月に公開の登録と係属案件）

表2.14.3-1はカシオ計算機の生体情報を用いた個人照合技術に関連する1991年1月～2001年9月に公開された登録と係属の特許について技術要素、課題ごとに分類したものである。

表2.14.3-1 カシオ計算機の技術開発課題対応特許一覧表(1/3)

技術要素	課題	特許番号	特許分類	名称
			概要(解決手段要旨)	図
指紋	セキュリティ	特開平11-184992	G06K17/00	ICカードおよびICカードが挿入される装置
		特開平11-187007	H04L9/08	暗号化・復号化装置およびその方法
			読み取った指紋パターンに基づいて、鍵データを生成し、その鍵データを用いて保存すべきデータを暗号化することにより、セキュリティが高く、データの保存・取り出し操作が簡単である装置および方法を提供する。	本実施形態の暗号化処理のフローチャート
		特開平11-195005	G06F15/00,330	ユーザ／端末装置同時認証方法及びシステム
		特開平11-195120	G06T7/00	電子ドキュメントに関するユーザ認証／電子署名方法及びシステム
		特開2001-126072	G06T7/00	画像データ照合装置、画像データ照合方法、及び画像データ照合処理プログラムを記憶した記憶媒体
	操作・利便性	特開平7-105142	G06F15/02,335	電子機器
		特開平11-53524	G06T1/00	読取装置
		特開平11-250251	G06T7/00	指紋照合装置及び記録媒体
			指紋読取装置によって指の指紋パターンを検出し、パターンを照合することによりパーソナルコンピュータ等のセキュリティチェックの操作性をより優れたものにすること。	

表2.14.3-1 カシオ計算機の技術開発課題対応特許一覧表(2/3)

技術要素	課題	特許番号	特許分類	名称
			概要(解決手段要旨)	図
指紋	操作・利便性	特開平 11-259638	G06T1/00	読取装置（海外出願あり）
			フォトセンサ上に設けられた透明導電層に静電気逃げ用の機能を持たせることにより、フォトセンサが静電気により誤動作したり破損したりしないようにすることができる。	
		特開 2000-5151	A61B5/117	読取装置
		特開 2000-76425	G06T1/00	接触型形状計測装置
		特開 2000-285079	G06F15/00,330	ネットワークシステム、データ回覧方法、データ処理装置、及び記録媒体
		特開 2001-94089	H01L27/146	指紋センサ
		特開 2001-126067	G06T7/00	画像照合装置，画像照合方法，及び画像照合処理プログラムを記憶した記憶媒体
		特開 2001-143056	G06T1/00	指紋読み取り装置
			指先の指紋読み取る指紋読み取り装置において、指ガイドの表面は導電性材料からなり、この導電性材料はアースを介して接地されているため、静電気による誤動作や破損を確実に防止できる。	
		特開 2001-188755	G06F15/00,310	通信電子機器及び通信処理プログラムを記憶した記憶媒体
	経済性	特開平 11-53523	G06T1/00	読取装置
		特開平 11-110537	G06T1/00	読取装置（海外出願あり）
			透明粒子からなる散乱反射層を有する凹凸検出光学素子を設け、指の指紋に応じた明暗の強調された画像を得ることができ、光のロスを少なくし、また各部品の位置合わせ精度を緩和する。	

211

表2.14.3-1 カシオ計算機の技術開発課題対応特許一覧表(3/3)

技術要素	課題	特許番号	特許分類	名称
			概要(解決手段要旨)	図
指紋	経済性	特開平 11-149552	G06T1/00	読取装置
			指紋等を読み取る読取装置において、透過部を有するフォトセンサ、凹凸検出光学素子および直角プリズムを用いることにより装置全体を小型化する。	
声紋	セキュリティ	特開 2001-117579	G10L15/10	音声照合装置、音声照合方法、及び音声照合処理プログラムを記憶した記憶媒体 （海外出願あり）
			登録された音声の2次元データに配置された複数のテンプレートの相互位置関係と照合音声の複数の領域の相互位置関係との比較により同一性が判定されるので、照合前処理が少なく、しかも照合率の高い音声照合が行える。	
	操作・利便性	特開平 10-283408	G06F17/60	スケジュール報告装置及び記憶媒体
署名	セキュリティ	特開平 9-6897	G06K9/20,320	手書き入力認識方法
			手書き入力時のスピードが速い場合にはサンプリング時間を短かくし、逆に入力スピードが遅い場合にはサンプリング時間を長くすることにより、手書き入力時のスピードに影響されず、サンプリングデータ数をほぼ一定に保ち、文字認識等の向上を実現する。	
		特開平 9-319875	G06T7/00	サイン認証システム
		特開平 10-255054	G06T7/00	データ入力装置およびそのプログラム記録媒体
複合	操作・利便性	特開 2001-167054	G06F15/00,330	携帯情報機器、認証装置及び認証システム
生体一般	経済性	特開平 11-85705	G06F15/00,330	アクセス権取得／判定方法、アクセス権取得／判定装置、アクセス権取得／判定機能付電子カメラ装置および携帯型電話機

2.14.4 技術開発拠点

本レポートのテーマに関連するカシオ計算機の主要開発拠点を下表 2.14.4-1 に示す。
(出典：http://www.casio.co.jp/company/jigyousyo.html)。

表 2.14.4-1 カシオ計算機の主要技術開発拠点

開発拠点	所在地	分野
本社	東京都渋谷区	－
羽村技術センター	東京都羽村市	－
八王子研究所	東京都八王子市	－

2.14.5 研究開発者

カシオ計算機の出願特許の実質発明者情報より、研究開発担当者を推定し、開発者規模の推移を分析した結果が、図 2.14.5-1 である。1997 年に研究開発者数が 10 名に急増している点が特徴的である。その後は数名で推移し、この分野の開発を継続していくものと考えられる。出願件数も連動した推移を示している。

図 2.14.5-1 カシオ計算機の発明者人数および出願件数推移

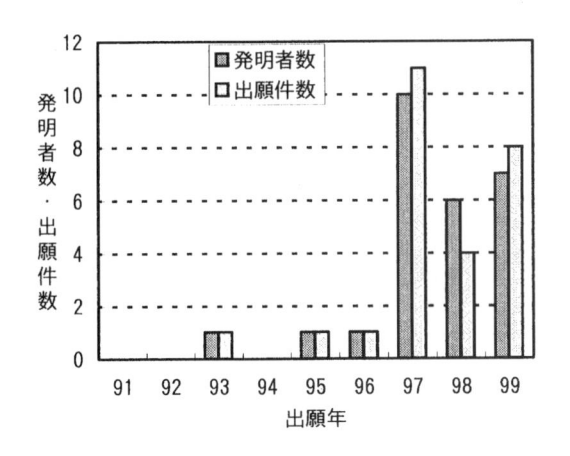

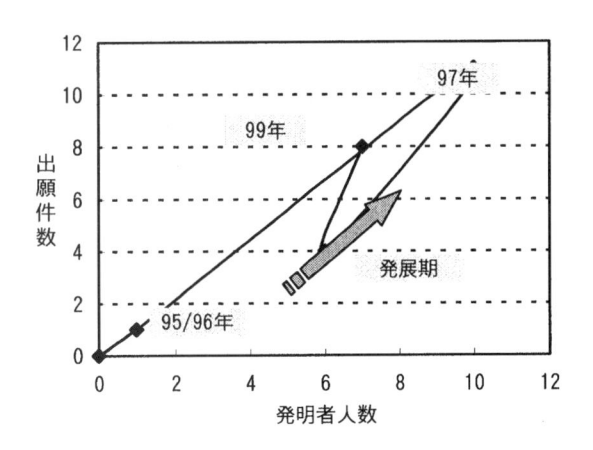

2.15 山武

2.15.1 企業の概要

山武は、計測と制御技術を核に、ビルシステム事業、産業システム事業、制御機器事業、セントラル空調を扱うホームコムフォート事業、社会的ニーズに対応した環境事業や新エネルギー・防災事業などを展開している。個人照合関連製品は、山武のグループ会社の1つであるビルディングオートメーション事業を主とする山武ビルシステムが製造・販売している。なお、山武および山武ビルシステムは、それぞれ1998年に山武ハネウエル、山武計装から社名が変更、命名された。今回調査した中の山武の特許は、登録が4件、公開特許が20件であった。そのうち1件が海外に出願されている。

表2.15.1-1に山武の概要を示す。

表2.15.1-1 山武の概要

1)	商号	株式会社 山武
2)	設立年月日	1949年8月22日
3)	資本金	105億2,271万円　　　　　　　　　　　（2001年10月現在）
4)	従業員	2,087名（単独）、6,857名（連結）　　（2001年10月現在）
5)	事業内容	制御機器、ビルシステム、産業システム、ホームコンフォート、環境、新エネルギー・防災事業
6)	技術・資本提携関係	（技術提携）－ （資本提携）－ （共同開発）東北大学（画像処理技術：Phase Only Correlation）
7)	事業所	藤沢、湘南、伊勢原工場
8)	関連会社	山武ビルシステム、山武産業システム 他
9)	業績推移 （連結、百万円）	売上／169,633(1999年度)、177,940(2000年度) 利益／3,413(1999年度)、▲5,918(2000年度)
10)	主要製品	制御および計測用機器、電気・通信機器・装置、光学用機器・装置、医療用電子・電気機器
11)	主な取引先	－

2.15.2 生体情報を用いた個人照合技術に関連する製品・技術

山武は、東北大学との共同研究により独自の画像処理技術「位相限定相関法」POC (Phase Only Correlation) を開発、1995年実用化に成功した。

POCは、デジタル信号化された登録画像と照合すべき入力画像をフーリエ変換後、振幅データと位相データに分解し、このうち形状情報（変化成分）が含まれる位相情報を利用して登録画像と入力画像の相関（類似性）を算出するアルゴリズムである。この方式は、照合する画像全体を比べており、面積的に微小な特定データの影響を受けることが少なく、

高い認識性能を得ることができる。指紋照合に適用した場合、汗、乾燥、傷、汚れなどで変化した指紋でも安定した照合結果が得られるという特長を持つ。

POC は、対象物が同じかどうかを判定する汎用的なパターンマッチング技術であり、指紋以外の顔貌、虹彩などの対象物の照合にも適用可能である。図 2.15.2-1 に POC の概念図と POC を指紋照合に適用した例を示す。

（出典：http://www.yamatake.co.jp/japan/01gourp/yc_home/kenkyu.html、http://canplaza1.yamatake.co.jp/canplaza/ybs_direct/friend/isougentei2/isougent.htm）

図 2.15.2-1 位相限定相関法の概念および指紋照合例

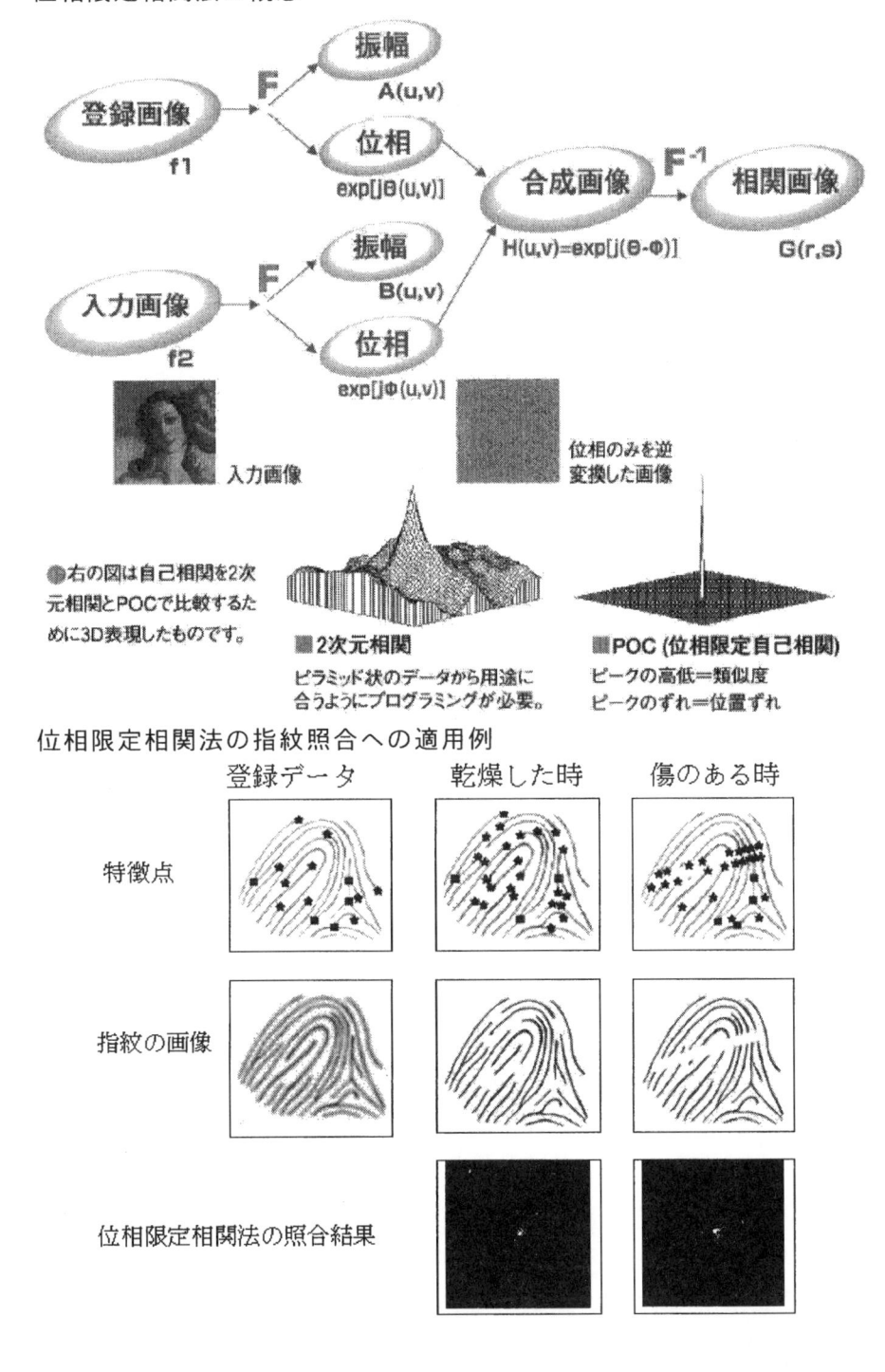

開発されたPOC（位相限定相関法）技術を応用して山武のグループ会社である山武ビルシステムが表2.15.2-1に示す指紋照合式出入管理装置「フレンドタッチ」を製造・販売している。

表2.15.2-1 山武の関連製品例

技術要素	製品	製品名	発売時期	出典
指紋	入退室管理	フレンドタッチ 標準モデル 形式 GY3000A01 他	1997年	http://canplaza1.yamatake.co.jp/canplaza/ybs_direct/friend/home3/home3.htm
		フレンドタッチ 履歴通信モデル 形式 GY3020A02 他	1998年	同上
		フレンドタッチ 警備モデル 形式 GY3010A02 他	1998年	同上

(1) 指紋照合式出入管理装置「フレンドタッチ」標準モデル

指紋照合式出入管理装置フレンドタッチは、電気錠や自動扉と組み合せて使用し、キーやカードの代わりに「指紋」をIDコードとしてドアを解錠するセキュリティ製品である。主に下記の特長を持つ。

 a. 高速照合（平均照合時間：0.1秒）
 b. 高性能（照合方式に独自の「位相限定相関法」を用いているのでズレ／ゆがみ／かすれ／ごみなどにも強く100%近い認識率が得られる）
 c. 汎用性が高い（あらゆる扉に設置可能）
 d. 制御部、操作部が一体型で周辺機器コスト、施工コストを抑圧できる
 e. 出入履歴情報を表示可能
 f. 標準タイプ以外に次の2タイプが選べる

(2) 指紋照合式出入管理装置「フレンドタッチ」履歴通信モデル

出入などの履歴の通信出力機能（インターフェイスを経由してパソコンなど外部機器に接続可能）を持つ。

(3) 指紋照合式出入管理装置「フレンドタッチ」警備モデル

出入などの履歴の通信出力機能（インターフェイスを経由してパソコンなど外部機器に接続可能）、初入者・最終者の操作により警備状態を警戒／非警戒に切換える警備切換え機能を持つ。

図 2.15.2-2 に指紋照合式出入管理装置「フレンドタッチ」の外観図を示す。

図 2.15.2-2 指紋照合式出入管理装置「フレンドタッチ」

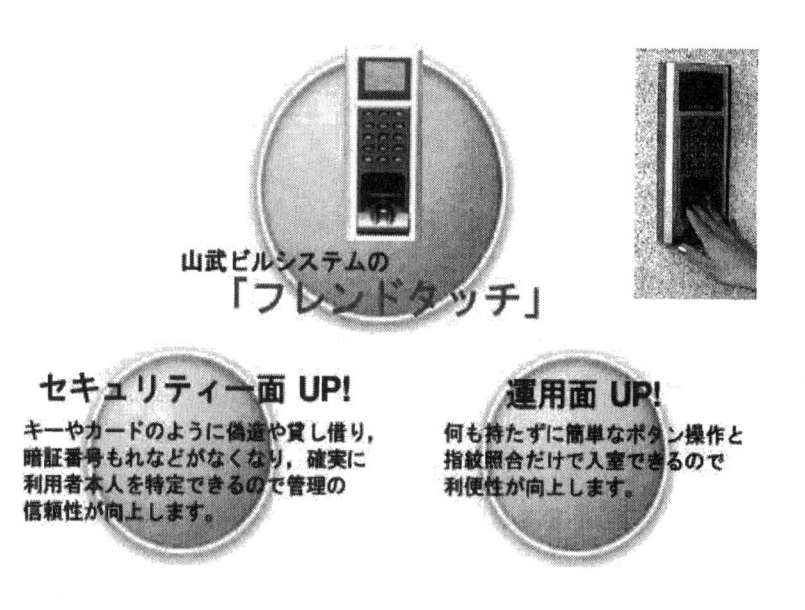

2.15.3 技術開発課題対応保有特許の概要

山武の生体情報を用いた個人照合に関連する特許における技術要素と技術課題の対応を図 2.15.3-1 に、また解決手段との対応を図 2.15.3-2 に示す。これらの図によれば、指紋照合関連に集中した出願があり、セキュリティ向上や操作・利便性を課題とし、識別照合技術を解決手段とする出願が最も多くみられる。また生体一般照合のセキュリティ向上を課題とし、識別照合技術を解決手段とする出願も若干ある。

なお技術課題、解決手段の具体内容については 1.4 節技術開発の課題と解決手段を参照されたい。

図 2.15.3-1 技術要素・課題対応出願件数分布

（1991 年 1 月〜2001 年 9 月に公開の登録と係属案件）

図 2.15.3-2 技術要素・解決手段対応出願件数分布

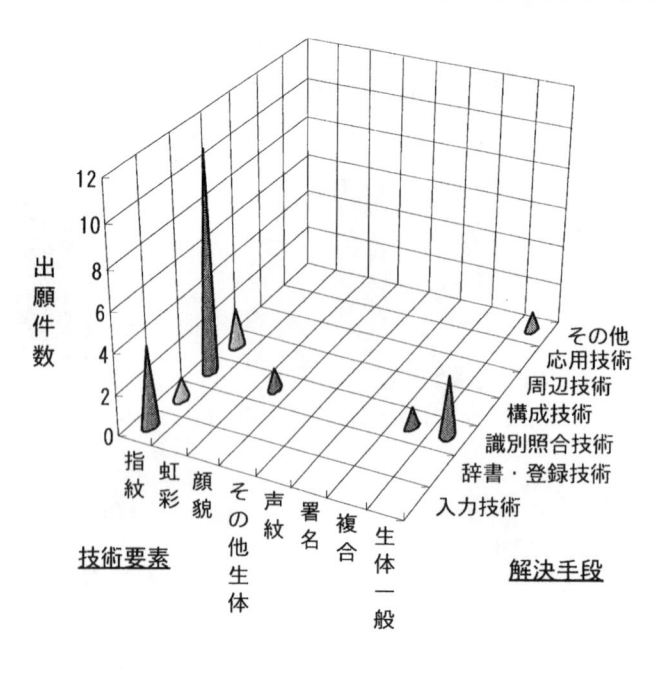

(1991年1月～2001年9月に公開の登録と係属案件)

　表2.15.3-1は山武の生体情報を用いた個人照合技術に関連する1991年1月～2001年9月に公開された登録と係属の特許について、技術要素、課題ごとに分類したものである。

表 2.15.3-1 山武の技術開発課題対応保有特許一覧表（1/4）

技術要素	課題	特許番号	特許分類	名称
			概要(解決手段要旨)	図
指紋	セキュリティ	特開平9-22406	G06F17/14	パターン照合装置
			N次元離散的フーリエ変換（N次元離散的逆フーリエ変換）の施された合成N次元パターンデータに出現する相関成分エリアのN次元パターンデータを構成する個々のデータごとの相関成分の強度に基づいて登録パターンと照合パターンの照合を行う。	
		特開平10-55442	G06T7/00	パターン照合装置

表 2.15.3-1 山武の技術開発課題対応保有特許一覧表（2/4）

技術要素	課題	特許番号	特許分類	名称
			概要(解決手段要旨)	図
指紋	セキュリティ	特開平10-63848	G06T7/00	パターン照合装置
			登録および照合パターンの背景分離処理を行い、両者のN次元パターンデータとの合成フーリエN次元パターンデータから、この合成フーリエN次元パターンデータに出現する相関成分エリアのN次元パターンデータを構成する個々のデータごとの相関成分の強度に基づいて登録と照合パターンの照合を行う。	
		特許3120272	G06T1/00,400	指紋入力装置
		特開平10-171968		指の紋様面からの反射光をピンホールを通過させ、光学的指紋採取面とほぼ平行な結像面上に結像させ、ボケと歪を大幅に低減する。
		特開平10-124667	G06T7/00	パターン照合装置
		特開平11-96354	G06T7/00	本人確認媒体、位相画像作成装置およびパターン照合装置
		特開平11-102432	G06T1/00	指紋入力装置
		特開平11-134498	G06T7/00	パターン照合装置
		特開2001-216496	G06T1/00	指紋画像入力装置
	操作・利便性	特許2865528	G06T7/00	指紋照合装置
		特開平7-57092		登録指紋の紋様中の各特徴点につき、各特徴点を中心に段階的周囲領域を求め、別の特徴点が存在しない最大の周囲領域に応ずる第一のパラメータと原点から各特徴点までの距離に応ずる第二のパラメータに基づいて各特徴点の重要度を決定する。

219

表 2.15.3-1 山武の技術開発課題対応保有特許一覧表（3/4）

技術要素	課題	特許番号	特許分類	名称
			概要(解決手段要旨)	図
指紋	操作・利便性	特許2865529	G06T7/00	指紋照合装置
		特開平7-57084	登録データ記憶手段に記憶された重要度の高い順に、照合指紋の特徴点を抽出する。抽出された第一、第二の特徴点を基準ペアとして照合指紋の座標上での位置補正をする。	
		特許2865530	G06T7/00	指紋照合装置
		特開平7-57086	照合指紋の紋様中の座標位置を中心として探索領域を定めるに際し、少なくとも第一番目の特徴点については、探索領域の大きさが、算出されたズレ量に応じて決定され、その探索領域からデータが抽出され、登録データと比較される。	
		特開平11-102431	G06T1/00	指紋入力装置
		特開平11-161635	G06F17/14	ＤＦＴ行列データの保存方法
			DFT行列データにおいて、他の要素データから自己のデータが決定できる要素データを取り除くことにより、該要素データが取り除かれたDFT行列データを保存することにより記憶容量を大幅に削減する。	

表 2.15.3-1 山武の技術開発課題対応保有特許一覧表 (4/4)

技術要素	課題	特許番号	特許分類	名称
			概要(解決手段要旨)	図
指紋	操作・利便性	特開平 11-219432	G06T7/00	位相出力回路
			最上位有効ビット検出部、該最上位有効ビット位置から下位mビットを切り出す下位ビット切り出し部を設け、小容量の位相変換テーブルを用いて、高精度に入力値の位相を得る。	
		特開 2001-101391	G06T1/00	指紋照合装置
	経済性	特開平 10-275233	G06T7/00	情報処理システム、ポインティング装置および情報処理装置
		特開 2000-163585	G06T7/00	生体情報照合システム、設定操作器および被操作機器
顔貌	操作・利便性	特開平 10-134188	G06T7/00	顔画像照合装置
複合	経済性	特開平 10-134185	G06T7/00	操作者照合装置
生体一般	セキュリティ	特開平 10-55439	G06T7/00	パターン照合装置
		特開平 10-55443	G06T7/00	パターン照合装置
		特開平 10-63847	G06T7/00	パターン照合装置
	操作・利便性	特開平 11-134477	G06T1/00	パターン入力装置

2.15.4 技術開発拠点

　山武は計測と制御技術を核として、研究開発本部が中核となり山武グループの基礎研究と次世代に向けた技術開発を推進している。国内外の大学、企業とも積極的に共同研究を推進しており、本レポートのテーマに関連する照合技術「位相限定相関法」も大学との共同研究の成果である。山武ビルシステムの研究開発部は、制御技術を核として、ビルディングオートメーションを始め、建物・環境関連の先進技術の開発を担っている。

　(出典：http://www.yamatake.co.jp/japan/01gourp/yc_home/kenkyuu.html)

表 2.15.4-1 山武の主要技術開発拠点

開発拠点	所在地	分野
株式会社山武 研究開発本部	神奈川県藤沢市	山武グループ研究開発の中核として、基礎研究と次世代を見据えた技術開発の推進
山武ビルシステム株式会社 研究開発部	東京都大田区	ビルディングオートメーションを主とする建物・環境関連の技術開発

2.15.5 研究開発者

　図 2.15.5-1 に山武の生体情報を用いた個人照合技術関連の 1991 年 1 月～2001 年 9 月に公開の出願を対象に発明者数および出願件数推移を示す。指紋に関する出願が全体の 75% を占め、指紋照合技術に注力されている。開発、実用化された汎用的なパターンマッチング技術「位相限定相関法」は、96 年に出願（優先権主張 95 年）されており、同一開発者から関連出願も多数出ている。

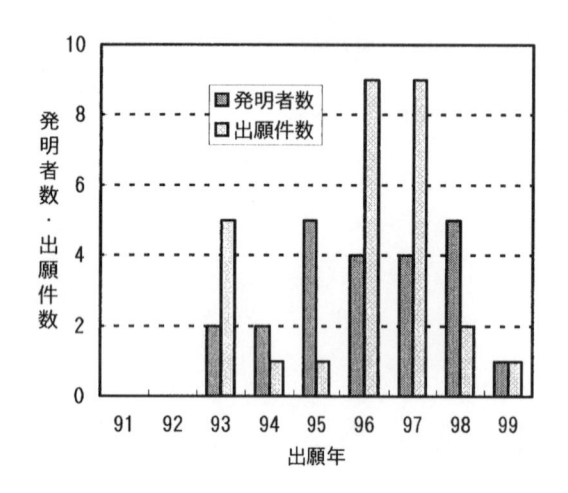

図 2.15.5-1 山武の発明者数と出願件数推移

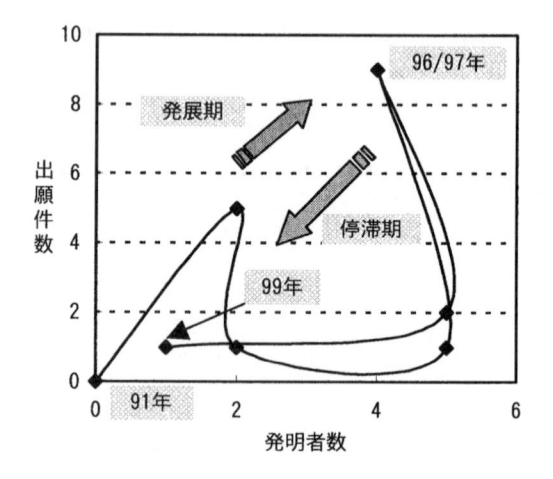

2.16 シャープ

2.16.1 企業の概要

　総合エレクトロニクスメーカ。液晶・光学技術に強く、液晶、フラッシュメモリー・CCDおよびCMOSイメージャーなどで新製品を創出している。生体情報による個人識別に関する製品には画像処理装置、指紋入力デバイス、個人識別機能を持つPDAなどがある。これらの技術を背景にして、特許は11件登録されており、うち6件は指紋画像の入力装置で、ほかは画像処理による照合技術などに関するものである。

表2.16.1-1 シャープの概要

1)	商号	シャープ株式会社
2)	設立年月日	1935年5月
3)	資本金	2,041億5,600万円
4)	従業員	23,229名（単独）、49,101名（連結）
5)	事業内容	液晶最大手、家電・情報機器・デバイスのバランス経営指向、モバイル用半導体、オプト技術優位
6)	技術・資本提携関係	―
7)	事業所	栃木、広島、八尾、奈良、天理、他4
8)	関連会社	シャープエレクトロニクスマーケティング、シャープシステムプロダクト、他多数
9)	業績推移（百万円）	売上／1,854,774（1999年度）、2,012,858（2000年度） 利益／28,130(1999年度)、38,527(2000年度)
10)	主要製品	AV・通信機器、電化機器、情報機器、IC、液晶、その他電子部品
11)	主な取引先	―
12)	技術移転窓口	―

2.16.2 生体情報を用いた個人照合技術に関連する製品・技術

表2.16.2-1 バイオメトリクス照合による製品例

技術要素	製品	製品名	発売時期	出典
バイオメトリクス照合	画像処理プロセッサ/ボード	LROP300	―	http://www.sharp.co.jp/products/device/ctlg/jsite21/table/034.html
指紋入力	レンズ一体型11万画素CMOSイメージセンサ	LZ0P3820	2000年7月28日	http://www.sharp.co.jp/sc/gaiyou/news/000728-2.html
署名照合	ザウルスサイン認証システム	―	―	http://ezaurus.com/zbsolution/middleware/secuility/02.html

(1) 画像処理プロセッサ／ボード　LROP300

　LROP300 はフィルタ処理、画像の特徴抽出、画像変換等、各種画像処理機能を 1 チップに凝縮した低価格な汎用画像処理 LSI である。従来、数チップを要していた処理が 1 チップで実現できるため、使いやすく、省コスト・省エネ・省スペースに寄与する。

　特長
　　・1 画素 40 ns の高速処理
　　・マイクロコードの設定・書換えにより多様な画像処理を実行
　　・3×3 のコンボリューション演算
　　・ラベリング／細線化用の、FIFO 内蔵（水平画素 512 までは外付け FIFO が不要）

　主な処理機能
　　各種画像間演算、各種微分処理、濃度投影、ヒストグラム、一致度、細線化、ラベリング、膨張・収縮、端点・分岐点・孤立点の抽出、各種ノイズ除去、LUT 変換、面積・周囲長・重心モーメントの算出、オイラー数、境界画素抽出など

　主な用途
　　無人監視、指紋照合、人物認識、人物計測

　　図 2.16.2-1 画像処理プロセッサ/ボード　　図 2.16.2-2 画像処理プロセッサ/ボード
　　　　　　　　の外観　　　　　　　　　　　　　　　　　　　の内部ブロック図

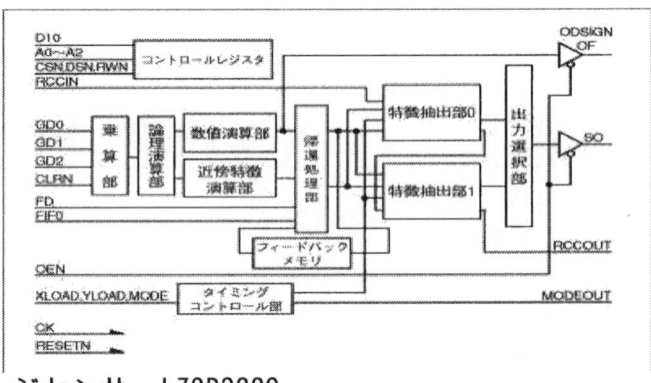

(2) レンズ一体型 11 万画素 CMOS イメージセンサ　LZOP3820

　LZOP3820 は薄型光学レンズと 1/7 型 11 万画素 CMOS メージセンサを一体化することにより、薄型 5ｍｍ厚パッケージサイズを実現したものである。

　特長
　　・厚さ 5ｍｍの超薄型化を実現、機器の薄型化に貢献
　　・低消費電力設計(75mW)
　　・動画像送信方式の世界共通規格である CIF(Common Intermediate Format)に対応
　　・薄型レンズと CMOS イメージセンサを一体化したパッケージを採用することにより、セットメーカ側が行う光学部品の取り付け作業が不要となるため、設計時間の短縮が図れるとともに、部品点数の減少によりコスト削減が可能となる

図 2.16.2-3 レンズ一体型 11 万画素 CMOS イメージセンサ　外観

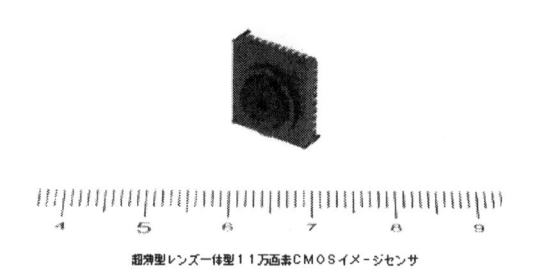

主な仕様

形　名	LZ0P3820
光学系サイズ	1/7 型
レンズ仕様	F2.8、2.0mm
総画素数	11 万 [393(水平)×299(垂直)]
有効画素数	367(水平)×291(垂直)
セルサイズ	5.6μm角(正方形画素)
外形寸法	11.4mm×11.4mm×5mm
感　度	260mV
飽和出力電圧	700mV
出力信号	デジタル(8 ビット)
フレーム　レート	30 フレーム/秒
電源電圧	2.9〜3.6V
消費電力	45mW
内蔵回路	タイミング IC 機能　CDS/AGC　8 ビット A/D コンバータ

主な用途
　指紋認識装置

(3) ザウルス　サイン認証システム

　本サイン認証システムで、本人の手書きサイン無しには、ザウルスを使用出来ない環境を実現した。サイン認証として、本人だけが持つ筆記運動のくせで認識を行う「動的署名照合システム」(開発元・日本サイバーサイン株式会社) を採用し、サインの形状・スピード・ストロークの要素でサインの照合を行う。
　これにより盗難、置き忘れ、なりすましなどのアクシデントから、企業の重要データや個人のプライバシーなどを保護し、登録ユーザー以外の使用を不可能にし、安心して極秘データの活用が可能である。

　特長
　　・動的署名の特性を考慮 (極めて一致する署名はシステムで排除 (統計結果) する学習機能：長期変動を考慮)
　　・適切な照合レベルの設定が可能
　　・言語依存性がなく、パターンが任意 (工夫により個人ごとに安全性を確保)
　　・署名イメージの二次的利用が可能 (署名欄等での利用)

・照会するサイン ID が変更可能なため、複数のサインで運用可能
・本体のリセットを行ってもシステムに入れない頑固なセキュリティ

図 2.16.2-4 システム概略

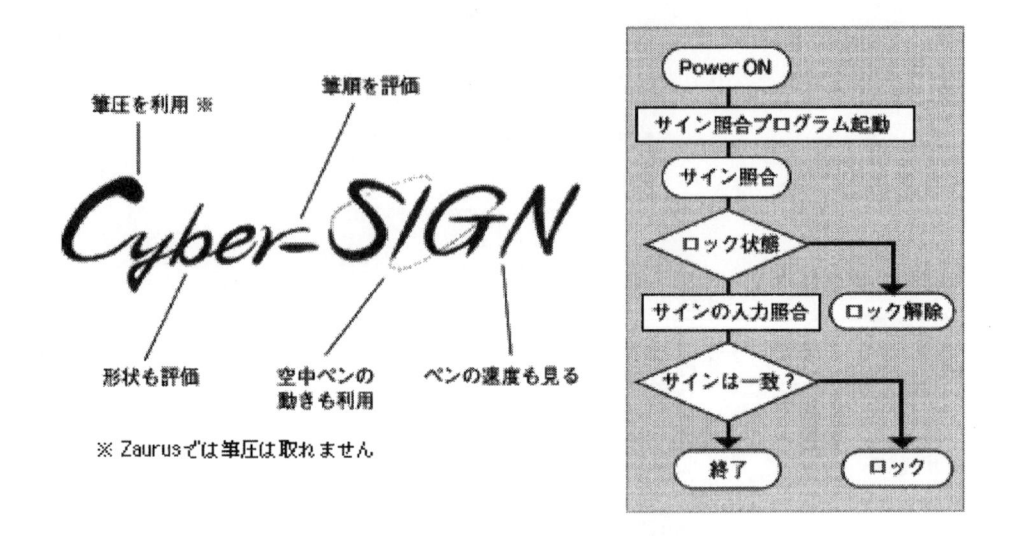

2.16.3 技術開発課題対応保有特許の概要

シャープの生体情報を用いた個人照合に関連する特許における技術要素と技術課題の対応を図2.16.3-1に、また解決手段との対応を図2.16.3-2に示す。これらの図によれば、指紋照合関連に集中した出願があり、セキュリティ向上や操作・利便性を課題とし、入力技術を解決手段とする出願が最も多くみられる。さらに目立ったものとしては指紋照合の制御技術などの周辺技術を解決手段とする出願がある。

なお技術課題、解決手段の具体内容については1.4節技術開発の課題と解決手段を参照されたい。

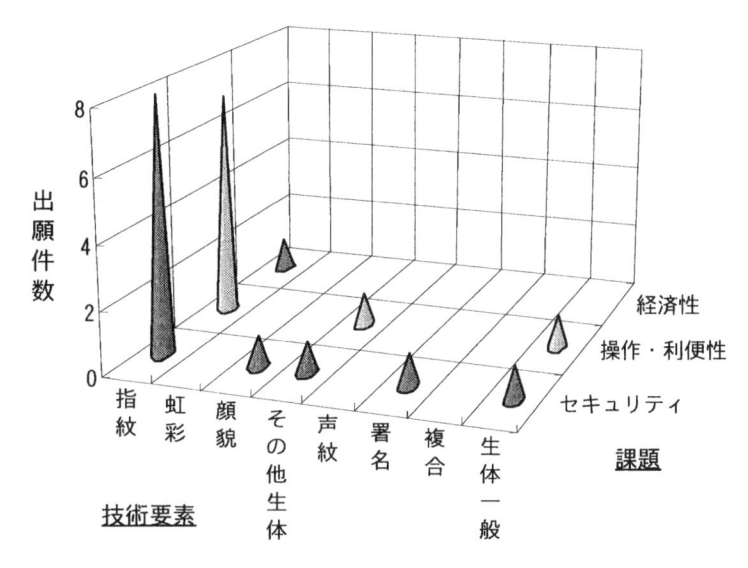

図2.16.3-1 技術要素・課題対応出願件数分布

（1991年1月～2001年9月に公開の登録と係属案件）

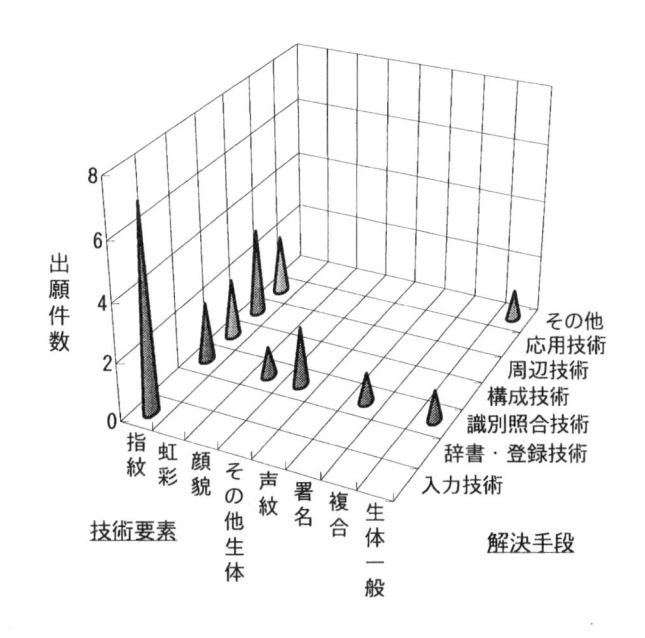

図2.16.3-2 技術要素・解決手段対応出願件数分布

（1991年1月～2001年9月に公開の登録と係属案件）

表2.16.3-1はシャープの生体情報を用いた個人照合技術に関連する1991年1月～2001年9月に公開された登録と係属の特許について技術要素、課題ごとに分類したものである。

表2.16.3-1 シャープの技術開発課題対応特許一覧表(1/4)

技術要素	題課	特許番号	特許分類	名称
			概要(解決手段要旨)	図
指紋	セキュリティ	特許2579375	G06T1/00	指紋入力装置
			光源からの光を導光板内において全反射させ、入射光を貫通穴の端面から出射して指に照射することにより、S/N比を大きくしてセキュリティを改善する。	
		特許2763830	G06T1/00	指紋入力装置
			光源の第1の点灯位置と第2の点灯位置で撮影した指紋画像に基づき対象指が立体物か否かを判別し、人工的に作られた像による入力を防ぎ信頼性の高い装置を提供する。	
		特許2796428	G06T1/00	指紋入力装置
			指が移動することによって回転するローラ、移動方向と直交する1次元画像を撮像する手段、とを備え、往復移動させた際に対応する2次元画像を読みとり合成することにより、ノイズを少なくして確実にパターンを入力する。	
		特許2799054	G06T1/00	指紋入力装置
			非接触状態で指紋面を撮像する装置において、ガイドに押し込まれた状態で作動するスイッチが設けられ、指が挿入されて指の頭頂部でスイッチが押し込まれると撮像可能とすることにより、認識性の高い装置を実現する。	

表 2.16.3-1 シャープの技術開発課題対応特許一覧表(2/4)

技術要素	題課	特許番号	特許分類	名称
			概要(解決手段要旨)	図
指紋	セキュリティ	特許 2901221	G06T7/00	指紋入力方法
			接する2本の指を含む画像から指の接線を抽出し、これが垂直になるように入力画像の角度を補正することにより、、精度の高い指紋照合が可能になる。	
		特許 2949007	G06T1/00	指紋入力方法
			指紋画像を2値化して複数のブロックに分割して画像良否判断に適さない背景及び境界ブロックを除去することにより、入力された画像が照合等に適正か否かを確実に判断する。	
		特開平 4-95176	G06T7/00	指紋照合方法
		特開 2000-222509	G06F19/00	電子決裁装置
	操作・利便性	特許 2829551	G06T1/00	指紋入力装置
			使用者はハーフミラーを通してガイドの画像と挿入した自分の指を同時に見ることができ、ガイドと指を重ねて指を空中で固定し、指紋画像を撮像することにより操作性の良い指紋入力装置を得る。	
		特許 2859794	G06T7/00	指の汗腺による個人特定方法
			指紋画像を2値化・細線化してラベリングし、画素数が所定値以上のグループを指紋隆線間の凹部として消去し、残ったグループを汗腺とし、その数を比較することにより、迅速かつ簡単な方法で個人特定が可能となる。	

表 2.16.3-1 シャープの技術開発課題対応特許一覧表(3/4)

技術要素	題課	特許番号	特許分類	名称
			概要(解決手段要旨)	図
指紋	操作・利便性	特開平11-185016	G06T1/00	情報処理装置（海外出願あり）
			使用者が指紋検出部に指を押し当てると、指によってできた影をセンサーにて検出し、その影の形状が指による影の分布であると判断することにより電源をONにする。その後、押し当てた指から指紋を検出し、記憶された指紋データと照合することにより、照合を開始するためのキー操作等が不要になり、繁雑な操作が減少する。	
		特開2000-82140	G06T7/00	処理データ管理システム
		特開2001-92961	G06T7/00	指紋認証装置
		特開2001-125660	G06F1/00,370	情報処理システム
		特開2000-207535	G06T1/00	画像読取装置
	経済性	特開2001-184490	G06T1/00	指紋検出装置
顔貌	セキュリティ	特許2648054	G08B13/196	警報装置
			来訪者の顔の目,耳,鼻,口等の特徴部分を抽出する特徴抽出手段、判定手段及び通報手段等を備え、サングラスやマスクのため特徴部分の一部が検出できない時、不審人物候補として管理人等に通報し犯罪を防止する。	
	操作・利便性	特開平5-35877	G06F15/70,460	快適環境提供装置

表 2.16.3-1 シャープの技術開発課題対応特許一覧表(4/4)

技術要素	題課	特許番号	特許分類	名称
			概要(解決手段要旨)	図
その他生体	操作・利便性	特許 2906312	G06T7/00	入力装置
			指を挿入する挿入部に、身体の幅に応じて動く可動ガイドを設け、その移動量から幅に応じた閾値面積を算出し、取り込んだ画像面積と比較することにより、入力画像が照合に適正か否かを判断し照合率を向上させる。	
	セキュリティ	特開 2001-190527	A61B5/117	個人認識装置および個人認識方法
署名	セキュリティ	特許 3135104	G06F15/00,330	電子機器の利用者認証装置
			手書きされたパスワードから文字コードと筆跡を認識し、登録済の文字コードおよび筆跡とが共に一致した場合といずれか一方が一致した場合とで、異なるレベルのアクセスを許可することにより、登録時とは異なる環境での入力に対するセキュリティを向上する。	
生体全般	セキュリティ	特開平 10-207968	G06F19/00	情報処理方法
生体全般	操作・利便性	特開平 10-167398	B67D5/24	給油管理装置

2.16.4 技術開発拠点

本レポートのテーマに関連するシャープの主要開発拠点と分野を下表2.16.4-1に示す(出典:http://www.sharp.co.jp/corporate/profile/base/index.html)。

表2.16.4-1 シャープの主要開発拠点

開発拠点	所在地	分野
本社	大阪市	-
東京支社	千葉市	-
AVシステム事業本部	栃木県矢板市	映像機器・液晶カラーTV・液晶ビューカム・液晶プロジェクター・テレビ/ビデオデッキ・DVD
TFT液晶事業本部	三重県多気郡多気町	TFT液晶 ディスプレイモジュール
システム液晶事業本部	奈良県天理市	TFT液晶 ディスプレイモジュール、アナログIC
デューティー液晶事業本部 情報システム事業本部 ドキュメントシステム事業本部	奈良県大和郡山市	DUTY液晶 ディスプレイモジュール、情報機器・PC/液晶モニター・ワープロ・モバイル端末・複写機/プリンタ
電子部品事業本部 新庄	奈良県北葛城郡新庄町	太陽電池モジュール、オプトデバイス、電子部品
電化システム事業本部	大阪府八尾市	家庭電化製品・エアコン・掃除機・洗濯機・冷蔵庫・電子レンジ
通信システム事業本部	広島県東広島市	オーディオ・1ビットデジタルオーディオ・MD/CD、通信機器・携帯電話/PHS・電話/FAX
IC事業本部	広島県福山市	液晶ドライバ、CCD、CMOSイメージャ、フラッシュメモリ

2.16.5 研究開発者

シャープの出願特許の実質発明者情報より、研究開発担当者を推定し、開発者規模の推移を分析した結果が、図2.16.5-1である。研究開発者、出願件数とも1991年の15名、12件から95年には0名に減少したが、96年から99年にかけて再び増加傾向にある。90年代前半の出願はセキュリティ向上を図った指紋照合技術が多かったが、90年代後半は指紋システム・応用や指紋入力技術に関連した操作性・利便性の改善を図るものが多く、開発指向に変化がみられる。

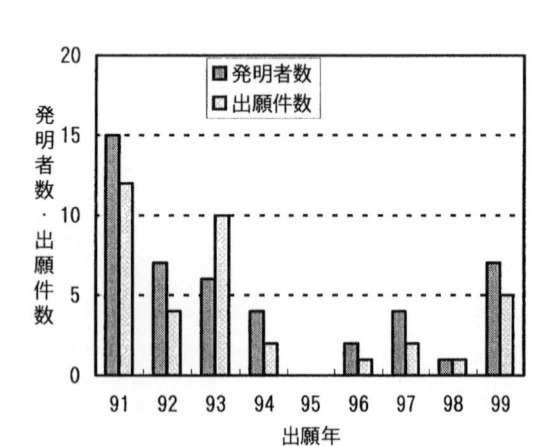

図2.16.5-1 シャープの発明者人数および出願件数推移

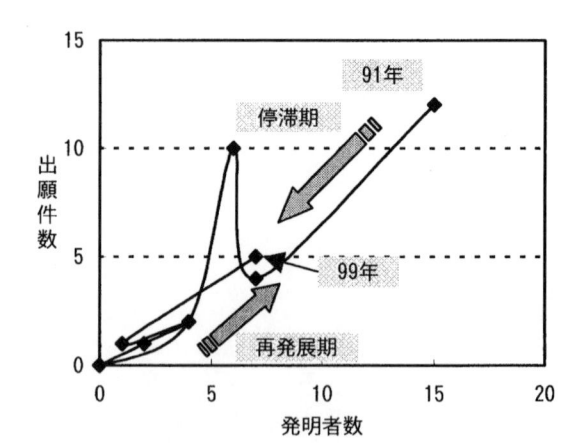

2.17 デンソー

2.17.1 企業の概要

トヨタ自動車から1949年に分離独立し、日本電装株式会社として設立され、1996年に社名が現在の株式会社デンソーに変更された。国内最大手の自動車部品メーカであり、空調関係、エンジン関係、走行・安全製品など自動車関係製品を中心に、モバイルマルチメディア、環境機器、電子応用機器、FA機器およびディスプレイ関連と多岐の事業領域、製品群を持っている。現在、国内工場として9製作所、2工場、研究所としてデンソー基礎研究所を有するとともに海外法人79、国内関係会社72を数える。今回調査した中のデンソーの特許は、登録が7件、公開特許が12件であった。そのうち1件が海外にも出願されている。

表2.17.1-1にデンソーの概要を示す。

表2.17.1-1 デンソーの概要

1)	商号	株式会社デンソー
2)	設立年月日	1949年12月16日
3)	資本金	1,730億円（2001年3月31日現在）
4)	従業員	38,700名（単独）、85,300名（連結）（2001年3月31日現在）
5)	事業内容	自動車関連部品（安全性、環境性、快適性、情報関連） 情報通信機器、環境機器、産業用ロボット 等
6)	技術・資本提携関係	（技術導入）－ （資本提携）－ （共同開発）－
7)	事業所	本社、工場／池田、広島、製作所／安城、西尾、高棚、大安、幸田、豊橋、阿久比、北九州、善明、
8)	関連会社	アスモ、アンデン、浜名湖電装、京三電機、GAC、朝日製作所 他
9)	業績推移（連結、百万円）	売上／1,883,407(1999年度)、2,014,978(2000年度) 利益／61,913(1999年度)、60,799(2000年度)
10)	主要製品	冷暖房機器、電装品・制御製品、燃料噴射装置、メーター類、ラジエーター、フィルター、その他自動車部品 他
11)	主な取引先	－

2.17.2 生体情報を用いた個人照合技術に関連する製品・技術

デンソーは、自動車分野で培った技術とノウハウを活かし、情報関連機器、環境関連機器などを開発、製造している。電子応用分野では、アプリケーションシステムとして非接触式ICカードによる入室管理システムなども開発されているが、現時点では生体情報である個人の身体的特徴や行動特性を用いた個人照合技術と結びついた製品はない。

2.17.3 技術開発課題対応保有特許の概要

　デンソーの生体情報を用いた個人照合に関連する特許における技術要素と技術課題の対応を図2.17.3-1に、また解決手段との対応を図2.17.3-2に示す。これらの図によれば、指紋照合関連に集中した出願があり、セキュリティ向上や操作・利便性を課題とし、入力技術と識別照合技術を解決手段とする出願が最も多くみられる。また署名照合の識別照合技術を解決手段とするもにもまとまった出願がある。

　なお技術課題、解決手段の具体内容については1.4節技術開発の課題と解決手段を参照されたい。

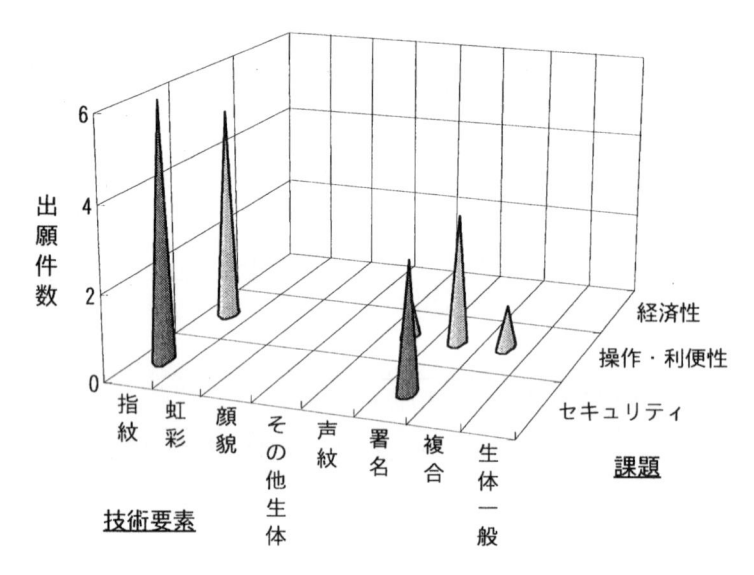

図2.17.3-1 技術要素・課題対応出願件数分布

（1991年1月～2001年9月に公開の登録と係属案件）

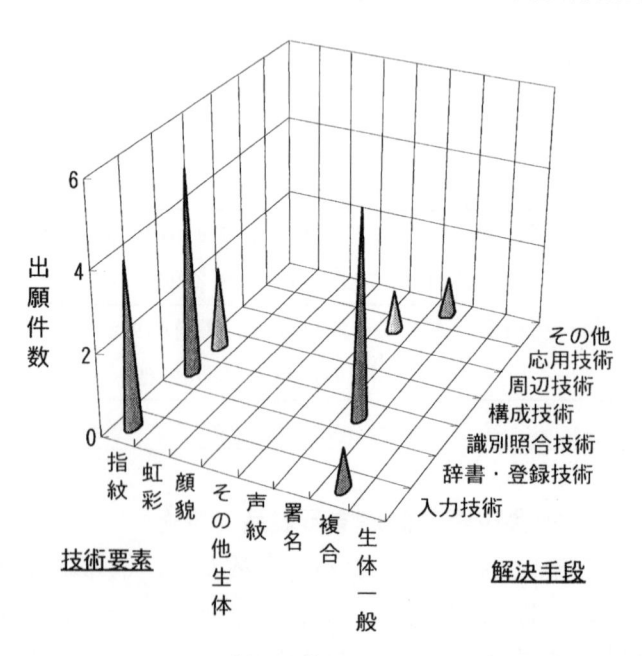

図2.17.3-2 技術要素・解決手段対応出願件数分布

（1991年1月～2001年9月に公開の登録と係属案件）

表2.17.3-1はデンソーの生体情報を用いた個人照合技術に関連する1991年1月～2001年9月に公開された登録と係属の特許について、技術要素、課題ごとに分類したものである。

表2.17.3-1 デンソーの技術開発課題対応保有特許一覧表（1/3）

技術要素	課題	特許番号	特許分類	名称
			概要(解決手段要旨)	図
指紋	セキュリティ	特許2949787	G06T7/00	指紋画像回転量検出装置
		特開平4-43469	指紋登録画像と照合画像の所定範囲内の両指紋特徴点の方向差を求め、最頻度の角度差を照合画像の回転量とする。	
		特許2903788	G06T7/00	指紋画像入力装置
		特開平5-46741	指紋画像の形状および指紋画像の面積が指紋照合を行うのに適切かどうか判別後、2値化画像を作成する。	
		特許2929802	G06T7/00	指紋照合システム
		特開平5-81412	台形歪補正用データ演算ルーチンで台形歪補正データを求め、該データに基づき登録および照合指紋画像の台形歪を除去する。	
		特開平8-101914	G06T7/00	パターン検査装置

表 2.17.3-1 デンソーの技術開発課題対応保有特許一覧表 (2/3)

技術要素	課題	特許番号	特許分類	名称
			概要(解決手段要旨)	図
指紋	セキュリティ	特開 2000-259820	G06T1/00	指紋入力装置及び同装置を用いた個人識別システム
		特開 2000-259821	G06T1/00	指紋入力装置及び同装置を用いた個人識別システム
	操作・利便性	特許2803313	G06T7/00	指紋照合装置
		特開平 3-296873	指紋データと背景画像データとの差分画像を指紋照合に利用し、差分画像を2値化する。2値化閾値の下限値を定めるとともに閾値を増減調整する。	
		特許2949788	G06T7/00	指紋照合装置
		特開平 4-43470	指紋照合画像と当該登録画像の所定範囲内の特徴点の角度差を求め、その絶対値が所定値以下の数が最も多い登録画像を選別する。	
		特許3003307	G06T7/00	指紋照合装置
		特開平 4-357570	照合画像と登録画像の相対角度を変更しつつ特徴量同士を比較し、両画像の位置および回転ずれ量を算出し、両画像の相対位置関係をパターンマッチング用に修正する。	
		特許2606498	G06T1/00	指紋画像入力装置
		特開平 5-61967	指紋画像を2値化する閾値を指紋採取時以外における信号レベルに応じて設定する。さらには極端な変化がないように最適値に設定する。	

表 2.17.3-1 デンソーの技術開発課題対応保有特許一覧表（3/3）

技術要素	課題	特許番号	特許分類	名称
			概要(解決手段要旨)	図
指紋	操作・利便性	特開平 8-138046	G06T7/00	指紋センサ
声紋	操作・利便性	特開 2000-80828	E05B49/00	車両制御装置
署名	セキュリティ	特開平 8-153195	G06T7/00	サイン認識装置
			入力されたサインから特徴となる複数のデータを生成し、特徴の種類ごとの入力値に対して出力値の変化が少なくなる特性のメンバーシップ関数により入力したデータのゆらぎを吸収させ出力する。	
		特開平 10-162135	G06T7/00	サイン照合用テンプレートの作成方法及び装置並びにサイン照合装置
		特開平 10-171985	G06T7/00	サイン照合端末装置
	操作・利便性	特開平 10-187969	G06T7/00	サイン照合システム
		特開平 10-320554	G06T7/00	個人認証システム
		特開平 11-195117	G06T7/00	ＩＣカード認証方法および装置
複合	操作・利便性	特開平 8-315138	G06T7/00	個人認識装置

2.17.4 技術開発拠点

デンソーは、自動車関連技術を核とした開発拠点としてデンソー基礎研究所を持つ。国内には、中部地区を中心に9製作所、2工場を持ち情報関連機器、環境関連機器などの製造が行われている。ここでは基礎研究所の担う分野と所在地を表2.17.4-1に示す。
（出典：http://www.denso.co.jp/GUIDE/summary/summary.html）

表2.17.4-1 デンソーの主要技術開発拠点

開発拠点	所在地	分野
デンソー基礎研究所	愛知県日進市	半導体エレクトロニクス、情報通信、ヒューマンインターフェイスなどの技術開発

2.17.5 研究開発者

図2.17.5-1にデンソーの生体情報を用いた個人照合技術関連の1991年1月～2001年9月に公開の出願を対象に発明者数と出願件数推移を示す。発明に関与している開発者は、平均すると5名弱／年であり、指紋および署名関連の出願が全出願の約90％を占める。90～91年にかけて集中して出願された指紋関連出願7件が登録になっている。

図2.17.5-1 デンソーの発明者人数および出願件数推移

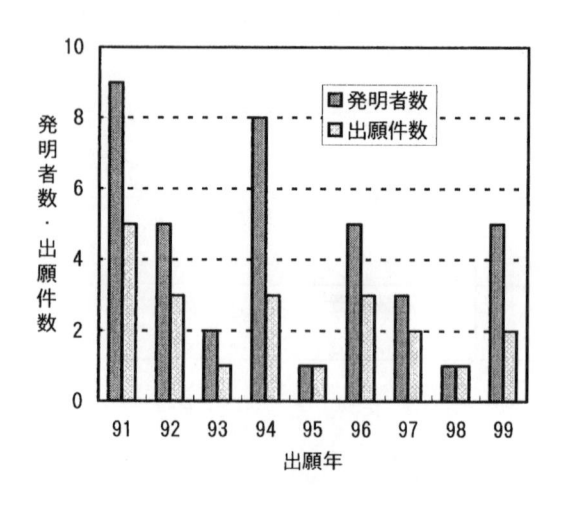

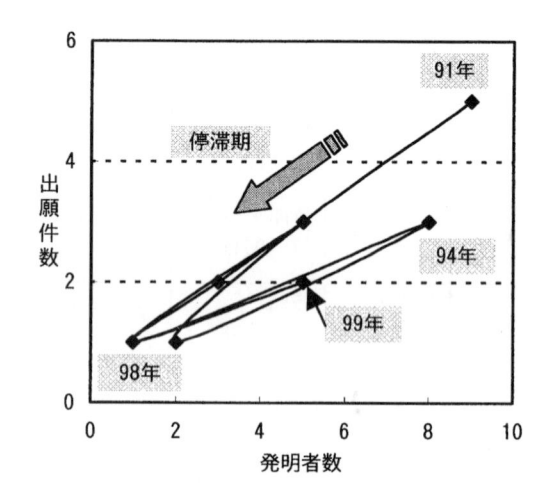

2.18 NTT データ

2.18.1 企業の概要

NTT データは 1988 年に日本電信電話株式会社から独立した公共、金融、産業分野向け通信・ネットワーク関連事業を行う企業である。98 年に NTT データ通信から現行名称に改称された。生体情報を用いた個人照合の事業化では、指紋を含む複合照合技術を活用した IC カード型指紋認証システムや DNA を用いた物品認証システムなどの製品・システム例がある。 今回調査した中の NTT データの特許は、登録が3件、公開のものが 16 件であった。指紋照合のシステム・応用に関する特許が5件、声紋関係が4件、複合照合に関するもの5件が主要な出願分野である。

図 2.18.1-1 に NTT データの概要を示す。

表 2.18.1-1 NTT データの概要

1)	商号	株式会社NTTデータ
2)	設立年月日	1988年5月
3)	資本金	1,425億2,000万円
4)	従業員	8,718名（単独）、12,843名（連結）
5)	事業内容	データコミュニケーション、コンピュータコミュニケーション、インフォメーションテクノロジー領域
6)	技術・資本提携関係	（技術導入）－ （クロスライセンス）－ （共同開発）三菱電機「指紋認証付きICカードリーダライター及び認証システム」
7)	事業所	本社／東京、支社／札幌、仙台、さいたま、名古屋、大阪、広島、福岡
8)	関連会社	東京エヌ・ティ・ティ・データ通信システムズ、関西エヌ・ティ・ティ・データ通信システムズ、東海エヌ・ティ・ティ・データ通信システムズ、中国エヌ・ティ・ティ・データ通信システムズ、長野エヌ・ティ・ティ・データ通信システムズ、エヌ・ティ・ティ・システム技術、エヌ・ティ・ティ・システムサービス、等
9)	業績推移（百万円）	売上／725,347（1999年度）、801,044（2000年度） 利益／▲18,113（1999年度）、24,452（2000年度）
10)	主要製品	ICカード（接触・非接触一体型ICカード、個人認証システムなど）等
11)	主な取引先	中央省庁、地方公共団体、保健・医療・福祉・防災関連、金融分野（銀行、証券、生保・損保、クレジット・リース）、産業分野（建設、卸売、物流）

2.18.2 生体情報を用いた個人照合技術に関連する製品・技術

表 2.18.2-1 NTT データの関連製品・技術例

技術要素	製品	製品名	技術発表時期	出典
複合照合	認証システム	IC カード型指紋認証システム	2001 年 3 月	http://www.nttdata.co.jp/service/s0606115.html
DNA 照合	認証システム	物品認証システム	2001 年 7 月	http://www.nttdata.co.jp/release/2001/071700.html
DNA 照合	認証システム	ＤＮＡ実印ＩＣカード	2001 年 7 月	http://www.nttdata.co.jp/release/2001/071700.html

NTT データは表 2.18.2-1 に示すようなパスワードと指紋を組み合わせた複合照合技術を活用した多機能型の「IC カード型指紋認証システム」や、DNA 照合技術を利用した物品認証システム、DNA 実印 IC カードを実用化している。

図 2.18.2-1 に IC カード型指紋認証システムの適用例を示す。

図 2.18.2-1 IC カード型指紋認証システムの適用例

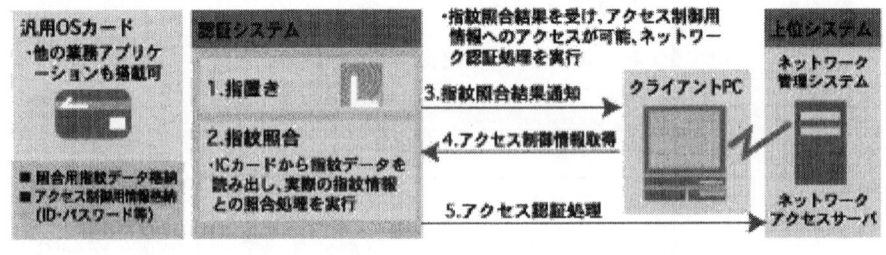

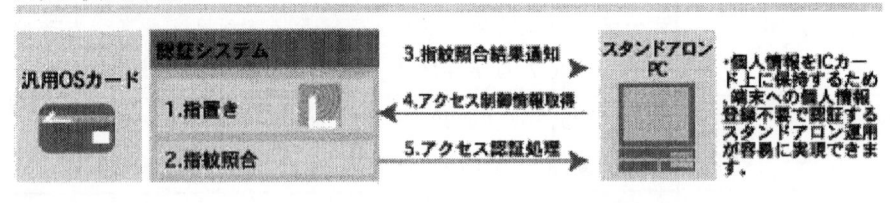

図 2.18.2-2 に DNA による物品照合システムのイメージ図を示す。また図 2.18.2-3 に DNA 実印 IC カードの外観を示す。

図 2.18.2-2 DNA による物品認証システムイメージ図

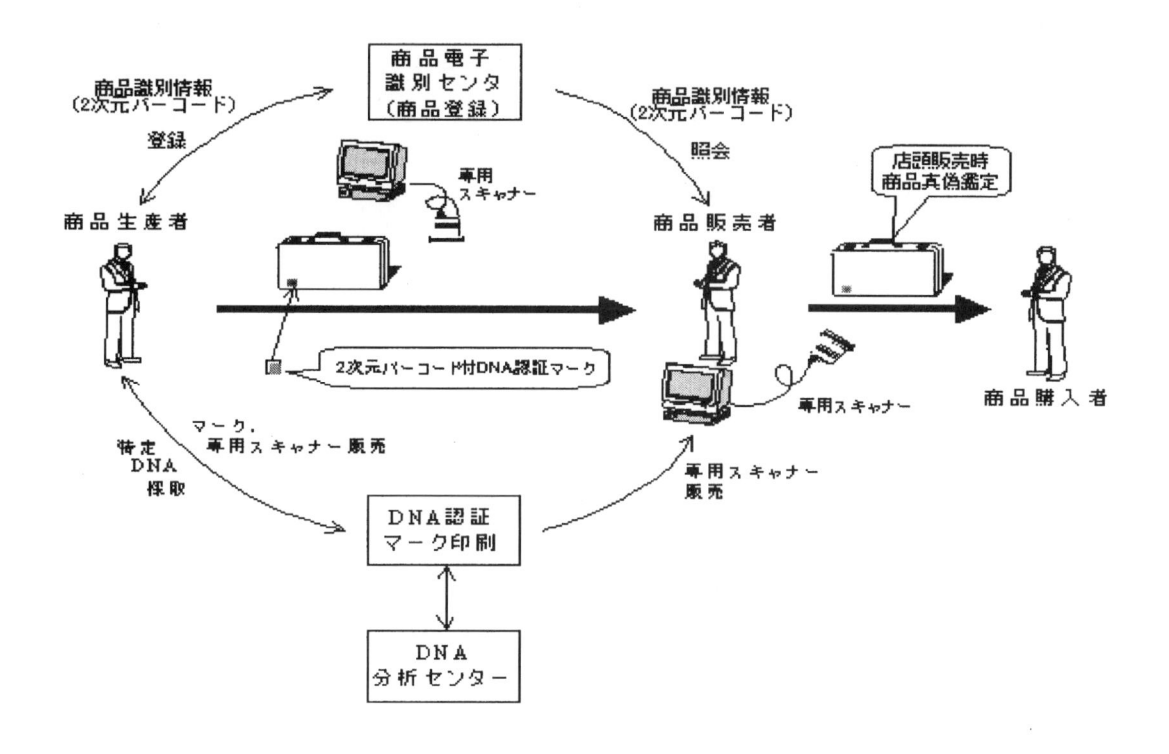

図 2.18.2-3 DNA 実印 IC カード

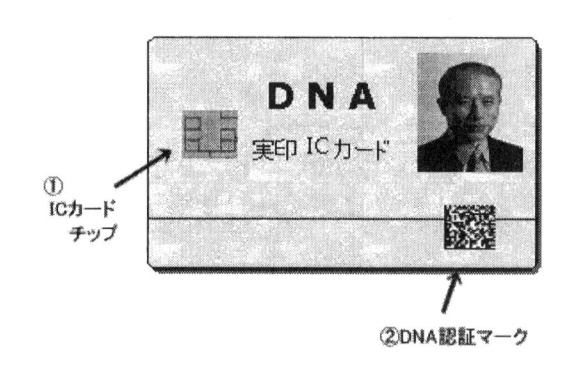

2.18.3 技術開発課題対応保有特許の概要

　NTTデータの生体情報を用いた個人照合に関連する特許における技術要素と技術課題の対応を図2.18.3-1に、また解決手段との対応を図2.18.3-2に示す。これらの図によれば、複合、指紋、顔貌、生体一般照合関連でセキュリティ向上を課題とし、識別照合技術を解決手段とする出願が2、3件有る。また声紋照合関連で経済性のための辞書・登録技術を解決手段とするものも目立つ。

　なお技術課題、解決手段の具体内容については1.4節技術開発の課題と解決手段を参照されたい。

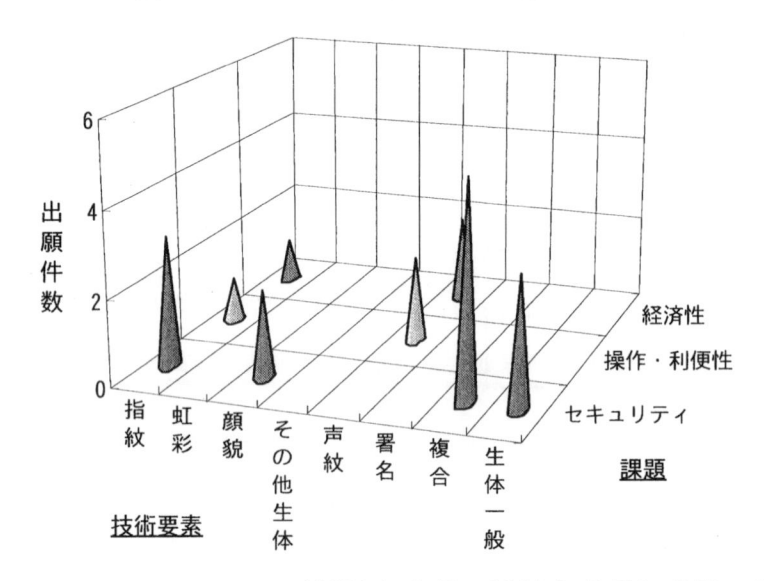

図2.18.3-1 技術要素・課題対応出願件数分布

（1991年1月～2001年9月に公開の登録と係属案件）

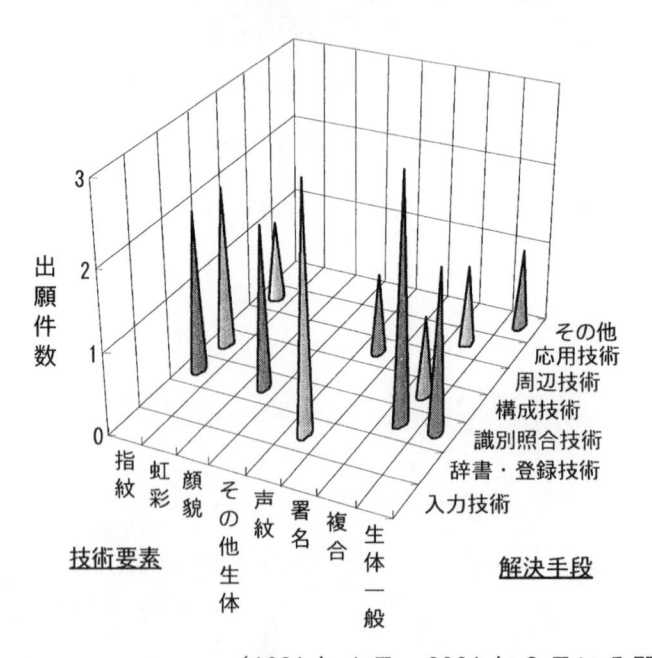

図2.18.3-2 技術要素・解決手段対応出願件数分布

（1991年1月～2001年9月に公開の登録と係属案件）

表 2.18.3-1 に NTT データの技術開発課題対応保有特許の一覧表を示す。この表は、生体情報を用いた個人照合技術に関連する 1991 年 1 月～2001 年 9 月に公開された登録と係属の特許について技術要素、課題ごとに分類したものである。

表 2.18.3-1 NTT データの技術開発課題対応保有特許一覧表(1/3)

技術要素	課題	特許番号	特許分類	名称
			(概要：解決手段要旨)	(図)
指紋システム	セキュリティ	特開平10-134126	G06F19/00	電子マネーシステム
		特開平10-154193	G06F19/00	電子マネーシステム及び記録媒体
		特開2000-293643	G06K17/00	ＩＣカード、ＩＣカード情報登録／照合方法及びシステム
	多機能化	特許2751082	G07F7/12	多機能ＩＣカードシステム
			送受信制御装置にICカードを挿入し光通信または無線通信機能を利用して非接触で、端末装置との間でデータを授受することにより、サービス利用の際に利用料金の決済あるいは入場許可、認証等の手続きを迅速に処理することが可能となる。また、ICカード自体でも機能し、しかも一枚のICカードにより多数のサービスに対する料金決済がきわめて簡単な手続きにより実行できるシステム。	
	経済性	特開平10-171905	G06F19/00	電子伝票システム
顔貌	セキュリティ	特開2000-90191	G06K9/00	顔認識装置及び方法
		特開2000-137818	G06T7/00	パターン認識方式

表 2.18.3-1 NTT データの技術開発課題対応保有特許一覧表(2/3)

技術要素	課題	特許番号	特許分類	名称
			(概要:解決手段要旨)	(図)
声紋	簡便性	特許3058569	G10L17/00	話者照合方法及び装置
			コードブックサイズが一定値以上であれば、コードブック内距離と話者内距離、コードブック間距離と話者間距離との間に、それぞれ図に示すように強い相関関係があり、しかもこれらの相関関係は時期差に頑健であるという性質を有効に利用して、話者内距離のばらつき及び同一話者及び他話者の声の特徴の時期差を考慮した最適な話者別閾値を決定する点に特徴がある。これにより迅速な処理が可能。	
		特開平11-344992	G10L3/00,531	音声辞書作成方法、個人認証装置および記録媒体
	経済性	特許3098157	G10L17/00	話者照合方法及び装置
			予め用意された話者別コードブック内の本人外コードブックから所定量のコードベクトルを出現させ、これら出現したコードベクトルを本人コードブックでベクトル量子化して導出した特徴差の統計値に基づいて話者照合の基準となる閾値を決定するので、話者別コードブックを作成した段階で閾値の決定及び話者照合が可能になる効果がある。したがって大量の学習音声サンプルの収録作業が不要になり、メモリ容量と計算時間も大幅に縮減、短縮され人的資源及びコストを削減することができる。	
		特開平11-353399	G06F19/00	電話機、自動決済処理装置及び自動決済方式
複合	セキュリティ	特開平9-282531	G07F7/08	ロッカーシステム
		特開平11-253426	A61B5/117	生体的特徴の認証方法及び装置、記録媒体
		特開平11-253427	A61B5/117	生体的特徴の認証方法及び装置、記録媒体
		特開2000-76195	G06F15/00,330	認証方法および装置、記録媒体
		特開2000-207524	G06K19/10	カード発行装置、カード利用装置、本人識別装置、本人識別システム及び本人識別方法

表2.18.3-1 NTTデータの技術開発課題対応保有特許一覧表(3/3)

技術要素	課題	特許番号	特許分類	名称
			(概要：解決手段要旨)	(図)
生体一般	セキュリティ	特開平11-306352	G06T7/00	生体的特徴の認証精度推定方法及び装置、記録媒体
		特開2001-92787	G06F15/00,330	カード認証システム、カード媒体及びカード認証方法
		特開2001-101406	G06T7/00	一般的侵入者モデル作成方法及び装置、個人認証方法及び装置

2.18.4 技術開発拠点

NTTデータの特許の発明者所属、住所から抽出した生体情報を用いた個人照合技術開発拠点はNTTデータ本社（東京都江東区）である。

2.18.5 研究開発者

NTTデータの出願特許の実質発明者情報より、研究開発担当者を推定し、開発者規模の推移を分析した結果が、図 2.18.5-1 である。特許出願の見られない年があるものの、研究開発者数は1995年を境に2名程度から一気に10名の勢力に増加し、それ以降その勢力が持続しており、発展期にあるとみられる。

図2.18.5-1 NTTデータの発明者数と出願件数の推移

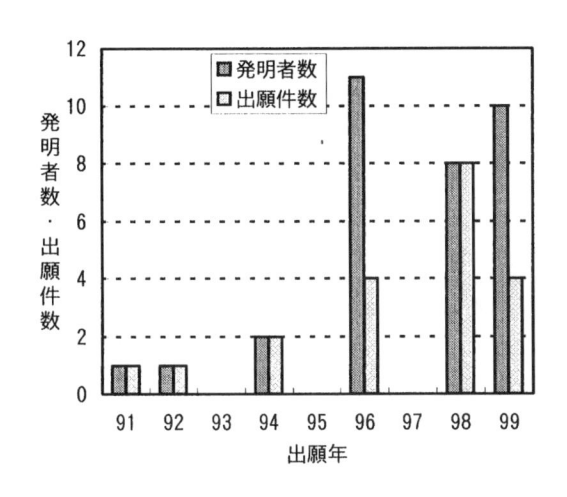

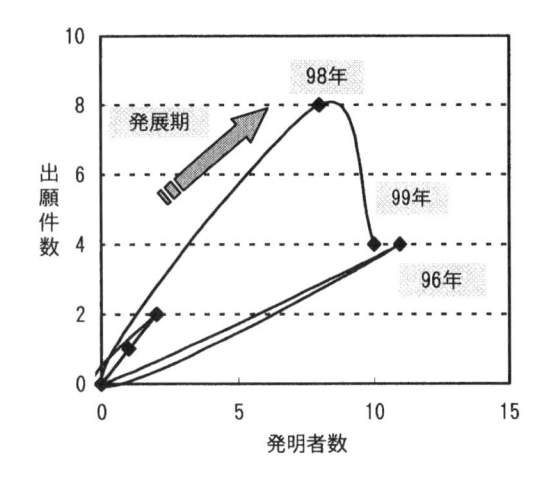

2.19 日本サイバーサイン

2.19.1 企業の概要

日本サイバーサインは当初、富士通・松下通信工業・デジタルクラブ・日興キャピタル・キャディックスの共同出資で1999年末に設立されたセキュリティ事業会社であり、現在は40数社と資本提携している。今回調査した中の日本サイバーサインの特許は、登録が1件、公開特許が15件であった。そのうち1件が海外にも出願されている。

表2.19.1-1に日本サイバーサインの概要を示す。

表2.19.1-1 日本サイバーサインの概要

1)	商号	日本サイバーサイン株式会社
2)	設立年月日	1999年12月24日
3)	資本金	8億5,750万円（2001年10月1日現在）
4)	従業員	22名　　　　（2001年10月1日現在）
5)	事業内容	手書き署名による個人認証システムCyber-SIGNを核に幅広い認証製品/認証応用製品/セキュリティ・システムの開発/認証サービス、コンサルティング及び販売
6)	技術・資本提携関係	（業務提携）NTTデータ　他 （資本提携関係）キャディックス、富士通、 松下通信工業、デジタルクラブ、 日興キャピタル他
7)	事業所	本社／東京、営業所／愛知
8)	関連会社	Cyber SIGN Inc.（米国子会社） Cyber SIGN Europe S.A.S（欧州子会社）
9)	業績推移（百万円）	9(2000年3月、但し1999年12月24日～2000年3月31日まで) 465(2001年3月)
10)	主要製品	手書署名による個人認証システムCyber-SIGNおよびそれを核とした認証応用製品、セキュリティシステム
11)	主な取引先	富士通グループ、日立製作所グループ、松下電器産業グループ、都築電気、シャープ、NTTデータ、三菱電機グループ　他

2.19.2 生体情報を用いた個人照合技術に関連する製品・技術

共同出資会社のもつ幅広い技術力、ブランド力とキャディックスの独自開発である個人特有の筆記運動情報（筆順、筆速、筆圧など）を用いた最先端の動的署名照合技術Cyber-SIGNとを融合させることで幅広い認証製品／認証応用製品／セキュリティシステムを製品化している。

Cyber-SIGN は、バイオメトリクス認証の中でも自分の意志では変えることのできない身体的特徴（指紋、虹彩、顔貌など）を利用する認証方式とは異なり、唯一認証のための登録データを自分の意志で無限に作り出せることが最大の特長である。この特徴を活かすことにより署名照合における偽筆など不正行為に対して高セキュリティを実現でき、さらには他の個人照合技術による認証の仕組みをも強力に補強することができる。

図 2.19.2-1　「動的署名照合」技術による個人認証

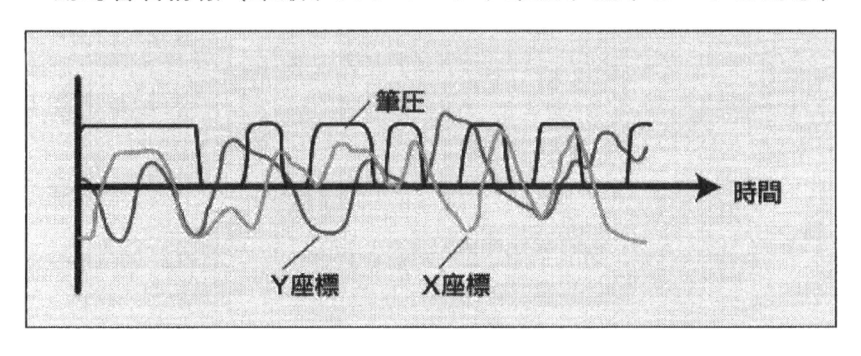

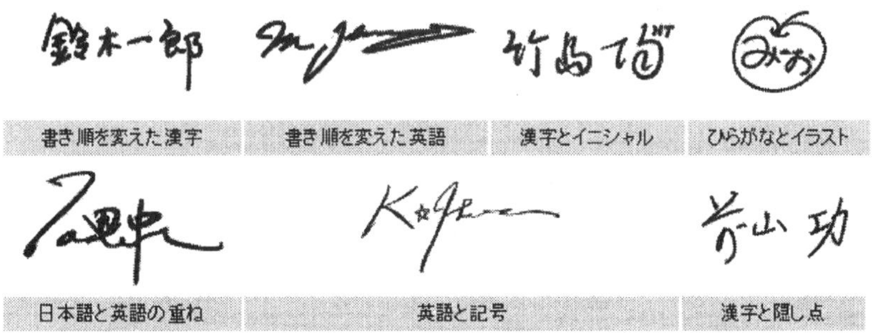

表 2.19.2-1 日本サイバーサインの関連製品例

技術要素	製品	製品名	発売時期	出典
署名	手書きサイン個人認証システム	Cyber-SIGN	1996年	http://www.cadix.co.jp/outline/history.html
	Windows用ログオン時署名認証	C-SIGN LOCK	2001年6月	C-SIGN LOCK Personal カタログ
	手書き電子メールシステム	VIPSTATION	2000年11月	http://cybersign.co.jp
	Cyber-SIGNパワーオンセキュリティ	Cyber-SIGN for Pocket PC	2001年8月	Cyber-SIGN for Pocket PC カタログ
			1999年2月	シャープ製PDA「ザウルス」

(1) Cyber-SIGN

　Cyber-SIGN は、ユーザがシステムへのアクセス時に PC 端末に接続した電磁誘導式のタブレットに電子ペンでサイン（署名）することにより、サインの筆跡・筆圧・スピード・書き順・空中のペンの動きなど個人特有の筆記運動のデータから瞬時に本人照合を行うバイオメトリクス（生体識別）を使った本人認証システムである。金融機関などでの企業内データベースへのアクセス管理、携帯情報端末ログイン時の個人認証、施設の入退室管理など高度のセキュリティが必要とされる種々の分野に適用できる。また、ペンで文字の記入が可能な PDA（携帯情報端末）やペンコンピュータは入力タブレットなしに使用が可能である。さらに、ノートパソコンのポインティングデバイス（指マウス）に指でサインの書き込みを実現、バイオメトリクス認証で入力デバイスのコストレスを推し進めている。

図 2.19.2-2 金融機関への Cyber-SIGN の応用事例

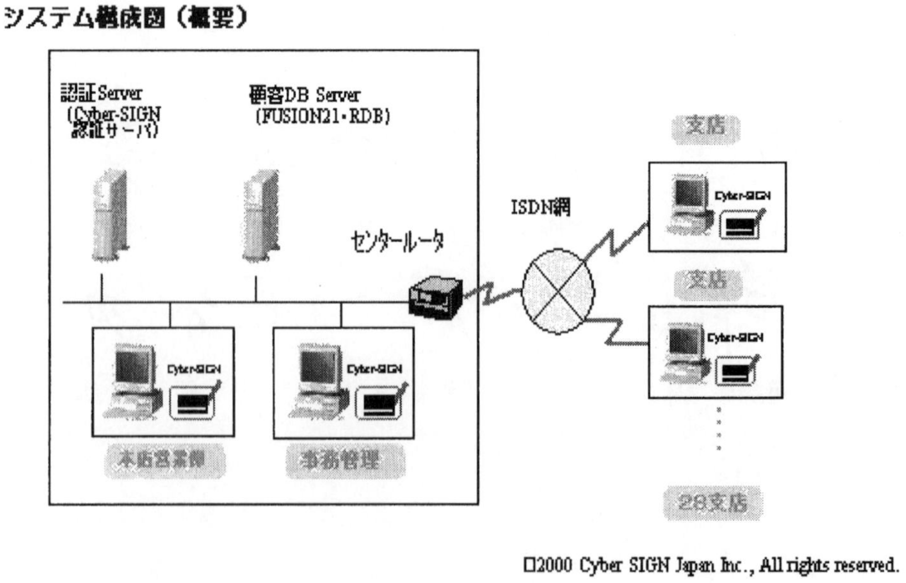

図2.19.2-2は、金融機関において重要な顧客データベースへアクセスするための個人認証の手段として手書きサイン認証システムが活用されている事例である（システム構成：データベースサーバ、アプリケーションサーバを中心としたLAN、WAN構成）。サインは貸し借りができなく、身体の一部であり紛失することがない。さらにCyber-SIGNの導入は、アクセスする各自の責任が明確になり、セキュリティ意識が高揚する効果を併せて持つ。

(2) C-SIGN LOCK（Personal ver1.0）
C-SIGN LOCK（図2.19.2-3）は、Cyber-SIGNのテクノロジーでWindowsログオンを保護する製品で、以下の機能を持つ。ネットワークログオン機能を持つクライアントサーバータイプも商品化されている。
　a.サイン入力機能、b.サイン表示機能、c.サイン登録管理機能、d.サイン照合機能
　e.ポリシー設定（セキュリティレベル等）機能
　f.運用支援（運用上必要な定義や管理）機能
　g.システム操作ロック（電源ON時、レジューム時、スクリーンセーバの再開時にサイン認証によりシステムの操作を保護する）機能
　h.保守（C-SIGN運用時の動作履歴をログファイルとして記録する）機能

図2.19.2-3 Windows用ログオン・セキュリティへの応用　　　図2.19.2-4 手書き電子メールシステム

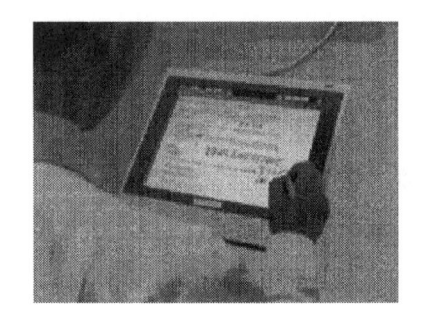

(3) VIPSTATION
「VIPSTATION」（図2.19.2-4）は、液晶ディスプレイとタブレットが一体となったディスプレイ一体型手書き電子メールシステムである。付属の電子ペンで画面に直接入力でき、手書き入力をそのまま送信できる。主に次の特長を持つ。
　a.電磁誘導式の液晶タブレットを採用し、ディスプレイ画面に直接ペン入力できる
　b.手書入力をそのままメール送信可能であり、Cyber-SIGNによるサイン照合で「親展」メールの開封者を認証できる
　c.受信電子メールに上書きして、そのまま返信・転送・再送できる　など

(4) Cyber-SIGN for Pocket PC

Cyber-SIGN for Pocket PC (図 2.19.2-5) は、PDA の紛失、盗難、情報への不正アクセスといったセキュリティシステム対策をバイオメトリクス技術の1つであるサイン認証により実現する。下記の主な機能を持つ。

figure 2.19.2-5 Pocket PC 対応サイン認証

a. サイン認証によるパワーオン
  電源投入時、サイン認証に成功しない限り Pocket PC の機能を使用できなくする
b. Active Sync をサイン認証でコントロール、サイン認証に成功しない限り Pocket PC とパソコンとの Active Sync 機能を使用不可能にする

2.19.3 技術開発課題対応保有特許の概要

日本サイバーサインの生体情報を用いた個人照合に関連する特許における技術要素と技術課題の対応を図 2.19.3-1 に、また解決手段との対応を図 2.19.3-2 に示す。これらの図によれば、署名照合関連に集中した出願があり、セキュリティ向上を課題とし、識別照合技術を解決手段とする出願が主体である。

なお技術課題、解決手段の具体内容については 1.4 節技術開発の課題と解決手段を参照されたい。

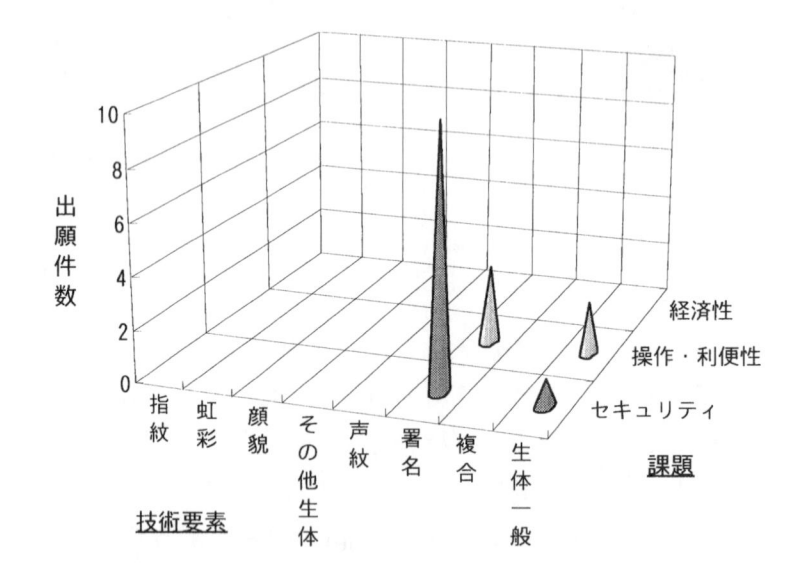

図 2.19.3-1 技術要素・課題対応出願件数分布

(1991 年 1 月～2001 年 9 月に公開の登録と係属案件)

図 2.19.3-2 技術要素・解決手段対応出願件数分布

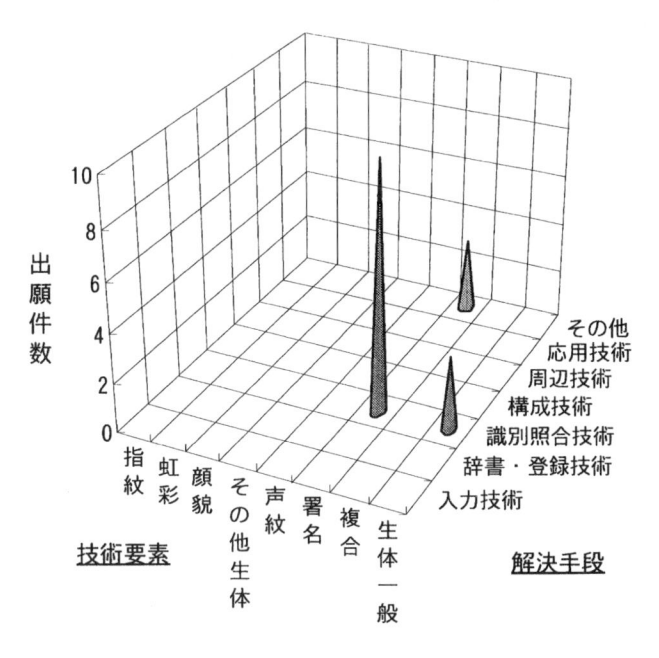

(1991年1月～2001年9月に公開の登録と係属案件)

表 2.19.3-1 に日本サイバーサインの生体情報を用いた個人照合技術に関連する 1991 年 1 月～2001 年 9 月に公開された登録と係属の特許について、技術課題、課題ごとに分類したものである。

表 2.19.3-1 日本サイバーサインの技術開発課題対応保有特許一覧表 (1/3)

技術要素	課題	特許番号	特許分類	名称
			概要(解決手段要旨)	図
署名	セキュリティ	特開平10-79030	G06T7/00	署名データ認証システム
			署名データの盗用防止システムで、登録署名データを履歴データとして記憶し、署名入力データと照合して、前記履歴データと完全一致する場合はデータの盗用として否認する手段を備える。	
		特開平10-171926	G06K9/62,640	手書き文字の照合方法および装置

表2.19.3-1 日本サイバーサインの技術開発課題対応保有特許一覧表（2/3）

技術要素	課題	特許番号	特許分類	名称
			概要(解決手段要旨)	図
署名	セキュリティ	特開平 10-261082	G06T7/00	コンピュータ署名照合方式における登録署名データ作成方法
			複数の署名データをもとに平均値化した登録署名データ候補を算出し、前記登録署名データ候補と個々の署名データとの照合を行い、全ての署名データの照合結果が正しい結果を得た場合、前記登録署名データ候補を登録署名データとする。	
		特開平 11-110543	G06T7/00	ICカードの認証方法および装置
		特開平 11-110544	G06T7/00	ICカードの認証方法および装置
		特開平 11-144056	G06T7/00	電子署名照合方法およびシステム
			登録署名データと照合署名データの座標値の差の総和を基に累積誤差を求め、この値により真偽を判定することにより、電子署名照合における署名のばらつきに対応する。	
		特開平 11-143445	G09G5/00,550	スクリーンセーバー
			スクリーンセーブ状態を解除する場合に、電子署名を行い、登録署名データと照合する。照合にパスしたとき、スクリーンセーブ状態を解除する。	
		特開平 11-242587	G06F9/06,410	ソフトウェアのインストール方法
		特開 2001-134666	G06F17/60	ネットワーク取引システム及びネットワーク取引方法
		特開 2001-199311	B60R25/10,615	車両制御総理及び車両制御装置を備えた車両

表 2.19.3-1 日本サイバーサインの技術開発課題対応保有特許一覧表（3/3）

技術要素	課題	特許番号	特許分類	名称
			概要(解決手段要旨)	図
署名	操作・利便性	特許3010022	G06T7/00	複式署名認証方法
			複数種の登録署名データを登録可能とすることによって、利用者の利便性を高め、また予め定められた条件と対応して、照合される登録データを特定することによって認証の安全性を高める。	
		特開平10-187969	G06T7/00	サイン照合システム
		特開平11-195117	G06T7/00	ＩＣカード認証方法および装置
生体一般	セキュリティ	特開2001-134759	G06T7/00	データ変換装置及びデータ認証システム
	操作・利便性	特開平11-88321	H04L9/32	ディジタル署名生成サーバ
			公開鍵暗号方式を利用したディジタル署名において、秘密鍵を記憶する記憶手段を備え、各ユーザが秘密鍵を個別に管理する必要のない秘密鍵の管理が容易な利便性に富むディジタル署名システム。	
		特開平11-88322	H04L9/32	ディジタル署名生成方法
			公開鍵暗号方式を利用したディジタル署名において、秘密鍵をプログラム中に埋め込む構成により、第三者がプログラムをコピーしても悪用できない秘密鍵の管理を容易にした利便性に富むディジタル署名システム。	

表 2.19.3-2 今回調査期間外で製品に使用されている特許

技術要素	課題	特許番号	特許分類	名称
			概要(解決手段要旨)	図
1)署名	セキュリティ	特公平 5-31798	G06K9/62	手書き文字のオンライン認識方式
			手書き文字の座標情報と筆圧情報を三次元時系列情報としてオンラインで取り込み、座標と筆圧の同時ダイナミックプログラミングマッチングによって累積誤差を最少とする補正を行い、座標と筆圧情報の重み付けも含む手書き文字の認識方式。	
		特許 2736083	G06F3/03,380	署名入力方法
			筆圧データからペンの浮遊時間を常時監視し、所定の基準浮遊時間と比較して、該基準値を超えた時に署名入力完了と判断する。	
		特公平 8-7788	G06T7/00	署名照合方法
			署名入力パターンと登録パターンの比較において、署名形状と筆記運動の両相違度で署名真偽の判定を行う。	

2.19.4 技術開発拠点

日本サイバーサインの開発は、同社設立の経緯からキャディックスでの署名照合システムの開発に端を発している。ここでは、現時点の日本サイバーサインの開発拠点を記す。

開発拠点：東京都世田谷区（本社）

2.19.5 研究開発者

現時点でキャディックスから日本サイバーサインに特許権の移転手続が完了しているものを含めて研究開発者数および出願件数の推移を下図2.19.5-1に示す。

キャディクスで開発した独自の動的署名照合技術は、今回の調査期間（1991年1月～2001年9月に公開の出願が調査対象）以前の80年代後半に出願されており、それをベースに新たな署名および生体情報を用いる個人照合技術について出願が続けられている。

ここに対象とした署名および身体的特徴および行動特性を特定しない生体情報一般を用いる個人照合関連出願は、延べ8人の開発者による16件である。発明者数、出願件数の推移は、開発フェーズとして成熟期の様相を呈している。

図2.19.5-1 日本サイバーサインの発明者数と出願件数推移

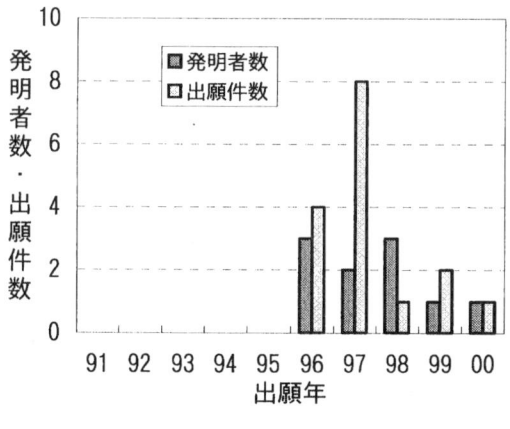

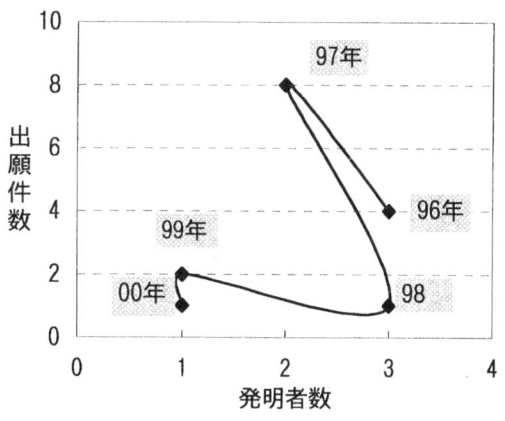

2.20 大日本印刷

2.20.1 企業の概要

　大日本印刷は、長年培った印刷技術や微細加工技術を核にディスプレイや半導体製品関連の「情報電子部材系」、食品用や産業用などの包材、建装材関連の「生活構材系」、紙メディアや電子メディア関連の「情報メディア系」の3つの事業領域で積極的な事業展開を推し進めている業界トップメーカである。21世紀を迎え、印刷技術(Printing Technology)と情報技術 (Information Technology) を融合させた新事業創出に注力されている。今回調査した中の大日本印刷の特許は、公開特許が14件であった。

　表2.20.1-1に大日本印刷の概要を示す。

表2.20.1-1 大日本印刷の概要

1)	商号	大日本印刷株式会社
2)	設立年月日	1894年1月
3)	資本金	1,144億6,476万円　　　　　　　　（2001年3月現在）
4)	従業員	10,698名（単独）、34,094名（連結）　（2001年3月現在）
5)	事業内容	情報メディア（書籍、辞書、ビジネスフォーム 他） 生活構材（食品・医療用品など包装材、各種転写製品 他） 情報電子部材（シャドウマスク、フォトマスク 他）
6)	技術・資本提携関係	（技術導入）－ （資本提携）－ （共同開発）－
7)	事業所	市谷、榎町、赤羽、横浜、久喜、宇都宮、大阪、京都、奈良、 兵庫、岡山工場 他
8)	関連会社	大日本製本、ディー・エヌ・ピー・デジタルコム、大日本LSIデザイン 他
9)	業績推移 （連結、百万円）	売上／1,286,703(1999年度)、1,342,035(2000年度) 利益／39,034(1999年度)、33,409(2000年度)
10)	主要製品	情報メディア、生活構材および情報電子部材品 他
11)	主な取引先	－

2.20.2 生体情報を用いた個人照合技術に関連する製品・技術

　大日本印刷は、金融、流通業界などで使用されているICカードの製造、販売のリーディングカンパニーである。大日本印刷では、高度なICカード製造技術を活かし、ICカードを利用した表2.20.2-1および図2.20.2-1に示す「ICカード指紋照合システム」を開発している。このシステムは、本人の指紋と登録されたデータを識別する指紋照合システムであり、ICカード、指紋登録システムおよび指紋照合ユニットで構成されている。指紋照合

ユニットには、ソニーが商品化している IC カードリーダー一体型指紋読取り装置が採用されている。ゲートシステムメーカなどと協力して、IC カード、指紋登録システムおよび指紋照合ユニットのセットで入退室管理や金融機関での本人確認、電子商取引での個人認証などへの適用が検討されている。

表 2.20.2-1 大日本印刷の関連製品例

技術要素	製品	製品名	発売時期	出典
指紋	入退室管理	IC カード指紋照合システム	－	http://www.dnp.co.jp/jis/news/99/990226.html

本システムは以下の特長を持っている。

(1) IC カード上のメモリに所有者の指紋データを登録するため、サーバでの指紋データの保守・管理が不要で、スタンドアロンでの運用が容易である
(2) 指紋データを個人の IC カードに保有するため、個人情報を保護し、セキュリティ性を保つことができる
(3) 独自開発した「IC カード指紋データ登録システム」により、簡単な操作で指紋データの登録や発行履歴管理ができる

図 2.20.2-1 IC カード指紋照合システム

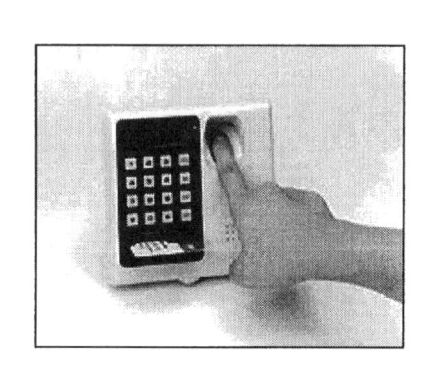

2.20.3 技術開発課題対応保有特許の概要

大日本印刷の生体情報を用いた個人照合に関連する特許における技術要素と技術課題の対応を図 2.20.3-1 に、また解決手段との対応を図 2.20.3-2 に示す。

図 2.20.3-1 技術要素・課題対応出願件数分布

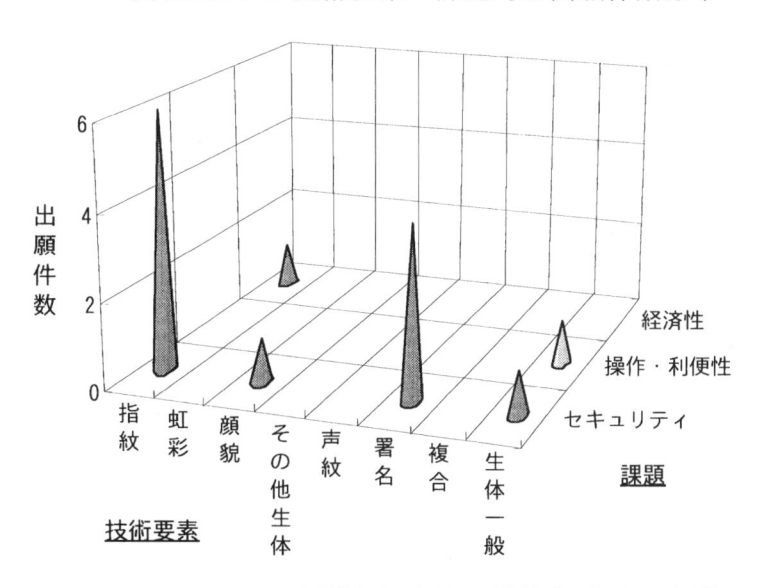

(1991 年 1 月～2001 年 9 月に公開の登録と係属案件)

図 2.20.3-2 技術要素・解決手段対応出願件数分布

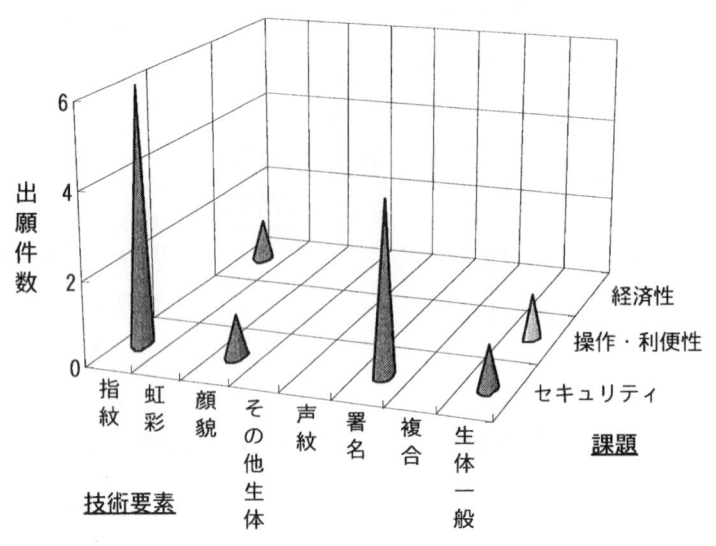

(1991年1月～2001年9月に公開の登録と係属案件)

　これらの図によれば、指紋照合関連の出願が最も多く、セキュリティ向上を課題として、解決手段は、辞書・登録、識別照合、応用技術などに分布している。また署名照合関連でセキュリティ向上を課題とするものがまとまって出願されている。
　なお技術課題、解決手段の具体内容については1.4節技術開発の課題と解決手段を参照されたい。

　表 2.20.3-1 は大日本印刷の生体情報を用いた個人照合技術に関連する 1991年1月～2001年9月に公開された登録と係属の特許について、技術要素、課題ごとに分類したものである。

表 2.20.3-1 大日本印刷の技術開発課題対応保有特許一覧表 (1/2)

技術要素	課題	特許番号	特許分類	名称
			概要(解決手段要旨)	図
指紋	セキュリティ	特開平10-240931	G06T7/00	金融機関における照合システム及び照合方法
		特開平11-283034	G06T7/00	画像記録方法、画像記録装置及び画像照合装置
		特開平11-312225	G06K19/10	指紋読取認証機能付きICカード
		特開2000-118174	B42D15/10,501	指紋形成媒体、指紋形成媒体の発行装置及び指紋照合システム
		特開2000-123146	G06K19/10	指紋を有する印刷物及びその真偽判定方法
		特開2000-348258	G07F17/26	本人識別機能を有する証明書発行機
	経済性	特開平11-53666	G08B25/04	入退室管理装置

表 2.20.3-1 大日本印刷の技術開発課題対応保有特許一覧表 (2/2)

技術要素	課題	特許番号	特許分類	名称
			概要(解決手段要旨)	図
顔貌	セキュリティ	特開平7-249124	G06T7/00	ＩＤカード及びＩＤカードシステム
署名	セキュリティ	特開平11-1081	B42D15/10,501	カード、カード作成装置およびカード認証装置
		特開2000-123145	G06K19/10	サインを有する印刷物及びその真偽判定方法
		特開2000-172156	G03H1/18	ホログラム積層体およびその製造方法
			被着体基材上に、透明粘着剤層、透明フィルム、情報、透明粘着剤層、体積ホログラム層、透明粘着剤層および透明保護フィルムを順に積層して、1枚のカードごとに固有な情報とホログラムとを分離不能にする。	
		特開2000-301861	B42D11/00	通帳およびその使用方法
			通帳のうら表紙またはうら見返しの一部に、顧客の印影またはサイン情報が記憶されたICチップと信号送受信用のアンテナまたはコイルで構成された非接触ICモジュールを接着剤を介して配置する。	
生体一般	セキュリティ	特開平11-321166	B42D15/10,501	ＩＤカードおよびその作成方法
			昇華転写手段により形成された画像情報表示部を基材上に備えるIDカードにおいて、該画像情報表示部上に昇華転写手段もしくは溶融転写手段により蛍光インキを用いてIDカード使用者個人の固有情報を記載する。	
	操作・利便性	特開2001-52045	G06F17/60	ポイント付与システム

2.20.4 技術開発拠点

大日本印刷の研究開発体制は、基盤研究所としての中央研究所、C&I研究所、生産総合研究所と各事業分野ごとに設けられた分野別研究所によって構成されている。そのほかに、特定のテーマや役割を持った研究・分析を行う組織がある。これら研究所は、独自のテーマと体制を持ちつつ有機的に結合し、基礎研究から各事業分野のさまざまな技術課題にまで幅広く取り組み、次代を担う新たな製品・技術を生み出している。ここでは本レポートのテーマに関連する大日本印刷の主要開発拠点（国内）と拠点の担う分野を表2.20.4-1に示す（出典：http://www.dnp.co.jp/dnp_info.html）。

表2.20.4-1 大日本印刷の主要技術開発拠点

開発拠点	所在地	分野
中央研究所	千葉県柏市	新規事業の創出を目的とした基礎から応用までの幅広いジャンルを研究
生産総合研究所	東京都北区	生産工程の自動化、効率化を目指した新システム、新プロセスの研究
C&I研究所	東京都新宿区	ベーシックアイディアから新しいメディアまで、あらゆるメディアおよび情報処理に関する研究
ビジネスフォーム研究所	埼玉県蕨市	ICカード、プリペイカードおよび各種ビジネスフォームの新製品開発や新システムを研究
情報記録材研究所	埼玉県狭山市	サーマルリボンや受像紙、カラープリンタなどに使用される記録材料の研究開発
関西開発センター	京都府京都市	特定テーマの研究・分析など

2.20.5 研究開発者

図2.20.5-1に大日本印刷の生体情報を用いた個人照合技術関連の1991年1月～2001年9月に公開の出願を対象に発明者数および出願件数推移を示す。コアテクノロジーである印刷技術と微細加工技術を活かしたIDカード関連などの出願がみられる。全体の半数が指紋関係、これに続いて約30％が署名照合関連の出願である。

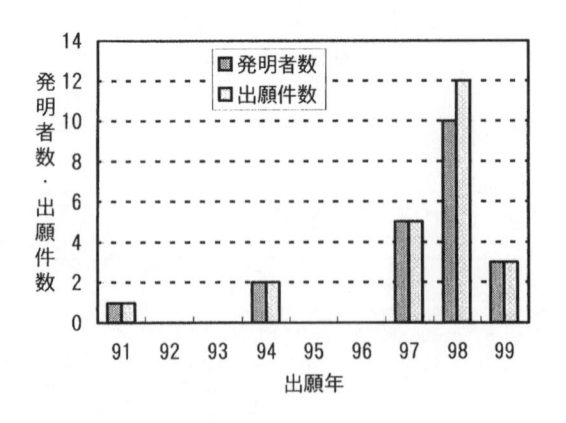

図2.20.5-1 大日本印刷の発明者数と出願件数推移

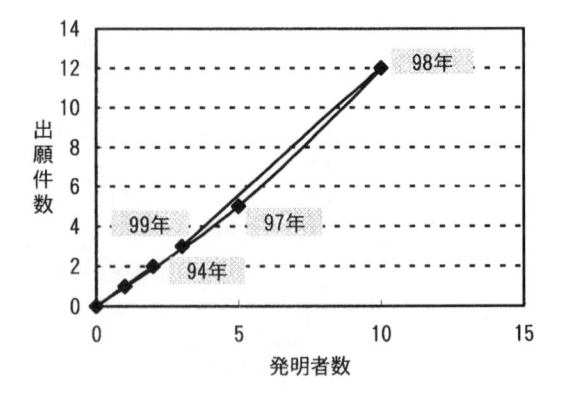

3．主要企業の技術開発拠点

3.1 指紋照合システムと応用技術
3.2 指紋入力技術
3.3 指紋照合技術
3.4 虹彩照合技術
3.5 顔貌照合技術
3.6 その他生体照合技術
3.7 声紋照合技術
3.8 署名照合技術
3.9 複合照合技術
3.10 生体一般照合技術

> 特許流通
> 支援チャート

3．主要企業の技術開発拠点

個人照合技術の開発拠点は、東京都と神奈川県が中心で、大阪府、愛知県がこれに続いており、大都市圏への集中が目立つ。

3.1 指紋照合システムと応用技術

指紋照合のシステム技術の開発拠点は、東京都と神奈川県に集中している。

図3.1-1 指紋照合システムと応用技術の開発拠点図

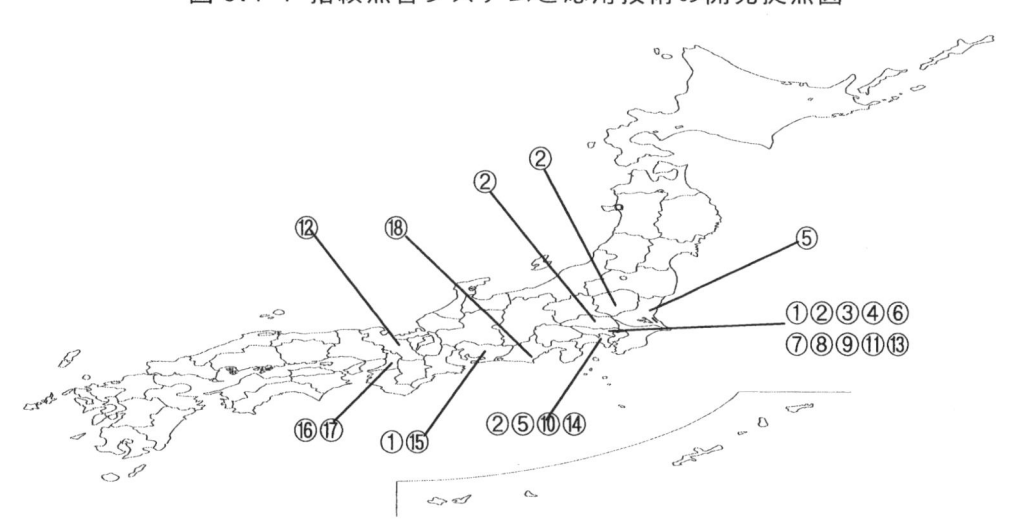

表3.1-1 指紋照合システムと応用技術の開発拠点一覧表

No	企業名	特許件数	事業所名	住所	発明者数
1	三菱電機	18	本社	東京都	30
			稲沢製作所	愛知県	3
2	東芝	16	本社	東京都	3
			青梅工場	東京都	16
			柳町工場	神奈川県	4
			マルチメディア技術研究所	神奈川県	4
			府中工場	東京都	3
			研究開発センター	神奈川県	1
			深谷映像工場	埼玉県	1
			那須工場	栃木県	1
			東芝エーブイイー	東京都	1
3	ソニー	14	本社	東京都	26
			アトミック	東京都	2
			マスターエンジニアリング	東京都	1
4	日本電気	11	本社	東京都	11
5	日立製作所	8	開発研究所	神奈川県	13
			オフィスシステム事業部	神奈川県	3

No	企業名	特許件数	事業所名	住所	発明者数
5	日立製作所		汎用コンピュータ事業部	神奈川県	2
			ソフトウエア開発本部	神奈川県	1
			那珂インスツルメンツ	茨城県	1
6	カシオ計算機	7	羽村技術センター	東京都	7
7	キヤノン	5	本社	東京都	5
8	日本電信電話	5	本社	東京都	14
9	NTTデータ	5	本社	東京都	18
			フォーカスシステムズ	東京都	1
10	富士通電装	4	本社	神奈川県	5
11	大日本印刷	3	本社	東京都	5
12	オムロン	3	本社	京都府	3
13	山武	2	本社	東京都	5
14	富士通	2	本店	神奈川県	7
15	デンソー	2	本社	愛知県	8
16	シャープ	2	本社	大阪府	2
17	松下電器産業	2	本社	大阪府	6
18	浜松ホトニクス	1	本社	静岡県	4

（1991年1月～2001年9月に公開の登録と係属案件）

3.2 指紋入力技術

指紋入力技術の開発拠点は、東京都と神奈川県が主力であるが、これらに静岡県、愛知県、大阪府が続いている。

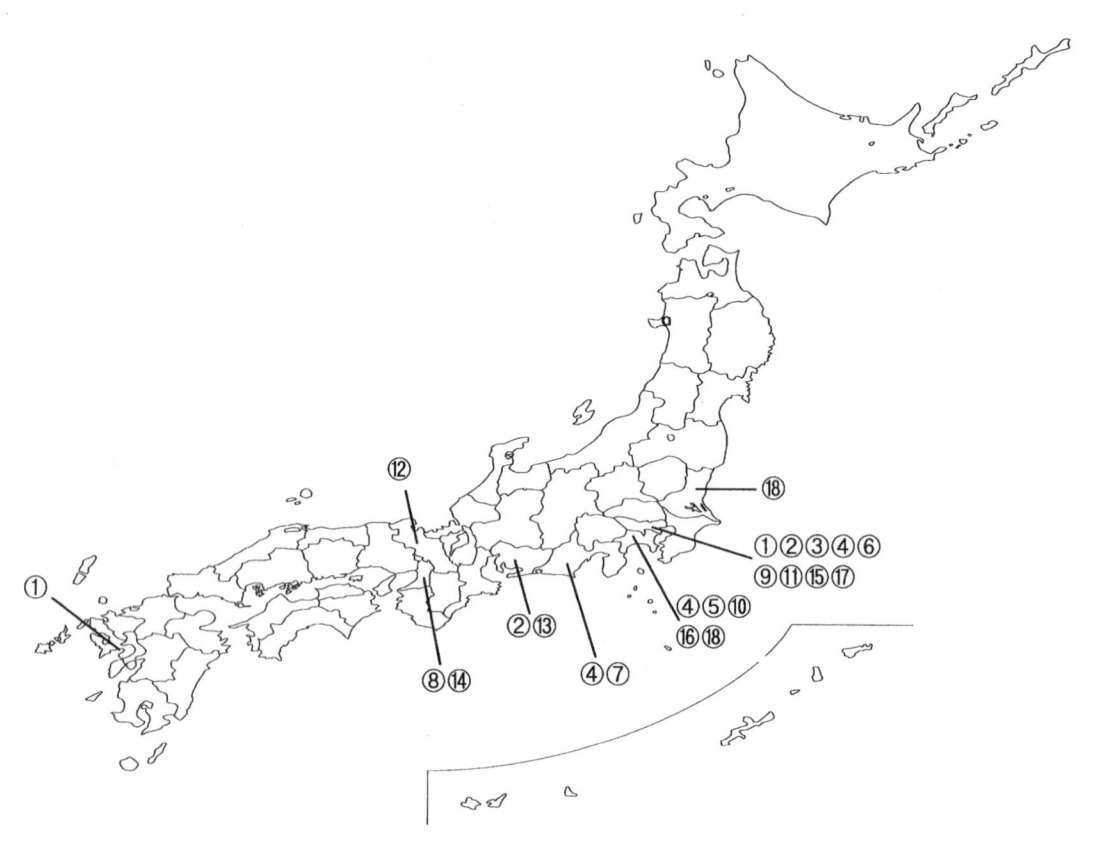

図 3.2-1 指紋入力技術の開発拠点図

表 3.2-1 指紋入力技術の開発拠点一覧表

No	企業名	特許件数	事業所名	住所	発明者数
1	ソニー	32	本社	東京都	47
			ソニー長崎	長崎県	1
2	三菱電機	26	本社	東京都	56
			稲沢製作所	愛知県	2
3	日本電気	24	本社	東京都	28
4	東芝	22	研究開発センター	神奈川県	28
			柳町工場	神奈川県	18
			青梅工場	東京都	4
			マルチメディア技術研究所	神奈川県	2
			東芝テック	静岡県	2
5	富士通	18	本店	神奈川県	52
6	日本電信電話	17	本社	東京都	44
7	浜松ホトニクス	13	本社	静岡県	35

No	企業名	特許件数	事業所名	住所	発明者数
8	シャープ	12	本社	大阪府	20
9	カシオ計算機	9	八王子研究所	東京都	14
10	富士通電装	6	本社	神奈川県	6
11	山武	5	本社	東京都	6
12	オムロン	5	本社	京都府	13
13	デンソー	4	本社	愛知県	13
14	松下電器産業	3	本社	大阪府	10
15	沖電気工業	1	本社	東京都	1
16	キヤノン	1	小杉事業所	神奈川県	1
17	大日本印刷	1	本社	東京都	1
18	日立製作所	1	映像メディア研究所	神奈川県	2
			AV機器事業部	茨城県	2

(1991 年 1 月～2001 年 9 月に公開の登録と係属案件)

3.3 指紋照合技術

指紋照合の開発拠点は、東京都と神奈川県に集中しており、静岡県、愛知県、大阪府がこれらに続いている。

図 3.3-1 指紋照合技術の開発拠点図

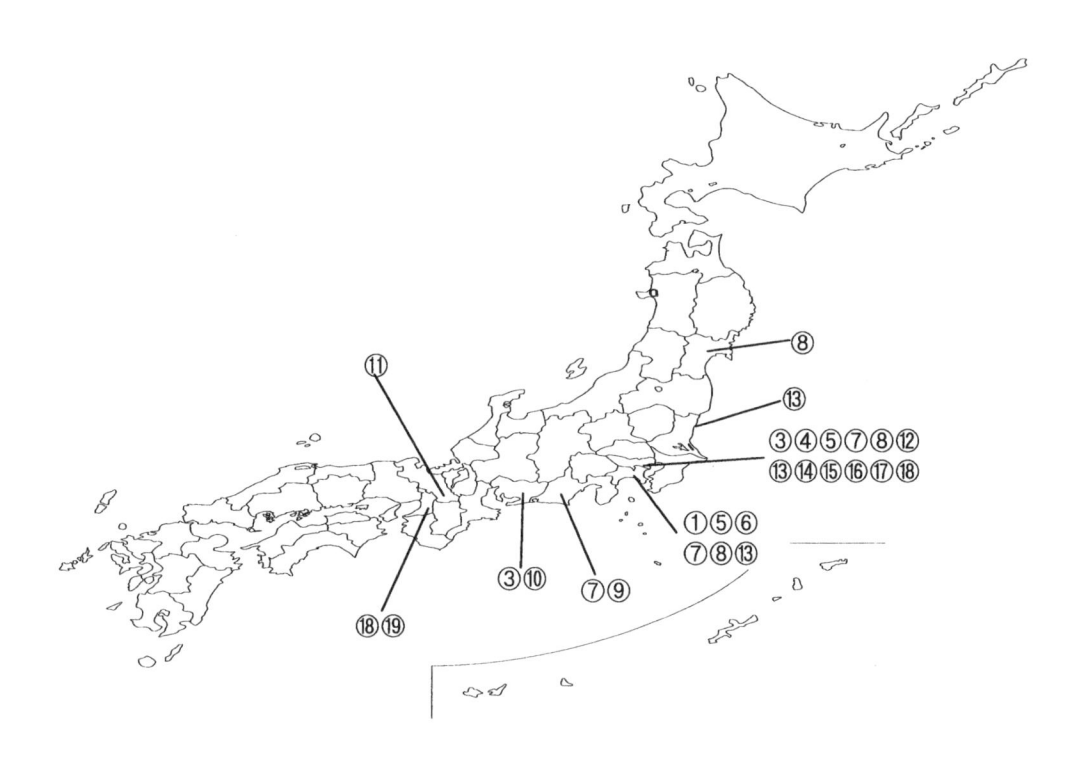

表 3.3-1 指紋照合技術の開発拠点一覧表

No	企業名	特許件数	事業所名	住所	発明者数
1	富士通	39	本店	神奈川県	90
3	三菱電機	31	本社	東京都	44
			稲沢製作所	愛知県	7
			三菱電機ｴﾝｼﾞﾆｱﾘﾝｸﾞ	東京都	1
4	ソニー	24	本社	東京都	29
5	日本電気	24	本社	東京都	28
			ＮＥＣソフト	東京都	3
			ＮＥＣ情報ｼｽﾃﾑｽﾞ	神奈川県	1
6	富士通電装	20	本社	神奈川県	33
7	東芝	12	本社	東京都	1
			柳町工場	神奈川県	12
			青梅工場	東京都	4
			横浜事業所	神奈川県	3
			研究開発センター	神奈川県	2
			東芝エーブイイー	東京都	3
			東芝テック	静岡県	1
			東芝ﾏｲｸﾛｴﾚｸﾄﾛﾆｸｽ	神奈川県	1

No	企業名	特許件数	事業所名	住所	発明者数
8	山武	11	本社	東京都	17
			伊勢原工場	神奈川県	3
			東北大学	宮城県	1
9	浜松ﾎﾄﾆｸｽ	7	本社	静岡県	19
10	デンソー	5	本社	愛知県	15
11	オムロン	5	本社	京都府	9
12	日本電信電話	4	本社	東京都	11
13	日立製作所	4	中央研究所	東京都	2
			機械研究所	茨城県	1
			開発本部	神奈川県	1
			ｴﾝﾀｰﾌﾟﾗｲｽﾞｻｰﾊﾞ事業部	神奈川県	1
			超LSIｴﾝｼﾞﾆｱﾘﾝｸﾞ	東京都	1
14	大日本印刷	3	本社	東京都	7
15	カシオ計算機	3	羽村技術センター	東京都	3
16	沖電気工業	2	本社	東京都	4
17	キヤノン	2	本社	東京都	2
18	シャープ	2	本社	大阪府	1
			鷹山	東京都	1
19	松下電器産業	1	本社	大阪府	1

（1991 年 1 月～2001 年 9 月に公開の登録と係属案件）

3.4 虹彩照合技術

　虹彩照合技術の開発拠点は、東京都に集中しているが、群馬県、神奈川県、石川県にも存在する。

図 3.4-1 虹彩照合技術の開発拠点図

表 3.4-1 虹彩照合技術の開発拠点一覧表

No	企業名	特許件数	事業所名	住所	発明者数
1	沖電気工業	101	本社	東京都	161
			沖情報システムズ	群馬県	1
2	松下電器産業	12	松下通信工業	神奈川県	30
			松下通信金沢研究所	石川県	4
3	ソニー	2	本社	東京都	2
4	キヤノン	1	本社	東京都	1

（1991年1月～2001年9月に公開の登録と係属案件）

3.5 顔貌照合技術

顔貌照合技術の開発拠点は、東京都が主力で、神奈川県、大阪府がこれに続いている。さらに、静岡県、愛知県、京都府、兵庫県にも散在している。

図 3.5-1 顔貌照合技術の開発拠点図

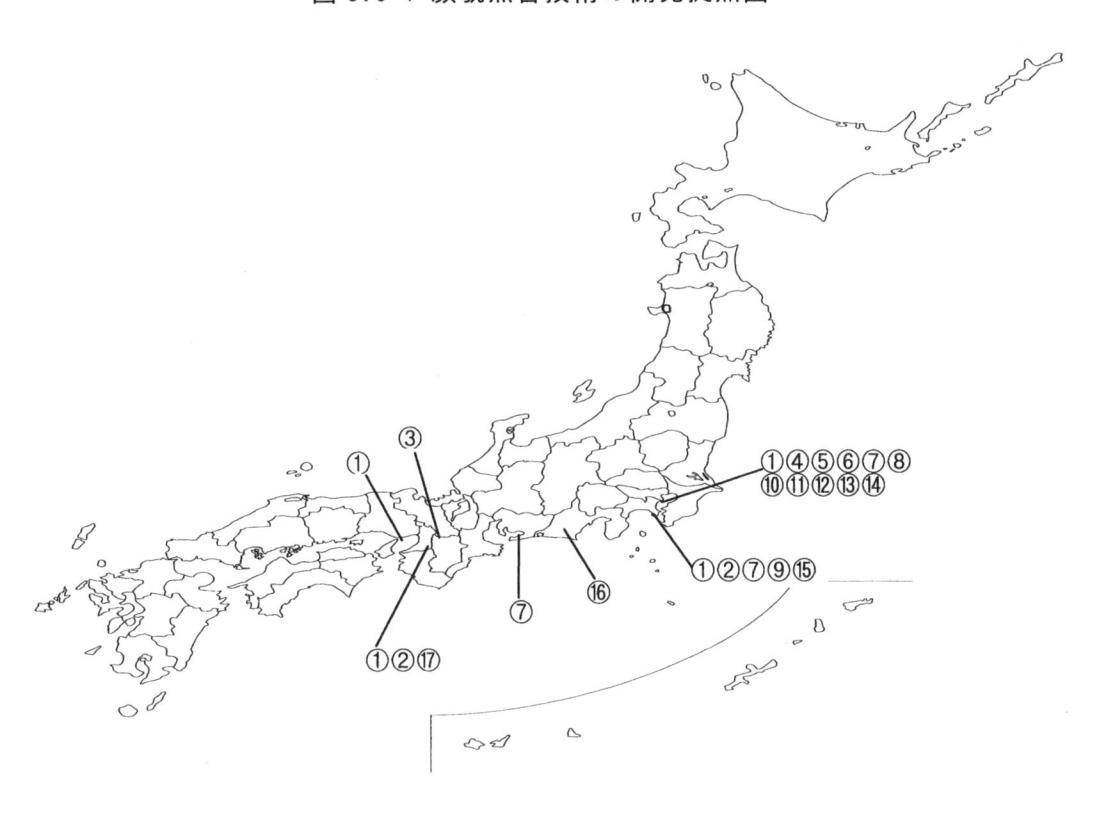

表 3.5-1 顔貌照合技術の開発拠点一覧表

No	企業名	特許件数	事業所名	住所	発明者数
1	東芝	18	本社	東京都	2
			関西支社	大阪	11
			関西研究所	兵庫県	9
			柳町工場	神奈川県	5
			研究開発センター	神奈川県	2
			青梅工場	東京都	2
			東芝ソシオシステム	神奈川県	1
			東芝コンピュータエンジニアリング	東京都	1
2	松下電器産業	10	本社	大阪府	9
			松下技研	神奈川県	7
			松下通信工業	神奈川県	2
3	オムロン	9	本社	京都府	20
4	日本電信電話	8	本社	東京都	24
5	沖電気工業	5	本社	東京都	8
			沖ソフトウエア	東京都	1

No	企業名	特許件数	事業所名	住所	発明者数
6	日本電気	4	本社	東京都	4
7	日立製作所	4	中央研究所	東京都	4
			開発研究所	神奈川県	3
			旭工場	愛知県	3
			情報機器事業部	愛知県	1
8	キヤノン	3	本社	東京都	3
9	富士通	3	本店	神奈川県	7
10	三菱電機	2	本社	東京都	2
11	NTTデータ	2	本社	東京都	6
12	ソニー	1	本社	東京都	1
13	大日本印刷	1	本社	東京都	2
14	山武	1	本社	東京都	2
15	富士通電装	1	本社	神奈川県	1
16	浜松ホトニクス	1	本社	静岡県	1
17	シャープ	1	本社	大阪府	2

(1991年1月～2001年9月に公開の登録と係属案件)

3.6 その他生体照合技術

その他生体照合技術の開発拠点は、東京都と神奈川県に集中しているが大阪府、茨城県、京都府にも散在している。

図 3.6-1 その他生体照合技術の開発拠点図

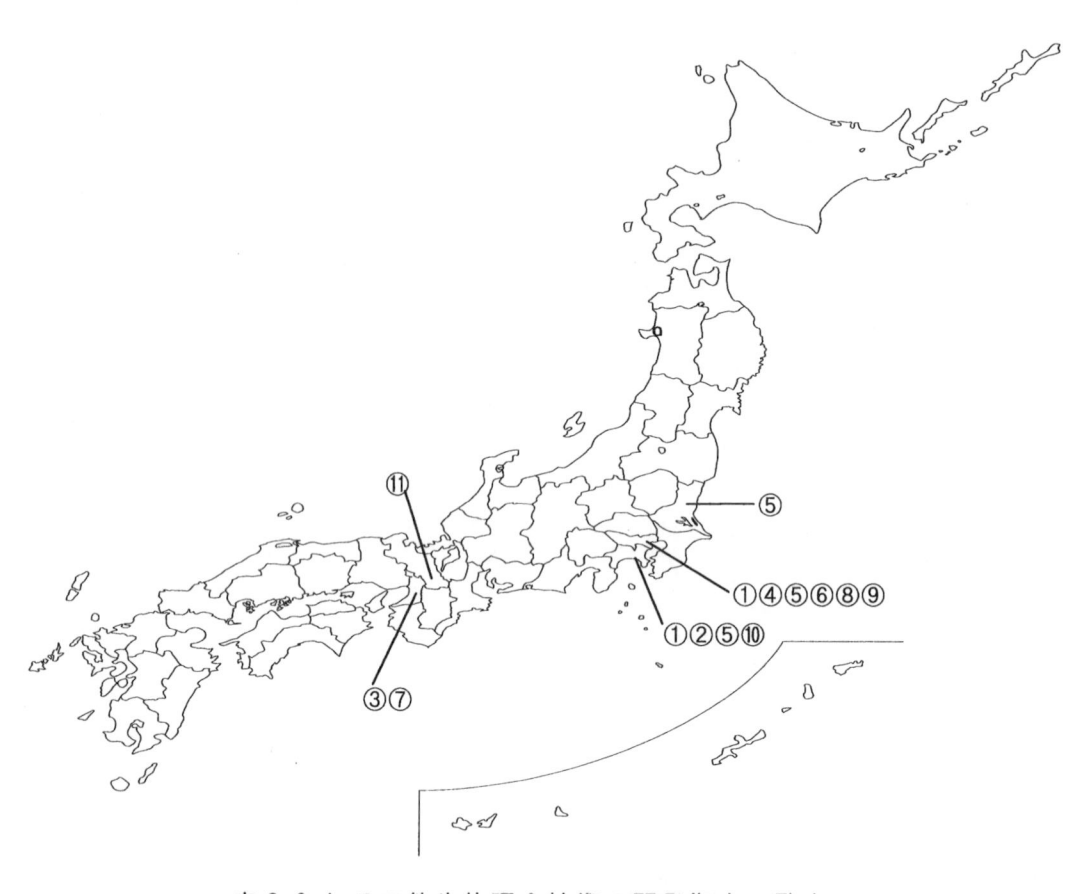

表 3.6-1 その他生体照合技術の開発拠点一覧表

No	企業名	特許件数	事業所名	住所	発明者数
1	東芝	6	研究開発センター	神奈川県	6
			柳町工場	神奈川県	4
			マルチメディア技術研究所	神奈川県	1
			青梅工場	東京都	1
2	富士通電装	5	本社	神奈川県	5
3	松下電器産業	5	本社	大阪府	8
4	日本電気	4	本社	東京都	4
5	日立製作所	4	中央研究所	東京都	7
			開発研究所	神奈川県	1
			日立水戸エンジニアリング	茨城県	3
6	キヤノン	2	本社	東京都	2
7	シャープ	2	本社	大阪府	4
8	ソニー	1	本社	東京都	1
9	日本電信電話	1	本社	東京都	1
10	富士通	1	本店	神奈川県	2
11	オムロン	1	本社	京都府	1

(1991 年 1 月～2001 年 9 月に公開の登録と係属案件)

3.7 声紋照合技術

声紋照合技術の開発拠点は、東京都に集中しているが、神奈川県がこれに続いている。また、愛知県、大阪府、京都府、香川県にも散在している。

図 3.7-1 声紋照合技術の開発拠点図

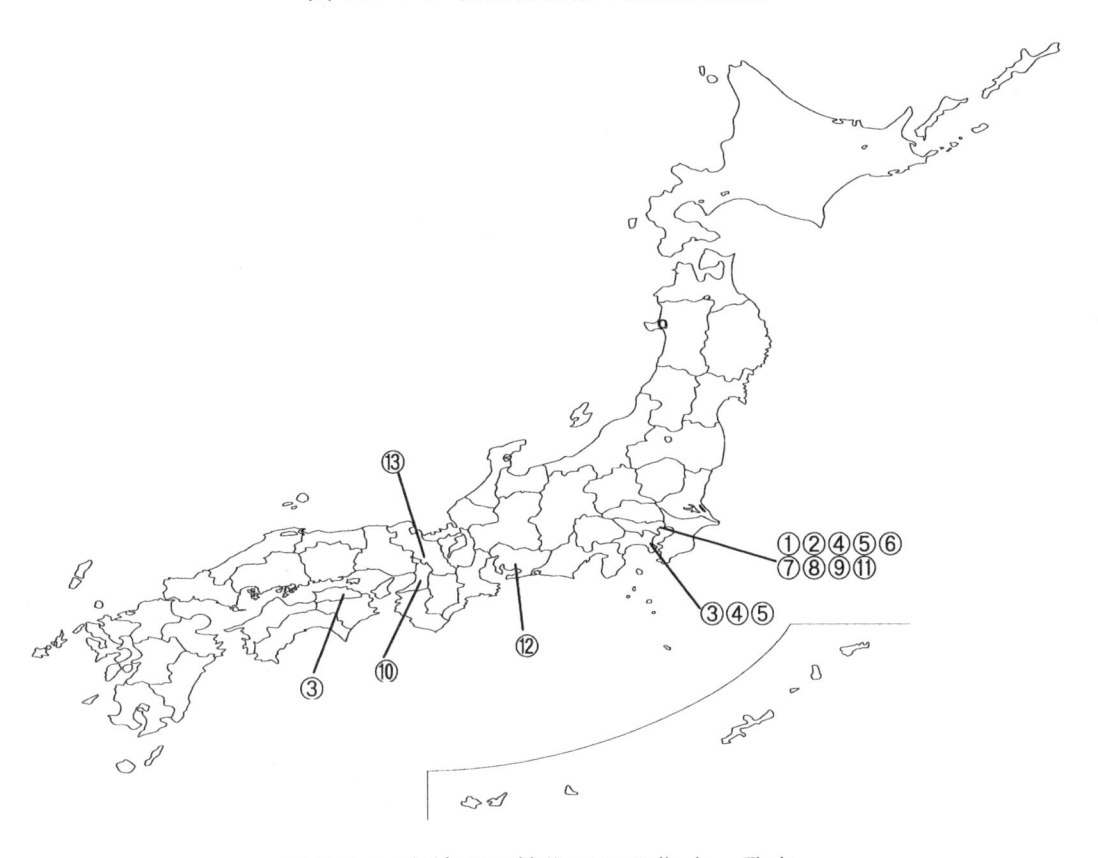

表 3.7-1 声紋照合技術の開発拠点一覧表

No	企業名	特許件数	事業所名	住所	発明者数
1	日本電信電話	5	本社	東京都	15
2	日本電気	5	本社	東京都	6
3	富士通	5	本店	神奈川県	12
			富士通香川システムエンジニアリング	香川県	2
4	東芝	4	柳町工場	神奈川県	2
			日野工場	東京都	2
			府中工場	東京都	1
5	日立製作所	4	画像情報システム	神奈川県	4
			半導体事業部	東京都	2
			中央研究所	東京都	1
			開発研究所	神奈川県	1
6	NTTデータ	4	本社	東京都	5
7	三菱電機	3	本社	東京都	7
8	沖電気工業	2	本社	東京都	2
9	カシオ計算機	2	羽村技術センター	東京都	3
10	松下電器産業	2	本社	大阪府	5
11	ソニー	1	本社	東京都	1
12	デンソー	1	本社	愛知県	1
13	オムロン	1	本社	京都府	2

(1991年1月～2001年9月に公開の登録と係属案件)

3.8 署名照合技術

署名照合技術の開発拠点は、東京都を中心にして、神奈川県、大阪府、愛知県にあり、4地区に限られているのが特徴である。

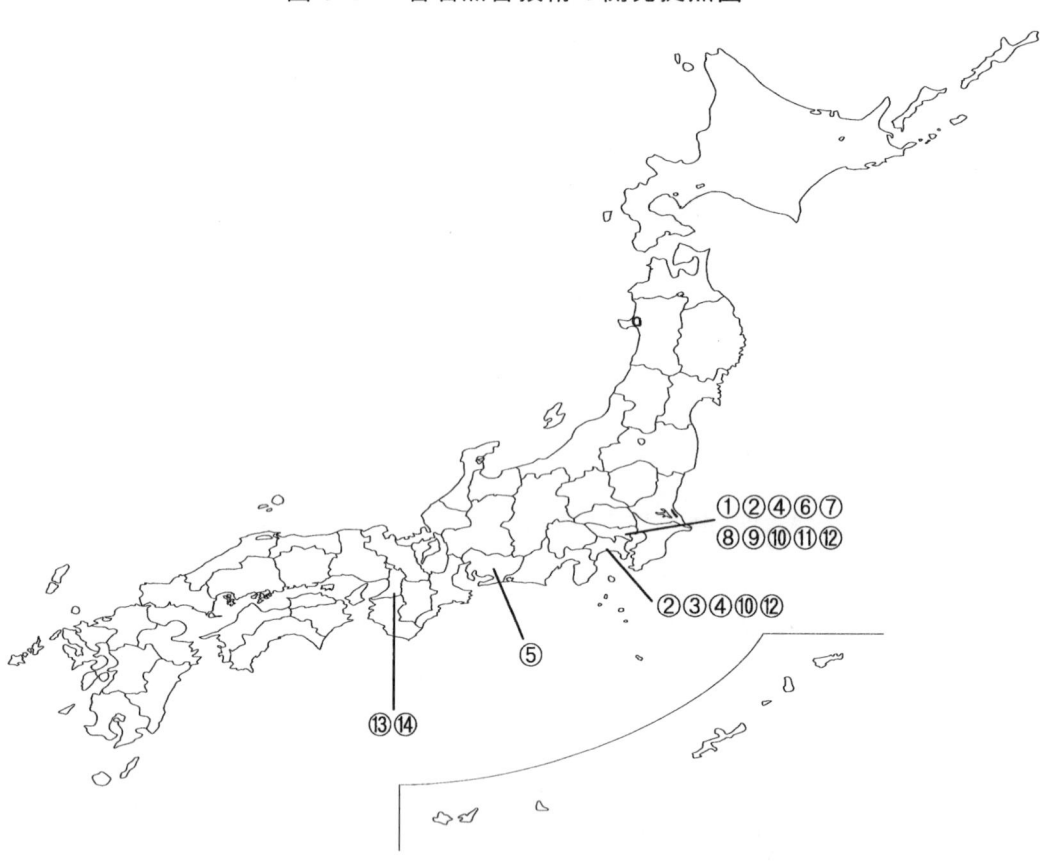

図 3.8-1 署名照合技術の開発拠点図

表 3.8-1 署名照合技術の開発拠点一覧表

No	企業名	特許件数	事業所名	住所	発明者数
1	日本サイバーサイン	11	本社	東京都	13
2	キヤノン	10	本社	東京都	17
			小杉事業所	神奈川県	1
3	東芝	6	柳町工場	神奈川県	5
			東芝ソシオエンジニアリング	神奈川県	1
4	三菱電機	6	本社	東京都	9
			パーソナル情報機器開発研究所	神奈川県	9
5	デンソー	6	本社	愛知県	14
6	大日本印刷	4	本社	東京都	7
7	日本電信電話	4	本社	東京都	11

No	企業名	特許件数	事業所名	住所	発明者数
8	カシオ計算機	3	羽村技術センター	東京都	4
9	沖電気工業	2	本社	東京都	2
10	日立製作所	2	中央研究所	東京都	3
			マルチメディアシステム開発本部	神奈川県	3
11	日本電気	1	本社	東京都	1
12	富士通	2	本店	神奈川県	6
			富士通ソーシアルシステムエンジニアリング	東京都	1
13	シャープ	1	本社	大阪府	2
14	松下電器産業	1	本社	大阪府	2

(1991年1月～2001年9月に公開の登録と係属案件)

3.9 複合照合技術

複合照合技術の開発拠点は、東京都、神奈川県に集中しており、これらに愛知県、大阪府が続いている。

図 3.9-1 複合照合技術の開発拠点図

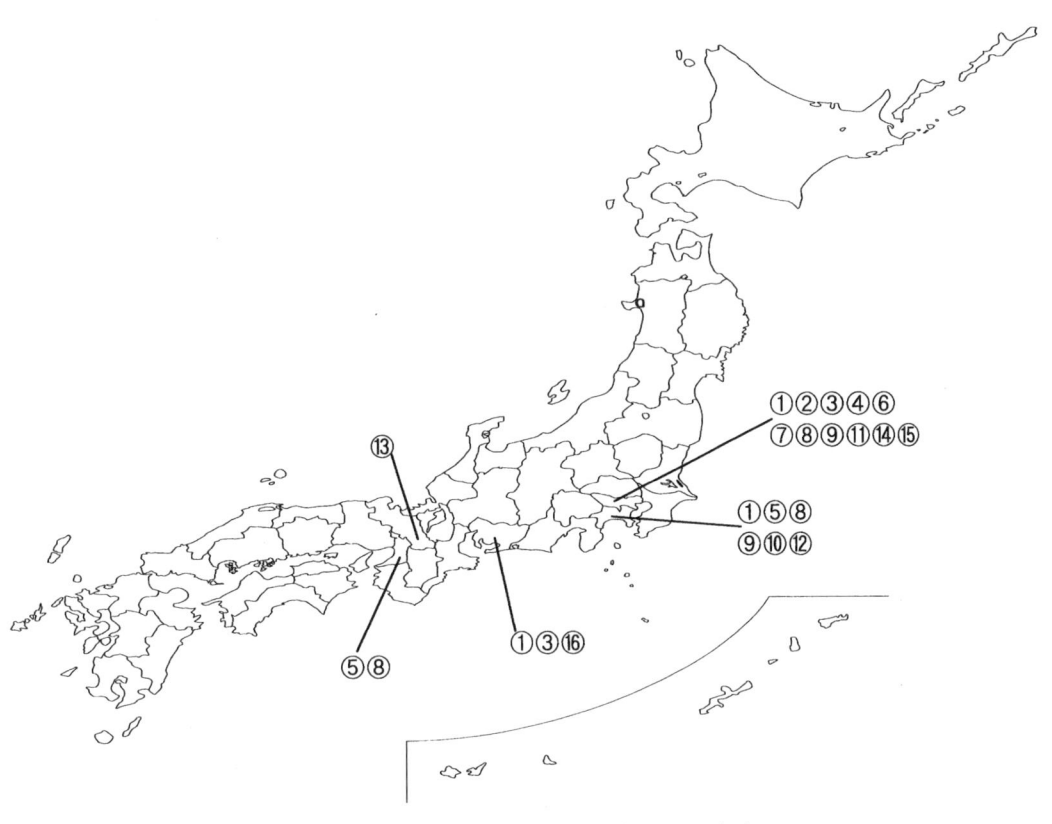

表 3.9-1 複合照合技術の開発拠点一覧表

No	企業名	特許件数	事業所名	住所	発明者数
1	日立製作所	10	開発研究所	神奈川県	12
			中央研究所	東京都	6
			映像メディア研究所	神奈川県	4
			デジタルメディア開発本部	神奈川県	3
			情報システム事業部	神奈川県	3
			日立情報ネットワーク	東京都	1
			日立中部ソフトウエア	愛知県	1
2	ソニー	8	本社	東京都	17
3	三菱電機	7	本社	東京都	11
			稲沢製作所	愛知県	1
			三菱電機エンジニアリング	東京都	1
4	沖電気工業	6	本社	東京都	11
			沖エンジニアリング	東京都	1
5	松下電器産業	6	本社	大阪府	8
			松下通信工業	神奈川県	3
			松下電子工業	大阪府	1

No	企業名	特許件数	事業所名	住所	発明者数
6	日本電気	5	本社	東京都	7
			NEC三栄	東京都	2
7	NTTデータ	5	本社	東京都	16
8	東芝	4	柳町工場	神奈川県	3
			青梅工場	東京都	1
			関西支社	大阪府	1
9	キヤノン	3	本社	東京都	2
			小杉事業所	神奈川県	1
10	富士通電装	3	本社	神奈川県	4
11	日本電信電話	2	本社	東京都	8
12	富士通	2	本店	神奈川県	4
13	オムロン	2	本社	京都府	3
14	山武	1	本社	東京都	2
15	カシオ計算機	1	羽村技術センター	東京都	1
16	デンソー	1	本社	愛知県	1

(1991年1月～2001年9月に公開の登録と係属案件)

3.10 生体一般照合技術

生体一般照合技術の開発拠点は東京都、神奈川県、大阪府に集中している。

図3.10-1 生体一般照合技術の開発拠点図

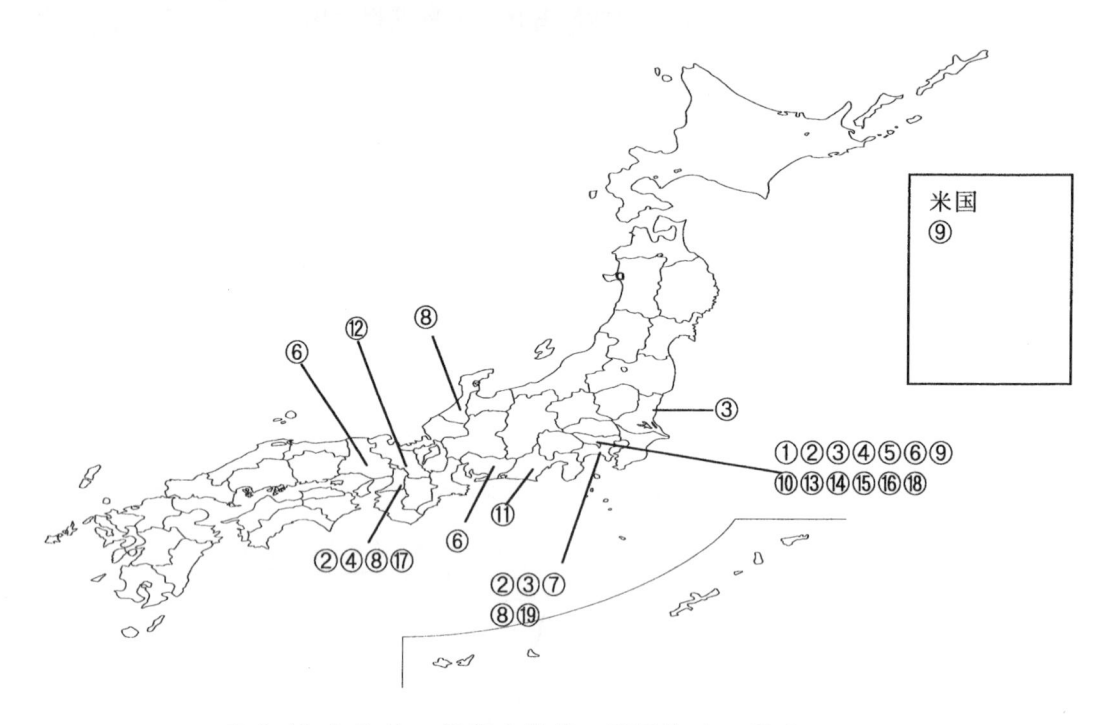

表3.10-1 生体一般照合技術の開発拠点一覧表

No	企業名	特許件数	事業所名	住所	発明者数
1	沖電気工業	32	本社	東京都	42
2	東芝	20	本社	東京都	3
			関西支社	大阪府	8
			府中工場	東京都	6
			柳町工場	神奈川県	5
			マルチメディア技術研究所	神奈川県	5
			研究開発センター	神奈川県	3
			青梅工場	東京都	3
			小向工場	神奈川県	1
			東芝エーブイイー	東京都	1
			東芝コンピュータエンジニアリング	東京都	1
			東芝ソシオエンジニアリング	神奈川県	1
3	日立製作所	15	マルチメディアシステム開発本部	神奈川県	8
			中央研究所	東京都	7
			システム開発本部	神奈川県	4
			日立ニュークリアエンジニアリング	茨城県	4
			ソフトウエア事業部	神奈川県	3
			情報通信事業部	神奈川県	2
			電化機器事業部多賀本部	茨城県	2
			日立超LSIエンジニアリング	東京都	1
			公共情報事業部	東京都	1
			システム開発研究所	神奈川県	1
			情報システム事業部	神奈川県	1
			機械研究所	茨城県	1

No	企業名	特許件数	事業所名	住所	発明者数
4	日本電気	10	本社	東京都	13
			NECソフト	東京都	1
			関西日本電気ソフトウエア	大阪府	1
5	日本電信電話	8	本社	東京都	26
6	三菱電機	8	本社	東京都	12
			稲沢製作所	愛知県	1
			産業システム研究所	兵庫県	3
7	富士通	7	本店	神奈川県	20
8	松下電器産業	6	本社	大阪府	7
			松下通信工業	神奈川県	5
			松下通信金沢研究所	石川県	1
9	キヤノン	5	本社	東京都	4
			CANON U.S.A	ニューヨーク州	1
10	ソニー	5	本社	東京都	10
11	浜松ホトニクス	5	本社	静岡県	12
12	オムロン	5	本社	京都府	10
13	山武	4	本社	東京都	9
14	NTTデータ	3	本社	東京都	7
15	日本サイバーサイン	3	本社	東京都	3
16	大日本印刷	2	本社	東京都	2
17	シャープ	2	本社	大阪府	4
18	カシオ計算機	1	東京事業所	東京都	1
			羽村技術センター	東京都	1
19	富士通電装	1	本社	神奈川県	1

(1991年1月～2001年9月に公開の登録と係属案件)

資料

1. 工業所有権総合情報館と特許流通促進事業
2. 特許流通アドバイザー一覧
3. 特許電子図書館情報検索指導アドバイザー一覧
4. 知的所有権センター一覧
5. 平成13年度25技術テーマの特許流通の概要
6. 特許番号一覧

資料1．工業所有権総合情報館と特許流通促進事業

　特許庁工業所有権総合情報館は、明治20年に特許局官制が施行され、農商務省特許局庶務部内に図書館を置き、図書等の保管・閲覧を開始したことにより、組織上のスタートを切りました。
　その後、我が国が明治32年に「工業所有権の保護等に関するパリ同盟条約」に加入することにより、同条約に基づく公報等の閲覧を行う中央資料館として、国際的な地位を獲得しました。
　平成9年からは、工業所有権相談業務と情報流通業務を新たに加え、総合的な情報提供機関として、その役割を果たしております。さらに平成13年4月以降は、独立行政法人工業所有権総合情報館として生まれ変わり、より一層の利用者ニーズに機敏に対応する業務運営を目指し、特許公報等の情報提供及び工業所有権に関する相談等による出願人支援、審査審判協力のための図書等の提供、開放特許活用等の特許流通促進事業を推進しております。

1　事業の概要

(1) 内外国公報類の収集・閲覧
　下記の公報閲覧室でどなたでも内外国公報等の調査を行うことができる環境と体制を整備しています。

閲覧室	所在地	TEL
札幌閲覧室	北海道札幌市北区北7条西2-8　北ビル7F	011-747-3061
仙台閲覧室	宮城県仙台市青葉区本町3-4-18　太陽生命仙台本町ビル7F	022-711-1339
第一公報閲覧室	東京都千代田区霞が関3-4-3　特許庁2F	03-3580-7947
第二公報閲覧室	東京都千代田区霞が関1-3-1　経済産業省別館1F	03-3581-1101（内線3819）
名古屋閲覧室	愛知県名古屋市中区栄2-10-19　名古屋商工会議所ビルB2F	052-223-5764
大阪閲覧室	大阪府大阪市天王寺区伶人町2-7　関西特許情報センター1F	06-4305-0211
広島閲覧室	広島県広島市中区上八丁堀6-30　広島合同庁舎3号館	082-222-4595
高松閲覧室	香川県高松市林町2217-15　香川産業頭脳化センタービル2F	087-869-0661
福岡閲覧室	福岡県福岡市博多区博多駅東2-6-23　住友博多駅前第2ビル2F	092-414-7101
那覇閲覧室	沖縄県那覇市前島3-1-15　大同生命那覇ビル5F	098-867-9610

(2) 審査審判用図書等の収集・閲覧
　審査に利用する図書等を収集・整理し、特許庁の審査に提供すると同時に、「図書閲覧室（特許庁2F）」において、調査を希望する方々へ提供しています。【TEL：03-3592-2920】

(3) 工業所有権に関する相談
　相談窓口（特許庁2F）を開設し、工業所有権に関する一般的な相談に応じています。

手紙、電話、e-mail 等による相談も受け付けています。
　【TEL：03-3581-1101(内線 2121～2123)】【FAX：03-3502-8916】
　【e-mail：PA8102@ncipi.jpo.go.jp】

(4) 特許流通の促進
　特許権の活用を促進するための特許流通市場の整備に向け、各種事業を行っています。
(詳細は2項参照)【TEL：03-3580-6949】

2　特許流通促進事業
　先行き不透明な経済情勢の中、企業が生き残り、発展して行くためには、新しいビジネスの創造が重要であり、その際、知的資産の活用、とりわけ技術情報の宝庫である特許の活用がキーポイントとなりつつあります。
　また、企業が技術開発を行う場合、まず自社で開発を行うことが考えられますが、商品のライフサイクルの短縮化、技術開発のスピードアップ化が求められている今日、外部からの技術を積極的に導入することも必要になってきています。
　このような状況下、特許庁では、特許の流通を通じた技術移転・新規事業の創出を促進するため、特許流通促進事業を展開していますが、2001年4月から、これらの事業は、特許庁から独立をした「独立行政法人　工業所有権総合情報館」が引き継いでいます。

(1) 特許流通の促進
① 特許流通アドバイザー
　全国の知的所有権センター・TLO等からの要請に応じて、知的所有権や技術移転についての豊富な知識・経験を有する専門家を特許流通アドバイザーとして派遣しています。
　知的所有権センターでは、地域の活用可能な特許の調査、当該特許の提供支援及び大学・研究機関が保有する特許と地域企業との橋渡しを行っています。(資料2参照)

② 特許流通促進説明会
　地域特性に合った特許情報の有効活用の普及・啓発を図るため、技術移転の実例を紹介しながら特許流通のプロセスや特許電子図書館を利用した特許情報検索方法等を内容とした説明会を開催しています。

(2) 開放特許情報等の提供
① 特許流通データベース
　活用可能な開放特許を産業界、特に中小・ベンチャー企業に円滑に流通させ実用化を推進していくため、企業や研究機関・大学等が保有する提供意思のある特許をデータベース化し、インターネットを通じて公開しています。(http://www.ncipi.go.jp)

② 開放特許活用例集
　特許流通データベースに登録されている開放特許の中から製品化ポテンシャルが高い案

件を選定し、これら有用な開放特許を有効に使ってもらうためのビジネスアイデア集を作成しています。

③ 特許流通支援チャート
　企業が新規事業創出時の技術導入・技術移転を図る上で指標となりうる国内特許の動向を技術テーマごとに、分析したものです。出願上位企業の特許取得状況、技術開発課題に対応した特許保有状況、技術開発拠点等を紹介しています。

④ 特許電子図書館情報検索指導アドバイザー
　知的財産権及びその情報に関する専門的知識を有するアドバイザーを全国の知的所有権センターに派遣し、特許情報の検索に必要な基礎知識から特許情報の活用の仕方まで、無料でアドバイス・相談を行っています。(資料3参照)

(3) 知的財産権取引業の育成
① 知的財産権取引業者データベース
　特許を始めとする知的財産権の取引や技術移転の促進には、欧米の技術移転先進国に見られるように、民間の仲介事業者の存在が不可欠です。こうした民間ビジネスが質・量ともに不足し、社会的認知度も低いことから、事業者の情報を収集してデータベース化し、インターネットを通じて公開しています。

② 国際セミナー・研修会等
　著名海外取引業者と我が国取引業者との情報交換、議論の場（国際セミナー）を開催しています。また、産学官の技術移転を促進して、企業の新商品開発や技術力向上を促進するために不可欠な、技術移転に携わる人材の育成を目的とした研修事業を開催しています。

資料2．特許流通アドバイザー一覧 （平成14年3月1日現在）

○経済産業局特許室および知的所有権センターへの派遣

派遣先	氏名	所在地	TEL
北海道経済産業局特許室	杉谷 克彦	〒060-0807 札幌市北区北7条西2丁目8番地1北ビル7階	011-708-5783
北海道知的所有権センター （北海道立工業試験場）	宮本 剛汎	〒060-0819 札幌市北区北19条西11丁目 北海道立工業試験場内	011-747-2211
東北経済産業局特許室	三澤 輝起	〒980-0014 仙台市青葉区本町3－4－18 太陽生命仙台本町ビル7階	022-223-9761
青森県知的所有権センター （（社）発明協会青森県支部）	内藤 規雄	〒030-0112 青森市大字八ツ役字芦谷202－4 青森県産業技術開発センター内	017-762-3912
岩手県知的所有権センター （岩手県工業技術センター）	阿部 新喜司	〒020-0852 盛岡市飯岡新田3－35－2 岩手県工業技術センター内	019-635-8182
宮城県知的所有権センター （宮城県産業技術総合センター）	小野 賢悟	〒981-3206 仙台市泉区明通二丁目2番地 宮城県産業技術総合センター内	022-377-8725
秋田県知的所有権センター （秋田県工業技術センター）	石川 順三	〒010-1623 秋田市新屋町字砂奴寄4－11 秋田県工業技術センター内	018-862-3417
山形県知的所有権センター （山形県工業技術センター）	冨樫 富雄	〒990-2473 山形市松栄1－3－8 山形県産業創造支援センター内	023-647-8130
福島県知的所有権センター （（社）発明協会福島県支部）	相澤 正彬	〒963-0215 郡山市待池台1－12 福島県ハイテクプラザ内	024-959-3351
関東経済産業局特許室	村上 義英	〒330-9715 さいたま市上落合2－11 さいたま新都心合同庁舎1号館	048-600-0501
茨城県知的所有権センター （（財）茨城県中小企業振興公社）	齋藤 幸一	〒312-0005 ひたちなか市新光町38 ひたちなかテクノセンタービル内	029-264-2077
栃木県知的所有権センター （（社）発明協会栃木県支部）	坂本 武	〒322-0011 鹿沼市白桑田516－1 栃木県工業技術センター内	0289-60-1811
群馬県知的所有権センター （（社）発明協会群馬県支部）	三田 隆志	〒371-0845 前橋市鳥羽町190 群馬県工業試験場内	027-280-4416
	金井 澄雄	〒371-0845 前橋市鳥羽町190 群馬県工業試験場内	027-280-4416
埼玉県知的所有権センター （埼玉県工業技術センター）	野口 満	〒333-0848 川口市芝下1－1－56 埼玉県工業技術センター内	048-269-3108
	清水 修	〒333-0848 川口市芝下1－1－56 埼玉県工業技術センター内	048-269-3108
千葉県知的所有権センター （（社）発明協会千葉県支部）	稲谷 稔宏	〒260-0854 千葉市中央区長洲1－9－1 千葉県庁南庁舎内	043-223-6536
	阿草 一男	〒260-0854 千葉市中央区長洲1－9－1 千葉県庁南庁舎内	043-223-6536
東京都知的所有権センター （東京都城南地域中小企業振興センター）	鷹見 紀彦	〒144-0035 大田区南蒲田1－20－20 城南地域中小企業振興センター内	03-3737-1435
神奈川県知的所有権センター支部 （（財）神奈川高度技術支援財団）	小森 幹雄	〒213-0012 川崎市高津区坂戸3－2－1 かながわサイエンスパーク内	044-819-2100
新潟県知的所有権センター （（財）信濃川テクノポリス開発機構）	小林 靖幸	〒940-2127 長岡市新産4－1－9 長岡地域技術開発振興センター内	0258-46-9711
山梨県知的所有権センター （山梨県工業技術センター）	廣川 幸生	〒400-0055 甲府市大津町2094 山梨県工業技術センター内	055-220-2409
長野県知的所有権センター （（社）発明協会長野県支部）	徳永 正明	〒380-0928 長野市若里1－18－1 長野県工業試験場内	026-229-7688
静岡県知的所有権センター （（社）発明協会静岡県支部）	神長 邦雄	〒421-1221 静岡市牧ヶ谷2078 静岡工業技術センター内	054-276-1516
	山田 修寧	〒421-1221 静岡市牧ヶ谷2078 静岡工業技術センター内	054-276-1516
中部経済産業局特許室	原口 邦弘	〒460-0008 名古屋市中区栄2－10－19 名古屋商工会議所ビルB2F	052-223-6549
富山県知的所有権センター （富山県工業技術センター）	小坂 郁雄	〒933-0981 高岡市二上町150 富山県工業技術センター内	0766-29-2081
石川県知的所有権センター （財）石川県産業創出支援機構	一丸 義次	〒920-0223 金沢市戸水町イ65番地 石川県地場産業振興センター新館1階	076-267-8117
岐阜県知的所有権センター （岐阜県科学技術振興センター）	松永 孝義	〒509-0108 各務原市須衛町4－179－1 テクノプラザ5F	0583-79-2250
	木下 裕雄	〒509-0108 各務原市須衛町4－179－1 テクノプラザ5F	0583-79-2250
愛知県知的所有権センター （愛知県工業技術センター）	森 孝和	〒448-0003 刈谷市一ツ木町西新割 愛知県工業技術センター内	0566-24-1841
	三浦 元久	〒448-0003 刈谷市一ツ木町西新割 愛知県工業技術センター内	0566-24-1841

派遣先	氏名	所在地	TEL
三重県知的所有権センター (三重県工業技術総合研究所)	馬渡 建一	〒514-0819 津市高茶屋5-5-45 三重県科学振興センター工業研究部内	059-234-4150
近畿経済産業局特許室	下田 英宣	〒543-0061 大阪市天王寺区伶人町2-7 関西特許情報センター1階	06-6776-8491
福井県知的所有権センター (福井県工業技術センター)	上坂 旭	〒910-0102 福井市川合鷲塚町61字北稲田10 福井県工業技術センター内	0776-55-2100
滋賀県知的所有権センター (滋賀県工業技術センター)	新屋 正男	〒520-3004 栗東市上砥山232 滋賀県工業技術総合センター別館内	077-558-4040
京都府知的所有権センター ((社)発明協会京都支部)	衣川 清彦	〒600-8813 京都市下京区中堂寺南町17番地 京都リサーチパーク京都高度技術研究所ビル4階	075-326-0066
大阪府知的所有権センター (大阪府立特許情報センター)	大空 一博	〒543-0061 大阪市天王寺区伶人町2-7 関西特許情報センター内	06-6772-0704
	梶原 淳治	〒577-0809 東大阪市永和1-11-10	06-6722-1151
兵庫県知的所有権センター ((財)新産業創造研究機構)	園田 憲一	〒650-0047 神戸市中央区港島南町1-5-2 神戸キメックセンタービル6F	078-306-6808
	島田 一男	〒650-0047 神戸市中央区港島南町1-5-2 神戸キメックセンタービル6F	078-306-6808
和歌山県知的所有権センター ((社)発明協会和歌山県支部)	北澤 宏造	〒640-8214 和歌山県寄合町25 和歌山市発明館4階	073-432-0087
中国経済産業局特許室	木村 郁男	〒730-8531 広島市中区上八丁堀6-30 広島合同庁舎3号館1階	082-502-6828
鳥取県知的所有権センター ((社)発明協会鳥取県支部)	五十嵐 善司	〒689-1112 鳥取市若葉台南7-5-1 新産業創造センター1階	0857-52-6728
島根県知的所有権センター ((社)発明協会島根県支部)	佐野 馨	〒690-0816 島根県松江市北陵町1 テクノアークしまね内	0852-60-5146
岡山県知的所有権センター ((社)発明協会岡山県支部)	横田 悦造	〒701-1221 岡山市芳賀5301 テクノサポート岡山内	086-286-9102
広島県知的所有権センター ((社)発明協会広島県支部)	壹岐 正弘	〒730-0052 広島市中区千田町3-13-11 広島発明会館2階	082-544-2066
山口県知的所有権センター ((社)発明協会山口県支部)	滝川 尚久	〒753-0077 山口市熊野町1-10 NPYビル10階 (財)山口県産業技術開発機構内	083-922-9927
四国経済産業局特許室	鶴野 弘章	〒761-0301 香川県高松市林町2217-15 香川産業頭脳化センタービル2階	087-869-3790
徳島県知的所有権センター ((社)発明協会徳島県支部)	武岡 明夫	〒770-8021 徳島市雑賀町西開11-2 徳島県立工業技術センター内	088-669-0117
香川県知的所有権センター ((社)発明協会香川県支部)	谷田 吉成	〒761-0301 香川県高松市林町2217-15 香川産業頭脳化センタービル2階	087-869-9004
	福家 康矩	〒761-0301 香川県高松市林町2217-15 香川産業頭脳化センタービル2階	087-869-9004
愛媛県知的所有権センター ((社)発明協会愛媛県支部)	川野 辰己	〒791-1101 松山市久米窪田町337-1 テクノプラザ愛媛	089-960-1489
高知県知的所有権センター ((財)高知県産業振興センター)	吉本 忠男	〒781-5101 高知市布師田3992-2 高知県中小企業会館2階	0888-46-7087
九州経済産業局特許室	簗田 克志	〒812-8546 福岡市博多区博多駅東2-11-1 福岡合同庁舎内	092-436-7260
福岡県知的所有権センター ((社)発明協会福岡県支部)	道津 毅	〒812-0013 福岡市博多区博多駅東2-6-23 住友博多駅前第2ビル1階	092-415-6777
福岡県知的所有権センター北九州支部 ((株)北九州テクノセンター)	沖 宏治	〒804-0003 北九州市戸畑区中原新町2-1 (株)北九州テクノセンター内	093-873-1432
佐賀県知的所有権センター (佐賀県工業技術センター)	光武 章二	〒849-0932 佐賀市鍋島町大字八戸溝114 佐賀県工業技術センター内	0952-30-8161
	村上 忠郎	〒849-0932 佐賀市鍋島町大字八戸溝114 佐賀県工業技術センター内	0952-30-8161
長崎県知的所有権センター ((社)発明協会長崎県支部)	嶋北 正俊	〒856-0026 大村市池田2-1303-8 長崎県工業技術センター内	0957-52-1138
熊本県知的所有権センター ((社)発明協会熊本県支部)	深見 毅	〒862-0901 熊本市東町3-11-38 熊本県工業技術センター内	096-331-7023
大分県知的所有権センター (大分県産業科学技術センター)	古崎 宣	〒870-1117 大分市高江西1-4361-10 大分県産業科学技術センター内	097-596-7121
宮崎県知的所有権センター ((社)発明協会宮崎県支部)	久保田 英世	〒880-0303 宮崎県宮崎郡佐土原町東上那珂16500-2 宮崎県工業技術センター内	0985-74-2953
鹿児島県知的所有権センター (鹿児島県工業技術センター)	山田 式典	〒899-5105 鹿児島県始良郡隼人町小田1445-1 鹿児島県工業技術センター内	0995-64-2056
沖縄総合事務局特許室	下司 義雄	〒900-0016 那覇市前島3-1-15 大同生命那覇ビル5階	098-867-3293
沖縄県知的所有権センター (沖縄県工業技術センター)	木村 薫	〒904-2234 具志川市州崎12-2 沖縄県工業技術センター内1階	098-939-2372

○技術移転機関(TLO)への派遣

派遣先	氏名	所在地	TEL
北海道ティー・エル・オー(株)	山田 邦重	〒060-0808 札幌市北区北8条西5丁目 北海道大学事務局分館2館	011-708-3633
	岩城 全紀	〒060-0808 札幌市北区北8条西5丁目 北海道大学事務局分館2館	011-708-3633
(株)東北テクノアーチ	井硲 弘	〒980-0845 仙台市青葉区荒巻字青葉468番地 東北大学未来科学技術共同センター	022-222-3049
(株)筑波リエゾン研究所	関 淳次	〒305-8577 茨城県つくば市天王台1－1－1 筑波大学共同研究棟A303	0298-50-0195
	綾 紀元	〒305-8577 茨城県つくば市天王台1－1－1 筑波大学共同研究棟A303	0298-50-0195
(財)日本産業技術振興協会 産総研イノベーションズ	坂 光	〒305-8568 茨城県つくば市梅園1－1－1 つくば中央第二事業所D-7階	0298-61-5210
日本大学国際産業技術・ビジネス育成セン	斎藤 光史	〒102-8275 東京都千代田区九段南4-8-24	03-5275-8139
	加根魯 和宏	〒102-8275 東京都千代田区九段南4-8-24	03-5275-8139
学校法人早稲田大学知的財産センター	菅野 淳	〒162-0041 東京都新宿区早稲田鶴巻町513 早稲田大学研究開発センター120-1号館1F	03-5286-9867
	風間 孝彦	〒162-0041 東京都新宿区早稲田鶴巻町513 早稲田大学研究開発センター120-1号館1F	03-5286-9867
(財)理工学振興会	鷹巣 征行	〒226-8503 横浜市緑区長津田町4259 フロンティア創造共同研究センター内	045-921-4391
	北川 謙一	〒226-8503 横浜市緑区長津田町4259 フロンティア創造共同研究センター内	045-921-4391
よこはまティーエルオー(株)	小原 郁	〒240-8501 横浜市保土ヶ谷区常盤台79－5 横浜国立大学共同研究推進センター内	045-339-4441
学校法人慶応義塾大学知的資産センター	道井 敏	〒108-0073 港区三田2－11－15 三田川崎ビル3階	03-5427-1678
	鈴木 泰	〒108-0073 港区三田2－11－15 三田川崎ビル3階	03-5427-1678
学校法人東京電機大学産官学交流セン	河村 幸夫	〒101-8457 千代田区神田錦町2－2	03-5280-3640
タマティーエルオー(株)	古瀬 武弘	〒192-0083 八王子市旭町9－1 八王子スクエアビル11階	0426-31-1325
学校法人明治大学知的資産センター	竹田 幹男	〒101-8301 千代田区神田駿河台1－1	03-3296-4327
(株)山梨ティー・エル・オー	田中 正男	〒400-8511 甲府市武田4－3－11 山梨大学地域共同開発研究センター内	055-220-8760
(財)浜松科学技術研究振興会	小野 義光	〒432-8561 浜松市城北3－5－1	053-412-6703
(財)名古屋産業科学研究所	杉本 勝	〒460-0008 名古屋市中区栄二丁目十番十九号 名古屋商工会議所ビル	052-223-5691
	小西 富雅	〒460-0008 名古屋市中区栄二丁目十番十九号 名古屋商工会議所ビル	052-223-5694
関西ティー・エル・オー(株)	山田 富義	〒600-8813 京都市下京区中堂寺南町17 京都リサーチパークサイエンスセンタービル1号館2階	075-315-8250
	斎田 雄一	〒600-8813 京都市下京区中堂寺南町17 京都リサーチパークサイエンスセンタービル1号館2階	075-315-8250
(財)新産業創造研究機構	井上 勝彦	〒650-0047 神戸市中央区港島南町1－5－2 神戸キメックセンタービル6F	078-306-6805
	長冨 弘充	〒650-0047 神戸市中央区港島南町1－5－2 神戸キメックセンタービル6F	078-306-6805
(財)大阪産業振興機構	有馬 秀平	〒565-0871 大阪府吹田市山田丘2－1 大阪大学先端科学技術共同研究センター4F	06-6879-4196
(有)山口ティー・エル・オー	松本 孝三	〒755-8611 山口県宇部市常盤台2－16－1 山口大学地域共同研究開発センター内	0836-22-9768
	熊原 尋美	〒755-8611 山口県宇部市常盤台2－16－1 山口大学地域共同研究開発センター内	0836-22-9768
(株)テクノネットワーク四国	佐藤 博正	〒760-0033 香川県高松市丸の内2－5 ヨンデンビル別館4F	087-811-5039
(株)北九州テクノセンター	乾 全	〒804-0003 北九州市戸畑区中原新町2番1号	093-873-1448
(株)産学連携機構九州	堀 浩一	〒812-8581 福岡市東区箱崎6－10－1 九州大学技術移転推進室内	092-642-4363
(財)くまもとテクノ産業財団	桂 真郎	〒861-2202 熊本県上益城郡益城町田原2081－10	096-289-2340

資料3．特許電子図書館情報検索指導アドバイザー一覧 （平成14年3月1日現在）

○知的所有権センターへの派遣

派遣先	氏名	所在地	TEL
北海道知的所有権センター (北海道立工業試験場)	平野 徹	〒060-0819 札幌市北区西19条西11丁目	011-747-2211
青森県知的所有権センター ((社)発明協会青森県支部)	佐々木 泰樹	〒030-0112 青森市第二問屋町4－11－6	017-762-3912
岩手県知的所有権センター (岩手県工業技術センター)	中嶋 孝弘	〒020-0852 盛岡市飯岡新田3－35－2	019-634-0684
宮城県知的所有権センター (宮城県産業技術総合センター)	小林 保	〒981-3206 仙台市泉区明通2－2	022-377-8725
秋田県知的所有権センター (秋田県工業技術センター)	田嶋 正夫	〒010-1623 秋田市新屋町字砂奴寄4－11	018-862-3417
山形県知的所有権センター (山形県工業技術センター)	大澤 忠行	〒990-2473 山形市松栄1－3－8	023-647-8130
福島県知的所有権センター ((社)発明協会福島県支部)	栗田 広	〒963-0215 郡山市待池台1－12 福島県ハイテクプラザ内	024-963-0242
茨城県知的所有権センター ((財)茨城県中小企業振興公社)	猪野 正己	〒312-0005 ひたちなか市新光町38 ひたちなかテクノセンタービル1階	029-264-2211
栃木県知的所有権センター ((社)発明協会栃木県支部)	中里 浩	〒322-0011 鹿沼市白桑田516－1 栃木県工業技術センター内	0289-65-7550
群馬県知的所有権センター ((社)発明協会群馬県支部)	神林 賢蔵	〒371-0845 前橋市鳥羽町190 群馬県工業試験場内	027-254-0627
埼玉県知的所有権センター ((社)発明協会埼玉県支部)	田中 廣雅	〒331-8669 さいたま市桜木町1－7－5 ソニックシティ10階	048-644-4806
千葉県知的所有権センター ((社)発明協会千葉県支部)	中原 照義	〒260-0854 千葉市中央区長洲1－9－1 千葉県庁南庁舎R3階	043-223-7748
東京都知的所有権センター ((社)発明協会東京支部)	福澤 勝義	〒105-0001 港区虎ノ門2－9－14	03-3502-5521
神奈川県知的所有権センター (神奈川県産業技術総合研究所)	森 啓次	〒243-0435 海老名市下今泉705－1	046-236-1500
神奈川県知的所有権センター支部 ((財)神奈川高度技術支援財団)	大井 隆	〒213-0012 川崎市高津区坂戸3－2－1 かながわサイエンスパーク西棟205	044-819-2100
神奈川県知的所有権センター支部 ((社)発明協会神奈川県支部)	蓮見 亮	〒231-0015 横浜市中区尾上町5－80 神奈川中小企業センター10階	045-633-5055
新潟県知的所有権センター ((財)信濃川テクノポリス開発機構)	石谷 速夫	〒940-2127 長岡市新産4－1－9	0258-46-9711
山梨県知的所有権センター (山梨県工業技術センター)	山下 知	〒400-0055 甲府市大津町2094	055-243-6111
長野県知的所有権センター ((社)発明協会長野県支部)	岡田 光正	〒380-0928 長野市若里1－18－1 長野県工業試験場内	026-228-5559
静岡県知的所有権センター ((社)発明協会静岡県支部)	吉井 和夫	〒421-1221 静岡市牧ヶ谷2078 静岡工業技術センター資料館内	054-278-6111
富山県知的所有権センター (富山県工業技術センター)	齋藤 靖雄	〒933-0981 高岡市二上町150	0766-29-1252
石川県知的所有権センター (財)石川県産業創出支援機構	辻 寛司	〒920-0223 金沢市戸水町イ65番地 石川県地場産業振興センター	076-267-5918
岐阜県知的所有権センター (岐阜県科学技術振興センター)	林 邦明	〒509-0108 各務原市須衛町4－179－1 テクノプラザ5F	0583-79-2250
愛知県知的所有権センター (愛知県工業技術センター)	加藤 英昭	〒448-0003 刈谷市一ツ木町西新割	0566-24-1841
三重県知的所有権センター (三重県工業技術総合研究所)	長峰 隆	〒514-0819 津市高茶屋5－5－45	059-234-4150
福井県知的所有権センター (福井県工業技術センター)	川・好昭	〒910-0102 福井市川合鷲塚町61字北稲田10	0776-55-1195
滋賀県知的所有権センター (滋賀県工業技術センター)	森 久子	〒520-3004 栗東市上砥山232	077-558-4040
京都府知的所有権センター ((社)発明協会京都支部)	中野 剛	〒600-8813 京都市下京区中堂寺南町17 京都リサーチパーク内 京都高度技研ビル4階	075-315-8686
大阪府知的所有権センター (大阪府立特許情報センター)	秋田 伸一	〒543-0061 大阪市天王寺区伶人町2－7	06-6771-2646
大阪府知的所有権センター支部 ((社)発明協会大阪支部知的財産センター)	戎 邦夫	〒564-0062 吹田市垂水町3－24－1 シンプレス江坂ビル2階	06-6330-7725
兵庫県知的所有権センター ((社)発明協会兵庫県支部)	山口 克己	〒654-0037 神戸市須磨区行平町3－1－31 兵庫県立産業技術センター4階	078-731-5847
奈良県知的所有権センター (奈良県工業技術センター)	北田 友彦	〒630-8031 奈良市柏木町129－1	0742-33-0863

派遣先	氏名	所在地	TEL
和歌山県知的所有権センター ((社)発明協会和歌山県支部)	木村 武司	〒640-8214 和歌山県寄合町25 和歌山市発明館4階	073-432-0087
鳥取県知的所有権センター ((社)発明協会鳥取県支部)	奥村 隆一	〒689-1112 鳥取市若葉台南7-5-1 新産業創造センター1階	0857-52-6728
島根県知的所有権センター ((社)発明協会島根県支部)	門脇 みどり	〒690-0816 島根県松江市北陵町1番地 テクノアークしまね1F内	0852-60-5146
岡山県知的所有権センター ((社)発明協会岡山県支部)	佐藤 新吾	〒701-1221 岡山市芳賀5301 テクノサポート岡山内	086-286-9656
広島県知的所有権センター ((社)発明協会広島県支部)	若木 幸蔵	〒730-0052 広島市中区千田町3-13-11 広島発明会館内	082-544-0775
広島県知的所有権センター支部 ((社)発明協会広島県支部備後支会)	渡部 武徳	〒720-0067 福山市西町2-10-1	0849-21-2349
広島県知的所有権センター支部 (呉地域産業振興センター)	三上 達矢	〒737-0004 呉市阿賀南2-10-1	0823-76-3766
山口県知的所有権センター ((社)発明協会山口県支部)	大段 恭二	〒753-0077 山口市熊野町1-10 NPYビル10階	083-922-9927
徳島県知的所有権センター ((社)発明協会徳島県支部)	平野 稔	〒770-8021 徳島市雑賀町西開11-2 徳島県立工業技術センター内	088-636-3388
香川県知的所有権センター ((社)発明協会香川県支部)	中元 恒	〒761-0301 香川県高松市林町2217-15 香川産業頭脳化センタービル2階	087-869-9005
愛媛県知的所有権センター ((社)発明協会愛媛県支部)	片山 忠徳	〒791-1101 松山市久米窪田町337-1 テクノプラザ愛媛	089-960-1118
高知県知的所有権センター (高知県工業技術センター)	柏井 富雄	〒781-5101 高知市布師田3992-3	088-845-7664
福岡県知的所有権センター ((社)発明協会福岡県支部)	浦井 正章	〒812-0013 福岡市博多区博多駅東2-6-23 住友博多駅前第2ビル2階	092-474-7255
福岡県知的所有権センター北九州支部 ((株)北九州テクノセンター)	重藤 務	〒804-0003 北九州市戸畑区中原新町2-1	093-873-1432
佐賀県知的所有権センター (佐賀県工業技術センター)	塚島 誠一郎	〒849-0932 佐賀市鍋島町八戸溝114	0952-30-8161
長崎県知的所有権センター ((社)発明協会長崎県支部)	川添 早苗	〒856-0026 大村市池田2-1303-8 長崎県工業技術センター内	0957-52-1144
熊本県知的所有権センター ((社)発明協会熊本県支部)	松山 彰雄	〒862-0901 熊本市東町3-11-38 熊本県工業技術センター内	096-360-3291
大分県知的所有権センター (大分県産業科学技術センター)	鎌田 正道	〒870-1117 大分市高江西1-4361-10	097-596-7121
宮崎県知的所有権センター ((社)発明協会宮崎県支部)	黒田 護	〒880-0303 宮崎県宮崎郡佐土原町東上那珂16500-2 宮崎県工業技術センター内	0985-74-2953
鹿児島県知的所有権センター (鹿児島県工業技術センター)	大井 敏民	〒899-5105 鹿児島県姶良郡隼人町小田1445-1	0995-64-2445
沖縄県知的所有権センター (沖縄県工業技術センター)	和田 修	〒904-2234 具志川市字州崎12-2 中城湾港新港地区トロピカルテクノパーク内	098-929-0111

資料4．知的所有権センター一覧 （平成14年3月1日現在）

都道府県	名称	所在地	TEL
北海道	北海道知的所有権センター （北海道立工業試験場）	〒060-0819 札幌市北区北19条西11丁目	011-747-2211
青森県	青森県知的所有権センター （(社)発明協会青森県支部）	〒030-0112 青森市第二問屋町4-11-6	017-762-3912
岩手県	岩手県知的所有権センター （岩手県工業技術センター）	〒020-0852 盛岡市飯岡新田3-35-2	019-634-0684
宮城県	宮城県知的所有権センター （宮城県産業技術総合センター）	〒981-3206 仙台市泉区明通2-2	022-377-8725
秋田県	秋田県知的所有権センター （秋田県工業技術センター）	〒010-1623 秋田市新屋町字砂奴寄4-11	018-862-3417
山形県	山形県知的所有権センター （山形県工業技術センター）	〒990-2473 山形市松栄1-3-8	023-647-8130
福島県	福島県知的所有権センター （(社)発明協会福島県支部）	〒963-0215 郡山市待池台1-12 福島県ハイテクプラザ内	024-963-0242
茨城県	茨城県知的所有権センター （(財)茨城県中小企業振興公社）	〒312-0005 ひたちなか市新光町38 ひたちなかテクノセンタービル1階	029-264-2211
栃木県	栃木県知的所有権センター （(社)発明協会栃木県支部）	〒322-0011 鹿沼市白桑田516-1 栃木県工業技術センター内	0289-65-7550
群馬県	群馬県知的所有権センター （(社)発明協会群馬県支部）	〒371-0845 前橋市鳥羽町190 群馬県工業試験場内	027-254-0627
埼玉県	埼玉県知的所有権センター （(社)発明協会埼玉県支部）	〒331-8669 さいたま市桜木町1-7-5 ソニックシティ10階	048-644-4806
千葉県	千葉県知的所有権センター （(社)発明協会千葉県支部）	〒260-0854 千葉市中央区長洲1-9-1 千葉県庁南庁舎R3階	043-223-7748
東京都	東京都知的所有権センター （(社)発明協会東京支部）	〒105-0001 港区虎ノ門2-9-14	03-3502-5521
神奈川県	神奈川県知的所有権センター （神奈川県産業技術総合研究所）	〒243-0435 海老名市下今泉705-1	046-236-1500
	神奈川県知的所有権センター支部 （(財)神奈川高度技術支援財団）	〒213-0012 川崎市高津区坂戸3-2-1 かながわサイエンスパーク西棟205	044-819-2100
	神奈川県知的所有権センター支部 （(社)発明協会神奈川県支部）	〒231-0015 横浜市中区尾上町5-80 神奈川中小企業センター10階	045-633-5055
新潟県	新潟県知的所有権センター （(財)信濃川テクノポリス開発機構）	〒940-2127 長岡市新産4-1-9	0258-46-9711
山梨県	山梨県知的所有権センター （山梨県工業技術センター）	〒400-0055 甲府市大津町2094	055-243-6111
長野県	長野県知的所有権センター （(社)発明協会長野県支部）	〒380-0928 長野市若里1-18-1 長野県工業試験場内	026-228-5559
静岡県	静岡県知的所有権センター （(社)発明協会静岡県支部）	〒421-1221 静岡市牧ヶ谷2078 静岡工業技術センター資料館内	054-278-6111
富山県	富山県知的所有権センター （富山県工業技術センター）	〒933-0981 高岡市二上町150	0766-29-1252
石川県	石川県知的所有権センター （財)石川県産業創出支援機構	〒920-0223 金沢市戸水町イ65番地 石川県地場産業振興センター	076-267-5918
岐阜県	岐阜県知的所有権センター （岐阜県科学技術振興センター）	〒509-0108 各務原市須衛町4-179-1 テクノプラザ5F	0583-79-2250
愛知県	愛知県知的所有権センター （愛知県工業技術センター）	〒448-0003 刈谷市一ツ木町西新割	0566-24-1841
三重県	三重県知的所有権センター （三重県工業技術総合研究所）	〒514-0819 津市高茶屋5-5-45	059-234-4150
福井県	福井県知的所有権センター （福井県工業技術センター）	〒910-0102 福井市川合鷲塚町61字北稲田10	0776-55-1195
滋賀県	滋賀県知的所有権センター （滋賀県工業技術センター）	〒520-3004 栗東市上砥山232	077-558-4040
京都府	京都府知的所有権センター （(社)発明協会京都支部）	〒600-8813 京都市下京区中堂寺南町17 京都リサーチパーク内 京都高度技研ビル4階	075-315-8686
大阪府	大阪府知的所有権センター （大阪府立特許情報センター）	〒543-0061 大阪市天王寺区伶人町2-7	06-6771-2646
	大阪府知的所有権センター支部 （(社)発明協会大阪支部知的財産センター）	〒564-0062 吹田市垂水町3-24-1 シンプレス江坂ビル2階	06-6330-7725
兵庫県	兵庫県知的所有権センター （(社)発明協会兵庫県支部）	〒654-0037 神戸市須磨区行平町3-1-31 兵庫県立産業技術センター4階	078-731-5847

都道府県	名称	所在地	TEL
奈良県	奈良県知的所有権センター (奈良県工業技術センター)	〒630-8031 奈良市柏木町129-1	0742-33-0863
和歌山県	和歌山県知的所有権センター ((社)発明協会和歌山県支部)	〒640-8214 和歌山県寄合町25 和歌山市発明館4階	073-432-0087
鳥取県	鳥取県知的所有権センター ((社)発明協会鳥取県支部)	〒689-1112 鳥取市若葉台南7-5-1 新産業創造センター1階	0857-52-6728
島根県	島根県知的所有権センター ((社)発明協会島根県支部)	〒690-0816 島根県松江市北陵町1番地 テクノアークしまね1F内	0852-60-5146
岡山県	岡山県知的所有権センター ((社)発明協会岡山県支部)	〒701-1221 岡山市芳賀5301 テクノサポート岡山内	086-286-9656
広島県	広島県知的所有権センター ((社)発明協会広島県支部)	〒730-0052 広島市中区千田町3-13-11 広島発明会館内	082-544-0775
	広島県知的所有権センター支部 ((社)発明協会広島県支部備後支会)	〒720-0067 福山市西町2-10-1	0849-21-2349
	広島県知的所有権センター支部 (呉地域産業振興センター)	〒737-0004 呉市阿賀南2-10-1	0823-76-3766
山口県	山口県知的所有権センター ((社)発明協会山口県支部)	〒753-0077 山口市熊野町1-10 NPYビル10階	083-922-9927
徳島県	徳島県知的所有権センター ((社)発明協会徳島県支部)	〒770-8021 徳島市雑賀町西開11-2 徳島県立工業技術センター内	088-636-3388
香川県	香川県知的所有権センター ((社)発明協会香川県支部)	〒761-0301 香川県高松市林町2217-15 香川産業頭脳化センタービル2階	087-869-9005
愛媛県	愛媛県知的所有権センター ((社)発明協会愛媛県支部)	〒791-1101 松山市久米窪田町337-1 テクノプラザ愛媛	089-960-1118
高知県	高知県知的所有権センター (高知県工業技術センター)	〒781-5101 高知市布師田3992-3	088-845-7664
福岡県	福岡県知的所有権センター ((社)発明協会福岡県支部)	〒812-0013 福岡市博多区博多駅東2-6-23 住友博多駅前第2ビル2階	092-474-7255
	福岡県知的所有権センター北九州支部 ((株)北九州テクノセンター)	〒804-0003 北九州市戸畑区中原新町2-1	093-873-1432
佐賀県	佐賀県知的所有権センター (佐賀県工業技術センター)	〒849-0932 佐賀市鍋島町八戸溝114	0952-30-8161
長崎県	長崎県知的所有権センター ((社)発明協会長崎県支部)	〒856-0026 大村市池田2-1303-8 長崎県工業技術センター内	0957-52-1144
熊本県	熊本県知的所有権センター ((社)発明協会熊本県支部)	〒862-0901 熊本市東町3-11-38 熊本県工業技術センター内	096-360-3291
大分県	大分県知的所有権センター (大分県産業科学技術センター)	〒870-1117 大分市高江西1-4361-10	097-596-7121
宮崎県	宮崎県知的所有権センター ((社)発明協会宮崎県支部)	〒880-0303 宮崎県宮崎郡佐土原町東上那珂16500-2 宮崎県工業技術センター内	0985-74-2953
鹿児島県	鹿児島県知的所有権センター (鹿児島県工業技術センター)	〒899-5105 鹿児島県姶良郡隼人町小田1445-1	0995-64-2445
沖縄県	沖縄県知的所有権センター (沖縄県工業技術センター)	〒904-2234 具志川市字州崎12-2 中城湾港新港地区トロピカルテクノパーク内	098-929-0111

資料5．平成13年度25技術テーマの特許流通の概要

5.1 アンケート送付先と回収率

平成13年度は、25の技術テーマにおいて「特許流通支援チャート」を作成し、その中で特許流通に対する意識調査として各技術テーマの出願件数上位企業を対象としてアンケート調査を行った。平成13年12月7日に郵送によりアンケートを送付し、平成14年1月31日までに回収されたものを対象に解析した。

表5.1-1に、アンケート調査表の回収状況を示す。送付数578件、回収数306件、回収率52.9%であった。

表5.1-1 アンケートの回収状況

送付数	回収数	未回収数	回収率
578	306	272	52.9%

表5.1-2に、業種別の回収状況を示す。各業種を一般系、機械系、化学系、電気系と大きく4つに分類した。以下、「○○系」と表現する場合は、各企業の業種別に基づく分類を示す。それぞれの回収率は、一般系56.5%、機械系63.5%、化学系41.1%、電気系51.6%であった。

表5.1-2 アンケートの業種別回収件数と回収率

業種と回収率	業種	回収件数
一般系 48/85=56.5%	建設	5
	窯業	12
	鉄鋼	6
	非鉄金属	17
	金属製品	2
	その他製造業	6
化学系 39/95=41.1%	食品	1
	繊維	12
	紙・パルプ	3
	化学	22
	石油・ゴム	1
機械系 73/115=63.5%	機械	23
	精密機器	28
	輸送機器	22
電気系 146/283=51.6%	電気	144
	通信	2

図 5.1 に、全回収件数を母数にして業種別に回収率を示す。全回収件数に占める業種別の回収率は電気系 47.7%、機械系 23.9%、一般系 15.7%、化学系 12.7%である。

図 5.1 回収件数の業種別比率

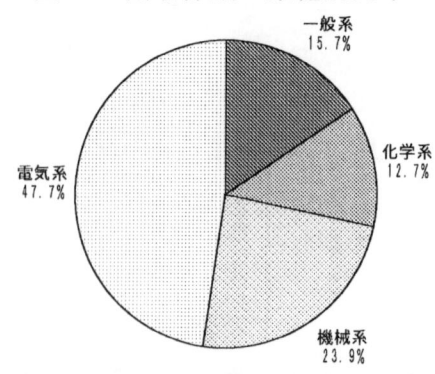

一般系	化学系	機械系	電気系	合計
48	39	73	146	306

表 5.1-3 に、技術テーマ別の回収件数と回収率を示す。この表では、技術テーマを一般分野、化学分野、機械分野、電気分野に分類した。以下、「○○分野」と表現する場合は、技術テーマによる分類を示す。回収率の最も良かった技術テーマは焼却炉排ガス処理技術の 71.4%で、最も悪かったのは有機 EL 素子の 34.6%である。

表 5.1-3 テーマ別の回収件数と回収率

	技術テーマ名	送付数	回収数	回収率
一般分野	カーテンウォール	24	13	54.2%
	気体膜分離装置	25	12	48.0%
	半導体洗浄と環境適応技術	23	14	60.9%
	焼却炉排ガス処理技術	21	15	71.4%
	はんだ付け鉛フリー技術	20	11	55.0%
化学分野	プラスティックリサイクル	25	15	60.0%
	バイオセンサ	24	16	66.7%
	セラミックスの接合	23	12	52.2%
	有機ＥＬ素子	26	9	34.6%
	生分解ポリエステル	23	12	52.2%
	有機導電性ポリマー	24	15	62.5%
	リチウムポリマー電池	29	13	44.8%
機械分野	車いす	21	12	57.1%
	金属射出成形技術	28	14	50.0%
	微細レーザ加工	20	10	50.0%
	ヒートパイプ	22	10	45.5%
電気分野	圧力センサ	22	13	59.1%
	個人照合	29	12	41.4%
	非接触型ＩＣカード	21	10	47.6%
	ビルドアップ多層プリント配線板	23	11	47.8%
	携帯電話表示技術	20	11	55.0%
	アクティブマトリックス液晶駆動技術	21	12	57.1%
	プログラム制御技術	21	12	57.1%
	半導体レーザの活性層	22	11	50.0%
	無線ＬＡＮ	21	11	52.4%

5.2 アンケート結果
5.2.1 開放特許に関して
(1) 開放特許と非開放特許

他者にライセンスしてもよい特許を「開放特許」、ライセンスの可能性のない特許を「非開放特許」と定義した。その上で、各技術テーマにおける保有特許のうち、自社での実施状況と開放状況について質問を行った。

306件中257件の回答があった(回答率84.0%)。保有特許件数に対する開放特許件数の割合を開放比率とし、保有特許件数に対する非開放特許件数の割合を非開放比率と定義した。

図5.2.1-1に、業種別の特許の開放比率と非開放比率を示す。全体の開放比率は58.3%で、業種別では一般系が37.1%、化学系が20.6%、機械系が39.4%、電気系が77.4%である。化学系(20.6%)の企業の開放比率は、化学分野における開放比率(図5.2.1-2)の最低値である「生分解ポリエステル」の22.6%よりさらに低い値となっている。これは、化学分野においても、機械系、電気系の企業であれば、保有特許について比較的開放的であることを示唆している。

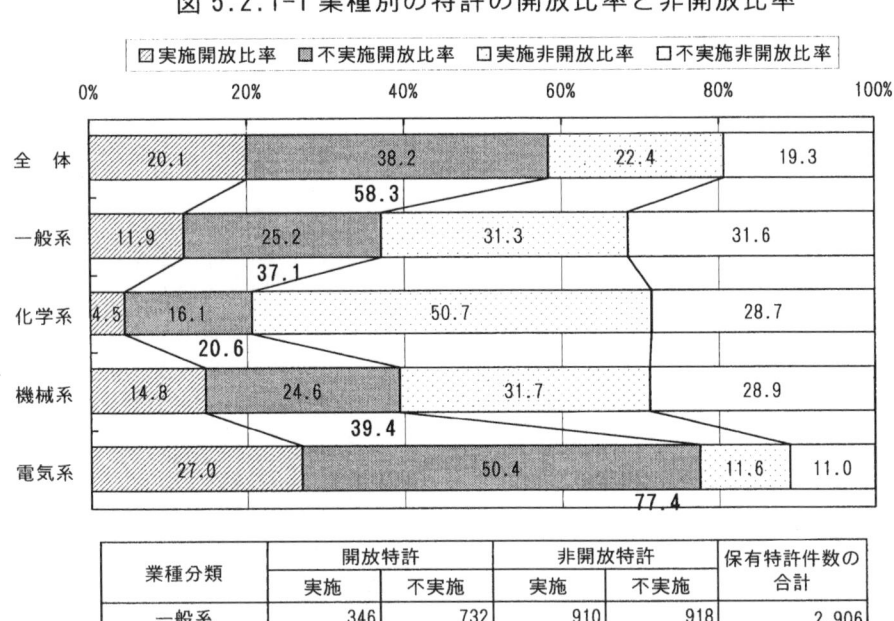

図5.2.1-1 業種別の特許の開放比率と非開放比率

業種分類	開放特許 実施	開放特許 不実施	非開放特許 実施	非開放特許 不実施	保有特許件数の合計
一般系	346	732	910	918	2,906
化学系	90	323	1,017	576	2,006
機械系	494	821	1,058	964	3,337
電気系	2,835	5,291	1,218	1,155	10,499
全体	3,765	7,167	4,203	3,613	18,748

図5.2.1-2に、技術テーマ別の開放比率と非開放比率を示す。

開放比率(実施開放比率と不実施開放比率を加算。)が高い技術テーマを見てみると、最高値は「個人照合」の84.7%で、次いで「はんだ付け鉛フリー技術」の83.2%、「無線LAN」の82.4%、「携帯電話表示技術」の80.0%となっている。一方、低い方から見ると、「生分解ポリエステル」の22.6%で、次いで「カーテンウォール」の29.3%、「有機EL」の30.5%である。

図 5.2.1-2 技術テーマ別の開放比率と非開放比率

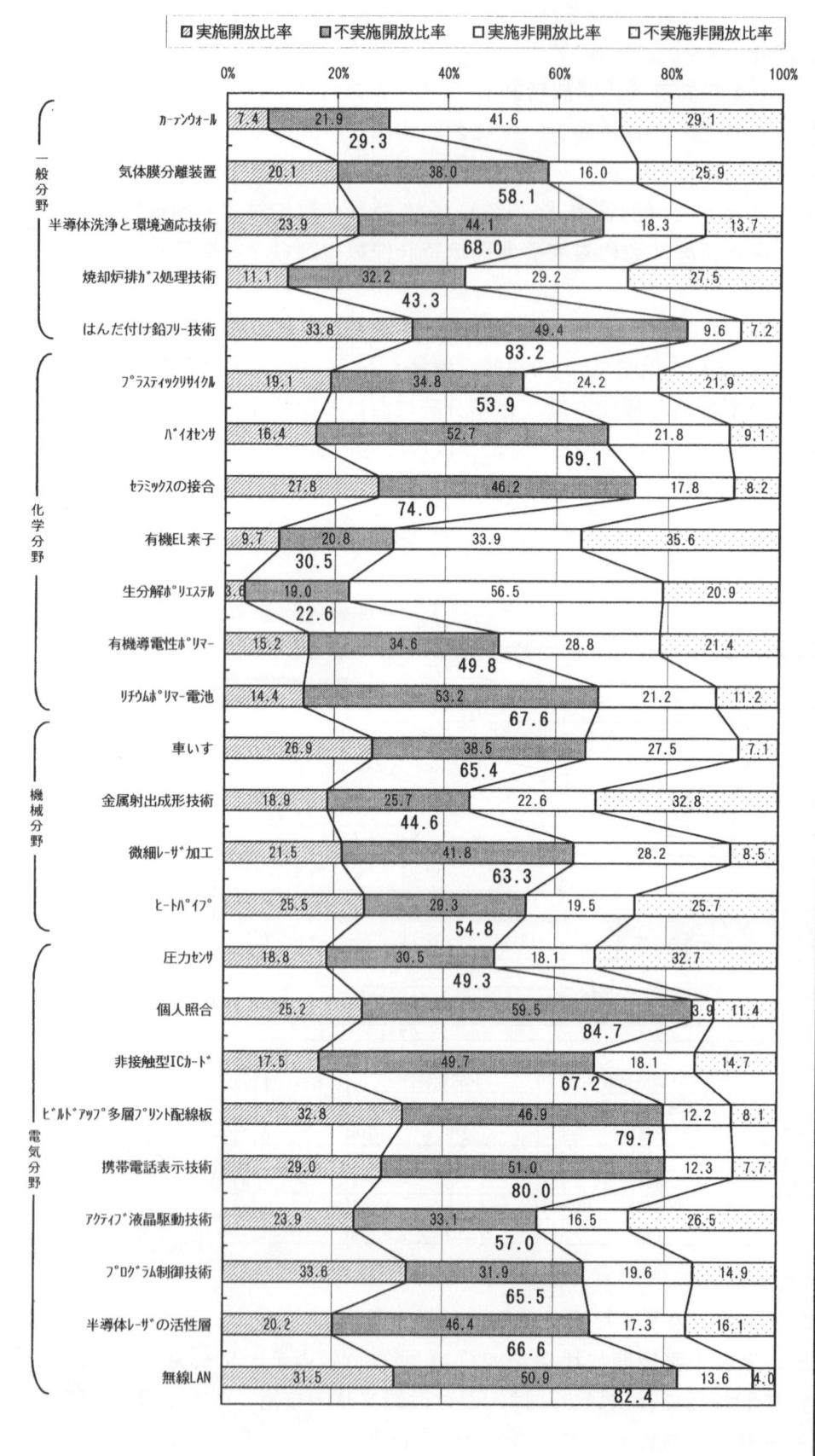

技術分野	技術テーマ	実施開放比率	不実施開放比率	実施非開放比率	不実施非開放比率	開放特許 実施	開放特許 不実施	非開放特許 実施	非開放特許 不実施	保有特許件数の合計
一般分野	カーテンウォール	7.4	21.9	41.6	29.1	67	198	376	264	905
	気体膜分離装置	20.1	38.0	16.0	25.9	88	166	70	113	437
	半導体洗浄と環境適応技術	23.9	44.1	18.3	13.7	155	286	119	89	649
	焼却炉排ガス処理技術	11.1	32.2	29.2	27.5	133	387	351	330	1,201
	はんだ付け鉛フリー技術	33.8	49.4	9.6	7.2	139	204	40	30	413
化学分野	プラスティックリサイクル	19.1	34.8	24.2	21.9	196	357	248	225	1,026
	バイオセンサ	16.4	52.7	21.8	9.1	106	340	141	59	646
	セラミックスの接合	27.8	46.2	17.8	8.2	145	241	93	42	521
	有機EL素子	9.7	20.8	33.9	35.6	90	193	316	332	931
	生分解ポリエステル	3.6	19.0	56.5	20.9	28	147	437	162	774
	有機導電性ポリマー	15.2	34.6	28.8	21.4	125	285	237	176	823
	リチウムポリマー電池	14.4	53.2	21.2	11.2	140	515	205	108	968
機械分野	車いす	26.9	38.5	27.5	7.1	107	154	110	28	399
	金属射出成形技術	18.9	25.7	22.6	32.8	147	200	175	255	777
	微細レーザ加工	21.5	41.8	28.2	8.5	68	133	89	27	317
	ヒートパイプ	25.5	29.3	19.5	25.7	215	248	164	217	844
電気分野	圧力センサ	18.8	30.5	18.1	32.7	164	267	158	286	875
	個人照合	25.2	59.5	3.9	11.4	220	521	34	100	875
	非接触型ICカード	17.5	49.7	18.1	14.7	140	398	145	117	800
	ビルドアップ多層プリント配線板	32.8	46.9	12.2	8.1	177	254	66	44	541
	携帯電話表示技術	29.0	51.0	12.3	7.7	235	414	100	62	811
	アクティブ液晶駆動技術	23.9	33.1	16.5	26.5	252	349	174	278	1,053
	プログラム制御技術	33.6	31.9	19.6	14.9	280	265	163	124	832
	半導体レーザの活性層	20.2	46.4	17.3	16.1	123	282	105	99	609
	無線LAN	31.5	50.9	13.6	4.0	227	367	98	29	721
	合計					3,767	7,171	4,214	3,596	18,748

図5.2.1-3は、業種別に、各企業の特許の開放比率を示したものである。

開放比率は、化学系で最も低く、電気系で最も高い。機械系と一般系はその中間に位置する。推測するに、化学系の企業では、保有特許は「物質特許」である場合が多く、自社の市場独占を確保するため、特許を開放しづらい状況にあるのではないかと思われる。逆に、電気・機械系の企業は、商品のライフサイクルが短いため、せっかく取得した特許も短期間で新技術と入れ替える必要があり、不実施となった特許を開放特許として供出やすい環境にあるのではないかと考えられる。また、より効率性の高い技術開発を進めるべく他社とのアライアンスを目的とした開放特許戦略を採るケースも、最近出てきているのではないだろうか。

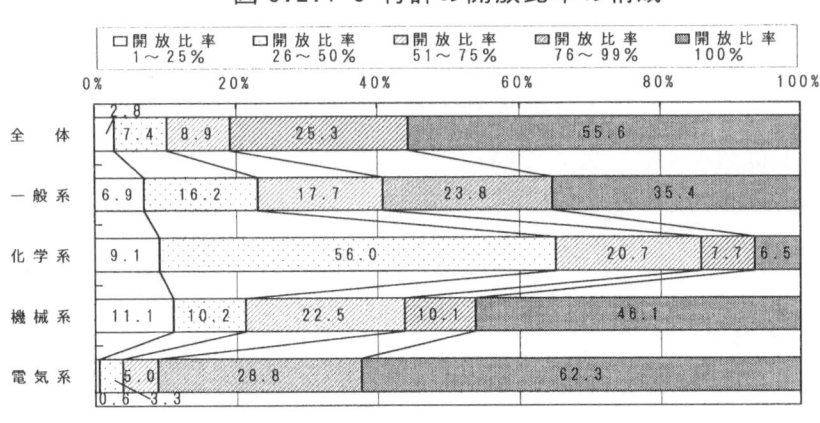

図5.2.1-3 特許の開放比率の構成

図5.2.1-4に、業種別の自社実施比率と不実施比率を示す。全体の自社実施比率は42.5%で、業種別では化学系55.2%、機械系46.5%、一般系43.2%、電気系38.6%である。化学系の企業は、自社実施比率が高く開放比率が低い。電気・機械系の企業は、その逆で自社実施比率が低く開放比率は高い。自社実施比率と開放比率は、反比例の関係にあるといえる。

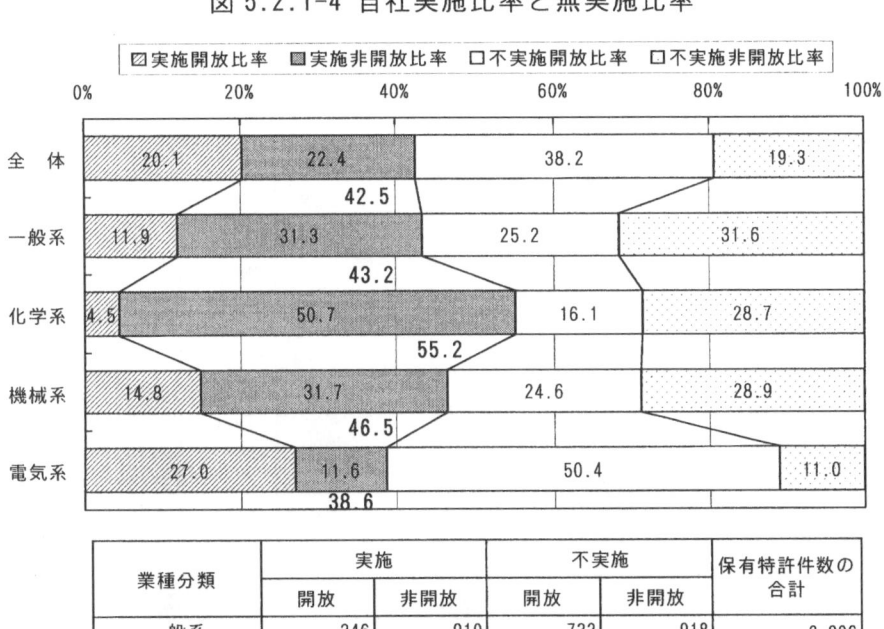

図5.2.1-4 自社実施比率と無実施比率

業種分類	実施 開放	実施 非開放	不実施 開放	不実施 非開放	保有特許件数の合計
一般系	346	910	732	918	2,906
化学系	90	1,017	323	576	2,006
機械系	494	1,058	821	964	3,337
電気系	2,835	1,218	5,291	1,155	10,499
全体	3,765	4,203	7,167	3,613	18,748

(2) 非開放特許の理由

開放可能性のない特許の理由について質問を行った（複数回答）。

質問内容	一般系	化学系	機械系	電気系	全体
・独占的排他権の行使により、ライバル企業を排除するため（ライバル企業排除）	36.3%	36.7%	36.4%	34.5%	36.0%
・他社に対する技術の優位性の喪失（優位性喪失）	31.9%	31.6%	30.5%	29.9%	30.9%
・技術の価値評価が困難なため（価値評価困難）	12.1%	16.5%	15.3%	13.8%	14.4%
・企業秘密がもれるから（企業秘密）	5.5%	7.6%	3.4%	14.9%	7.5%
・相手先を見つけるのが困難であるため（相手先探し）	7.7%	5.1%	8.5%	2.3%	6.1%
・ライセンス経験不足等のため提供に不安があるから（経験不足）	4.4%	0.0%	0.8%	0.0%	1.3%
・その他	2.1%	2.5%	5.1%	4.6%	3.8%

図 5.2.1-5 は非開放特許の理由の内容を示す。

「ライバル企業の排除」が最も多く 36.0％、次いで「優位性喪失」が 30.9％と高かった。特許権を「技術の市場における排他的独占権」として充分に行使していることが伺える。「価値評価困難」は 14.4％となっているが、今回の「特許流通支援チャート」作成にあたり分析対象とした特許は直近 10 年間だったため、登録前の特許が多く、権利範囲が未確定なものが多かったためと思われる。

電気系の企業で「企業秘密がもれるから」という理由が 14.9％と高いのは、技術のライフサイクルが短く新技術開発が激化しており、さらに、技術自体が模倣されやすいことが原因であるのではないだろうか。

化学系の企業で「企業秘密がもれるから」という理由が 7.6％と高いのは、物質特許のノウハウ漏洩に細心の注意を払う必要があるためと思われる。

機械系や一般系の企業で「相手先探し」が、それぞれ 8.5％、7.7％と高いことは、これらの分野で技術移転を仲介する者の活躍できる潜在性が高いことを示している。

なお、その他の理由としては、「共同出願先との調整」が 12 件と多かった。

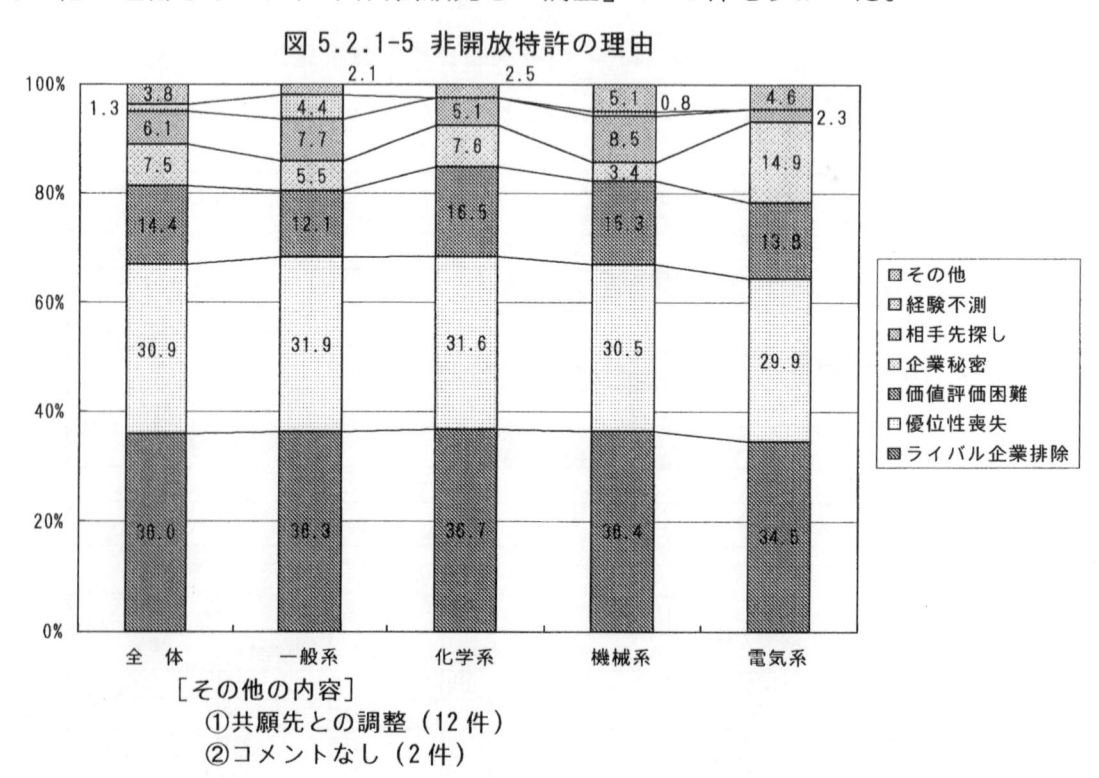

図 5.2.1-5 非開放特許の理由

[その他の内容]
①共願先との調整（12 件）
②コメントなし（2 件）

5.2.2 ライセンス供与に関して
(1) ライセンス活動

ライセンス供与の活動姿勢について質問を行った。

質問内容	一般系	化学系	機械系	電気系	全体
・特許ライセンス供与のための活動を積極的に行っている（積極的）	2.0%	15.8%	4.3%	8.9%	7.5%
・特許ライセンス供与のための活動を行っている（普通）	36.7%	15.8%	25.7%	57.7%	41.2%
・特許ライセンス供与のための活動はやや消極的である（消極的）	24.5%	13.2%	14.3%	10.4%	14.0%
・特許ライセンス供与のための活動を行っていない（しない）	36.8%	55.2%	55.7%	23.0%	37.3%

その結果を、図5.2.2-1 ライセンス活動に示す。306件中295件の回答であった（回答率96.4%）。

何らかの形で特許ライセンス活動を行っている企業は62.7%を占めた。そのうち、比較的積極的に活動を行っている企業は48.7%に上る（「積極的」＋「普通」）。これは、技術移転を仲介する者の活躍できる潜在性がかなり高いことを示唆している。

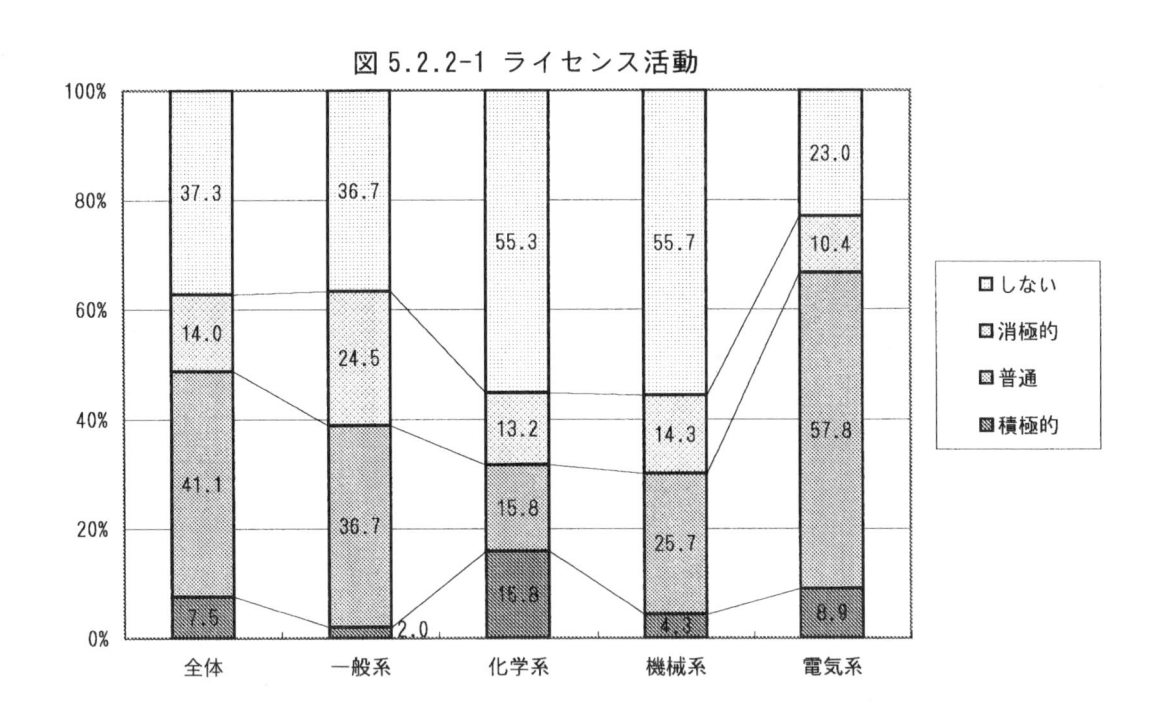

図5.2.2-1 ライセンス活動

(2) ライセンス実績

ライセンス供与の実績について質問を行った。

質問内容	一般系	化学系	機械系	電気系	全体
・供与実績はないが今後も行う方針（実績無し今後も実施）	54.5%	48.0%	43.6%	74.6%	58.3%
・供与実績があり今後も行う方針（実績有り今後も実施）	72.2%	61.5%	95.5%	67.3%	73.5%
・供与実績はなく今後は不明（実績無し今後は不明）	36.4%	24.0%	46.1%	20.3%	30.8%
・供与実績はあるが今後は不明（実績有り今後は不明）	27.8%	38.5%	4.5%	30.7%	25.5%
・供与実績はなく今後も行わない方針（実績無し今後も実施せず）	9.1%	28.0%	10.3%	5.1%	10.9%
・供与実績はあるが今後は行わない方針（実績有り今後は実施せず）	0.0%	0.0%	0.0%	2.0%	1.0%

図5.2.2-2に、ライセンス実績を示す。306件中295件の回答があった（回答率96.4%）。ライセンス実績有りとライセンス実績無しを分けて示す。

「供与実績があり、今後も実施」は73.5%と非常に高い割合であり、特許ライセンスの有効性を認識した企業はさらにライセンス活動を活発化させる傾向にあるといえる。また、「供与実績はないが、今後は実施」が58.3%あり、ライセンスに対する関心の高まりが感じられる。

機械系や一般系の企業で「実績有り今後も実施」がそれぞれ90%、70%を越えており、他業種の企業よりもライセンスに対する関心が非常に高いことがわかる。

図5.2.2-2 ライセンス実績

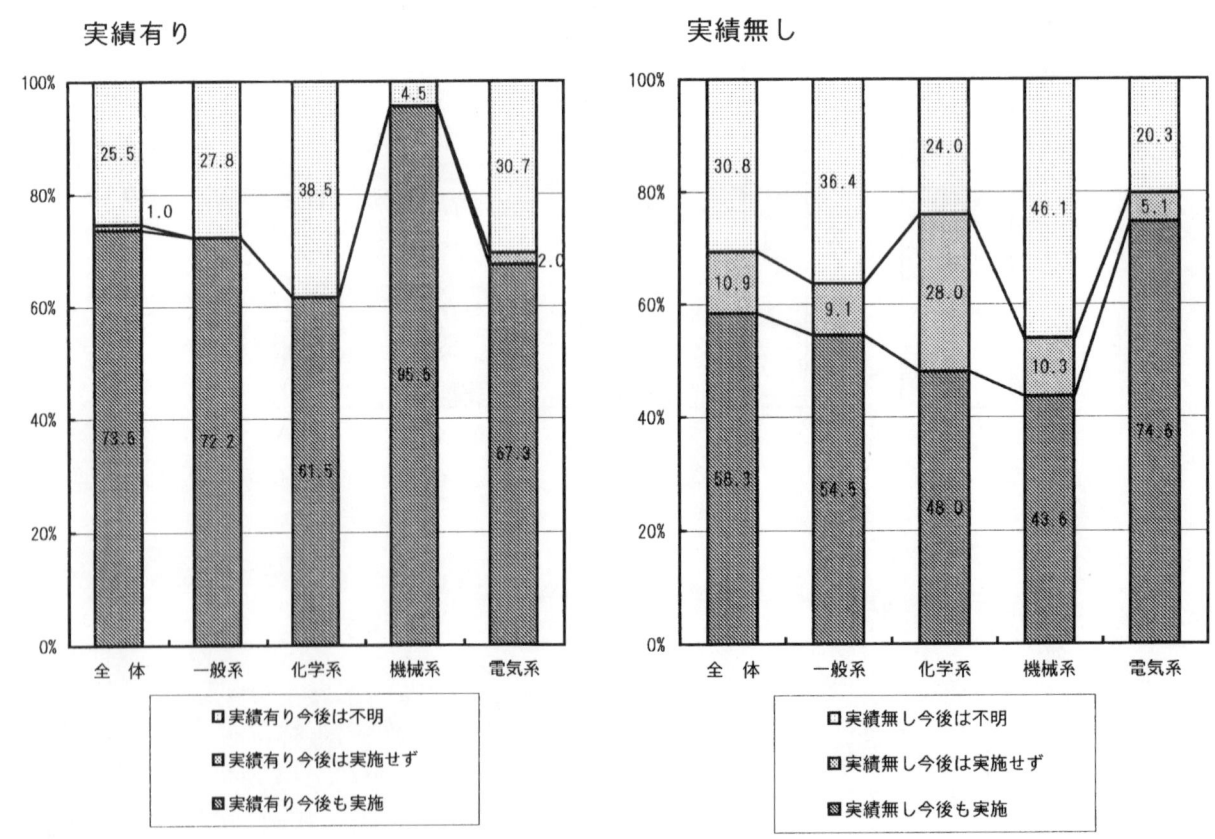

(3) ライセンス先の見つけ方

ライセンス供与の実績があると 5.2.2 項の(2)で回答したテーマ出願人にライセンス先の見つけ方について質問を行った(複数回答)。

質問内容	一般系	化学系	機械系	電気系	全体
・先方からの申し入れ(申入れ)	27.8%	43.2%	37.7%	32.0%	33.7%
・権利侵害調査の結果(侵害発)	22.2%	10.8%	17.4%	21.3%	19.3%
・系列企業の情報網(内部情報)	9.7%	10.8%	11.6%	11.5%	11.0%
・系列企業を除く取引先企業(外部情報)	2.8%	10.8%	8.7%	10.7%	8.3%
・新聞、雑誌、TV、インターネット等(メディア)	5.6%	2.7%	2.9%	12.3%	7.3%
・イベント、展示会等(展示会)	12.5%	5.4%	7.2%	3.3%	6.7%
・特許公報	5.6%	5.4%	2.9%	1.6%	3.3%
・相手先に相談できる人がいた等(人的ネットワーク)	1.4%	8.2%	7.3%	0.8%	3.3%
・学会発表、学会誌(学会)	5.6%	8.2%	1.4%	1.6%	2.7%
・データベース(DB)	6.8%	2.7%	0.0%	0.0%	1.7%
・国・公立研究機関(官公庁)	0.0%	0.0%	0.0%	3.3%	1.3%
・弁理士、特許事務所(特許事務所)	0.0%	0.0%	2.9%	0.0%	0.7%
・その他	0.0%	0.0%	0.0%	1.6%	0.7%

その結果を、図 5.2.2-3 ライセンス先の見つけ方に示す。「申入れ」が 33.7%と最も多く、次いで侵害警告を発した「侵害発」が 19.3%、「内部情報」によりものが 11.0%、「外部情報」によるものが 8.3%であった。特許流通データベースなどの「DB」からは 1.7%であった。化学系において、「申入れ」が 40%を越えている。

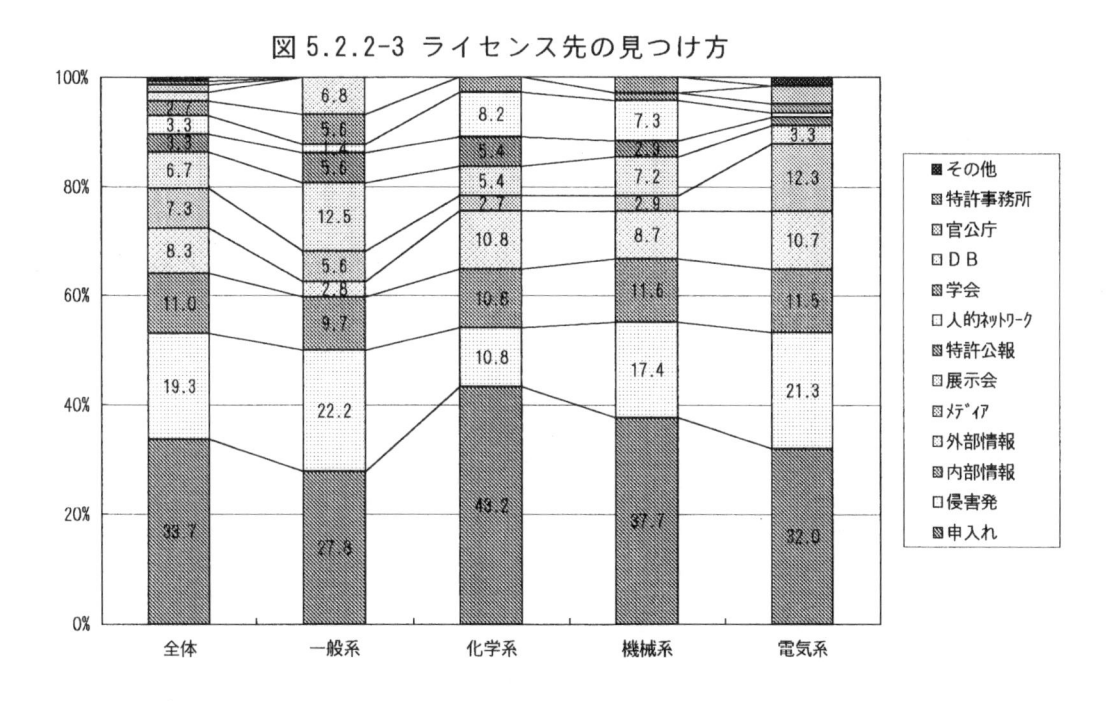

図 5.2.2-3 ライセンス先の見つけ方

〔その他の内容〕
①関係団体(2件)

(4) ライセンス供与の不成功理由

5.2.2項の(1)でライセンス活動をしていると答えて、ライセンス実績の無いテーマ出願人に、その不成功理由について質問を行った。

質問内容	一般系	化学系	機械系	電気系	全体
・相手先が見つからない（相手先探し）	58.8%	57.9%	68.0%	73.0%	66.7%
・情勢（業績・経営方針・市場など）が変化した（情勢変化）	8.8%	10.5%	16.0%	0.0%	6.4%
・ロイヤリティーの折り合いがつかなかった（ロイヤリティー）	11.8%	5.3%	4.0%	4.8%	6.4%
・当該特許だけでは、製品化が困難と思われるから（製品化困難）	3.2%	5.0%	7.7%	1.6%	3.6%
・供与に伴う技術移転（試作や実証試験等）に時間がかかっており、まだ、供与までに至らない（時間浪費）	0.0%	0.0%	0.0%	4.8%	2.1%
・ロイヤリティー以外の契約条件で折り合いがつかなかった（契約条件）	3.2%	5.0%	0.0%	0.0%	1.4%
・相手先の技術消化力が低かった（技術消化力不足）	0.0%	10.0%	0.0%	0.0%	1.4%
・新技術が出現した（新技術）	3.2%	5.3%	0.0%	0.0%	1.3%
・相手先の秘密保持に信頼が置けなかった（機密漏洩）	3.2%	0.0%	0.0%	0.0%	0.7%
・相手先がグランド・バックを認めなかった（グランドバック）	0.0%	0.0%	0.0%	0.0%	0.0%
・交渉過程で不信感が生まれた（不信感）	0.0%	0.0%	0.0%	0.0%	0.0%
・競合技術に遅れをとった（競合技術）	0.0%	0.0%	0.0%	0.0%	0.0%
・その他	9.7%	0.0%	3.9%	15.8%	10.0%

その結果を、図5.2.2-4 ライセンス供与の不成功理由に示す。約66.7%は「相手先探し」と回答している。このことから、相手先を探す仲介者および仲介を行うデータベース等のインフラの充実が必要と思われる。電気系の「相手先探し」は73.0%を占めていて他の業種より多い。

図5.2.2-4 ライセンス供与の不成功理由

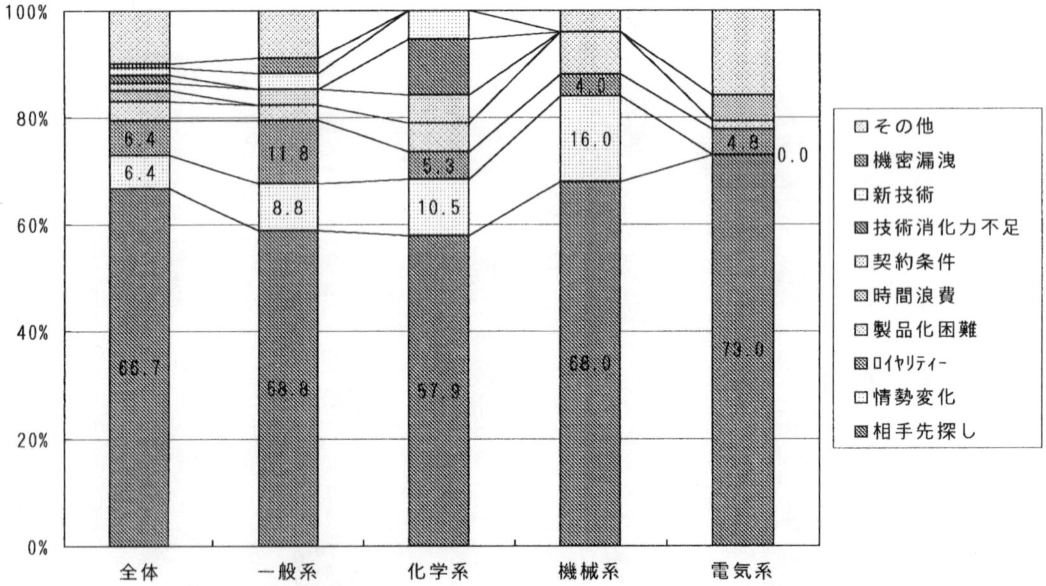

〔その他の内容〕
①単独での技術供与でない
②活動を開始してから時間が経っていない
③当該分野では未登録が多い（3件）
④市場未熟
⑤業界の動向（規格等）
⑥コメントなし（6件）

5.2.3 技術移転の対応
(1) 申し入れ対応

技術移転してもらいたいと申し入れがあった時、どのように対応するかについて質問を行った。

質問内容	一般系	化学系	機械系	電気系	全体
・とりあえず、話を聞く(話を聞く)	44.3%	70.3%	54.9%	56.8%	55.8%
・積極的に交渉していく(積極交渉)	51.9%	27.0%	39.5%	40.7%	40.6%
・他社への特許ライセンスの供与は考えていないので、断る(断る)	3.8%	2.7%	2.8%	2.5%	2.9%
・その他	0.0%	0.0%	2.8%	0.0%	0.7%

その結果を、図 5.2.3-1 ライセンス申し入れ対応に示す。「話を聞く」が 55.8％であった。次いで「積極交渉」が 40.6％であった。「話を聞く」と「積極交渉」で 96.4％という高率であり、中小企業側からみた場合は、ライセンス供与の申し入れを積極的に行っても断られるのはわずか 2.9％しかないということを示している。一般系の「積極交渉」が他の業種より高い。

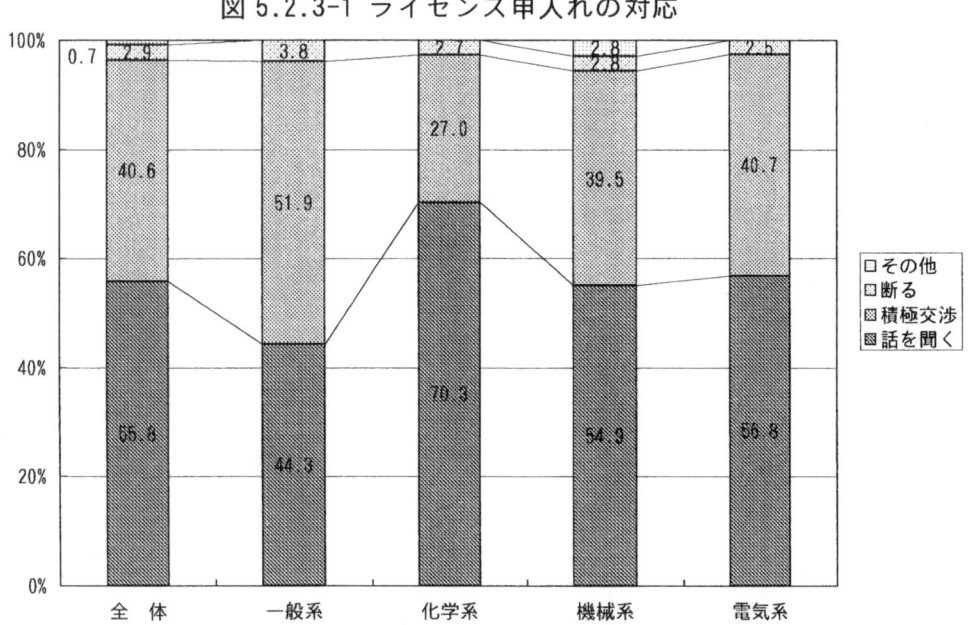

図 5.2.3-1 ライセンス申入れの対応

(2) 仲介の必要性

ライセンスの仲介の必要性があるかについて質問を行った。

質問内容	一般系	化学系	機械系	電気系	全体
・自社内にそれに相当する機能があるから不要（社内機能あるから不要）	36.6%	48.7%	62.4%	53.8%	52.0%
・現在はレベルが低いので不要（低レベル仲介で不要）	1.9%	0.0%	1.4%	1.7%	1.5%
・適切な仲介者がいれば使っても良い（適切な仲介者で検討）	44.2%	45.9%	27.5%	40.2%	38.5%
・公的支援機関に仲介等を必要とする（公的仲介が必要）	17.3%	5.4%	8.7%	3.4%	7.6%
・民間仲介業者に仲介等を必要とする（民間仲介が必要）	0.0%	0.0%	0.0%	0.9%	0.4%

図 5.2.3-2 に仲介の必要性の内訳を示す。「社内機能あるから不要」が 52.0％を占め、最も多い。アンケートの配布先は大手企業が大部分であったため、自社において知財管理、技術移転機能が整備されている企業が 50％以上を占めることを意味している。

次いで「適切な仲介者で検討」が 38.5％、「公的仲介が必要」が 7.6％、「民間仲介が必要」が 0.4％となっている。これらを加えると仲介の必要を感じている企業は 46.5％に上る。

自前で知財管理や知財戦略を立てることができない中小企業や一部の大企業では、技術移転・仲介者の存在が必要であると推測される。

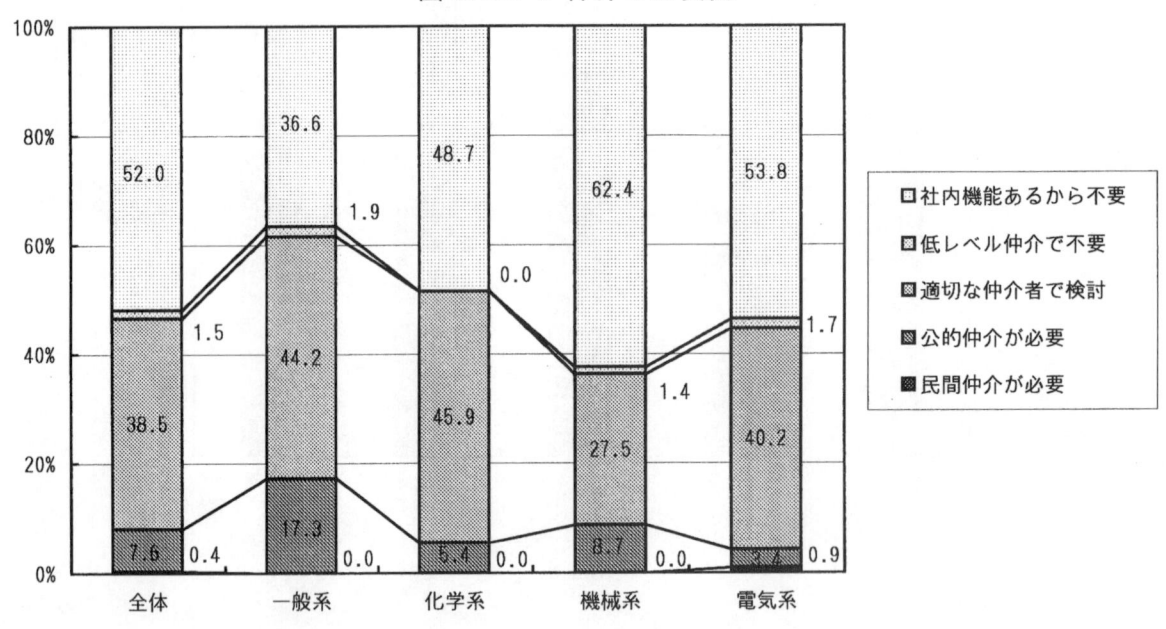

図 5.2.3-2 仲介の必要性

5.2.4 具体的事例
(1) テーマ特許の供与実績

技術テーマの分析の対象となった特許一覧表を掲載し(テーマ特許)、具体的にどの特許の供与実績があるかについて質問を行った。

質問内容	一般系	化学系	機械系	電気系	全体
・有る	12.8%	12.9%	13.6%	18.8%	15.7%
・無い	72.3%	48.4%	39.4%	34.2%	44.1%
・回答できない(回答不可)	14.9%	38.7%	47.0%	47.0%	40.2%

図5.2.4-1に、テーマ特許の供与実績を示す。

「有る」と回答した企業が15.7%であった。「無い」と回答した企業が44.1%あった。「回答不可」と回答した企業が40.2%とかなり多かった。これは個別案件ごとにアンケートを行ったためと思われる。ライセンス自体、企業秘密であり、他者に情報を漏洩しない場合が多い。

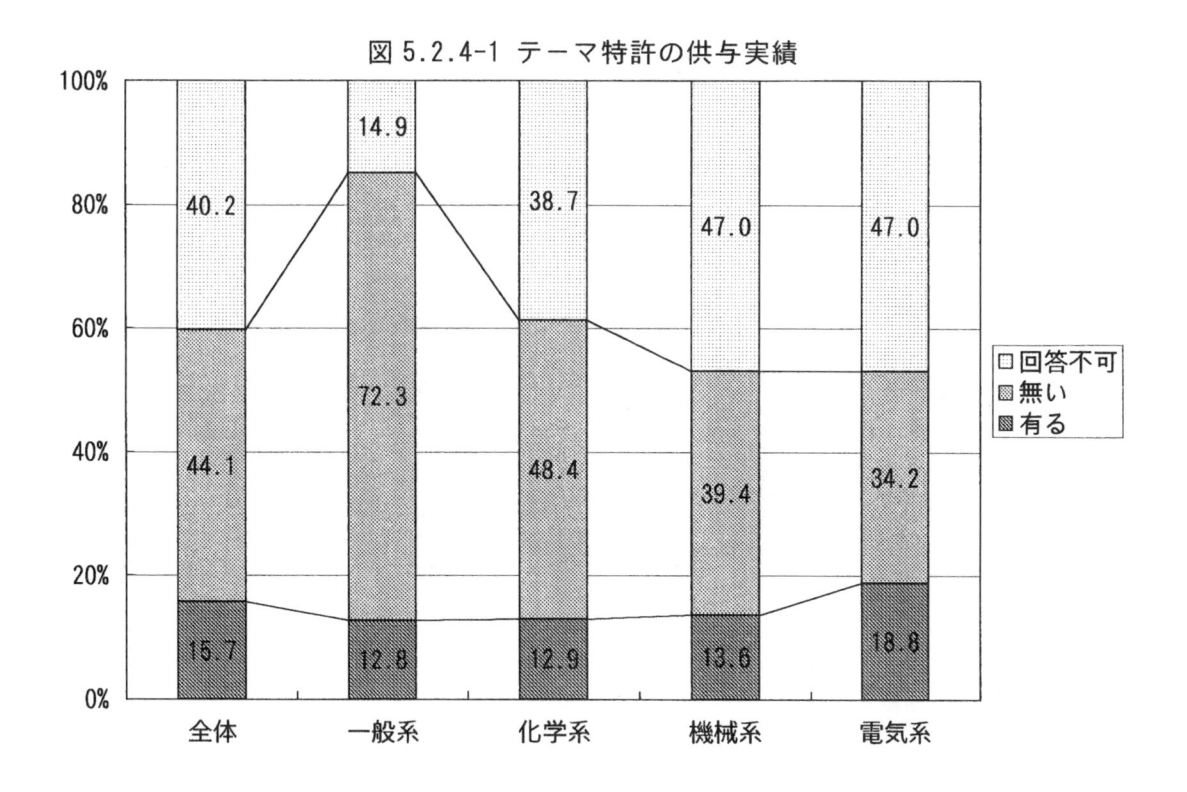

図5.2.4-1 テーマ特許の供与実績

(2) テーマ特許を適用した製品

「特許流通支援チャート」に収蔵した特許（出願）を適用した製品の有無について質問を行った。

質問内容	一般系	化学系	機械系	電気系	全体
・回答できない(回答不可)	27.9%	34.4%	44.3%	53.2%	44.6%
・有る。	51.2%	43.8%	39.3%	37.1%	40.8%
・無い。	20.9%	21.8%	16.4%	9.7%	14.6%

図5.2.4-2に、テーマ特許を適用した製品の有無について結果を示す。

「有る」が40.8%、「回答不可」が44.6%、「無い」が14.6%であった。一般系と化学系で「有る」と回答した企業が多かった。

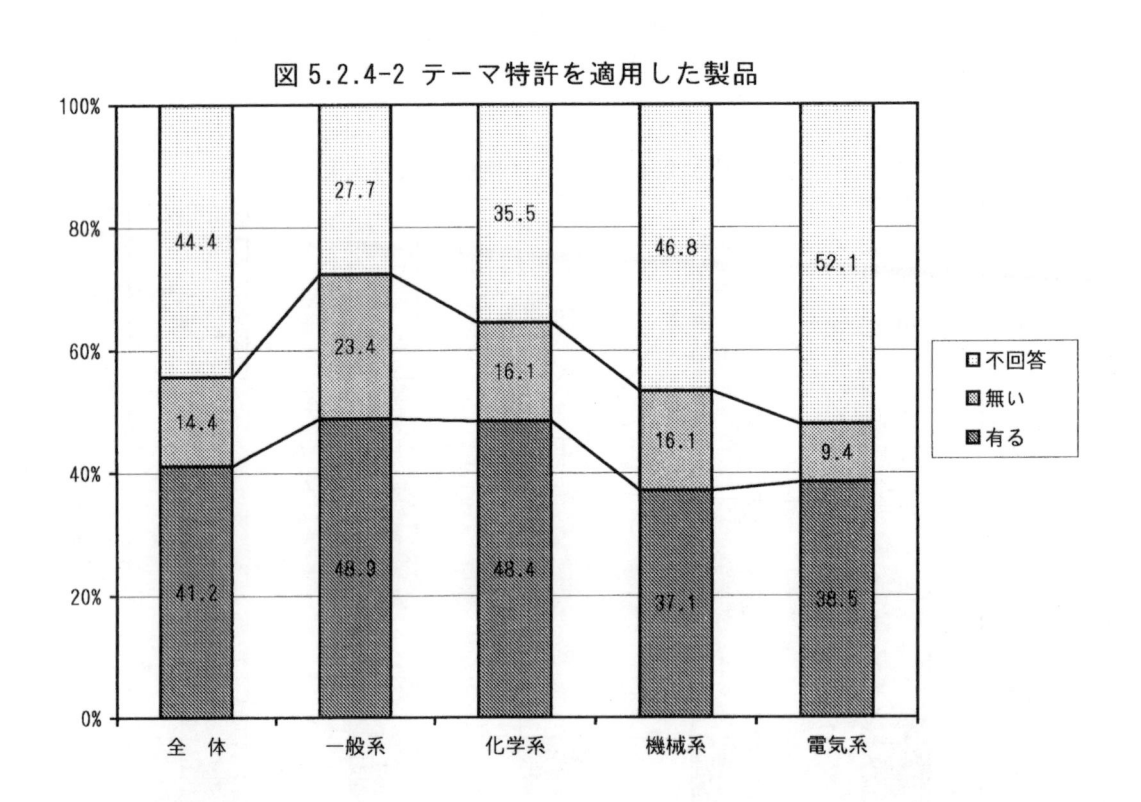

図5.2.4-2 テーマ特許を適用した製品

5.3 ヒアリング調査

アンケートによる調査において、5.2.2の(2)項でライセンス実績に関する質問を行った。その結果、回収数306件中295件の回答を得、そのうち「供与実績あり、今後も積極的な供与活動を実施したい」という回答が全テーマ合計で25.4%(延べ75出願人)あった。これから重複を排除すると43出願人となった。

この43出願人を候補として、ライセンスの実態に関するヒアリング調査を行うこととした。ヒアリングの目的は技術移転が成功した理由をできるだけ明らかにすることにある。

表5.3にヒアリング出願人の件数を示す。43出願人のうちヒアリングに応じてくれた出願人は11出願人(26.5%)であった。テーマ別且つ出願人別では延べ15出願人であった。ヒアリングは平成14年2月中旬から下旬にかけて行った。

表5.3 ヒアリング出願人の件数

ヒアリング候補 出願人数	ヒアリング 出願人数	ヒアリング テーマ出願人数
43	11	15

5.3.1 ヒアリング総括

表5.3に示したようにヒアリングに応じてくれた出願人が43出願人中わずか11出願人（25.6％）と非常に少なかったのは、ライセンス状況およびその経緯に関する情報は企業秘密に属し、通常は外部に公表しないためであろう。さらに、11出願人に対するヒアリング結果も、具体的なライセンス料やロイヤリティーなど核心部分については充分な回答をもらうことができなかった。

このため、今回のヒアリング調査は、対象母数が少なく、その結果も特許流通および技術移転プロセスについて全体の傾向をあらわすまでには至っておらず、いくつかのライセンス実績の事例を紹介するに留まらざるを得なかった。

5.3.2 ヒアリング結果

表5.3.2-1にヒアリング結果を示す。

技術移転のライセンサーはすべて大企業であった。

ライセンシーは、大企業が8件、中小企業が3件、子会社が1件、海外が1件、不明が2件であった。

技術移転の形態は、ライセンサーからの「申し出」によるものと、ライセンシーからの「申し入れ」によるものの2つに大別される。「申し出」が3件、「申し入れ」が7件、「不明」が2件であった。

「申し出」の理由は、3件とも事業移管や事業中止に伴いライセンサーが技術を使わなくなったことによるものであった。このうち1件は、中小企業に対するライセンスであった。この中小企業は保有技術の水準が高かったため、スムーズにライセンスが行われたとのことであった。

「ノウハウを伴わない」技術移転は3件で、「ノウハウを伴う」技術移転は4件であった。

「ノウハウを伴わない」場合のライセンシーは、3件のうち1件は海外の会社、1件が中小企業、残り1件が同業種の大企業であった。

大手同士の技術移転だと、技術水準が似通っている場合が多いこと、特許性の評価やノウハウの要・不要、ライセンス料やロイヤリティー額の決定などについて経験に基づき判断できるため、スムーズに話が進むという意見があった。

　中小企業への移転は、ライセンサーもライセンシーも同業種で技術水準も似通っていたため、ノウハウの供与の必要はなかった。中小企業と技術移転を行う場合、ノウハウ供与を伴う必要があることが、交渉の障害となるケースが多いとの意見があった。

　「ノウハウを伴う」場合の4件のライセンサーはすべて大企業であった。ライセンシーは大企業が1件、中小企業が1件、不明が2件であった。

　「ノウハウを伴う」ことについて、ライセンサーは、時間や人員が避けないという理由で難色を示すところが多い。このため、中小企業に技術移転を行う場合は、ライセンシー側の技術水準を重視すると回答したところが多かった。

　ロイヤリティーは、イニシャルとランニングに分かれる。イニシャルだけの場合は4件、ランニングだけの場合は6件、双方とも含んでいる場合は4件であった。ロイヤリティーの形態は、双方の企業の合意に基づき決定されるため、技術移転の内容によりケースバイケースであると回答した企業がほとんどであった。

　中小企業へ技術移転を行う場合には、イニシャルロイヤリティーを低く抑えており、ランニングロイヤリティーとセットしている。

　ランニングロイヤリティーのみと回答した6件の企業であっても、「ノウハウを伴う」技術移転の場合にはイニシャルロイヤリティーを必ず要求するとすべての企業が回答している。中小企業への技術移転を行う際に、このイニシャルロイヤリティーの額をどうするか折り合いがつかず、不成功になった経験を持っていた。

表5.3.2-1　ヒアリング結果

導入企業	移転の申入れ	ノウハウ込み	イニシャル	ランニング
－	ライセンシー	○	普通	－
－	－	○	普通	－
中小	ライセンシー	×	低	普通
海外	ライセンシー	×	普通	－
大手	ライセンシー	－	－	普通
大手	ライセンシー	－	－	普通
大手	ライセンシー	－	－	普通
大手	－	－	－	普通
中小	ライセンサー	－	－	普通
大手	－	－	普通	低
大手	－	○	普通	普通
大手	ライセンサー	－	普通	－
子会社	ライセンサー	－	－	－
中小	－	○	低	高
大手	ライセンシー	×	－	普通

＊特許技術提供企業はすべて大手企業である。

(注)
　ヒアリングの結果に関する個別のお問い合わせについては、回答をいただいた企業とのお約束があるため、応じることはできません。予めご了承ください。

資料6．特許番号一覧

表6.-1 主要52出願人の特許リスト（1/5）（ただし、前述2章で掲載の特許は除く）

技術要素	課題	公報番号（出願人,概要）			
指紋					
システム	安価	特開平11-349238(22)			
	安全性	特開平10-222664(50)	特開平10-222731(50)	特開2001-51949(34)	
	運営効率	特許3004218(48)	翼システム：	アクセス権を有する者がアクセスした後は、アクセス停止を解除して、誰もがアクセスすることができるコンピュータシステム。	
		特開平10-116376(50)			
	改ざん防止	特開平9-311938(37)			
	確実,安全	特開2001-100856(32)			
	簡易操作	特開2001-93042(42)			
	簡便化	特開2000-298783(33)			
	簡便性	特開平11-96363(31)			
	管理効率	特開平9-245175(31)			
	機密性	特開平10-154132(48)	特開2001-51915(34)		
	高セキュリティ	特開平11-175731(41)	特開平11-265260(45)		
	個人特定	特開2000-216926(34)			
	サービス	特開2001-86251(42)			
	守秘性	特開平11-322203(22)			
	受容性	特開2000-207558(22)			
	省スペース	特開2001-125734(23)			
	迅速、確実	特開2000-311234(41)			
	信頼性	特開2000-353223(26)	特開2001-175712(32)		
	精度	特開平9-274656(37)			
	セキュリティ	特開平10-301854(21)	特開2000-306130(41)	特開2001-184564(26)	
	操作性	特開2000-187920(49)	特開2001-56891(22)		
	使い勝って	特開2000-227742(34)			
	盗用防止	特開平11-245771(40)			
	ナリスマシ防止	特許2772281(45)	静岡日本電気：	他人の指紋パターン信号を入手して、指紋照合部へ送出し、他人への「なりすまし」となることを防止する方法	
	認証	特開2000-115065(28)			
	不正防止	特開平10-116383(50)	特開2000-147623(49)	特開2000-251034(21)	特開2001-175711(32)
	便利性	特開平10-116378(50)			
	保護	特開平11-266430(34)			
	メモリ節約	特開平11-282983(41)			
	漏洩防止	特開2000-187420(35)			
入力技術	画質鮮明	特許3113572(27)	日立エンジニアリング：	指紋像を画像として測定し、その指紋画像を回転方向に所定幅で短冊状に切り出し、この切り出した画像を合成することにより、回転指紋の検出を行う。	
		特許3205445(30)	コニカ：	光学参照面と反対側の面に硬質透明光学部材、弾性透明光学部材、液体カップリング材を用いることにより、良好な指紋映像を得る	
		特開平11-144032(31)	特開平11-267114(37)	特開平11-31216(49)	特開2000-51182(43)
		特開2000-67208(27)			
	環境対応	特開平11-309133(27)	特開平11-123186(39)	特開平11-164824(39)	特開2000-116624(33)
		特開2000-196024(39)	特開2000-196026(39)	特開2000-196027(39)	特開2000-353235(45)
		特開2001-5951(45)	特開2001-143052(45)		

表 6.-1 主要 52 出願人の特許リスト（2/5）（ただし、前述 2 章で掲載の特許は除く）

技術要素		課題	公報番号（出願人,概要）			
指紋						
	入力技術	高速	特許 2987347(48)	翼システム	指紋照合によるタイムレコーディングシステムの照合エラーにより指紋照合時間が長びく問題の解決に、入力情報のうちの指紋画像に所定の画像処理を施してコード化したコード情報を利用したことを特徴とする	
			特開 2000-48208(51)	特開 2000-215302(34)	特開 2000-268162(27)	
		小型携帯	特開平 7-331939(49)	特開 2000-30034(43)		
		コスト	特許 3188177(40)	ティー アール ダブリュー：	全消費電力を低減するように、データ処理を簡単化し、少数の感知素子の感知アレーを用いたことを特徴とする指紋検出器。	
			特開平 9-259248(27)	特開平 10-326338(31)	特開平 11-253428(39)	特開平 11-288354(39)
			特開 2000-113170(43)	特開 2000-113171(43)		
		再現性	特公平 7-54543(23)	NEC ソフト：	被検査対象物の被照合パターンを光学的に入力する画像入力装置に関するもので、指の第1関節部を載置するガイドをプリズムの反射面上近傍の位置にすることにより、繰り返し行われる指の載置条件をほぼ等しくできる。	
			特許 2573693(23)	NEC ソフト：	被検査対象物たるゆ指を双方の半指型加工面で挟まれる空間に挿入して両ガイド部材を左右に押し広げるようにすると、それぞれ同じ量だけ移動して空間が広げられ指が所定の載置状態でプリズムの反射面上に載置され、載置状態を均一にできる。	
			特開平 10-280762(22)	特開平 10-280763(22)	特開平 9-297844(37)	
		信頼度	特許 3150126(45)	静岡日本電気：	画像を得るのに、静電容量でなく光を用いることで、歪みのない画像を得ることができ、小型で安価を実現できる。	
			特開平 8-287219(31)	特開平 8-305827(31)	特開平 10-124669(37)	特開平 10-326339(31)
			特開平 11-144058(21)	特開 2000-310505(26)	特開 2000-310506(26)	特開 2000-322559(23)
			特開 2001-99611(26)	特開 2001-167258(40)		
		精度	特開平 8-115425(37)	特開平 9-282458(44)		
		操作性	特開 2001-46359(32)	特開 2001-52148(32)	特開 2001-52151(32)	特開 2001-54179(25)
		ノイズ低減	特開 2000-229075(26)			
		保守性	特開平 9-167224(27)	特開平 9-259270(37)	特開 2001-52179(44)	
	照合技術	環境耐性	特開平 10-177649(22)			
		コスト	特開 2000-356060(44)			
		小型化	特開 2001-92554(32)			
		照合精度	特許 2710434(23)	NEC ソフト：	透明体上に載置された指の指紋画像を採取し、2次元量子化データとして指紋紋様特徴を抽出し、特徴数が予め定められた閾値以上か否かを調べることにより指紋登録の照合精度向上を図る。	
		照合時間	特許 2776746(23)	NEC ソフト：	歪んだ画像を、画像の変形方向を示す移動ベクトルに変換する方法で、歪んだ画像を修正する。	
			特許 2776757(23)	NEC ソフト：	指紋の指頭軸方向を検出するのに、指紋の内積数列と内積数列パターンとを比較し、その誤差を算出し、その数列誤差の中での最小値に対応する指頭軸方向を出力することで、検出を可能にする。	
			特許 2821348(23)	NEC ソフト：	指紋データの品質に応じて照合方法を切り換え、適切な照合方法を適用することにより、照合時間を短縮する指紋照合装置。	
			特許 2908204(23)	NEC ソフト：	画面上に十指指紋を表示し、その十指指紋カード画像を切り出し、一指単位の指紋画像を任意に切り出せるようにする。	
			特許 2944650(23)	NEC ソフト：	指紋の分岐点を端点とみなす誤った認識を防ぐ指紋照合装置	
			特許 2972116(22)	三菱電機ビルテクノサービス：	同時に複数の指の指紋照合を行うことができ、複数の指紋読取部を必要としない指紋照合装置を特徴としている。	

表 6.-1 主要52出願人の特許リスト (3/5)(ただし、前述2章で掲載の特許は除く)

技術要素		課題	公報番号（出願人,概要）			
指紋						
	照合技術	照合精度	特許 3053388(40)	ティー アール ダブリュー:	既知の指紋の参照指紋画像から選択された特色について、採取した本人指紋画像と照合し、その相関を比較し、本人であることを確認するデバイス及びその動作方法。	
		照合時間	特許 3130869(23)	NECソフト:	ノイズによる文様の画像と指紋の特徴点の画像とを区別でき、誤認識を防ぐ、高い確度の指紋の特徴点抽出法。	
			特開 2000-99731(33)			
			特開平 10-323339(40)	特開 2000-57338(44)	特開 2000-148982(22)	特開 2001-99612(26)
		不正防止	特開平 11-104112(44)	特開平 11-144023(41)	特開 2000-163532(41)	特開 2000-207510(41)
			特開 2000-322632(43)			
		利便性	特許 2702307(23)	NECソフト:	押捺原紙に押捺された指紋や犯罪現場から採取された遺留指紋の指紋像を二次元量子化画像データに変換することにより、品質向上を図るための指紋特徴修正システム	
			特開平 10-323338(31)	特開 2001-119768(25)		
虹彩						
		経済性	特開 2001-94847(30)			
		確実性	特開平 9-328938(33)			
		時間短縮	特開平 10-334245(28)			
		迅速	特開平 11-339037(22)			
		便宜性	特開 2000-113092(28)	特開 2000-163501(28)		
顔貌						
		コスト	特開 2001-108955(36)			
		自動化	特開平 10-246041(44)			
		省力化	特開 2001-160118(30)			
		操作性	特開平 9-102043(51)	特開平 10-320562(28)	特開平 11-283036(26)	特開平 11-312243(25)
			特開 2000-347692(42)	特開 2001-67098(42)	特開 2001-92974(21)	特開 2001-117877(52)
		照合精度	特許 2967012(43)	富士電機:	ある人の顔の動きを伴う特定部位たとえば瞼、瞳孔または唇を撮像し、その画像に係る時系列順の各時点の動的データ、たとえば瞼の開閉状態、閃光時の瞳孔の開度、または所定発音時の唇形状に係るデータに基づいて、その人が予め登録された複数個人の一人であると特定する方式をとることによって、盗用、悪用の恐れがなく、しかも比較的簡単に認識率の向上が図れる個人認識装置	
			特開平 10-55444(51)	特開平 11-161791(25)	特開平 11-242745(25)	特開平 11-328416(22)
			特開 2000-67237(25)	特開 2000-113197(25)	特開 2000-163592(25)	特開 2000-194849(25)
			特開 2000-357231(25)			
		不正防止	特開平 6-180751(30)	特開平 7-266762(47)	特開平 9-81705(26)	特開平 9-167216(26)
			特開平 11-291682(30)	特開 2000-126160(47)	特開 2000-227812(52)	特開 2001-43374(52)
			特開 2001-202090(35)	特開 2001-202516(25)		
その他生体						
	DNA	不正防止	特開 2001-211172(23)			
	間接しわ	照合精度	特開 2000-194828(26)			
	その他	不正防止	特開平 7-266760(47)	特開 2000-315999(51)		
		照合精度	特開 2000-227902(36)			

表 6.-1 主要 52 出願人の特許リスト（4/5）（ただし、前述 2 章で掲載の特許は除く）

技術要素		課題	公報番号（出願人, 概要）			
その他生体						
	網膜	操作性	特開平 9-305816(24)			
		抵抗感	特開平 9-330409(24)	特開平 11-213164(36)		
		不正防止	特開平 9-313702(24)	特開平 9-330453(24)	特開平 10-21469(33)	特開平 10-27293(24)
			特開平 10-43406(24)	特開平 10-69463(24)	特開平 10-91826(24)	特開平 10-266650(24)
		照合精度	特開平 10-116395(24)	特開平 10-188068(24)		
	指（爪）	抵抗感	特開平 11-221203(36)			
	掌形	小型化	特開平 10-198784(27)			
		操作性	特開平 10-211190(27)	特開平 10-240900(27)		
声紋						
	声紋	安全性	特開平 8-6900(38)			
		簡便性	特開平 11-73196(51)			
	音声	セキュリティ	特表平 8-507392(38)	特開平 9-281991(23)		
		利便性	特開平 9-120293(35)			
		音声歪補償	特開平 6-242793(38)			
		高速化	特許 2986313(21)	インターナショナル ビジネス マシーンズ：	詳細音響照合に用いられるものと同じ文脈依存音響モデルを使用する、高速音響照合用の音声コード化装置及び音声コード化方法	
		簡素化	特許 3002211(35)	リコー：	特定な使用者のもつ個人性を辞書に付加することにより，認識対象となる辞書単語数を増加させる必要がなくなり，認識の効率向上が図れる。	
署名						
		照合精度	特公平 6-10783(21)	インターナショナル ビジネス マシーンズ：	署名データの特性を利用して，格納すべきデータの総量の低減とデジタル・データの圧縮とを実現するために，データのセグメント化とデジタル・データ変換手法を適用した。	
			特許 2699241(28)	エヌ シー アール：	手書きによる署名で、システムへのアクセスを認可する方法及びそのシステム。	
			特開 2001-195574(35)			
		利便性	特開平 9-69138(28)			
		不正防止	特許 2731019(42)	三洋電機：	手書き筆跡を検出記憶できる機能を、座標入力部に設けることにより、多種類の情報を容易に入力できるようにする。	
			特開平 8-125822(35)	特開平 10-91770(28)	特開平 11-59034(47)	特開平 11-120360(35)
複合						
		安価	特開 2000-76411(47)			
		簡便性	特開平 9-179583(38)	特開 2000-122972(48)		
		検索容易	特開 2001-101349(49)			
		自由度	特開平 10-224345(21)			
		受容性	特開 2000-300543(36)			
		正確性	特開平 10-208042(22)			
		セキュリティ	特開 2000-339507(29)	特開 2001-22919(34)		
		認識率向上	特許 2798622(38)	エイティ アンド ティ：	発声者の感情状態や疲労度による音声信号の変動を補償することを特徴とする音声認識システム。	
		侵入防止	特開 2000-315291(29)			
		不正防止	特開 2000-322145(23)			
バイオ全般						
		自動化	特許 2000-207616(30)			
		操作性	特開平 10-207777(48)	特開平 11-143707(48)	特開 2000-123179(33)	特開 2000-346989(43)
			特開 2001-170012(30)	特開 2001-190533(30)	特開 2001-195145(32)	

表6.-1 主要52出願人の特許リスト（5/5）（ただし、前述2章で掲載の特許は除く）

技術要素	課題	公報番号（出願人,概要）			
バイオ全般					
	不正防止	特許2814923(21)	インターナショナル ビジネス マシーンズ:	トランザクション処理システムにおけるセキュリティを改善するのに、ユーザの許可、即ち署名イメージを、このユーザが許可したトランザクションと関連付けることを特徴とする。	
		特許3098988(24)	岡田勝彦,岩本秀治:	主としてパチンコ遊技機におけるパチンコ玉の表止り・裏止り等に対応するための遊技機の解錠システムに関するもので。解錠資格者の身体的個人情報を登録する解錠資格者登録手段と、遊技機のロック機構の解除に際して人の身体的個人情報を取り込み、その人が登録された解錠資格者か否かを判定する解錠資格者判定手段と、を備えていることを特徴とする。	
		特開平8-263614(38)	特開平9-134414(47)	特開平9-147116(28)	特開平11-102425(36)
		特開平11-154140(21)	特開2000-314254(29)	特開平11-265350(21)	特開平11-265432(40)
		特開平11-272349(42)	特開平11-316818(40)	特開2000-181871(21)	特開2000-187419(35)
		特開2000-222362(21)	特開2000-315271(29)	特開2000-315272(29)	特開2000-315290(29)
		特開2000-331272(29)	特開2000-336994(29)	特開2001-43373(52)	特開2001-61112(25)
		特開2001-118070(52)	特開2001-188944(42)		
	利便性	特開平10-323331(46)	特開平11-336386(22)	特開2000-126138(46)	特開2000-33052(46)
		特開2001-125871(34)	特開2001-137198(46)	特開2001-137199(46)	
	照合精度	特開平8-115422(33)	特開2000-293689(33)		

（1991年1月～2001年9月に公開の登録と系属案件）

注)特許番号後のカッコ内の数字は次頁出願人のNoに対応

表6.-2 官公庁出願人の特許

公報番号	発明の名称	出願人名称-1
特許2953813	個人認証機能付き携帯電話機	郵政大臣,松下通信工業
特許2912759	指紋照合方法	郵政大臣,松下通信工業,小松 尚久
特許2944602	掌紋印象の登録・照合方法およびその装置	警察庁長官
特開2000-94869	ラミネートフィルムで保護された貴重印刷物及びその製造方法	大蔵省印刷局長,財務省印刷局長

表 6.-3 出願件数上位 52 社の連絡先 (1/2)

No	出願人名	出願件数	住所（本社等の代表的住所）	TEL	技術移転窓口	TEL
1	沖電気工業	151	東京都港区虎ノ門 1－7－12	03-3501-3111		
2	東芝	108	東京都港区芝浦 1-1-1（東芝ビルディング）	03-3457-4511		
3	三菱電機	101	東京都千代田区丸の内二丁目 2 番 3 号（三菱電機ビル）	03-3218-2111		
4	ソニー	88	東京都品川区北品川 6-7-35	03-5448-2111		
5	日本電気	88	東京都港区芝五丁目 7 番 1 号	03-3454-1111		
6	富士通	81	東京都千代田区丸の内 1-6-1（丸の内センタービル）	03-3216-3211		
7	日本電信電話	54	東京都千代田区大手町 2－3－1	03-5205-5111		
8	日立製作所	52	東京都千代田区神田駿河台四丁目 6 番地	03-3258-1111		
9	松下電器産業	48	大阪府門真市大字門真 1006	06-6908-1121		
10	富士通電装	42	川崎市高津区坂戸 1－17－3	044-822-2121		
11	キヤノン	32	東京都大田区下丸子 3－30－2	03-3758-2111		
12	オムロン	31	京都市下京区塩小路通堀川東入	075-344-7000		
13	浜松ホトニクス	27	静岡県浜松市砂山町 325－6	053-452-2141		
14	カシオ計算機	26	東京都渋谷区本町 1－6－2	03-5334-4111		
15	山武	24	東京都渋谷区渋谷二丁目 12 番 19 号 （東建インターナショナルビル）	03-3486-2031		
16	シャープ	22	大阪市阿倍野区長池町 22 番 22 号（田辺ビル）	06-6621-1221		
17	デンソー	19	愛知県刈谷市昭和町 1－1	0566-25-5511		
18	NTT データ	19	東京都江東区豊洲 3-3-3 豊洲センタービル	03-5546-8202		
19	日本サイバーサイン	16	東京都世田谷区用賀四丁目 5 番 16 号 TE ビル	03-3707-3131		
20	大日本印刷	14	東京都新宿区市谷加賀町 1-1-1	03-3266-2111		
21	インターナショナル ビジネス マシーンズ (US)	13	http://www.ibm.com/	US		
22	三菱電機ビルテクノサービス	13	東京都千代田区大手町 2-6-2(日本ビル)	03-3279-8000		
23	ＮＥＣソフト	13	東京都江東区新木場一丁目 18 番 6 号	03-5569-3333		
24	岡田 勝彦,岩本 秀治	12	大阪府堺市東八田 263-3,大阪府八尾市高安町南 1-20			
25	日本ビクター	12	横浜市神奈川区守屋町 3 丁目 12 番地	045-450-1580		
26	東芝テック	11	東京都千代田区神田錦町 1-1	03-3292-6223		
27	日立エンジニアリング	9	茨城県日立市幸町三丁目 2 番 1 号	0294-24-1111		
28	エヌ シー アール (US)	9	http://www.ncr.com/	US		
29	イース	8	大阪府八尾市青山町 2－1－14	0729-93-6963		
30	コニカ	8	東京都新宿区西新宿 1－26－2	03-3349-5251		
31	スガツネ工業	8	東京都千代田区東神田 1-8-11	03-3864-1122		
32	セイコーインスツルメンツ	8	千葉県千葉市美浜区中瀬 1-8	043-211-1111		
33	セコム	8	東京都渋谷区神宮前 1-5-1	03-5775-8725		
34	ミノルタカメラ	8	大阪市中央区安土町 2-3-13 大阪国際ビル	06-6271-2251		
35	リコー	8	東京都港区南青山 1-15-5 リコービル	03-3479-3111		
36	富士ゼロックス	8	東京都港区赤坂二丁目 17 番 22 号 赤坂ツインタワー	03-3585-3211		

表 6.-3 出願件数上位 52 社の連絡先 (2/2)

No	出願人名	出願件数	住所（本社等の代表的住所）	TEL	技術移転窓口	TEL
37	中央発条	7	名古屋市緑区鳴海町字上汐田 68 番地	052-623-1111		
38	エイ ティ アンド ティ(US)	7	http://www.att.com/	US		
39	エス ティー マイクロエレクトロニクス (US)	7	東京都港区港南 2-15-1 品川インターシティ A 棟 18 階	03-5783-8200		
40	ティー アール ダブリュー(US)	7	http://www.trw.com/	US		
41	トーキン	7	東京都港区北青山 2 丁目 5 番 8 号	03-3402-6103		
42	三洋電機	7	大阪府守口市京阪本通 2 丁目 5 番 5 号	06-6991-1181		
43	富士電機	7	東京都品川区大崎一丁目 11 番 2 号ゲートシティ大崎イーストタワー	03-5435-7111		
44	グローリー工業	6	兵庫県姫路市下手野 1-3-1	0792-97-3131		
45	静岡日本電気	6	静岡県静岡市黒金町 3(シャンソンビル)	054-254-1071		
46	東陶機器	6	福岡県北九州市小倉北区中島 2-1-1	093-951-2111		
47	凸版印刷	6	東京都千代田区神田和泉町 1	03-3835-5111		
48	翼システム	6	東京都江東区亀戸 2-25-14 立花アネックスビル	03-3638-3737		
49	オリンパス光学工業	5	東京都新宿区西新宿 2-3-1 新宿モノリス	03-3340-2111		
50	サンデン	5	群馬県伊勢崎市寿町 20	0270-24-1211		
51	ルーセント テクノロジーズ(US)	5	http://www.lucent.com/	US		
52	ワイズコーポレーション	5	静岡県浜松市板屋町 111-2 浜松アクトタワー 25 階	053-456-1320		

特許流通支援チャート　電 気 3

個人照合

2002年（平成14年）6月29日　　初 版 発 行

編　集	独立行政法人
©2002	工業所有権総合情報館
発　行	社団法人　発　明　協　会

| 発行所 | 社団法人　発　明　協　会 |

〒105-0001　東京都港区虎ノ門2-9-14
　　電　話　　03（3502）5433（編集）
　　電　話　　03（3502）5491（販売）
　　Ｆ　ａ　ｘ　　03（5512）7567（販売）

ISBN4-8271-0661-4 C3033　印刷：株式会社　丸井工文社
　　　　　　　　　　　　　　　　　　Printed in Japan

乱丁・落丁本はお取替えいたします。

本書の全部または一部の無断複写複製
を禁じます（著作権法上の例外を除く）。

| 発明協会HP：http：//www.jiii.or.jp/ |

平成13年度「特許流通支援チャート」作成一覧

電気	技術テーマ名
1	非接触型ICカード
2	圧力センサ
3	個人照合
4	ビルドアップ多層プリント配線板
5	携帯電話表示技術
6	アクティブマトリクス液晶駆動技術
7	プログラム制御技術
8	半導体レーザの活性層
9	無線LAN

機械	技術テーマ名
1	車いす
2	金属射出成形技術
3	微細レーザ加工
4	ヒートパイプ

化学	技術テーマ名
1	プラスチックリサイクル
2	バイオセンサ
3	セラミックスの接合
4	有機EL素子
5	生分解性ポリエステル
6	有機導電性ポリマー
7	リチウムポリマー電池

一般	技術テーマ名
1	カーテンウォール
2	気体膜分離装置
3	半導体洗浄と環境適応技術
4	焼却炉排ガス処理技術
5	はんだ付け鉛フリー技術